四川工商职业技术学院
省级重点专业建设项目成果

仪器分析

校 内 主 编　　胡继红
校内副主编　　邹良明　　段　琼
校外副主编　　陈小平

西南交通大学出版社
·成　都·

图书在版编目（CIP）数据

仪器分析／胡继红主编. —成都：西南交通大学出版社，2016.1（2018.6 重印）
ISBN 978-7-5643-4525-9

Ⅰ.①仪… Ⅱ.①胡… Ⅲ.①仪器分析–高等职业教育–教材 Ⅳ.①O657

中国版本图书馆 CIP 数据核字（2016）第 012210 号

仪 器 分 析
主编　胡继红

责 任 编 辑	牛　君
封 面 设 计	何东琳设计工作室
出 版 发 行	西南交通大学出版社 （四川省成都市二环路北一段 111 号 西南交通大学创新大厦 21 楼）
发 行 部 电 话	028-87600564　028-87600533
邮 政 编 码	610031
网　　　　址	http://www.xnjdcbs.com
印　　　　刷	成都中永印务有限责任公司
成 品 尺 寸	185 mm×260 mm
印　　　　张	19.5
字　　　　数	485 千
版　　　　次	2016 年 1 月第 1 版
印　　　　次	2018 年 6 月第 3 次
书　　　　号	ISBN 978-7-5643-4525-9
定　　　　价	46.00 元

课件咨询电话：028-87600533
图书如有印装质量问题　本社负责退换
版权所有　盗版必究　举报电话：028-87600562

前　言

仪器分析是分析化学的重要组成部分，随着电子技术、计算机技术的不断发展，各类先进的测试仪器不断研制成功，仪器分析在各行业的分析检测工作中的应用越来越广泛。根据高职对"仪器分析"课程的基本要求，以及高职学生的学习特点，编者结合多年的教学经验及教改心得，并深入企业进行调研，了解企业在质量控制及分析检测中对分析人员的要求，并结合当今分析仪器发展现状，编写了本教材。

本书一共包括 8 个项目，其中除项目一为认识仪器分析外，其余每一类仪器的学习为一个项目。包括：电化学分析法、紫外-可见分光光度法、原子吸收分光光度法、红外吸收分光光度法、气相色谱法、高效液相色谱法及其他仪器分析方法。全书涉及的内容主要为高职高专学习检测技术的学生必须掌握的内容，教材的读者对象明确，目的性强，内容难度适中，适合作为高职高专教材，也可作为相关人员自学的参考用书。

本教材根据高职学生培养目标与其学习特点，采用"项目"模式编写，每一项目为一种仪器分析方法的介绍，每一项目又分为若干任务，每个任务都对学生提出了理论学习与实践学习任务与目标要求，学生在完成任务的同时构建理论知识。教材力求体现教学过程以学生为主导，"教、学、做一体"的教学形式。在编写过程中，为了拓宽学生的知识面，激发学生学习的积极性，使其更全面地掌握各类仪器分析方法，教材中编写了具有科学性、趣味性的"扩展阅读"和"技能拓展"。

为增强本教材的实用性与实践性，突出高等职业教育的特色，特邀请国家轻工业食品质量监督检测成都站副站长陈小平总工程师任副主编，参与编写的还有：四川省环境监测中心站黄芸及四川工商职业技术学院实验指导教师李俊儒。本教材由四川工商职业技术学院朱克永副教授主审。

在本教材的编写过程中，得到了单位领导及老师们的大力支持，并参考了许多文献、资料，其中包括网上资料，难以一一鸣谢，在此一并表示衷心的感谢。

编者力图使本教材内容能体现课程改革，真正做到以学生为主导，但限于编者对职教改革的理解及自身能力，书中必然存在不完善与不成熟的地方，真诚希望教材使用者能提出宝贵的意见与建议，帮助我们进一步改进和完善。

编　者

2015 年 10 月

目 录

项目一 认识仪器分析 ··· 1
    任务 认识仪器分析 ·· 1
    思考与练习 ··· 4

项目二 电化学分析法 ··· 5
    任务一 市售果汁 pH 的测定 ··· 5
    任务二 自来水中氟离子含量测定 ··· 23
    任务三 食盐溶液中氯离子含量测定 ·· 27
    任务四 电导法测定水的纯度 ·· 35
    任务五 技能综合训练 ·· 43
    思考与练习 ··· 48

项目三 紫外-可见分光光度法 ··· 51
    任务一 吸收光谱曲线的制作 ·· 52
    任务二 测定废水中微量铬含量 ·· 60
    任务三 熟悉紫外-可见分光光度计的组成与使用 ····················· 62
    任务四 邻二氮菲法测定水样中微量铁的含量 ·························· 70
    任务五 有机物的定性分析 ··· 80
    任务六 技能综合训练 ·· 85
    思考与练习 ··· 93

项目四 原子吸收分光光度法 ··· 97
    任务一 熟悉原子吸收分光光度计的分析流程 ·························· 98
    任务二 了解原子吸收分光光度计各部分的结构及作用 ············ 104
    任务三 测定自来水中镁含量及蔬菜中金属铜的含量 ··············· 112
    任务四 样品中铅含量检测条件的选择 ····································· 119
    任务五 消除测定水样中钙镁含量的化学干扰与电离干扰 ······· 125
    任务六 技能综合训练 ·· 131
    思考与练习 ··· 134

项目五 红外吸收分光光度法 ··· 138
    任务一 制作苯甲酸、苯胺、苯甲醇的红外光谱图 ···················· 139
    任务二 认识苯甲酸、苯胺、苯甲醇三种物质的红外吸收光谱图 ··· 144

  任务三 苯甲酸、苯胺、苯甲醇三种物质的红外吸收谱图解析 150
  任务四 熟悉红外吸收光谱仪的结构与基本操作 155
  任务五 红外吸收光谱法测定固体与液体样品 160
  任务六 技能综合训练 164
 思考与练习 167

项目六 气相色谱法 171
  任务一 茨维特经典色谱分离实验 172
  任务二 气相色谱仪气路连接、安装和检漏 180
  任务三 苯系物中苯、甲苯和乙苯的定性分析 197
  任务四 气相色谱定量分析 201
   子任务一 归一化法测定丁醇异构体含量 201
   子任务二 内标法测定甲苯含量 202
   子任务三 外标法测定食品中山梨酸和苯甲酸含量 204
  任务五 柱温和载气流速对醇类混合物分离效果的影响 211
  任务六 技能综合训练 220
 思考与练习 226

项目七 高效液相色谱法 231
  任务一 熟悉高效液相色谱仪的基本操作 232
  任务二 维生素E胶丸中维生素E的HPLC定量测定 243
  任务三 技能综合训练 252
 思考与练习 257

项目八 其他仪器分析方法 260
  任务一 ICP-AES测定淀粉中铅、汞、镉、砷的含量 260
  任务二 原子荧光光谱法（AFS）测定化妆品中的砷含量 270
  任务三 离子色谱法测定饮料中防腐剂的含量 273
  任务四 毛细管电泳法测定阿司匹林中水杨酸的含量 279
  任务五 气质联用仪测定白酒中塑化剂的含量 287
 思考与练习 296

参考文献 297

附 录 298
  附录A 标准电极电势 298
  附录B 部分热导、氢焰相对质量校正因子$(f'_{i,苯})$ 303
  附录C 原子量（相对原子质量）表（1995年国际原子量） 305

项目一 认识仪器分析

📖 **学习目标**

- 通过学习，了解仪器分析法的特点；
- 了解仪器分析技术与化学分析技术的关系；
- 初步认识仪器分析技术的学习方法；
- 认识仪器分析技术的分类及发展趋势。

任务 认识仪器分析

【任务目的】

了解仪器分析的基本内容与分类方法，熟悉仪器分析法的特点及学习方法。

【任务内容】

活动一：学生通过查阅资料，了解仪器分析法的基本内容及特点，了解仪器分析的分类。
活动二：在教师带领下，学生参观仪器分析室，教师介绍仪器的名称、作用及特点。
活动三：学生完成活动一、活动二之后，讨论仪器分析法与化学分析法的不同，探索仪器分析的学习方法。

知识链接 仪器分析简介

一、仪器分析法及其特点

随着科学技术的发展，如激光技术、微电子技术、智能化计算机技术、微波技术、膜技术、等离子技术等现代高新科学技术的飞速发展，分析化学正在进行前所未有的深刻变革。在分析理论方面，与其他学科相互渗透、相互交叉、有机融合；在分析技术方面，趋于各种技术扬长避短、相互联用、优化组合；在分析手段方面，更趋向灵敏、快速、准确、简便和自动化。旧的测试方法不断更新，灵敏、准确的分析技术和功能齐全的新型分析仪器不断涌现并日趋完善。

仪器分析是分析化学的分支学科，它是以物质的物理和化学性质为基础建立起来的一种分析方法。利用较特殊的仪器，对物质进行定性分析、定量分析和结构分析。它吸收了当代科学技术的新成就，为科学研究和生产实际提供更多、更新和更全面的信息，已成为现代分析化学的重要支柱。

与化学分析相比较,仪器分析有以下特点:

(1) 灵敏度高:特别适用于低含量组分($10^{-6} \sim 10^{-12}$ 级)和批量试样的分析测定。例如,原子吸收分光光度法测定某些元素的绝对灵敏度可达 10^{-14} g,电子光谱甚至可达 10^{-18} g。

(2) 取样量少:化学分析法需用 $10^{-1} \sim 10^{-4}$ g,仪器分析试样量常为 $10^{-2} \sim 10^{-8}$ g。

(3) 在低浓度下的分析准确度较高:测定含量为 $10^{-7} \sim 10^{-11}$ 的杂质,相对误差低达 1% ~ 10%。

(4) 快速:例如,发射光谱分析法在 1 min 内可同时测定水中 48 个元素。

(5) 可进行无损分析:有的仪器分析方法可在不破坏试样的情况下进行测定,适于考古、文物等特殊领域的分析。

(6) 便于遥测、遥控、自动化:可进行即时、在线分析,控制生产过程;可用于环境自动监测与控制。

(7) 仪器设备较复杂,价格较昂贵。

但仪器分析用于成分分析仍有一定局限性,其中一个共同点就是准确度不够高,通常相对误差在百分之几左右,甚至更差。这样的准确度固然对低含量组分的分析已能完全满足要求,但对常量组分就不能达到化学分析法那样高的准确度(少数仪器分析方法除外,如电化学分析方法)。因此,在选择分析方法时,必须考虑这一点。

进行仪器分析之前,时常需要用化学方法对试样进行预处理(如富集、除去干扰物质等)。同时,进行仪器分析一般都要用标准物质校准定量工作曲线,而很多标准物质需要用化学分析法进行准确含量的测定。因此,正如我国著名分析化学家和教育家梁树权先生所说"化学分析和仪器分析同是分析化学两大支柱,两者唇齿相依,相辅相成,彼此相得益彰"。

二、仪器分析技术的分类

仪器分析技术种类繁多,内容丰富,新的方法层出不穷。为了便于学生学习和掌握,我们将分析中常用的仪器分析法分类,如表 1-1 所示:

表 1-1 常用的仪器分析方法分类

仪器分析方法类别	被测物性质	主要的分析方法
光学分析法	辐射的发射	原子发射光谱法(AES)、火焰光度法、荧光光谱法、等离子体发射光谱法(ICP-AES)
	辐射的吸收	原子吸收光谱法(AAS)、红外吸收光谱法(IR)、紫外-可见吸收光谱法(UV-VIS)、核磁共振波谱法(NMR)
	辐射的散射	浊度法、拉曼光谱法(HRD)
	辐射的衍射	X 射线衍射法、电子衍射法
电化学分析	电导	电导法
	电流	电流滴定法
	电位	电位分析法
	电量	库仑分析法
	电流-电压特性	极谱分析法、伏安法
色谱分析法	在两相间的分配	气相色谱法(GC)、高效液相色谱法(HPLC)、离子色谱法(IC)
质量分析法	质荷比	质谱法(MS)
电泳法	在电场中的迁移速率	高效毛细管电泳法(HPEC)

根据学习检测技术的高职高专学生的特点及未来工作岗位的要求,本教材重点介绍的仪器分析技术有:① 电化学分析法,包括电位分析法和电导分析法;② 光学分析法,包括紫外-可见分光光度法、红外吸收分光光度法、原子吸收分光光度法;③ 色谱分析法,包括气相色谱法、高效液相色谱法;④ 简要介绍原子发射光谱法、原子荧光光谱法、毛细管电泳法、离子色谱法、质谱法和仪器联用技术等。

三、仪器分析的发展趋势

现代科学技术的发展、生产的需要和人民生活水平的提高对分析化学提出了新的要求,为了适应科学发展,仪器分析将呈现如下发展趋势:

1. 分析方法创新

进一步提高仪器分析方法的灵敏度、选择性和准确性。各种选择性检测技术和多组分同时分析技术等是当前仪器分析研究的重要课题。

2. 分析仪器智能化

电子技术与计算机在仪器分析中的应用日益普遍,尤其是计算机技术应用到分析仪器中,使分析仪器智能化和自动化,使其可控制仪器的全部操作,实现分析操作自动化和智能化,提高了检验灵敏度,减轻了操作者的劳动强度。

3. 新型动态分析检测和非破坏性检测

离线的分析检测不能瞬时、直接、准确地反映生产实际和生命环境的情景实况,不利于及时控制生产、生态和生物过程。运用先进的技术和分析原理,研究并建立有效而实用的实时、在线和高灵敏度、高选择性的新型动态分析检测和非破坏性检测,是21世纪仪器分析发展的主流。

4. 多种方法的联合使用

联用分析技术已成为当前仪器分析的重要发展方向。诸如色谱-质谱(GC-MS)、色谱-原子吸收(GC-AAS)、色谱-红外吸收(GC-IR)等,使进样、分离、测定、数据处理全部自动化。

5. 扩展时空多维信息

随着环境科学、宇宙科学、能源科学、生命科学、临床化学、生物医学等学科的兴起,现代仪器分析的发展已不局限于将待测组分分离出来进行表征和测量,而是成为一门为物质提供尽可能多的化学信息的科学。随着人们对客观物质认识的深入,某些过去我们所不熟悉的领域(如多维、不稳定和边界条件等)也逐渐提上日程。采用现代核磁共振光谱、质谱、红外光谱等分析方法,可提供有机物分子的精细结构、空间排列构成及瞬态变化等信息,为人们对化学反应历程及生命的认识提供了重要基础。

总之,仪器分析技术正在向快速、准确、自动、灵敏及适应特殊分析的方向迅速发展。

四、仪器分析技术学习方法

仪器分析技术涉及的知识面较广,所用到的分析原理涉及化学和物理学知识,分析仪器涉及电子技术、计算机技术等。为了学好仪器分析课程，学生必须了解该课程的特点和学习方法，以获得必要的仪器分析知识与实验操作技能。为此，本书编者提出如下建议：

（1）充分理解各种仪器分析方法的分析原理。各种仪器分析方法的原理不同，但都是根据物质在某种变化（物理的或化学的或两者同时发生）过程中，某些物理量的变化而进行测定的。所以，学习分析原理应该从本质上弄清楚物质在反应中的某些性质或物理量的变化规律，不仅要从定性和定量关系上了解清楚，还应该弄清反应的适用条件和应用范围。

（2）学习要抓主线。分析仪器是根据分析原理设计的，仪器操作服务于分析目标。因而，从分析原理入手去了解每种仪器的基本组成部件，可降低学习难度。对于分析工作者，固然应该了解仪器的结构，但更重要的是掌握仪器的使用方法和测量技术，所以同学们要把重点放在熟悉仪器的性能、调试、使用方法以及维护保养方面。

（3）善于归纳共性与个性。各类仪器分析方法，分析原理有差异，但也有一定的共性，学生应注意认识其共性，注重个性，会使学习收到事半功倍的效果。例如，紫外-可见分光光度法和原子吸收光谱法，其共性是：都是依据样品对入射光的吸收进行测量，都以朗伯-比尔定律为定量依据，其分析仪器部件相似；二者各自的个性是：前者是化合物对入射光的宽带分子吸收，而后者是窄带原子吸收光谱。因此，可以很容易地解释仪器某些部件不同的原因。

（4）认真做好实验，具有过硬的实验操作技术。仪器分析是一门实践性很强的学科。分析仪器的操作，从某种意义上说较简单，但是要得出正确的分析结果就不那么容易了，需要熟练的操作技术和经验的积累。违规操作不仅得不到正确的分析结果，反而会造成重大的经济损失。实验能够帮助我们掌握仪器使用方法，学会对每个具体试样如何进行分析，为掌握和熟悉仪器性能提供良好的条件。同时要了解每种仪器的基本组成部件、影响测量准确度的因素、进行定性和定量分析的基本方法以及数据处理装置的使用方法。

思考与练习

1. 什么是仪器分析？它与化学分析有何区别？
2. 仪器分析有什么特点和局限性？
3. 仪器分析发展的趋势是什么？举例说明它在分析中有什么重要作用。

项目二　电化学分析法

📖 学习目标

【技能目标】

- 掌握酸度计（pH 计）的正确使用方法；
- 熟练使用酸度计测定溶液的 pH；
- 熟练使用电位计测定溶液中离子的活度；
- 掌握电位滴定法终点的确定；
- 能对实验数据进行分析处理，并撰写实验报告。

【知识目标】

- 理解电位分析法的工作原理；
- 掌握电位分析法的相关概念，掌握参比电极、指示电极工作原理；
- 熟悉直接电位法和电位滴定法的测定原理；
- 掌握定量分析数据处理的方法及检验报告的标准格式和要求。

电位分析法是建立在溶液的电化学性质基础上的一类分析方法。它是仪器分析的一个重要分支。溶液的电化学现象一般发生在电化学电池中，电化学电池主要包括放置在电解质溶液中的两个电极和与这两个电极相连接的外部电路。溶液的电化学性质是指电解质溶液通电时，其化学组成和浓度随电位、电流、电导或电量等电学特性而变化的性质。电化学分析法就是利用这些性质，通过电极这个变换器，把被测物质的浓度转化成电学参数而加以测量的方法。它包括直接电位法和电位滴定法。直接电位法是通过测量原电池的电动势以计算指示电极的电位，用能斯特方程计算被测溶液的活度（或浓度）值；电位滴定法是利用滴定曲线上电位的突跃来指示或控制滴定终点的容量分析方法。本项目除复习电化学基本知识外，着重讨论直接电位法、电位滴定法以及电导法。

任务一　市售果汁 pH 的测定

【任务目的】

（1）了解酸度计的工作原理；
（2）熟悉酸度计的使用方法；

（3）了解参比电极及指示电极的工作原理，熟悉这两类电极的使用方法。

【任务准备】

1. 仪器

酸度计（pHS-2 型或 pHS-25 型）、pH 电极和饱和甘汞电极（或复合电极）。

2. 试剂

（1）pH=4.00 和 pH=6.86 的标准缓冲溶液；
（2）鲜橙多或其他果汁。

【任务内容】

一、实验原理

在进行测定时，玻璃电极与饱和甘汞电极（或者复合电极）插入试液，组成下列工作电池：

$$(-) 玻璃电极 | 试液 \| 饱和甘汞电极 (+)$$

25 ℃时电池电动势为

$$E = \varphi_{甘汞} - \varphi_{玻璃} + \varphi_{液接}$$

$$\varphi_{玻璃} = K_{玻璃} - 0.0592 \mathrm{pH}_{试液}$$

在一定的条件下，$\varphi_{液接}$ 和 $\varphi_{甘汞}$ 为常数，所以上式可以表示为

$$E = K' + 0.0592 \mathrm{pH}_{试液}$$

若上式中 K' 值已知，则由测得的电池电动势（E）就能计算出被测溶液的 pH。但实际上，由于 K' 值不易求得，在实际工作中，用已知的标准缓冲溶液作为基准，比较待测溶液和标准溶液分别组成的两个电池的电动势来确定待测溶液的 pH。所以，在测定 pH 时，先用标准缓冲溶液校正酸度计（也称定位），以消除 K' 值的影响。

二、实验步骤

（1）将少量市售鲜橙多或其他果汁饮品倒入 50 mL 小烧杯中，待用。
（2）pH 的测定。
① 将功能开关拨至 pH 位置。
② 仪器预热 30 min，用蒸馏水洗净电极，按仪器操作说明，取 pH=6.86 与 pH=4.00 的标准缓冲溶液，用两点定位法对 pH 计进行校正。
③ 用蒸馏水冲洗电极和烧杯，再用样品试液洗涤烧杯，用滤纸吸干电极上的水分，然后将电极浸入样品试液中进行测量。平行测定 2 次。
④ 测量完毕后，关闭酸度计电源开关，取出电极，用蒸馏水清洗，然后妥善保存。
⑤ 数据处理：计算试液 pH 的平均值。

三、电极使用注意事项

1. 玻璃电极的使用

（1）玻璃电极的敏感膜非常薄，易破碎损坏。因此，使用时应该注意勿与硬物碰撞，电极表面上的水分只能用滤纸轻轻吸干，不得擦拭。

（2）不能用含有氟离子的溶液，也不能用浓硫酸洗液、浓酒精来洗涤电极，否则，会使电极脱水，失去功能。

（3）测量极稀的酸或碱溶液（小于 0.01 mol/L）的 pH 时，为了保证 pH 计稳定工作，需要加入惰性电解质（如 KCl），以提供足够的导电能力。

（4）如果需要测量精确度高的 pH，应避免空气中 CO_2 的影响，尤其测量碱性溶液的 pH，要使其暴露于空气中的时间尽量短，读数要尽可能快。

（5）玻璃电极经长期使用后，会逐渐降低及失去功能，称为"老化"。当电极响应斜率低于 52 mV/pH 时，就不宜再使用。

2. 饱和甘汞电极的使用

（1）使用饱和甘汞电极前，应先将电极管侧面小橡皮塞及弯管下端的橡皮套轻轻取下，不用时再装上。

（2）饱和甘汞电极应经常补充管内的饱和氯化钾溶液，使溶液中有少许 KCl 晶体，不得有气泡。补充后应等几小时再用。

（3）饱和甘汞电极不能长时间浸泡在被测水样中，不能在 60 ℃ 以上的环境中使用。

问题探究一

1. 测定果汁的 pH 时，为什么必须用样品试液洗涤烧杯？
2. 用酸度计测定溶液的 pH 时，没用缓冲溶液定位，结果会怎么样？
3. 在测定酸度的过程中，可以只用参比电极或指示电极吗？为什么？

知识链接一　直接电位法测定溶液的 pH

一、电位分析法的基本原理

电位分析法是电化学分析方法的重要分支，其实质是通过在零电流条件下测定两电极间的电位差（即所构成的原电池的电动势）进行分析测定。它包括直接电位法和电位滴定法。

1. 原电池

电位分析法是在原电池的装置上进行的。将化学能转变为电能的装置称为原电池。以铜锌原电池为例，其组成如图 2-1 所示。它是由一块 Zn 片浸入 $ZnSO_4$ 溶液中，一块 Cu 片浸入 $CuSO_4$ 溶液中，$ZnSO_4$ 与 $CuSO_4$ 之间用盐桥连接。这种电池存在着液体与液体的接界面，故称为液接电池。

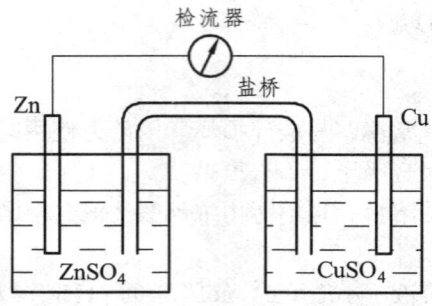

图 2-1 Cu-Zn 原电池

若用导线将 Cu 极与 Zn 极接通，则有电子由 Zn 极流向 Cu 极（与电流方向相反），即发生化学能转变成电能的过程，形成自发电池。检流器能够检测出电流。

这时在 Cu 极发生下面的反应：

$$Cu^{2+} + 2e^- \rightleftharpoons Cu（电子由外电路流向 Cu 极）$$

Zn 极发生下面的反应：

$$Zn - 2e^- \rightleftharpoons Zn^{2+}$$

电池反应：　　　　　$Zn + Cu^{2+} \rightleftharpoons Cu + Zn^{2+}$（反应自发进行）

为了简化对原电池的描述，通常用电池的表达式来表示，如上述原电池可表示为

$$（-）Zn｜ZnSO_4（x\ mol/L）‖CuSO_4（y\ mol/L）｜Cu（+）$$

单竖线"｜"表示不同相界面，双竖线"‖"表示盐桥，此电池有两个相界面。双竖线"‖"两侧分别为两个半电池，习惯上把正极写在右边，负极写在左边。

2. 电位分析法的理论依据

当某金属 M 插入其盐溶液中时，会发生两个相反的过程：一是金属失去电子生成金属离子而进入溶液，电子留在金属固相中，使金属固相带负电，此时溶液中有过剩的金属离子而带正电，这叫金属的溶解压；二是溶液中的金属离子从金属晶格中得到电子，生成金属，沉积到金属固相上，固相中留有电子空穴而带正电，此时溶液中有过剩的阴离子而带负电，这叫金属离子的渗透压。两个相反过程的初始速率是否相等，取决于金属及其盐溶液的性质。而无论初始时溶解压大还是渗透压大，最终溶解压和渗透压都要达到平衡，在金属与溶液的界面上形成双电层，产生电势差，即产生电极电位。其电极半反应为

$$M^{n+} + ne^- \rightleftharpoons M$$

电极电位（$\varphi_{M^{n+}/M}$）与其相应离子（M^{n+}）的活度之间的关系可用能斯特（Nernst）方程表示：

$$\varphi_{M^{n+}/M} = \varphi_{M^{n+}/M}^{\ominus} + \frac{RT}{nF}\ln\alpha_{M^{n+}} \tag{2-1}$$

式中　　$\varphi_{M^{n+}/M}^{\ominus}$——标准电极电位，V；

　　　　R——标准气体常数，R=8.134 5 J/(mol·K)；

F ——法拉第常数，96 486.7 C/mol；
T ——热力学温度，K；
n ——电极反应中转移的电子数；
$\alpha_{M^{n+}}$ ——金属离子 M^{n+} 的活度，mol/L。

为了便于使用，将上述参数代入式（2-1），并用常用对数代替自然对数，在 25 ℃ 时，能斯特方程式可简化为

$$\varphi_{M^{n+}/M} = \varphi^{\ominus}_{M^{n+}/M} + \frac{0.059\ 2}{n} \lg \alpha_{M^{n+}} \tag{2-2}$$

由式（2-2）可知，金属离子的活度 $\alpha_{M^{n+}}$ 可以通过测量电极电位 $\varphi_{M^{n+}/M}$ 来求得，这就是电位分析法的理论依据。

在实际工作中，单一电极的电位是无法直接测量的，必须用一支电极电位随待测离子活度变化而变化的指示电极与一支电极电位已知且恒定的参比电极，同时插入待测溶液中组成工作电池，通过测量工作电池的电动势（E）来求得电极电位 $\varphi_{M^{n+}/M}$。设该工作电池为

（−）M | M^{n+} ‖ 参比电极（+）

则电池电动势为

$$E = \varphi_{参比} - \varphi_{M^{n+}/M} = \varphi_{参比} - \varphi^{\ominus}_{M^{n+}/M} - \frac{0.059\ 2}{n} \lg \alpha_{M^{n+}} \tag{2-3}$$

式（2-3）中，$\varphi_{参比}$ 在一定温度下为常数，因此，只要测量出电池电动势（E），就可以求出待测离子 M^{n+} 的活度，这就是直接电位法的理论依据。

如图 2-2 所示，pH 是氢离子活度的负对数，即 pH = $-\lg \alpha_{H^+}$。测定溶液的 pH 通常用 pH 玻璃电极做指示电极（负极），甘汞电极做参比电极（正极），与待测溶液组成工作电池，用精密毫伏计测量电池的电动势。

工作电池组成为：

（−）玻璃电极 | 试液 ‖ 饱和甘汞电极（+）

25 ℃ 时电池电动势为

$$E = \varphi_{甘汞} - \varphi_{玻璃} = \varphi_{甘汞} - K_{玻璃} + 0.059\ 2\ \text{pH}_{试液} \tag{2-4}$$

由于式中 $\varphi_{甘汞}$、$K_{玻璃}$ 在一定条件下为常数，所以式（2-4）可以表示为

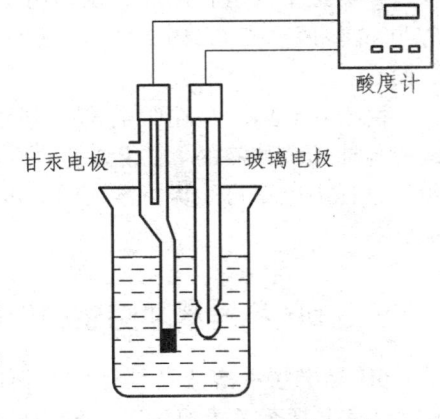

图 2-2 pH 电位测定示意图

$$E = K' + 0.059\ 2\ \text{pH}_{试液} \tag{2-5}$$

可见，工作电池电动势（E）与试液的 pH 呈线性关系，据此可以进行溶液 pH 的测量。

二、直接比较法测溶液的 pH

常见的直接电位分析法有直接比较法、标准曲线法和标准加入法。溶液 pH 的测定用的就是直接比较法。

从上述公式（2-5）可以知道，只要测量出工作电池的电动势（E），并求出 K' 值，就可

以计算出试液的 pH。但 K' 是一个十分复杂的项目，它包括饱和甘汞电极的电位、内参比电极的电位、玻璃膜的不对称电位及参比电极与溶液间的接界电位，很难测出。因此，实际工作中常用已知 pH 的标准缓冲溶液为基准，通过比较由标准缓冲溶液参与组成和待测溶液参与组成的两个工作电池的电动势，来确定待测溶液的 pH。即测定一标准缓冲溶液（pH_s）的电动势 E_s，然后测定试液（pH_x）的电动势 E_x。25 °C 时，E_s 和 E_x 分别为

$$E_s = K'_s + 0.059\,2 pH_s$$

$$E_x = K'_x + 0.059\,2 pH_x$$

在同一测量条件下，采用同一支 pH 玻璃电极和甘汞电极，则上两式中 $K'_s \approx K'_x$，将两式相减得

$$pH_x = pH_s + \frac{E_x - E_s}{0.059\,2} \tag{2-6}$$

式中，pH_s 为已知值，测量出 E_x、E_s 即可求出 pH_x。通常式（2-6）称为 pH 实用定义或 pH 标度。实际测定中，将 pH 玻璃电极和甘汞电极插入 pH_s 标准缓冲溶液中，通过调节测量仪器上的"定位"旋钮，使仪器显示出测量温度下的 pH_s，就可以达到消除 K' 值、校正仪器的目的，然后再将电极对浸入试液中，直接读取试液的 pH。

由式（2-6）可知，E_x 和 E_s 的差值与 pH_x 和 pH_s 的差值呈线性关系，在 25 °C 时直线斜率为 0.059 2。直线斜率（$S=2.303RT/F$）是温度的函数，为保证在不同温度下测量精度符合要求，在测量中要进行温度补偿，用于测量溶液 pH 的仪器都设有此功能。式（2-6）还表明，E_x 与 E_s 差值改变 0.059 2 V，溶液的 pH 也相应改变 1。测量 pH 的仪器的表头即按此间隔显示读数。

由于式（2-6）是在假定 $K'_s = K'_x$ 情况下得出的，而实际测量过程中往往因为某些因素（如试液与标准缓冲液的 pH 或温度的变化等）的改变，导致 K' 值发生变化。为了减少测量误差，测量过程中应尽可能保持溶液的温度恒定，并选用 pH 与待测溶液相近的标准缓冲溶液来校正仪器。

三、pH 标准缓冲溶液的作用

pH 标准缓冲溶液是具有准确 pH 的缓冲溶液，是 pH 测定的基准。故缓冲溶液的配制及 pH 的确定是至关重要的。一般实验室常用的标准缓冲物质是邻苯二甲酸氢钾、混合磷酸盐（KH_2PO_4-Na_2HPO_4）及四硼酸钠。目前市场上销售的成套 pH 缓冲剂就是上述三种物质的小包装产品，使用很方便。配制时不需要干燥和称量，直接将袋内试剂全部溶解，稀释至一定体积（一般为 250 mL）即可使用。

常用的缓冲溶液有：

（1）pH=4.00 溶液：用 GR 邻苯二甲酸氢钾（$KHC_8H_4O_4$）10.21 g，溶解于 1 000 mL 的蒸馏水或无 CO_2 的去离子水中。

（2）pH=6.86 溶液：用 GR 磷酸二氢钾（KH_2PO_4）3.4 g，GR 磷酸氢二钠（Na_2HPO_4）3.55 g，溶解于 1 000 mL 蒸馏水或无 CO_2 的去离子水中。

（3）pH=9.18 溶液：用 GR 四硼酸钠（$Na_2B_4O_7 \cdot 10H_2O$）3.81 g，溶解于 1 000 mL 蒸馏

水或无 CO_2 的去离子水中。

表 2-1 为缓冲溶液的 pH 与温度的关系对照表。

表 2-1　缓冲溶液的 pH 与温度的关系对照表

温度/°C	0.05 mol/L 邻苯二甲酸氢钾	0.025 mol/L 混合物磷酸盐	0.01 mol/L 四硼酸钠
5	4.00	6.95	9.39
10	4.00	6.92	9.33
15	4.00	6.90	9.28
20	4.00	6.88	9.23
25	4.00	6.86	9.18
30	4.01	6.85	9.14
35	4.02	6.84	9.11
40	4.03	6.84	9.07
45	4.04	6.84	9.04
50	4.06	6.83	9.03
55	4.07	6.83	8.99
60	4.09	6.84	8.97

四、参比电极

参比电极是电极电位已知且恒定，不随测定溶液及其浓度变化而变化，与被测物质无关，只用来提供电位标准的电极。

常用的参比电极有以下几种。

1. 甘汞电极

甘汞电极的结构如图 2-3 所示，电极由两个玻璃套管组成，内玻璃套管（内参比电极）上端封接一根铂丝，铂丝插入纯汞中，下接一层甘汞和汞的糊状物；外玻璃套管中装入 KCl 溶液。两套管下端（与溶液接触部位）是熔结陶瓷芯或玻璃砂芯等多孔物质。

甘汞电极的半电池组成为

$$Hg，Hg_2Cl_2（s）｜KCl（aq）$$

电极反应为

$$Hg_2Cl_2 + 2e^- \rightleftharpoons 2Hg + 2Cl^-$$

25 °C 时的电极电位为

$$\varphi_{Hg_2Cl_2/Hg} = \varphi^{\ominus}_{Hg_2Cl_2/Hg} - \frac{0.059\ 2}{2} \lg \alpha_{Cl^-} \quad (2-7)$$

可见，当温度一定时，甘汞电极的电位取决于 Cl^- 的

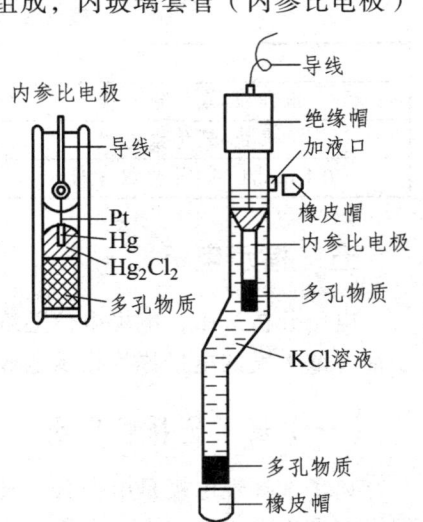

图 2-3　甘汞电极示意图

活度，当 Cl^- 的活度一定时，其电极电位值是一定的。表 2-2 给出了不同浓度的 KCl 溶液制得的甘汞电极的电位值。

表 2-2 25 ℃ 时甘汞电极的电极电位

名称	KCl 溶液浓度/(mol/L)	电极电位/V
饱和甘汞电极（SCE）	饱和溶液	0.243 8
标准甘汞电极（NCE）	1.0	0.282 8
0.1 mol/L 甘汞电极	0.10	0.336 5

电位分析法最常用的甘汞电极的 KCl 溶液为饱和溶液，因此称为饱和甘汞电极（SCE）。

2. 银-氯化银电极

将表面镀有一层 AgCl 的金属银丝浸入一定浓度的 KCl 溶液中，即构成银-氯化银电极，其结构如图 2-4 所示。银-氯化银电极的半电池组成为

$$Ag, AgCl(s) | KCl(eq)$$

电极反应为

$$AgCl + e^- \rightleftharpoons Ag + Cl^-$$

25 ℃ 时电极电位为

$$\varphi_{AgCl/Ag} = \varphi^{\ominus}_{AgCl/Ag} - 0.059\ 2\lg \alpha_{Cl^-} \qquad (2-8)$$

可见，当温度一定时，银-氯化银的电极电位取决于 KCl 溶液中 Cl^- 的活度。25 ℃ 时，不同浓度 KCl 溶液的银-氯化银电极电位见表 2-3。

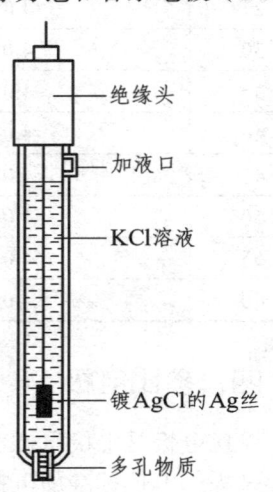

图 2-4 银-氯化银电极

表 2-3 25 ℃ 时银-氯化银电极的电极电位

名称	KCl 溶液浓度/(mol/L)	电极电位/V
饱和银-氯化银电极	饱和溶液	0.200 0
标准银-氯化银电极	1.0	0.222 3
0.1 mol/L 银-氯化银电极	0.10	0.288 0

五、指示电极

电位分析法中，电极电位随溶液中待测离子活（浓）度的变化而变化，并指示出待测离子活（浓）度的电极称为指示电极。指示电极共有以下几类。

（一）离子选择性电极

离子选择性电极是电位分析最常用的电极之一，仅对溶液中特定离子有选择性的响应，但没有发生电极反应。其电极电位与特定离子活度之间的关系符合能斯特方程。

离子选择性电极（ISE）又称离子敏感电极或膜电极，它是一种指示电极，其关键部件为

对溶液中某种特定离子具有选择性响应的敏感膜,其电位与溶液中响应离子活度的对数呈线性关系。离子选择性电极与金属电极在原理上有本质的不同,它不发生电子转移,只是在膜表面发生离子交换而形成膜电位,因此,它是一种电化学传感器。离子选择性电极是电位分析中使用最多、应用最广的指示电极。

1. 离子选择性电极的基本结构

离子选择性电极一般由内参比电极、内参比液和敏感膜三部分组成,结构如图 2-5 所示。内参比电极一般用银-氯化银电极;内参比液一般由响应离子的强电解质及氯化物溶液组成;敏感膜由不同敏感材料制成(如单晶、混晶、液膜、功能膜及生物膜等),它是离子选择性电极的关键部件。由于敏感膜内阻很高,故需要良好的绝缘。

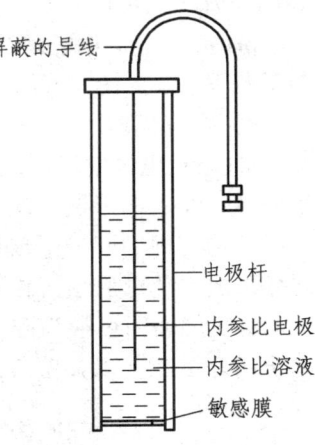

图 2-5 离子选择性电极结构

2. 离子选择性电极的膜电位

将离子选择性电极插入含有一定活度的响应待测离子溶液中,在敏感膜的内外两个相界面处进行离子交换和扩散,产生电位差,这个电位差就是膜电位($\varphi_{膜}$)。

离子选择性电极的膜电位($\varphi_{膜}$)与溶液中待测离子活度(α_i)的关系符合能斯特方程,即 25 °C 时电极电位为

$$\varphi_{膜} = K \pm \frac{0.0592}{n_i} \lg \alpha_i \tag{2-9}$$

式中　K——离子选择性电极常数,在一定实验条件下为一常数,它与电极的敏感膜、内参比电极、内参比溶液及温度等有关;

　　　α_i——i 离子的活度;

　　　n_i——i 离子的电荷数。

当 i 为阳离子时,式中第二项取正值;i 为阴离子时,该项取负值。

3. 常见的离子选择性电极

国际纯粹与应用化学联合会(IUPAC)基于离子选择性电极都是膜电极这一事实,根据膜的特征,将离子选择性电极分为以下几类:一类是原电极,包括晶体膜电极(均相膜电极、多均相膜电极)和非晶体膜电极(刚性载体电极、活动载体电极);另一类是敏化电极,包括气敏电极和酶(底物)电极。常见的离子选择性电极有以下几种。

（1）玻璃电极

玻璃电极是世界上使用最早的离子选择性电极,早在 20 世纪初就用于测定溶液的 pH。

① 玻璃电极的结构

玻璃电极的构造如图 2-6 所示。玻璃电极以活性玻璃膜作为敏感膜,活性玻璃膜是在 SiO_2 基质中加入 Na_2O 和 CaO

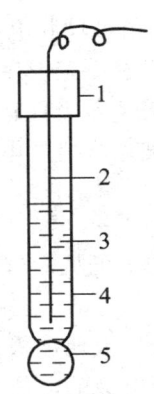

图 2-6 玻璃电极

1—绝缘套；2—银-氯化银内参比电极；
3—内缓冲溶液

等烧结而成的特殊玻璃膜,厚度约为 0.05 mm。内参比电极为 Ag-AgCl 电极,内参比溶液为 0.1 mol/L 的 HCl 溶液。

pH 玻璃电极的玻璃配方为:21.4% Na_2O、6.4% CaO、72.2% SiO_2(摩尔分数),其 pH 测量范围为 1~10,若加入一定比例的 Li_2O,可以扩大测量范围。

② 响应机理

pH 玻璃电极使用前,必须在水溶液中浸泡足够时间,浸泡时,膜表面的 Na^+ 与水中的 H^+ 发生交换,在表面形成一层很薄(10^{-7}~10^{-8} m)的溶胀的水合硅胶层。测定时,膜内外生成三层结构,即中间的干玻璃层和两边的水化硅胶层(图 2-7)。膜内表面与内部溶液接触时,同样形成水化硅胶层。在水化层中,玻璃上的 Na^+ 与溶液中的 H^+ 发生离子交换而产生相界电位。水化层表面可视为阳离子交换剂。溶液中的 H^+ 经水化层扩散到干玻璃层,干玻璃层的阳离子向外扩散,以补偿溶出的离子,离子的相对移动产生扩散电位。

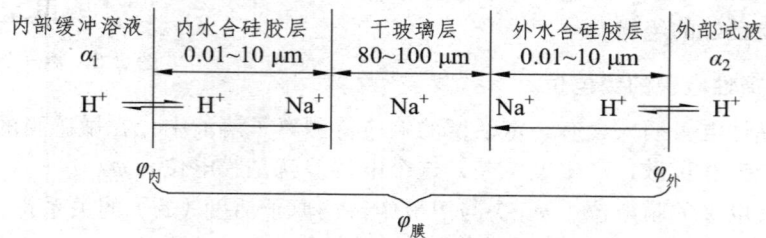

图 2-7 玻璃膜的水化硅胶层及膜电位的产生

若膜内、外侧水化层与溶液间的界面电位分别为 $\varphi_{内}$ 及 $\varphi_{外}$,膜两边溶液的 H^+ 活度为 $\alpha_{H^+,内}$ 和 $\alpha_{H^+,外}$,玻璃电极插入待测溶液中,当离子交换和扩散达到平衡时,膜电位(25 ℃)为

$$\varphi_{膜} = \varphi_{外} - \varphi_{内} = 0.0592 \lg \frac{\alpha_{H^+,外}}{\alpha_{H^+,内}} \quad (2\text{-}10)$$

由于膜内参比溶液中 H^+ 活度 $\alpha_{H^+,内}$ 是固定的,则

$$\varphi_{膜} = K + 0.0592 \lg \alpha_{H^+,外} = K - 0.0592 \text{pH}_{试液} \quad (2\text{-}11)$$

式中,K 是由玻璃膜电极本身的性质决定的,对某一确定的玻璃电极,K 为常数。由式(2-11)可以看出,在一定温度下,玻璃电极的膜电位与外部溶液的 pH 呈线性关系。

由于玻璃电极具有内参比电极(通常用 Ag-AgCl 电极),其电位是恒定的,与待测 pH 无关,所以玻璃电极的电极电位是内参比电极电位与膜电位之和。

$$\varphi_{玻璃} = \varphi_{AgCl/Ag} + \varphi_{膜} = \varphi_{AgCl/Ag} + K - 0.0592 \text{pH}_{试液} = K_{玻璃} - 0.0592 \text{pH}_{试液} \quad (2\text{-}12)$$

由式(2-12)可见,当温度等实验条件一定时,pH 玻璃电极的电极电位与试液的 pH 呈线性关系。

当以 pH 玻璃电极为指示电极,饱和甘汞电极为参比电极,和待测溶液构成电池时,利用 pH 玻璃电极的电位与待测溶液 pH 呈线性关系,通过测量电池电动势就可得知溶液的 pH。

③ 玻璃电极特性

玻璃电极对 H^+ 具有高度选择性。溶液中的 Na^+ 浓度比 H^+ 浓度高 10^{15} 倍时,两者才产生相同的电位。pH 玻璃电极测定 pH 大于 10 的碱性溶液或 Na^+ 浓度较高的溶液时，测得的 pH 比实际数值偏低，这种现象称为碱差或钠差；测定强酸溶液时，测得的 pH 比实际数值偏高，这种现象称为酸差。碱差是由于在水化硅胶层与溶液界面间的离子交换过程中，不仅有 H^+，还有 Na^+ 参与，结果由电极电位值反映出来的是 H^+ 活度增加，pH 下降；酸差的产生是由于在强酸溶液中，水分子活度减小，而 H^+ 以 H_3O^+ 形式传递，结果到达电极表面的 H^+ 减少，pH 增加。

（2）氟电极

① 氟电极结构

氟电极的构造如图 2-8 所示。将氟化镧单晶（即氟电极的敏感膜）封在塑料管的一端，管内装 0.1 mol/L 的 NaCl 和 0.1mol/L 的 NaF 混合溶液，作为内参比液，其中插入一根 Ag-AgCl 丝作为内参比电极，组成氟电极。

氟电极的敏感膜是掺有痕量的 EuF_2（或 CaF_2）的氟化镧（LaF_3）单晶膜（单晶切片）。掺杂的目的有两个：一是造成晶格缺陷（空穴）；二是降低晶体的电阻，增加导电性。

② 响应机理

氟电极的敏感膜 LaF_3 晶格中有空穴，在晶格上的 F^- 可以移入晶格邻近的空穴而导电。当氟电极插入含 F^- 的溶液中时，F^- 在晶体膜表面进行交换，产生膜电位。25 ℃ 时电极电位为

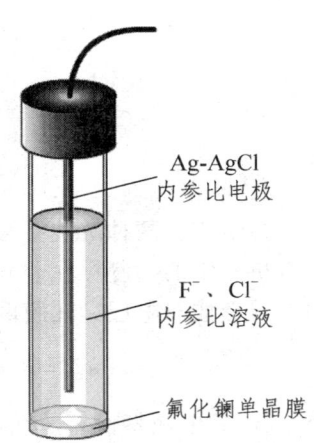

图 2-8　氟电极结构

$$\varphi_F = K - 0.059\,2\lg\alpha_{F^-} = K + 0.059\,2\text{pF} \tag{2-13}$$

当氟电极与饱和甘汞电极、试液组成测量电池时，

$$(-)\,\text{Ag}\,|\,\text{AgCl},\,\text{Cl}^-(\alpha_{Cl^-}),\,F^-(\alpha_{F^-})\,|\,\text{试液}(\alpha_{F^-}=x)\,\|\,\text{Cl}^-(\alpha_{Cl^-}\text{饱和}),\,Hg_2Cl_2\,|\,Hg\,(+)$$

25 ℃ 时电池电动势为

$$E = \varphi_{Hg} - \varphi_F = K' + 0.059\,2\lg\alpha_{F^-} = K' - 0.059\,2\text{pF} \tag{2-14}$$

③ 氟电极特性

氟电极具有较高的离子选择性，但是要在 pH 5~7 使用。pH 高时，溶液中的 OH^- 与氟化镧晶体膜中的 F^- 交换，使测定结果偏高；pH 较低时，溶液中的 F^- 生成 HF 或 HF_2^-，使测量结果偏低。测量过程中的主要干扰离子有 Al^{3+}、Fe^{3+} 等。

（3）钙电极

① 钙电极的结构

钙电极的构造如图 2-9 所示。钙电极属于活动载体电极，它是用液态膜作为敏感膜，所以又称液膜电极。电极内装有两种溶液，一种是 0.1 mol/L 的 $CaCl_2$ 水溶液，作为内参比液，其中插入 Ag-AgCl 电极，作为内参比电极；另一种被置于内外管之间，是 0.1 mol/L 的二癸基磷酸钙溶于苯基磷酸二辛酯的溶液，作为液体离子交换剂，该溶液不溶于水，故不能进入试液，但极易扩散进入多孔膜。底部为一层离子交换薄膜（液态敏感膜），敏感膜把内参比液和试液隔开。

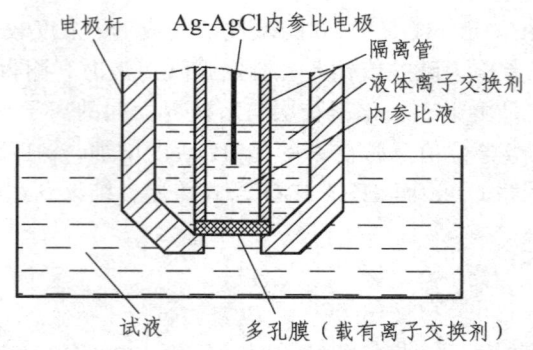

图 2-9 钙电极结构

② 响应机理

在薄膜与两种溶液接触的界面上,二癸基磷酸根传递 Ca^{2+},由于 Ca^{2+} 在水相中的活度与在有机相中的活度存在差异,在液膜两侧发生离子交换,破坏了界面附近正负电荷分布的均匀性,形成双电层,在膜两侧产生电位差(膜电位)。25 ℃时,产生的膜电位为

$$\varphi_{膜} = K + 0.059\ 2\lg\alpha_{Ca^{2+}} \tag{2-15}$$

③ 钙电极特性

钙电极适宜的 pH 范围是 5~11,线性范围 10^{-5}~0.1 mol/L。干扰离子有 Zn^{2+}、Pd^{2+}、Fe^{2+}、Cd^{2+}、Mg^{2+} 等。

(4)气敏电极

① 气敏电极的结构

气敏电极的构造如图 2-10 所示。气敏电极是一种气体传感器,常用于分析溶于水中的气体和能在水溶液中生成这些气体的离子。一般由基体电极(离子选择性电极)、参比电极、中介液和透气膜组成。例如,氨气敏电极的基体电极为 pH 玻璃电极,参比电极为 Ag-AgCl 电极,中介液为 0.1 mol/L 的 NH_4Cl 溶液。透气膜由醋酸纤维、聚四氟乙烯等材料制成,具有疏水性,将溶液和电极中介液隔开,只允许气体通过,不允许溶液中的离子通过。

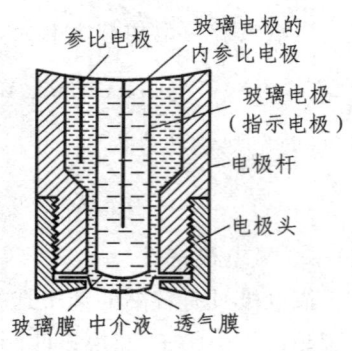

图 2-10 气敏电极结构示意图

② 响应机理

当氨气敏电极浸入试液时,试液中溶解的 NH_3 通过透气膜,进入 NH_4Cl 中介液,发生下列反应:

$$NH_3 + H_2O \rightleftharpoons NH_4^+ + OH^-$$

25 ℃时,产生的膜电位为

$$\varphi_{膜} = K - 0.059\ 2\lg\alpha_{NH_3} \tag{2-16}$$

由于中介液吸收 NH_3,引起其 pH 变化,利用 pH 玻璃电极来指示这种变化,由此测定试液中氨的含量。如果试液中含的是 NH_4^+,则可加 NaOH,使 NH_4^+ 以 NH_3 的形式逸出,这样就可测

定试液中 NH_4^+ 的含量。

如果中介液为 0.01 mol/L 碳酸氢钠溶液，可制成 CO_2 气敏电极，同样可测出试液中 CO_2 的含量。

（5）酶电极

① 酶电极结构

酶电极的构造如图 2-11 所示。酶电极是基于界面酶催化化学反应的一类敏化电极。酶电极是将离子选择性电极与某种特异性酶结合起来构成的，也就是在离子选择性电极的敏感膜上覆盖一层固定化酶而构成的复合电极。

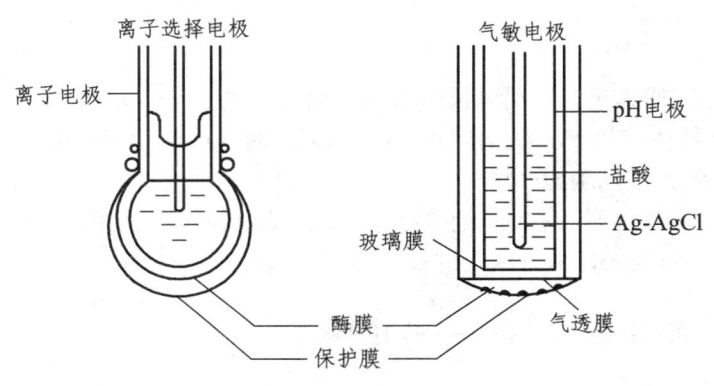

图 2-11　酶电极结构

② 响应机理

酶是具有生物活性的催化剂，酶的催化反应选择性强、催化效率高，而且大多数酶催化反应可在常温下进行。酶电极就是利用酶专一的催化活性，将某些复杂化合物分解为简单的化合物或离子，而这些简单化合物或离子可以被离子选择性电极测出，从而间接测定这些化合物的浓度。如尿素在脲酶的催化作用下发生如下反应：

$$CO(NH_2)_2 + H_2O \xrightleftharpoons{\text{脲酶}} 2NH_3 + CO_2$$

生成的产物 NH_3 可以通过氨气敏电极测定，从而间接测出尿素的浓度。

③ 酶电极特性

由于酶反应的重要特征是高度的选择性和专一性，所以酶电极的研究已成为固定化酶的应用及离子选择性电极发展的一个重要方向。

4. 离子选择性电极的性能指标

离子选择性电极性能的好坏，主要从电极的选择性、线性范围、检测下限、灵敏度和响应时间等方面考虑。

（1）离子选择性电极的选择性

理想的离子选择性电极应该是只对特定的一种离子产生电位响应，对其他共存离子不响应。但实际上，目前所使用的各种离子选择性电极都不可能只对一种离子产生响应，而是或多或少地对共存离子产生不同程度的响应。考虑到干扰离子共存产生的电位，式（2-16）可以改写为

$$\varphi_{\text{膜}} = K \pm \frac{0.059\,2}{n_i} \lg(\alpha_i + K_{ij}\alpha_j^{n_i/n_j}) \quad (2\text{-}17)$$

式中　i——待测离子；

j——干扰离子；

n_i, n_j——i 离子和 j 离子所带的电荷；

K_{ij}——选择性系数，其意义为：在相同的测定条件下，待测离子和干扰离子产生相同电位时，待测离子的活度 α_i 与干扰离子活度 α_j 的比值。

$$K_{ij} = \frac{\alpha_i}{\alpha_j^{n_i/n_j}} \quad (2\text{-}18)$$

通常 $K_{ij} \leqslant 1$，K_{ij} 值越小，表明电极的选择性越高。例如，$n_i = n_j = 1$，$K_{ij} = 0.001$ 时，意味着干扰离子 j 的活度是待测离子 i 的活度的 1 000 倍时，两者产生相同的电位，换言之，电极对 i 离子的敏感程度是 j 离子的 1 000 倍。

K_{ij} 可用来估计干扰离子存在时产生的测定误差，以判断某干扰离子存在时所用测定方法是否可行。根据 K_{ij} 的定义，估量测定的误差可用下式计算：

$$\text{相对误差} = K_{ij} \times \frac{(\alpha_j)^{n_i/n_j}}{\alpha_i} \times 100\% \quad (2\text{-}19)$$

【例 2-1】　有一氟离子选择性电极，$K_{\text{F}^-,\text{OH}^-} = 0.10$，当 $c(\text{F}^-) = 1.0 \times 10^{-2}$ mol/L 时，允许 $c(\text{OH}^-)$ 为多大？（设允许测定误差为 5%）

解：根据式（2-19）可得

$$\text{相对误差} = 0.10 \times \frac{c(\text{OH}^-)}{1.0 \times 10^{-2}} \times 100\% = 5\%$$

则　　　　　　$c(\text{OH}^-) = 5.0 \times 10^{-3}$（mol/L）

对于离子选择性电极，干扰离子数量越少、干扰离子的选择性系数越小，电极的性能就越好。

（2）线性范围和检测下限

离子选择性电极的电位与待测离子活度的对数值只在一定的范围内呈线性关系。图 2-12 是以待测离子活（浓）度的对数值为横坐标、以电位值为纵坐标，绘制不同离子浓度标准溶液的电位与（活）浓度对数的关系曲线。线性范围是指活（浓）度的对数与电位呈线性关系时（图 2-12 中的 AB 段），对应的离子活（浓）度范围。离子选择性电极的线性范围通常为 $10^{-6} \sim 10^{-1}$ mol/L。

在图 2-12 中，AB 与 CD 延长线的交点所对应的离子活（浓）度称为电极的检测下限。在检测下限附近，电极电位不稳定，测量结果的重现性和准确度较差。

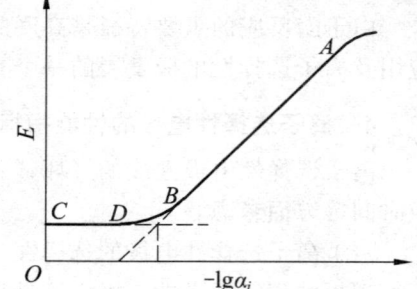

图 2-12　电位随浓度变化曲线

（3）灵敏度

电极的灵敏度又称电极的斜率，是指活（浓）度对数与电位呈线性关系时直线（图 2-12 中的 AB 段）的斜率，即活度相差一个数量级时电位改变的数值，理论值为 2.303RT/nF。灵敏度在一定温度下为常数，如 25 ℃ 时，一价离子为 59.2 mV，二价离子为 29.6 mV。离子所带电荷数越大，级差越小，测定灵敏度也越低，因此电位法多用于低价离子的测定。

（4）响应时间

电极的响应时间又称电位平衡时间，是指从离子选择性电极和参比电极一起接触试液开始，到电极电位达到稳定值（波动在 1 mV 以内）所需的时间。它与以下因素有关：

① 待测离子到达电极表面的速率。搅拌可缩短响应时间。

② 待测离子的活度。溶液中待测离子的活度越小，响应时间就越长。

③ 介质的离子强度。通常情况下，含有大量非干扰离子时，响应时间较短。

④ 电极中敏感膜的厚度、表面光洁度等。敏感膜越薄，响应时间越短；电极膜的表面光洁度越好，响应时间越短。

⑤ 共存离子。当溶液中有与待测离子性质相近的离子存在时，响应时间较长。例如，活性载体钙电极测定 Ca^{2+} 时，若有 Ba^{2+}、Sr^{2+}、Mg^{2+} 等离子存在，响应时间就会延长。

（二）金属电极

1. 金属-金属离子电极

这类电极又称为活性金属电极或第一类电极。它由能发生可逆氧化还原反应的金属片或棒，插入含有该金属离子的溶液中构成。例如，Zn 片插入 $ZnSO_4$ 溶液中，构成 Zn-$ZnSO_4$ 电极；将金属 Ag 丝插入 $AgNO_3$ 溶液中，构成 Ag-$AgNO_3$ 电极等。发生的电极反应为

$$M^{n+} + ne^- \rightleftharpoons M$$

25 ℃ 时电极电位为

$$\varphi_{M^{n+}/M} = \varphi^{\ominus}_{M^{n+}/M} - \frac{0.0592}{n} \lg \alpha_{M^{n+}} \tag{2-20}$$

金属电极的电位仅与金属离子的活度有关，故可用金属电极测量溶液中相同金属离子的活度或浓度。

2. 金属-金属难溶盐电极

金属-金属难溶盐电极又称为第二类电极。它由金属、该金属难溶盐和难溶盐的阴离子溶液构成。甘汞电极和银-氯化银电极就属于此类电极。其电极电位随所在溶液中的难溶盐阴离子活度变化而变化。如 Ag-AgCl/Cl^- 电极可用来测定 Cl^- 活度。由于这类电极具有制作简单、电位稳定和重现性好等优点，主要用作参比电极。

3. 惰性金属电极

惰性金属电极又称零类电极。它由铂、金等惰性金属插入含有氧化还原离子对（如 Fe^{3+}/Fe^{2+}、Ce^{4+}/Ce^{3+} 等）的溶液中构成。这类电极本身不参与反应，只充当溶液中氧化态和还原态获得电子或释放电子的场所。例如，将 Pt 电极插入含有 Fe^{2+}、Fe^{3+} 溶液构成的电极，其电极组成表示为

$$Pt \mid Fe^{2+}, Fe^{3+}$$

电极反应为

$$Fe^{3+} + e^- \rightleftharpoons Fe^{2+}$$

25 ℃时电极电位为

$$\varphi_{Fe^{3+}/Fe^{2+}} = \varphi^{\ominus}_{Fe^{3+}/Fe^{2+}} + 0.059\,2\lg\frac{\alpha_{Fe^{3+}}}{\alpha_{Fe^{2+}}} \tag{2-21}$$

由式（2-21）可以看出，这类电极的电位能指示出溶液中氧化态和还原态离子的活度之比。

技能拓展

一、酸度计的使用与保养

酸度计有笔式的、便携的和台式的等多种，读数指示器有数字式和指针式两种。目前市场上有 pHS-25 型、pHS-2 型、pHS-2C 型、pHS-3C 型、pHS-3B 型、pHS-828/818 精密型等型号的酸度计。下面以 pHS-3C 型酸度计（图 2-13）为例，介绍酸度计的使用与保养。

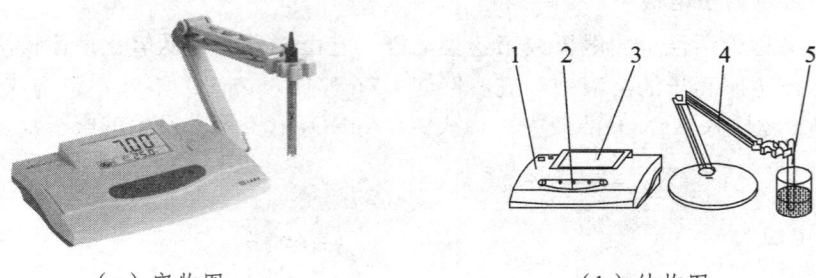

（a）实物图　　　　　　　　（b）结构图

图 2-13　pHS-3C 型酸度计

1—机箱；2—键盘；3—显示屏；4—多功能电极架；5—电极

（一）使用方法

1. 开机前的准备

（1）将 pH 复合电极安装在电极架上。

（2）将 pH 复合电极下端的电极保护套拔下，并且拉下电极上端的橡皮套，使其露出上端小孔。

（3）用蒸馏水清洗电极。

2. 仪器调整

（1）连接电源线，并打开仪器开关。

在测量状态下，按"mV/pH"键可以切换显示电位以及 pH，按"温度"键设置当前的温度值，按"定位"或"斜率"键标定电极斜率。

（2）设置温度

用温度计测出被测溶液的温度，然后按"温度▲"或"温度▼"键，使温度显示为被测溶液的温度，按"确认"键，即完成当前温度的设置，按"pH/mV"键返回 pH 测量状态。

3. 标　定

仪器使用前首先要标定。一般情况下仪器在连续使用时，每天要标定一次。

该型号的仪器具有自动识别标准缓冲溶液的能力，可以识别 4.00 pH、6.86 pH、9.18 pH 三种标准溶液，因此对于标准缓冲溶液 4.00 pH、6.86 pH、9.18 pH，用户按"定位"键或者"斜率"键后不必再调节数据，直接按"确认"键即可完成标定。

通常情况下，使用两点标定法标定。

（1）准备两种标准缓冲溶液，如 4.00 pH、6.86 pH 等。

（2）在仪器的测量状态下，把用蒸馏水清洗过的电极插入标准缓冲溶液 1 中（如 4.00 pH 的标准缓冲溶液），用温度计测出溶液的温度值（如 25.0 ℃），按照前面设置温度的方法设置温度值；稍后，待读数稳定，按"定位"键，再按"确认"键，进入一点标定状态，仪器识别当前标准溶液并显示当前温度下的标准 pH 4.00，然后按"确认"键完成标定。仪器返回测量状态。

（3）同理，再次清洗电极并插入标准缓冲溶液 2 中（6.86 pH 的标准缓冲溶液），用温度计测出溶液的温度值（如 25.2 ℃），并设置温度值；稍后，待读数稳定后，按"斜率"键，再按"确认"键，仪器自动识别当前标准溶液并显示当前温度下的标准 pH（如 6.86）。

（4）然后按"确认"键完成标定。仪器存贮当前的标定结果，并显示斜率和 E_0 值，然后返回测量状态。

4. 测量 pH

经标定的仪器，即可用来测量被测溶液。根据被测溶液与标定溶液温度是否相同，测量步骤也有所不同。具体操作步骤如下：

（1）被测溶液与标定溶液温度相同时，测量步骤如下：

① 用蒸馏水清洗电极头部，再用被测溶液清洗一次。

② 把电极浸入被测溶液中，用玻璃棒搅拌，使溶液均匀，在显示屏上读出溶液的 pH。

（2）被测溶液和标定溶液温度不同时，测量步骤如下：

① 用蒸馏水清洗电极头部，再用被测溶液清洗一次。

② 用温度计测出被测溶液的温度值。

③ 按"温度"键，使仪器显示被测溶液温度值，然后按"确认"键。

④ 把电极插入被测溶液内，用玻璃棒搅拌，使溶液均匀后读出该溶液的 pH。

5. 测量电极电位（mV）

（1）把离子选择性电极（或金属电极）和参比电极夹在电极架上。

（2）用蒸馏水清洗电极头部，再用被测溶液清洗一次。

（3）把离子选择性电极的插头插入测量电极插座处。

（4）把参比电极接入仪器后部的参比电极接口处。

（5）把两种电极插在被测溶液内，将溶液搅拌均匀后，即可在显示屏上读出该离子选择性电极的电极电位（mV），还可自动显示正负极性。

（6）如果被测信号超出仪器的测量范围，仪器将显示"Err"字样。

(二)仪器维护

经常正确地使用与维护,可保证仪器正常、可靠地使用,特别是 pH 计这一类仪器,它必须具有很高的输入阻抗,而使用环境需经常接触化学药品,所以更需合理维护。

(1)仪器的输入端(测量电极插座)必须保持干燥、清洁。
(2)电极转换器(选购件)专为配用其他电极时使用,平时注意防潮、防尘。
(3)测量时,电极的引入导线应保持静止,否则会引起测量不稳定。
(4)仪器所使用的电源应有良好的接地。
(5)仪器采用了 MOS 集成电路,因此在检修时应保证电烙铁有良好的接地。
(6)用缓冲溶液标定仪器时,要保证缓冲溶液的可靠性,不能配错缓冲溶液,否则将导致测量结果产生误差。

二、pH 电极的使用、维护注意事项

(1)电极在测量前必须用已知 pH 的标准缓冲溶液进行标定校准,其 pH 越接近被测 pH 越好。
(2)取下电极保护套后,应避免电极的敏感玻璃泡与硬物接触,因为任何破损或擦毛都将使电极失效。
(3)测量结束,及时将电极保护套套上,电极套内应放少量外参比补充液,以保持电极球泡的湿润,切忌浸泡在蒸馏水中。
(4)复合电极的外参比补充液为 3 mol/L 氯化钾溶液,补充液可以从电极上端小孔加入。复合电极不使用时,拉上橡皮套,防止补充液干涸。
(5)电极的引出端必须保持清洁、干燥,绝对禁止输出两端短路,否则将导致测量失准或失效。
(6)电极应与输入阻抗较高的 pH 计($\geqslant 10^{11}\,\Omega$)配套,以使其保持良好的特性。
(7)电极应避免长期浸在蒸馏水、蛋白质溶液和酸性氟化物溶液中。
(8)电极应避免与有机硅油接触。
(9)电极长期使用后,如发现斜率略有降低,可把电极下端浸泡在 4% 的 HF(氢氟酸)中 3~5 s,用蒸馏水洗净、然后在 0.1 mol/L 盐酸中浸泡,使之复新。
(10)被测溶液中如含有易污染敏感球泡或堵塞液接界的物质而使电极钝化,会出现斜率降低,显示读数不准等现象。如出现该现象,则应根据污染物的性质,用适当溶液清洗,使电极复新。

注意:

(1)选用清洗剂时不能用四氯化碳、三氯乙烯、四氢呋喃等能溶解聚碳酸树脂的清洗液,因为电极外壳是用聚碳酸树脂制成的,其溶解后极易污染敏感玻璃球泡,从而使电极失效。也不能用复合电极去测上述溶液。
(2)pH 复合电极的使用,最容易出现的问题是外参比电极的液接界处,液接界处堵塞是产生误差的主要原因。

任务二　自来水中氟离子含量测定

【任务目的】

(1) 了解氟化镧单晶组成的氟离子选择性电极的结构、性能。
(2) 掌握氟离子选择性电极测定微量 F^- 的原理和测定方法。

【任务准备】

1. 仪器

(1) 离子计或精密酸度计；
(2) 饱和甘汞电极、氟电极；
(3) 电磁搅拌器。

2. 试剂

(1) $1.000×10^{-1}$ mol/L F^- 标准贮备液：准确称取 NaF（120 ℃ 烘 1 h）4.199 g，溶于 1 000 mL 容量瓶中，用蒸馏水稀释至刻线，摇匀。贮于聚乙烯瓶中待用。

(2) 总离子强度调节缓冲溶液（TISAB）：称取氯化钠 58 g、柠檬酸钠 10 g，溶于 800 mL 蒸馏水中，再加冰醋酸 57 mL，用 6 mol/L NaOH 溶液调至 pH 5.0~5.5，然后稀释至 1 000 mL。

(3) 含 F^- 的自来水样。

【任务内容】

一、实验原理

以氟离子选择性电极为指示电极，饱和甘汞电极为参比电极，可测定溶液中氟离子含量。工作电池的电动势 E 在一定条件下与氟离子活度 α_{F^-} 的对数呈直线关系，测量时，若指示电极接正极，则

$$E = K' - 0.059\ 2 \lg \alpha_{F^-} \quad (25\ ℃)$$

当溶液的总离子强度不变时，上式可改写为

$$E = K - 0.059\ 2 \lg c_{F^-}$$

因此，在一定条件下，电池电动势与试液中的氟离子浓度的对数呈线性关系，可用标准曲线法和标准加入法进行测定。

温度、溶液 pH、离子强度、共存离子都会影响测定的准确度。因此为了保证测定准确度，需向标准溶液和待测试样中加入总离子强度调节缓冲剂（TISAB），以使溶液中离子平均活度系数保持定值，并控制溶液的 pH 和消除共存离子干扰。

使用离子计也可以直接测量氟离子浓度（即测溶液的 pF），其方法与测定溶液中 pH 的方法类似。但要注意保持标准溶液和水样的离子强度基本相同。

二、实验步骤

1. 电极的准备

氟电极的准备：氟电极在使用前，宜在 10^{-3} mol/L 的 NaF 溶液中浸泡活化 1~2 h，然后用蒸馏水清洗电极数次，直至测得的电位值约为 -300 mV（此值各支电极不同）。

2. 仪器的准备和电极的安装

按仪器说明书，接通电源，预热 20 min，接入饱和甘汞电极和氟离子选择性电极。

3. 绘制标准曲线

在 5 只 100 mL 容量瓶中，用 $1.000×10^{-1}$ mol/L F^- 标准贮备液分别配制内含 10 mL TISAB 的 $1.000×10^{-2}$ ~ $1.000×10^{-6}$ mol/L F^- 标准溶液。

将适量所配制的标准溶液（浸没电极的晶片即可）分别倒入 5 只洁净的塑料烧杯中，插入氟离子选择性电极和饱和甘汞电极，放入搅拌子，启动搅拌器，在搅拌的条件下，由稀至浓分别测量标准溶液组成的电池的电动势 E。

注意：读数时应停止搅拌。每测完一次均要用去离子水清洗至原空白电位值。

4. 自来水样中氟的测定

准确移取自来水样 50 mL（此体积应根据实际情况变动）于 100 mL 容量瓶中，加入 10 mL TISAB，用蒸馏水稀释至刻度，摇匀。然后倒入一干燥的塑料杯中，插入电极，在搅拌条件下，待电位稳定后读出电动势 E_x。重复测定 3 次，取平均值。

5. 结束工作

用蒸馏水清洗电极数次，直至接近空白电位值，晾干后收入电极盒中保存（电极暂不使用时，宜干燥后放置；在连续使用期间的间隙，可浸泡在水中）。

6. 数据处理

以所测出的 F^- 标准溶液组成的电池的电动势 E 为纵坐标、对应的标准溶液 F^- 浓度的对数为横坐标作图（E-lg C_F）。从标准曲线的线性部分求出该离子选择性电极的实际斜率，并由 E 值求自来水样中 F^- 的浓度（单位：mg/L）。

问题探究二

1. 实验中可以直接测定自来水中的氟离子浓度么？是否可以省略绘制标准工作曲线这个步骤？
2. 总离子强度调节缓冲剂是什么？测定氟离子时是否必须加入？
3. 氟离子选择性电极除了测氟离子外，还可以测定其他离子浓度吗？

知识链接二 直接电位法测定离子活度

一、测定原理

与 pH 的电位法测定相似，离子活（浓）度的电位法测定也是将对待测离子有响应的离子选择性电极与参比电极浸入待测溶液，组成工作电池，并用仪器测量其电池电动势（图 2-14）。用氟离子选择性电极测定氟离子的活（浓）度，其工作电池为

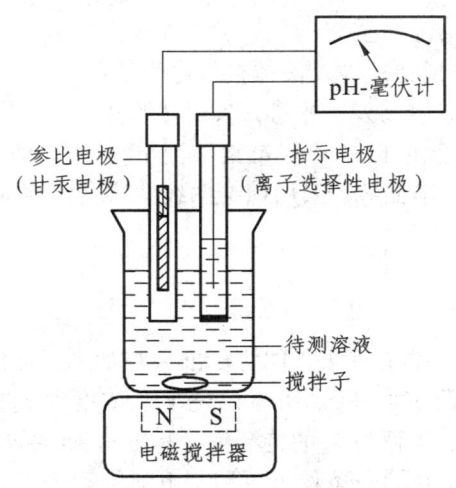

图 2-14 离子活（浓）度电位法测定装置

饱和甘汞电极‖试液｜氟离子选择性电极

则 25 ℃时，电池电动势与 α_{F^-} 或 pF 的关系为

$$E=K' - 0.0592\lg \alpha_{F^-} \tag{2-22}$$

或

$$E=K' + 0.0592\,\mathrm{pF} \tag{2-23}$$

式中，K' 在一定实验条件下为一常数。用各种离子选择性电极测定与其响应的离子活度时，可用下列通式

$$E=K'\pm \frac{2.303RT}{nF}\lg \alpha_i \tag{2-24}$$

当离子选择性电极做正极时，对阳离子响应的电极，后一项取正值；对阴离子响应的电极，后一项取负值。与测定 pH 的原理相同，K' 的数值也取决于离子选择性电极的薄膜、内参比溶液及内外参比电极的电位，它同样是一项很复杂的项目，也需要用一个已知离子活度的标准溶液为基准，比较包含待测溶液和包含标准溶液的两个工作电池的电动势，来确定待测试液的离子活度。

二、测定方法

（一）标准工作曲线法

标准工作曲线法是直接电位分析法中定量的另一种方法。其具体操作如下：配制一系列

已知浓度的含待测离子的标准溶液，依次加入相同量的TISAB，在同一条件下，测出各溶液组成的电池的电动势 E，然后以所测得的电动势 E 为纵坐标、以浓度 c 的对数（或负对数值）为横坐标，绘制 E-$\lg c$ 的关系曲线。如图2-15为测 F^- 的标准曲线。

在待测溶液中加入相同量的同一种TISAB，并用同一对电极测定其电池电动势 E_x，再从所绘制的标准曲线上查出 E_x 所对应的 $\lg c_x$，换算为 c_x。

由于 K' 值容易受温度、搅拌速度及液体接界电位等的影响，标准曲线不是很稳定，容易发生平移。实际工作中，

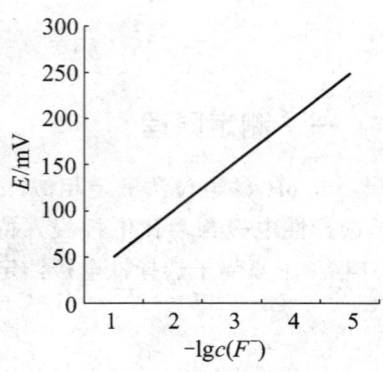

图2-15 测 F^- 的标准曲线

每次使用标准曲线都必须先选定1~2个标准溶液测出 E 值，确定曲线平移的位置，再分析试液。若更换试剂，应重做标准曲线。采用标准曲线法进行测量时，实验条件必须保持恒定，否则将影响其线性。

（二）标准加入法

分析复杂样品时宜采用标准加入法，即将标准溶液加入样品溶液中进行测定。具体做法是：在一定实验条件下，先测定含TISAB体积为 V_x、浓度为 c_x 的试液组成的电池的电动势 E_x，然后在其中加入浓度为 c_s、体积为 V_s 的待测离子标准溶液（要求：V_s 约为试液体积的 1/100，而 c_s 则为 c_x 的100倍左右），在同一条件下再测其电池电动势 E_{x+s}，则 25 ℃ 时

$$E_x = K' + \frac{0.0592}{n} \lg \gamma c_x \tag{2-25}$$

式中　γ——离子活度系数；
　　　n——离子所带的电荷数。

同理

$$E_{x+s} = K' + \frac{0.0592}{n} \lg \gamma'(c_x + \Delta c) \tag{2-26}$$

式中　γ'——加入标准溶液后溶液的离子活度系数；
　　　Δc——加入标准溶液后试液浓度的增量，其值为

$$\Delta c = \frac{c_s V_s}{V_x + V_s} \tag{2-27}$$

由于 V_x 远大于 V_s（V_x 是 V_s 的100倍），因此，式（2-27）可以简化为

$$\Delta c = \frac{c_s V_s}{V_x} \tag{2-28}$$

则有

$$\Delta E = E_{x+s} - E_x = \frac{0.0592}{n} \lg \frac{\gamma'(c_x + \Delta c)}{\gamma c_x}$$

因为 $\gamma \approx \gamma'$，则

$$\Delta E = \frac{0.0592}{n} \lg \frac{c_x + \Delta c}{c_x}$$

令 $S = \dfrac{0.0592}{n}$，则

$$\Delta E = S \lg \frac{c_x + \Delta c}{c_x}$$

整理后，得

$$c_x = \frac{\Delta c}{10^{\Delta E/S} - 1} \tag{2-29}$$

因此，只要测出 ΔE，计算出 S 和 Δc，就可以求出 c_x。

标准加入法的优点是：只需要一种标准溶液，溶液的配制简便，适用于组成复杂的个别试样的测定，准确度较高。不过需要指出的是，标准加入法需要在相同实验条件下测量电极的实际斜率。简便的测量方法：在测量 E_x 后，将所测试液用空白溶液稀释 1 倍，再测定 E_x'，则

$$S = \frac{|E_x' - E_x|}{\lg 2} = \frac{|E_x' - E_x|}{0.301}$$

【例 2-2】 25 ℃ 时，用标准加入法测定某溶液中 Cu^{2+} 浓度，于 100 mL 铜盐溶液中添加 0.100 mol/L 硝酸铜溶液 1 mL 后，电动势增加 14 mV，求样品中铜离子的浓度。

解：根据式（2-28）可得

$$\Delta c = \frac{c_s V_s}{V_x} = \frac{0.100 \times 1.00}{100.00} = 0.001 \text{（mol/L）}$$

因为 $n=2$，所以 $S=26.9$ mV，利用式（2-29），得

$$c_x = \frac{\Delta c}{10^{\Delta E/S} - 1} = \frac{0.001}{10^{\frac{14}{26.9}} - 1} = 5.07 \times 10^{-4} \text{（mol/L）}$$

任务三　食盐溶液中氯离子含量测定

【任务目的】

（1）学习电位滴定的基本原理和实验操作。
（2）掌握电位滴定数据处理的方法。

【任务准备】

1. 仪　器

（1）ZD-2 型自动电位滴定计或 pHS-2 型酸度计。
（2）电磁搅拌器。
（3）电极：① 银电极；② 双液接饱和甘汞电极。

2. 试剂

（1）0.100 mol/L AgNO₃：溶解 8.5 g AgNO₃ 于 500 mL 不含 Cl⁻ 的蒸馏水中，将溶液转入棕色试剂瓶中，置于暗处保存。准确称取 1.461 g 基准 NaCl，置于小烧杯中，用蒸馏水溶解后转入 250 mL 容量瓶中，加水稀释至刻度，摇匀。准确移取 25.00 mL NaCl 标准溶液于锥形瓶中，加 25 mL 水、1 mL 15% K_2CrO_4，在不断摇动下，用 AgNO₃ 溶液滴定至溶液呈现砖红色即为终点。根据 NaCl 标准溶液的浓度和滴定所消耗 AgNO₃ 的体积（mL），计算 AgNO₃ 的浓度。

（2）待测食盐溶液。

【任务内容】

一、实验原理

用电位滴定法测定 Cl⁻ 浓度，通常用 AgNO₃ 溶液做滴定剂，以银电极做指示电极（负极）、双液接饱和甘汞电极做参比电极（正极），插入试液中组成电池。滴定反应为

$$Ag^+ + Cl^- \rightleftharpoons AgCl\downarrow$$

在滴定过程中，电池电动势可根据沉淀的溶度积和被测离子浓度（或银离子浓度），由能斯特方程算出

$$\varphi_{SCE} - \varphi_{Ag^+/Ag} = \varphi_{SCE} - [\varphi^{\ominus}_{Ag^+/Ag} + 0.059\,2\lg c(Ag^+)]$$

25 °C 时，$\varphi_{SCE} = 0.242$ V，$\varphi^{\ominus}_{Ag^+/Ag} = 0.799$ V，代入得

$$E = -0.557 - 0.059\,2\lg c(Ag^+) \tag{2-30}$$

化学计量点前，Ag 电极的电位取决于 Cl⁻ 浓度，则

$$c(Ag^+) = \frac{K_{sp,AgCl}}{c(Cl^-)} = \frac{1.8\times 10^{-10}}{c(Cl^-)}$$

代入上式，化简得

$$E = 0.019\,9 + 0.059\,2\lg c(Cl^-)$$

化学计量点时

$$c(Ag^+) = c(Cl^-) = \sqrt{K_{sp}} = \sqrt{1.8\times 10^{-10}} = 1.34\times 10^{-5}\;(mol/L)$$

$$E_{ep} = -0.150\;V$$

化学计量点后，Ag 电极电位取决于过量的滴定剂 Ag⁺ 的浓度，电池电动势可用式（2-30）求出。

由此可见，随着滴定剂的加入，待测离子和 Ag⁺ 的浓度在不断变化，化学计量点前后 Ag⁺ 浓度的突变使电池电动势（即 Ag 电极相对参比电极的电位）呈现明显突跃，因此可借助于作图法或二阶微商内插法确定其终点，求出 Cl⁻ 浓度。

二、实验步骤

（1）接通 ZD-2 型自动电位滴定计电源，预热仪器 15 min，然后按下"读数"键，调节旋钮，使指针对准表中央，然后放开"读数"键（即调仪器零点）。

（2）将 Ag 电极打光、洗净，接于仪器的正极上，将 217 型双液接饱和甘汞电极（套管内充饱和 KNO_3 溶液）接于负极上。

（3）在 100 mL 烧杯中，用移液管加入未知液 5.00 mL，加水约 40 mL，放入搅拌磁子，插入 Ag 电极和饱和甘汞电极，按下"读数"键，开动搅拌器，溶液应稳定而缓慢转动。

（4）用 $AgNO_3$ 标准溶液进行滴定，记录各点所用 $AgNO_3$ 标准溶液的体积（单位：mL）和相应的电池电动势（单位：mV）。开始时，每加 1 mL 滴定剂记录一次，化学计量点前（约再需滴定剂 1 mL 时），每加 0.1 mL 标准溶液记录一次。过终点后，再加 0.5～1 mL $AgNO_3$，滴定结束。

（5）再移取未知溶液 5.00 mL，按上述步骤平行滴定，滴定结果相对误差在 1% 以内即可。

（6）实验完毕，用镜头纸擦去电极上的沉淀，并用水洗净，保存。银盐不能倒入下水道，应回收。

问题探究三

1. 酱油中的氯离子含量是否可以用此种方法测定？
2. 实验中，什么时候停止滴定？
3. 要测溶液中氯离子含量，需要测定哪些变量？终点消耗的 $AgNO_3$ 标准溶液体积如何计算？

知识链接三　电位滴定法测定物质含量

一、电位滴定法

1. 原　理

电池电动势为

$$E=\varphi_{\text{参比}}-\varphi_{M^{n+}/M}=\varphi_{\text{参比}}-\varphi_{M^{n+}/M}^{\ominus}-\frac{0.059\,2}{n}\lg\alpha_{M^{n+}} \tag{2-31}$$

由式（2-31）可知，若 M^{n+} 是被滴定的离子，在滴定过程中，电动势 E 随溶液中 M^{n+} 的活度（$\alpha_{M^{n+}}$）变化而变化，当滴定进行至化学计量点附近时，由于 $\alpha_{M^{n+}}$ 发生突变，电动势 E 也相应发生突跃。因此，通过测量 E 的变化就可以确定滴定的终点，根据标准滴定溶液消耗的体积即可以算出被测物的含量，这就是电位滴定法的理论依据。

2. 装　置

电位滴定的基本仪器装置如图 2-16 所示。主要由滴定管、电极、高阻抗毫伏计三部分组成。滴定管用于装标准滴定溶液或待测液，测量其消耗量。根据被测物质含量的高低，可选用常量滴定管或微量滴定管、半微量滴定管。

电极又分为指示电极和参比电极。由于酸碱滴定、沉淀滴定、氧化还原滴定及配位滴定均可以应用电位滴定法，因此，在滴定分析中，不同类型滴定需要选用不同的指示电极。常用的电极有：玻璃电极、锑电极、铂电极、银电极、金属基电极、离子选择性电极。电位滴定中的参比电极一般选用 SCE，即饱和甘汞电极。实际工作中应使用产品分析标准规定的指示电极和参比电极。

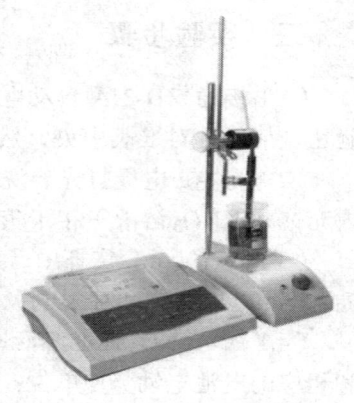

图 2-16　电位滴定装置

高阻抗毫伏计是用于滴定过程中，每加一次一定量的滴定溶液后测量溶液的电动势（或 pH）。高阻抗毫伏计可用酸度计或离子计代替。

3. 电位滴定法与直接电位法、化学分析法的区别

电位滴定法不同于直接电位法，直接电位法是以所测得的电池电动势（或其变化量）作为定量参数，因此其测量值的准确与否直接影响定量分析结果。电位滴定法测量的是电池电动势的变化情况，它不以某一电动势的变化量作为定量参数，只根据电动势变化情况确定滴定终点，其定量参数是滴定剂的体积，因此在直接电位法中影响测定的一些因素，如不对称电位、液接电位、电动势测量误差等，在电位滴定中可以抵消。

电位滴定法与化学分析法的区别是终点指示方法不同。普通的滴定法是利用指示剂颜色的变化来指示滴定终点；电位滴定是利用电池电动势的突跃来指示终点。

电位滴定法的优点主要表现在：① 测定准确度高。与化学滴定法一样，测定相对误差可低于 0.2%。② 可用于无法用指示剂判断终点的浑浊体系或有色溶液的滴定。③ 可用于非水溶液的滴定。非水溶液的酸碱滴定，常常难找到合适的指示剂，因此电位滴定是基本的方法。④ 可用于微量组分测定。⑤ 可以用于连续滴定和自动滴定。

二、电位滴定法终点确定方法

进行电位滴定时，先要称取一定量试样，并将其制成试液。然后选择一对合适的电极，经适当的预处理后，浸入待测试液中，并按图 2-16 连接组装好装置。开动电磁搅拌器和毫伏计，先读取滴定前试液的电位值（读数前要关闭搅拌器），然后开始滴定。滴定过程中，每加一次一定量的滴定溶液就应测量一次电动势（或 pH），滴定刚开始时可快些，测量间隔可大些（如可每次滴入 5 mL 标准滴定溶液测量一次），当消耗的标准滴定溶液约为所需滴定体积的 90% 时，测量间隔要小些。滴定进行至化学计量点前后时，应每滴加 0.1 mL 标准滴定溶液测量一次电池电动势（或 pH），直至电动势变化不大为止。记录每次滴加标准滴定溶液后滴定管的相应读数及测得的电位或 pH。根据所测得的一系列电动势（或 pH）以及相应的滴定消耗的标准溶液体积确定滴定终点。表 2-4 所列的是以银电极为指示电极、饱和甘汞电极为参比电极，用 0.100 0 mol/L $AgNO_3$ 溶液滴定 NaCl 溶液的实验数据。

电位滴定终点的确定方法通常有三种，即 E-V 曲线法、$\Delta E/\Delta V$-V 曲线法和二阶微商法。

1. E-V 曲线法

以加入滴定剂的体积 V（mL）为横坐标、以相应的电动势 E（mV）为纵坐标，绘制 E-V 曲线。E-V 曲线上的拐点（曲线斜率最大处）所对应的滴定体积即为终点时所消耗的滴定剂体积（V_{ep}）。拐点的位置可用下面的方法来确定：作两条与横坐标呈 45° 的 E-V 曲线的平行切线，并在两条切线间做一与两切线等距离的平行线 [图 2-17（a）]，该线与 E-V 曲线的交点即为拐点。E-V 曲线法适用于滴定曲线对称的情况，对滴定突跃不十分明显的体系，误差大。

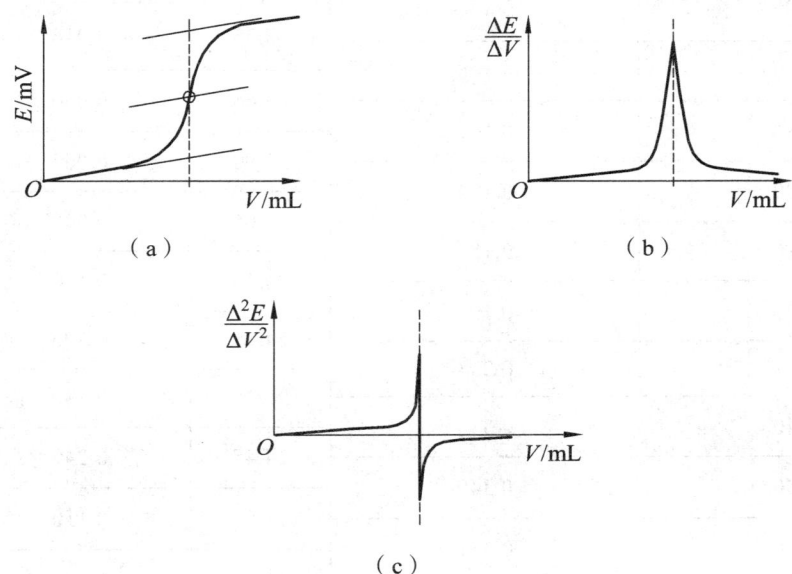

图 2-17　电位滴定终点的确定

2. $\Delta E/\Delta V$-$\overline{V}$ 曲线法（又称一阶微商法）

$\Delta E/\Delta V$ 是 E 的变化值与相应的加入标准滴定溶液体积增量的比。如表 2-4 中，在加入的 $AgNO_3$ 溶液体积为 24.20 mL 和 24.30 mL 之间，相应的

$$\frac{\Delta E}{\Delta V} = \frac{0.233 - 0.194}{24.30 - 24.20} = 0.39 \text{（V/mL）}$$

其对应的体积：

$$\overline{V} = \frac{24.20 + 24.30}{2} = 24.25 \text{（mL）}$$

将 $\overline{V}$ 对 $\Delta E/\Delta V$ 作图，可得到一条呈峰状的曲线 [图 2-17（b）]，曲线最高点由实验点连线外推得到，其对应的体积为滴定终点时标准滴定溶液所消耗的体积（V_{ep}）。用此法作图确定终点比较准确，但手续较烦琐。

表 2-4　0.1 000 mol/L AgNO₃ 溶液滴定 NaCl 溶液

加入 AgNO₃ 体积 V/mL	工作电池电动势 E/V	$\bar{V}$/mL	$(\Delta E/\Delta V)$/(V/mL)	$\Delta^2 E/\Delta V^2$
5.00	0.062			
		10.0	0.0023	
15.00	0.085			
		17.5	0.0044	
20.00	0.107			
		21.0	0.0080	
22.00	0.123			
		22.5	0.015	
23.00	0.138			
		23.25	0.016	
23.50	0.146			
		23.65	0.050	
23.80	0.161			
		23.90	0.065	
24.00	0.174			
		24.05	0.090	
24.10	0.183			
		24.15	0.110	
24.20	0.194			2.8
		24.25	0.390	
24.30	0.233			4.4
		24.35	0.830	
24.40	0.316			−5.9
		24.45	0.240	
24.50	0.340			−1.3
		24.55	0.110	
24.60	0.351			−0.4
		24.65	0.070	
24.70	0.358			
		24.85	0.050	
25.00	0.373			
		25.25	0.024	
25.50	0.385			
		25.75	0.022	
26.00	0.396			

3. 二阶微商法

此法依据是一阶微商曲线的极大点对应的是滴定终点体积，则二阶微商（$\Delta^2 E/\Delta V^2$）等于零时，对应的体积就是滴定终点的体积。二阶微商法有计算法和作图法两种。

（1）计算法

如表 2-4 中，加入 AgNO₃ 体积为 24.30 mL 时，

$$\frac{\Delta^2 E}{\Delta V^2} = \frac{\left(\frac{\Delta E}{\Delta V}\right)_{24.35} - \left(\frac{\Delta E}{\Delta V}\right)_{24.25}}{\bar{V}_{24.35} - \bar{V}_{24.25}} = \frac{0.830 - 0.390}{24.35 - 24.25} = 4.4$$

同理,加入 AgNO₃ 体积为 24.40 mL 时,

$$\frac{\Delta^2 E}{\Delta V^2} = \frac{\left(\frac{\Delta E}{\Delta V}\right)_{24.45} - \left(\frac{\Delta E}{\Delta V}\right)_{24.35}}{\overline{V}_{24.45} - \overline{V}_{24.35}} = \frac{0.240 - 0.830}{24.45 - 24.35} = -5.9$$

则滴定终点必然为 $\frac{\Delta^2 E}{\Delta V^2}$ 在 +4.4 和 -5.9 所对应的体积(24.30~24.40 mL)之间,可按图 2-18 所示比例计算,即用内插法计算出终点体积 V_{ep}。

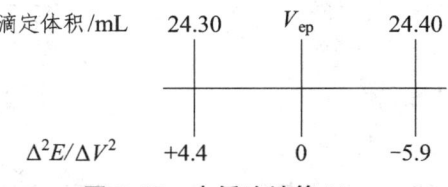

图 2-18 内插法计算 V_{ep}

$$\frac{24.40 - 24.30}{-5.9 - 4.4} = \frac{V_{ep} - 24.30}{0 - 4.4}$$

$$V_{ep} = 24.30 + \frac{0 - 4.4}{-5.9 - 4.4} \times 0.10 = 24.34 \text{(mL)}$$

(2) $\Delta^2 E/\Delta V^2$-$\overline{V}$ 曲线法

以 $\Delta^2 E/\Delta V^2$ 对 $\overline{V}$ 作图,得图 2-17(c)所示曲线,曲线最高点与最低点连线与横坐标的交点即为滴定终点体积。

GB 9725—88 规定,确定滴定终点可以采用二阶微商计算法,也可以用作图法,但实际工作中一般多采用二阶微商计算法求得。

技能拓展

电位滴定仪的保养及维护

电位滴定法在实际操作过程中,通常是人工进行滴定操作,并随时测量、记录滴定电池的电位,然后通过绘图法或计算法来确定滴定终点。这种方法麻烦且费时。随着电子技术和自动化技术的发展,出现了以仪器代替人工滴定的自动电位滴定计。

电位滴定法的装置由五部分组成:指示电极、参比电极、搅拌器、测量仪表、滴定装置。图 2-19(a)是手动电位滴定仪结构示意图。滴定装置是普通滴定管,控制滴定管滴出的滴定剂的体积,测定相应的电池电动势。在接近滴定终点时,每次滴入的滴定剂体积要小一些。自动电位滴定装置如图 2-19(b)所示。在滴定管末端连接可通过电磁阀的细乳胶管,此管下端接毛细管。滴定前,根据具体的滴定对象为仪器设置电位(或 pH)的终点控制值(理论计算值或滴定实验值)。滴定开始时,电位测量信号使电磁阀断续开关,滴定自动进行。电位测量值到达仪器设定值时,电磁阀自动关闭,滴定停止。

电位滴定法应用较广,可用于各种滴定分析。但对于不同类型的滴定,应该选用相应的指示电极。一般来说,酸碱滴定可选用 pH 玻璃电极,氧化还原滴定可选用铂电极,沉淀滴

定可根据不同的滴定反应选择合适的指示电极。例如，以 $AgNO_3$ 滴定 Cl^-、Br^- 和 I^- 时，可选 Ag 电极；以 $Pb(NO_3)_2$ 滴定稀土硫酸盐时，可选用 Pb^{2+} 选择性电极；络合滴定可选用离子选择性电极、铂电极和 pM 电极等。

图 2-19 电位滴定装置

1. 自动电位滴定法终点的确定

自动电位滴定仪确定终点的方式通常有三种：第一种是保持滴定速度恒定，自动记录完整的 E-V 滴定曲线，然后再根据前面介绍的方法确定终点；第二种是将滴定电池两极间的电位差与预设置的某一终点电位差（可以手动对待测试液进行预滴定，以此作出 E-V 滴定曲线，并确定滴定终点的电位）相比较，两信号差值经放大后用来控制滴定速度，近终点时滴定速度降低，终点时自动停止滴定，最后由滴定管读取终点时滴定剂消耗体积；第三种是基于在化学计量点时，滴定电池两极间电位差的二阶微分值由大降至最小，从而启动继电器，并通过电磁阀将滴定管的滴定通路关闭，再从滴定管上读出滴定终点时滴定剂消耗体积。这种仪器不需要预先设定终点电位就可以进行滴定，自动化程度高。

2. 自动电位滴定仪介绍

目前市场上销售的商品自动电位滴定仪有：ZD-2、ZD-3、ZD-4 型自动电位滴定仪和 MIA-3-DAB-B 全自动电位滴定仪等多种型号。使用较普遍的是 ZDJ-4 型自动电位滴定仪（图 2-20）。

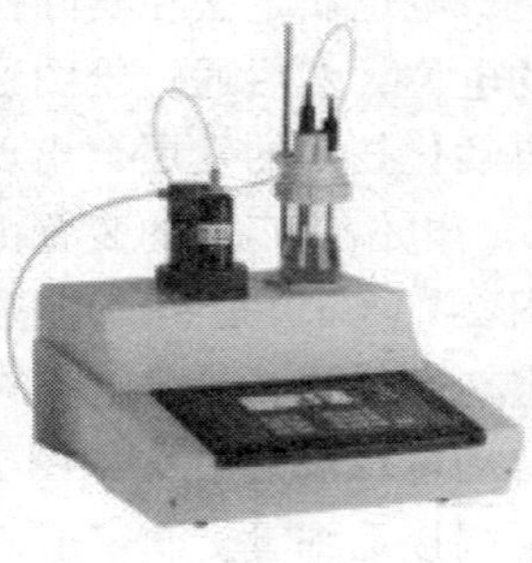

自动电位滴定仪的工作原理是通过测量电极电位变化，来测量离子浓度。首先选用适当的指示电极和参比电极，与被测溶液组成一个工作电池，然后加入滴定剂。在滴定过程中，由于发生化学反应，被测离子的浓度不断发生变化，因而指示电极的电位随之变化。在滴定终点附近，被测离子的浓度发生突变，引起电极电位的突跃，因此根据电极电位的突跃可确定滴定终点，并给出测定结果。

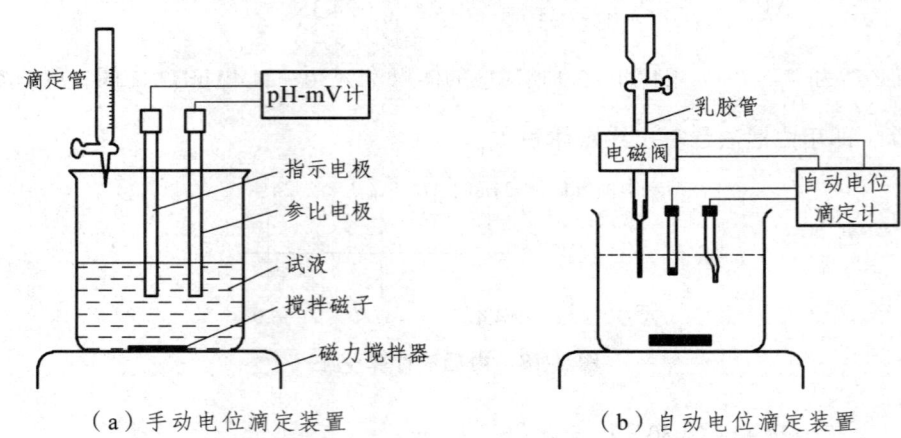

图 2-20 ZDJ-4 型自动电位滴定仪

检测原理：自动电位滴定仪采用柱塞式滴定方法，由单片机控制柱塞的滴定过程，采集电极的动态信号。在滴定过程中，滴定池内溶液产生不同的电位变化,当 $\Delta E/\Delta V$ 的变化大于门限值后为等当点,满足设定条件,仪器转到制停程序,停止滴定并给出测定结果。

自动电位滴定仪滴定结果准确,全中文显示,操作简便,自动化程度高,具有动态进给和定量进给方式,可判别多个终点等。

任务四　电导法测定水的纯度

【任务目的】

（1）了解溶液电导的基本概念,电导法直接测定水的纯度及电导滴定测定盐酸浓度的基本原理和实验方法。

（2）掌握 DDS-11A 型电导率仪结构、性能和使用方法。

【任务准备】

1. 仪　器

DDS-A 型电导率仪。

2. 试　剂

（1）水样:高纯水、去离子水、自来水。

（2）KCl 标准溶液:准确称取已烘干的 KCl 基准试剂 0.745 5 g,置于 100 mL 容量瓶中,用高纯水配成 0.100 0 mol/L KCl 标准溶液。

【任务内容】

一、实验原理

电解质溶液中的离子,在电场作用下能产生定向移动,结果传递了电荷,因此,电解质溶液具有导电作用。这种导电能力的大小称为电导,用 G 表示,单位西门子,符号 S（S=Ω^{-1}）。因为电导是电阻的倒数（$1/R$）,所以,测量电导的方法可用两个电极插入溶液中,测出两极间的电阻 R 即可。根据欧姆定律,当温度一定时,这个电阻值与电极间的距离 L（cm）成正比,与电极的横截面面积 A（cm²）成反比,即

$$R = \rho \frac{L}{A} \tag{2-32}$$

对于一个给定的电极,其电极面积 A 与间距 L 都是固定不变的,故 $\frac{L}{A}$ 是一个常数,称为电导池常数（或电极常数）,以 Q 表示。由式（2-32）可得

$$G = \frac{1}{R} = \kappa \frac{1}{Q} \tag{2-33}$$

式中　κ——电导率，$\kappa = \dfrac{1}{\rho}$，单位为 S/cm。

电导池常数 Q 可以通过测量一定浓度的 KCl 溶液（标准溶液）的电导来求得，测定时只要用未知常数的电极测定已知电导率的溶液。各浓度 KCl 溶液在不同温度下的电导率见表 2-5。

表 2-5　不同温度时 KCl 溶液的电导率（S/cm）

温度/°C	浓度/(mol/L)			
	1.0000	0.1000	0.0100	0.0200
1	0.067 13	0.007 36	0.000 800	0.001 566
2	0.068 86	0.007 57	0.000 824	0.001 62
3	0.070 61	0.007 79	0.000 848	0.001 659
4	0.072 37	0.008 00	0.000 872	0.001 705
5	0.074 14	0.008 22	0.000 896	0.001 752
6	0.075 93	0.008 44	0.000 921	0.001 800
7	0.077 3	0.008 66	0.000 945	0.001 848
8	0.079 54	0.008 88	0.000 970	0.001 896
9	0.081 36	0.009 11	0.000 995	0.001 954
10	0.083 19	0.009 33	0.001 020	0.001 994
11	0.085 04	0.009 56	0.001 045	0.002 043
12	0.086 87	0.009 79	0.001 017	0.002 093
13	0.088 76	0.010 02	0.001 095	0.002 142
14	0.090 63	0.010 25	0.001 121	0.002 193
15	0.092 52	0.010 48	0.001 147	0.002 243
16	0.094 41	0.010 72	0.001 173	0.002 294
17	0.096 31	0.010 95	0.001 199	0.002 345
18	0.098 22	0.011 19	0.001 225	0.002 397
19	0.100 14	0.011 43	0.001 251	0.002 449
20	0.102 07	0.011 67	0.001 278	0.002 501
21	0.104 00	0.011 91	0.001 305	0.002 553
22	0.105 54	0.012 15	0.001 332	0.002 606
23	0.107 89	0.012 39	0.001 359	0.002 659
24	0.109 84	0.012 61	0.001 386	0.002 712
25	0.111 80	0.012 88	0.001 413	0.002 765
26	0.113 77	0.013 13	0.001 441	0.002 819
27	0.115 74	0.013 37	0.001 468	0.002 873
28		0.013 62	0.001 498	0.002 927
29		0.013 87	0.001 524	0.002 981
30		0.014 12	0.001 552	0.003 036

续表 2-5

温度/°C	浓度/(mol/L)			
	1.0000	0.1000	0.0100	0.0200
31		0.014 37	0.001 581	0.003 091
32		0.014 62	0.001 609	0.003 146
33		0.014 88	0.001 638	0.003 201
34		0.015 13	0.001 667	0.002 256
35		0.015 39		0.003 312
36		0.015 64		0.003 368

设所用 KCl 溶液的电导率为 κ，用未知电导池常数的电极测得其电导为 G，则电极常数为

$$Q = \frac{\kappa}{G} \tag{2-34}$$

这里 KCl 溶液的电导率 κ 值可以从表 2-5 查出，G 为在同一实验条件下测出的电导，故可求出 Q。

二、实验步骤

1. 电导池常数的校正

DDS-11A 型电导率仪（图 2-21）测电极常数的具体步骤如下：

（1）准确吸取 0.100 0 mol/L 的 KCl 溶液 10 mL 和 20 mL，分别置于 100 mL 容量瓶中，配制成 0.010 0 mol/L 及 0.020 0 mol/L 的 KCl 标准溶液，再将电极插入此溶液中（此溶液的电导率可由表 2-5 查出）；

（2）把"高低周"挡开关拨至"高周"挡；

（3）把量程开关拨至 10^5 红线处；

（4）把测量校正开关拨至"测量"位置；

（5）把"电极常数"旋钮调至"1.0"位置；

（6）调节"调正"器，使读数显红字（正刻度）；

（7）把测量开关拨至"校正"位置；

（8）调节"电极常数"旋钮，使电表指示满刻度，此时"电极常数"旋钮所指示的读数为该电极的电极常数（每小格为 0.02）。

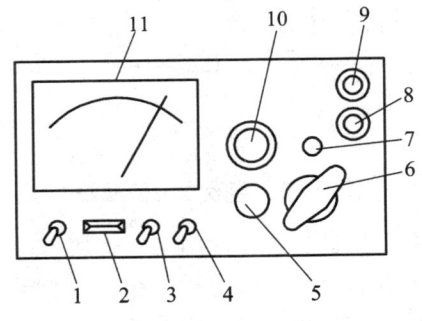

图 2-21 电导率仪的外形

1—电源开关；2—电源指示灯；3—高低周开关；4—校正、测量开关；5—校正调节器；
6—量程选择开关；7—电容补偿调节器；8—电极插口；9—10 mA 输出插口；
10—电极常数调节器；11—电表

2. 水的纯度测定

（1）调节仪器，将电极和容器用被测溶液洗涤 2～3 次，然后把电极插入溶液中。

（2）将电导仪旋钮"4"拨到"测量"，量程选择开关逐挡下降到适当位置。

（3）读出表上读数，分别测出各种水的电导率，并比较它们的纯度。

问题探究四

1. 为什么可以用电导率仪测水的纯度？
2. 实验前，为什么要用标准 KCl 溶液校正仪器？

知识链接四　电导分析法

一、电导分析的基本原理

1. 溶液导电的通路

溶液导电的通路可由电阻和电容组成的等效电路来表示。图 2-22（a）表示电导池，图 2-22（b）为其等效电路。图中 R_1 与 R_2 表示导线电阻（通常可忽略不计），C_1 和 C_2 为电极的双电层电容，C_P 为两电极间的电容，R 为两电极间溶液的电阻，当有电极反应时，Z_1 和 Z_2 相当于两电极上的法拉第阻抗。

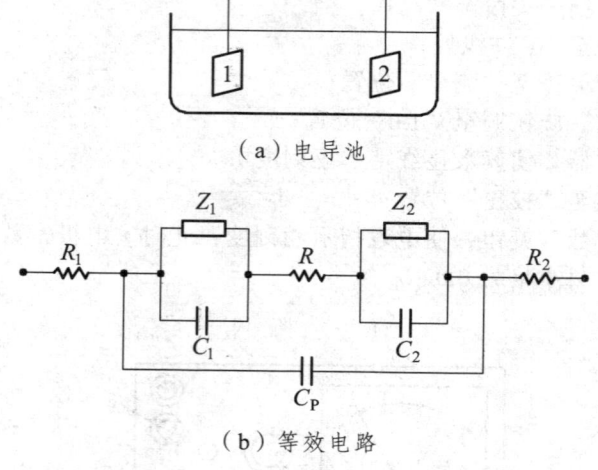

（a）电导池

（b）等效电路

图 2-22　溶液导电的通路

直流电是不能通过电容器的。因此，若在此网络上施加一较小的直流电压，如果不能引起电极反应，则除瞬时电流外，不会有直流电流通过。在较高电压下，引起电极反应时，将有电流通过 Z 和 R。由于电极反应引起溶液中离子浓度改变，所以直流电不宜用于电导分析。

如果在两极上加以交流电压，则有交流电流通过 C_1、R 和 C_2，同时也有电流通过 C_P（C_P 一般很小，容抗较大）。使用镀有海绵状铂黑的电极时，电极的导电面积增大，其电容量也增大,故 C_1 和 C_2 是交流电的良好通道,当外加电压还未达到能使 Z 上发生电极反应所需电压时,它们早已能导电了,因而整个电导池的电阻主要取决于 R。电导分析归根到底是测定溶液的电阻。

2. 电导和电导率

溶液导电与金属导电不同:金属导电是依靠金属内部的自由电子在电场作用下定向运动;溶液导电则是由于溶液中正负离子在电场作用下产生迁移,正离子把正电荷从正极携至负极,而负离子向相反方向运动,把负电荷由负极携至正极。两个方向的运动有相同的效果,即通过溶液的总电量,为正负离子导电量的总和。

溶液导电的大小除与导电溶液的几何形状(导电面积和两极间的距离)有关外,还取决于溶液的固有性质,即溶液中离子的数目、离子所带电荷数和其运动行为等因素。电阻的倒数称为电导,电阻率的倒数称为电导率。当电导池常数 Q 一定时,只要测出溶液的电导值 G,就能求出该溶液的电导率 κ 值。要对比不同物质的导电能力,直接对比实验测得的电导是没有意义的,而应对比它们的电导率。若干种典型物质的电导率列于表 2-6。

表 2-6 几种典型物质的电导率

金属	物 质	κ /(S/cm)	温度/°C
超导体		10^{20}	约 −273
金 属	Ag	6.812×10^6	0
	Cu	6.406×10^5	0
	Al	3.900×10^6	0
	Fe	1.102×10^6	0
	Pt	0.913×10^6	0
	Hg	0.104×10^5	0
	Ni-Cr 丝	0.1×10^5	20
	石墨	$0.012\,5 \times 10^5$	0
电解质 (水溶液)	KCl(1 mol/L)	0.111 73	25
	KCl(0.1 mol/L)	0.012 886	25
	KCl(0.01 mol/L)	0.001 411 4	25
	KCl(0.1 mol/L)	0.039 2	25
	HAc(0.1 mol/L)	0.000 5	25
	KCl(熔融)	2.12	800
半导体	Si	0.01	25
绝缘体	水	$\sim 10^{-7}$	25
	玻璃	$\sim 10^{-16}$	室温
	二甲苯	1.43×10^{-16}	25
	云母	10^{-16}	室温
	硫	10^{-15}	室温

从表 2-6 可以看出，各种物质的导电能力之差最大可达 20 多个数量级。

3. 摩尔电导率与极限摩尔电导率

一般电解质的电导率在浓度不太大的情况下，随着浓度的增大，导电粒子数增加而变大。对不同类型的电解质，一般用摩尔电导率比较其导电能力。

摩尔电导率（Λ_m）是指两块平行的大面积电极相距 1 m 时，它们之间有 1 mol 的电解质溶液，此时该体系所具有的电导，用符号 Λ_m 表示。它与电导率的关系为

$$\Lambda_m = \frac{\kappa}{c} \times 1\,000 \tag{2-35}$$

式中　　Λ_m——摩尔电导率，$S \cdot m^2/mol$；

　　　　κ——电解质的电导率，$S \cdot m^2$；

　　　　c——电解质的物质的量浓度，mol/L。

电解质溶液的电导率及摩尔电导率均随溶液的浓度变化而变化，但强、弱电解质的变化规律不尽相同。几种不同的强、弱电解质其电导率 κ 与摩尔电导率 Λ_m 随浓度的变化关系如图 2-23 所示。

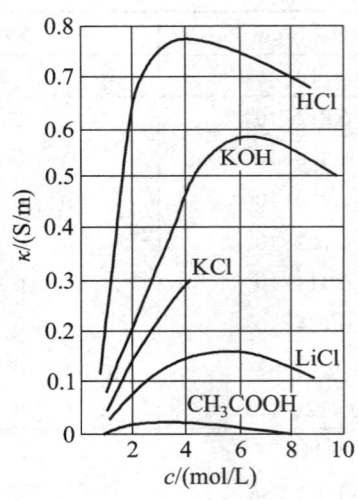
（a）电导率与浓度的关系

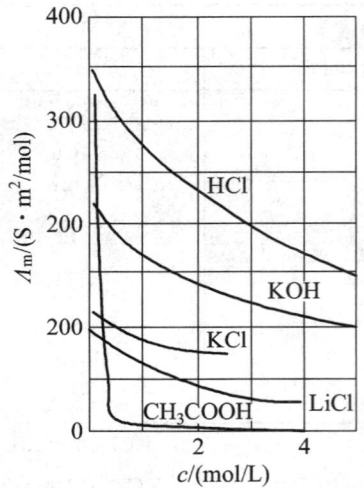
（b）摩尔电导率与浓度的关系

图 2-23　不同的强、弱电解质的电导率及摩尔电导率与浓度的关系

从图 2-23（a）可以看出，对强电解质来说，在浓度不是很大时，κ 随浓度增大而明显增大。这是因为单位体积溶液中导电粒子数增多。当浓度超过某值之后，由于正、负离子间相互作用力增大，其导电能力减小，所以在电导率与浓度的关系曲线上可能会出现最高点。弱电解质溶液的电导率随浓度的变化不显著，这是由于随着弱电解质浓度增加，其电离度随之减小，所以溶液中离子数目变化不大。

与电导率不同，无论是强电解质还是弱电解质，溶液的摩尔电导率 Λ_m 均随浓度的增加而减小［图 2-23（b）］。但二者的变化规律不同。对强电解质来说，在水溶液中可视为百分之百电离，因此，能导电的离子数已经确定。当浓度降低时，离子之间的相互作用力随之减弱，正、负离子的运动速率因此增加，故 Λ_m 增大。当浓度降低到一定程度，离子之间作用

力已降到极限,此时摩尔电导率趋于一极限值——无限稀释时的摩尔电导率 Λ_m^∞,称为极限摩尔电导率。在浓度较低的范围内,Λ_m、Λ_m^∞ 与浓度 c 之间遵循 Kohlrausch 经验关系式:

$$\Lambda_m = \Lambda_m^\infty - A\sqrt{c} \tag{2-36}$$

式中 A——常数。

该式表明,在很稀的溶液中,强电解质的摩尔电导率与其浓度的平方根成直线关系。当 $c^{1/2} \to 0$ 时,Λ_m 增大并趋向于极限值 Λ_m^∞,所以可用外推法求 Λ_m^∞。

但对弱电解质来说,溶液变稀时离解度增大,参加导电的离子数目大为增加(注意:电解质数量未变),因此 Λ_m 的数值随浓度的降低而显著增大。当溶液无限稀释时,电解质已达 100% 电离,且离子间距离很大,相互作用力可以忽略。因此,弱电解质溶液在低浓度区的稀释过程中,Λ_m 的变化比较剧烈且 Λ_m 与 Λ_m^∞ 相差甚远,Λ_m 与 c 之间不遵循 Kohlrausch 经验关系式。弱电解质极限摩尔电导率 Λ_m^∞ 根据离子独立运动定律来计算,即在无限稀释溶液中,离子彼此独立运动,互不影响,无限稀释电解质的摩尔电导率等于无限稀释时阴、阳离子的摩尔电导率之和。电解质的极限摩尔电导率为

$$\Lambda_m^\infty = \nu_+ \Lambda_{m,+}^\infty + \nu_- \Lambda_{m,-}^\infty \tag{2-37}$$

如醋酸的极限摩尔电导率为

$$\Lambda_m^\infty(HAc) = \Lambda_m^\infty(H^+) + \Lambda_m^\infty(Ac^-)$$

根据这个规律,可以应用几种强电解质的极限摩尔电导率来计算弱电解质的极限摩尔电导率。例如,醋酸的极限摩尔电导率也可如下计算:

$$\begin{aligned}\Lambda_m^\infty(HAc) &= \Lambda_m^\infty(H^+) + \Lambda_m^\infty(Ac^-) \\ &= \Lambda_m^\infty(H^+) + \Lambda_m^\infty(Cl^-) + \Lambda_m^\infty(Na^+) + \Lambda_m^\infty(Ac^-) - \Lambda_m^\infty(Na^+) - \Lambda_m^\infty(Cl^-) \\ &= \Lambda_m^\infty(HCl) + \Lambda_m^\infty(NaAc) - \Lambda_m^\infty(NaCl)\end{aligned}$$

从以上可看出,极限摩尔电导率不随浓度而改变,是由离子的某些性质决定的,是离子的特征参数,在一定程度上反映了各离子导电能力的大小(表 2-7)。

表 2-7 几种常见离子的极限摩尔电导率(25 ℃)

阳离子	Λ_m^∞	阴离子	Λ_m^∞
H^+	349.82	OH^-	197.6
Na^+	50.11	Cl^-	76.34
K^+	73.52	Br^-	78.3
Mg^{2+}	53.06	SO_4^{2-}	80.0

二、溶液电导的测定方法和仪器

溶液电导的测定,实际上就是测定溶液的电阻(电导是电阻的倒数)。对于浓溶液,应选

用电导池常数较小的电导池,对于稀溶液,则应选用电导池常数较大者,以使所测数值处于仪器灵敏度最高的范围内。如果要比较溶液的导电能力,则应将各自的电导池常数代入式(2-33),计算出电导率,才能相互比较。

电导池的形状很多,电导池内均有两块相互平行的铂电极,并保持两电极相对位置不变。铂片上通常镀一层铂黑。镀铂黑的方法是将铂片先用水洗净,再用蒸馏水冲洗,在3%氯铂酸和0.02%~0.03%醋酸铅溶液中电镀,即可得到铂黑电极。

测量电导的最简单装置是使用平衡式电桥。如图2-24所示,R_1、R_2为比例臂,由准确电阻构成。R_2/R_1的比例值可有0.1、1和10三种选择。R_x代表电导池的电阻,R_3是一个带刻度盘的可调电阻或精密的多位数字电阻箱。交流电源由A、B两端供电,C、D为输出端,信号经变压器耦合送入交流放大器放大,再经整流,然后由表头检出。调节R_3,当电桥平衡时,电表指零。此时C点电位等于D点电位。从交流电源输出的电流分为两支,一支经AR_1R_3B回路,设其电流为i,另一支经AR_2R_xB回路,设其电流为i',满足下式,

$$iR_3 = i'R_x, \quad iR_1 = i'R_2$$

则得

$$R_x = \frac{R_2 R_3}{R_1} \tag{2-38}$$

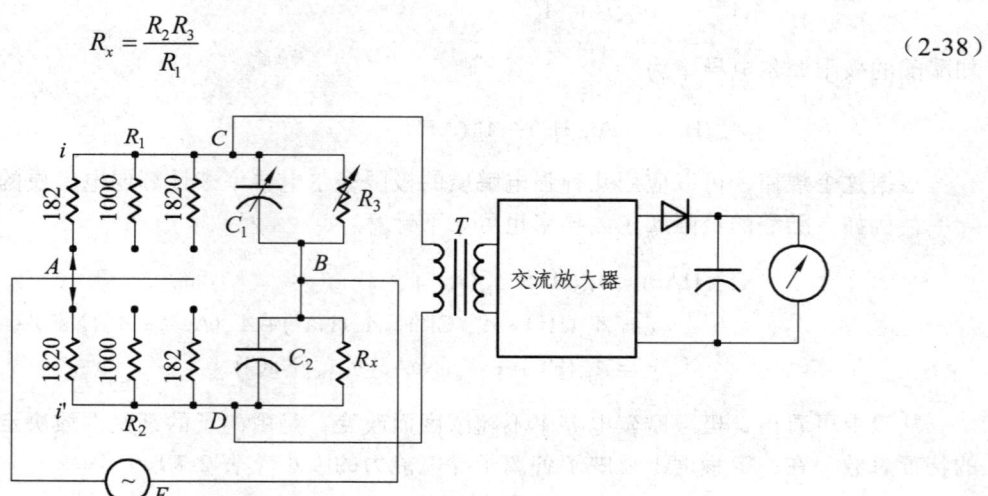

图 2-24 交流惠斯登电桥测量溶液电导

溶液电阻可由R_2/R_1之值和R_3的乘积求出。图中C_x表示电导池两极间的电容以及接线上的分布电容。由于它的存在会改变R_x上交流电的相位,影响检流计的指零,因此必须调整"平衡臂"上的可变电容C_x,使之平衡。当测量高电阻溶液时,使用较大面积的电极且相距较近,因而C_x较大,更不能忽视电容的平衡问题。

平衡式电桥测量电阻操作麻烦,不便用于连续自动测量。为了改进这种缺点,现在多采用直读式电导仪。国产DDS-11A型电导仪是一种直读式电导仪,其工作原理如图2-25所示。振荡器输出交流电压E,送入电导池,电导池的电阻R_x与测量电阻R_m串联,构成回路。

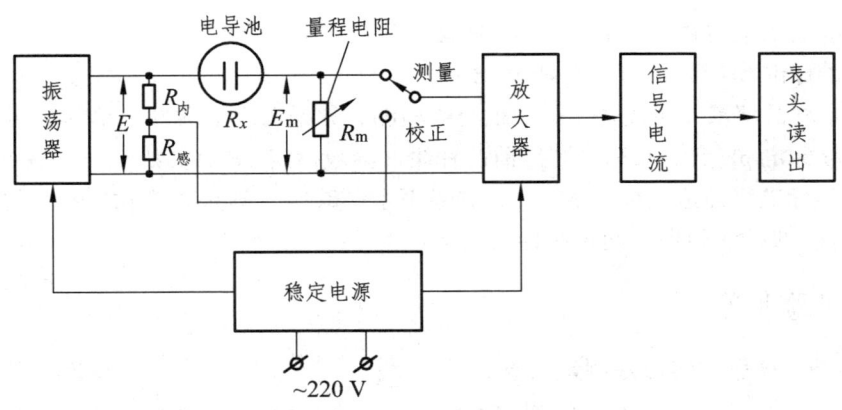

图 2-25 国产 DDS-11A 型电导仪结构

任务五 技能综合训练

【任务内容】

一、测定雨水的 pH

（一）实验原理

在生产实际中，常利用直接电位法精确测量水溶液的 pH，所采用的仪器为酸度计。酸度计由玻璃电极（指示电极）和饱和甘汞电极（参比电极）组成。测量溶液的 pH 时，常采用比较法，即选用 pH 已经确定的标准缓冲溶液进行比较而得到待测溶液的 pH。pH 与所测电动势之间的关系为

$$pH_x = pH_s + \frac{E_x - E_s}{0.0592}$$

式中　pH_x，pH_s——待测溶液和标准溶液的 pH；

　　　E_x，E_s——待测溶液和标准溶液的电动势。

测定 pH 用的仪器是按上述原理设计制作的。测定方法有单标准 pH 缓冲溶液法和双标准 pH 缓冲溶液法。通常我们采用单标准 pH 缓冲溶液法，如果要提高测量的准确度，则需要采用双标准 pH 缓冲溶液法。标准缓冲溶液的 pH 是否准确可靠，是能否准确测量 pH 的关键。

（二）实验准备

1. 仪 器

酸度计、玻璃电极、饱和甘汞电极。

2. 试 剂

（1）邻苯二甲酸氢钾标准 pH 缓冲溶液（pH=4.00）；

(2）磷酸氢二钠与磷酸二氢钾标准 pH 缓冲溶液（pH=6.86）；

(3）硼砂标准 pH 缓冲溶液（pH=9.18）；

(4）雨水样品溶液（可先用 pH 试纸粗略检测，如果雨水呈酸性，单标法用 pH=4.00 的标准缓冲溶液标定 pH 计，双标法则用前两种缓冲溶液标定 pH 计；如果雨水呈中性，单标法用 pH=6.86 的标准缓冲溶液标定 pH 计；如果雨水呈碱性，单标法用 pH=9.18 的标准缓冲溶液标定 pH 计，双标法则用后两种缓冲溶液标定）。

（三）实验步骤

1. 单标准 pH 缓冲溶液法测量雨水 pH

这种方法适合于一般要求，即待测溶液的 pH 与标准缓冲溶液的 pH 之差小于 3。

(1）选用仪器"pH"挡，将清洗干净的电极浸入待测标准 pH 缓冲溶液中，按下"测量"按钮，转动"定位调节"旋钮，使仪器显示的 pH 稳定为该标准缓冲溶液 pH。

(2）松开"测量"按钮，取出电极，用蒸馏水冲洗几次，小心用滤纸吸去电极上的水。

(3）将电极置于待测试液中，按下"测量"按钮，读取稳定的 pH，记录。松开"测量"按钮，取出电极，按（2）清洗，继续测量下一个样品溶液。测量完毕，清洗电极，并将玻璃电极浸泡在蒸馏水中。

2. 双标准 pH 缓冲溶液法测量雨水 pH

为了获得高精度的 pH，通常用两个标准 pH 缓冲溶液进行定位，校正仪器，并且要求未知溶液的 pH 尽可能落在这两个标准 pH 溶液的 pH 中间。

(1）按单标准 pH 缓冲溶液法的步骤（1）（2），选择两个标准缓冲溶液，用其中一个对仪器定位；

(2）将电极置于另一个标准缓冲溶液中，调节斜率旋钮（如果没设斜率旋钮，可使用温度补偿旋钮调节），使仪器显示的 pH 读数至该标准缓冲溶液的 pH。

(3）松开"测量"按钮，取出电极，用蒸馏水冲洗几次，小心用滤纸吸去电极上的水；再放入第一次测量的标准缓冲溶液中，按下"测量"按钮，其读数与该试液的 pH 相差至多不超过 0.05，表明仪器和玻璃电极的响应特性均良好。往往要反复测量、反复调节几次，才能使测量系统达到最佳状态。

(4）当测量系统调定后，将洗干净的电极置于待测样品溶液中，按下"测量"按钮，读取稳定的 pH，记录。松开"测量"按钮，取出电极，冲洗干净后，将玻璃电极浸泡在蒸馏水中。

二、氟离子选择性电极法测定牙膏中的游离氟

（一）实验原理

氟是人体必需的微量元素之一。适量的氟可增强牙齿的抗酸性，抑制细菌发酵产生酸，能够使骨骼和牙齿坚固，预防龋齿；但氟浓度过高，又会影响牙齿和骨骼的发育，出现氟斑牙、氟骨病等慢性氟中毒症状，甚至会引起恶心、呕吐、心律不齐等急性氟中毒。如果人体

每千克体重含氟量达到 32～64 mg，就会导致死亡。含氟牙膏中氟含量较高，且为游离态，所以牙膏中游离氟的检测非常必要。根据国家标准《GB 8372—2008 牙膏》的规定：含氟牙膏总氟量要大于等于牙膏总质量的 0.05%，并小于等于 0.15%（儿童牙膏应小于等于 0.11%）；可溶氟或游离氟则必须大于等于 0.05%。

氟离子选择性电极是一种以 LaF_3 单晶膜为敏感膜、NaF 和 NaCl 混合溶液为内参比溶液、Ag-AgCl 为内参比电极的电化学传感器。以氟离子选择性电极为指示电极、饱和甘汞电极（SCE）为参比电极，同时浸入含氟待测液中，组成工作电池：

$$Hg，Hg_2Cl_2 \mid KCl（饱和）\parallel F^- 待测液 \mid LaF_3 \mid NaF，NaCl \mid AgCl，Ag$$

在待测溶液中加入总离子强度调节缓冲液（TISAB），控制待测溶液的离子强度与酸度恒定，电池的电动势与溶液中 F^- 浓度的对数呈线性关系：

$$E = K - \frac{RT}{F}\ln c(F^-)$$

25 ℃ 时，则为

$$E = K - 0.059\ 2\ln c(F^-)$$

本实验采用 GB 8372—2008 的方法进行测定。本方法测定的是游离 F^- 的浓度。某些离子，如 Fe^{3+}、Al^{3+}、$Si(Ⅳ)$ 及 H^+ 等能与氟离子结合而对测量有干扰，测量应在塑料烧杯内进行。

（二）实验准备

1. 仪 器

（1）pHS-3C 型酸度计；
（2）氟离子选择性电极；
（3）饱和甘汞电极；
（4）磁力搅拌器；
（5）离心机。

2. 试 剂

（1）95 mg/L 氟离子标准溶液：将分析纯氟化钠（NaF，M_r=41.99）在 120 ℃ 烘干 2 h，冷却至室温。准确称取氟化钠晶体 0.210 0 g，用去离子水溶解后，转移至 1 000 mL 容量瓶中，用去离子水定容，得 95 mg/L F 标准溶液。储存在聚乙烯试剂瓶中待用。

（2）TISAB：于 1 000 mL 烧杯中加入 500 mL 水、57 mL 冰醋酸、58 g 氯化钠、12 g 二水合柠檬酸钠，搅拌至溶解；继续滴加 50% NaOH 溶液，至溶液 pH 为 5.0～5.5，冷却至室温，并稀释至 1 000 mL。

（3）市售含氟（有效成分为 NaF）牙膏。

（三）实验步骤

1. 样品制备

称取含氟牙膏 50 g（准确至 ± 0.001 g），置于 50 mL 塑料烧杯中，逐渐加入去离子水，搅拌使其溶解，转移至 250 mL 容量瓶中，用去离子水定容。在 2 个具有刻度的 10 mL 离心管中各加入试液至 10 mL 刻度，放在离心机对称位置，以 2 000 r/min 的速度离心 30 min，冷却至室温后，留上清液备用。

2. 系列标准溶液的配制

分别吸取 95 mg/L 氟离子标准溶液 0.50 mL、1.00 mL、1.50 mL、2.00 mL 和 2.50 mL，置于 5 个 25 mL 容量瓶中，各加入 TISAB 2.5 mL，用去离子水定容，得氟离子系列标准溶液。

3. 标准曲线的绘制

将系列标准溶液按浓度从低到高的顺序逐一转移至塑料小烧杯中，将氟离子选择性电极与饱和甘汞电极浸入液面下，放入搅拌子，开动磁力搅拌器，调节至合适的速度，搅拌 2 min，静置 1 min，读取各溶液的电位值；再次搅拌 2 min，静置 1 min，读数。若两次读数之差不超过 ±1 mV，取两次测定的平均值为测定结果，并做记录。

4. 牙膏中游离氟的测定

分别吸取实验步骤 1 中所制上清液 0.50 mL（视样品具体情况而定），置于 2 只 50 mL 容量瓶中，各加 TISAB 5.0 mL，用去离子水定容，转入塑料小烧杯中，按实验步骤 3 的方法进行测量，并记录电位值。

（四）数据处理

以系列标准溶液的 $\lg c(F^-)$ 为横坐标、测得的相应电位值 E 为纵坐标，绘制标准曲线，并得线性回归方程。根据牙膏试液所测得的电位值和标准曲线的线性方程，计算样品溶液中 F^- 的浓度，并据此换算出牙膏中游离氟的含量（以质量分数表示），判断其含氟量是否合格。

（五）注意事项

（1）电极在使用前应按说明书进行活化、清洗。电极的敏感膜应保持清洁和完好，切勿玷污或使其受到机械损伤。

（2）固态膜电极钝化后，用金相砂纸抛光，一般可恢复原来的性能；或在湿麂皮上放少量优质牙膏或牙粉，用以摩擦氟电极，也可使氟电极活化。

（3）测定时，应按溶液从稀到浓的次序进行。在浓溶液中测定后应立即用去离子水清洗电极，至其电位为空白电位值，再测定稀溶液，否则将严重影响电极寿命和测量准确度（有迟滞效应）。电极也不宜在浓溶液中长时间浸泡，以免影响检出下限。

（4）电极使用后，应清洗至其电位为空白电位值（氟电极的空白电位，即电极在不含 F^- 的去离子水中的电位，约为 300 mV，不同厂家、型号可能会有所不同，按说明书所示）后晾干，按要求保存。

三、酱油中氨基态氮的测定

（一）实验原理

根据氨基酸的两性作用，加入甲醛以固定氨基的碱性，使羧基显示出酸性，将酸度计的玻璃电极及甘汞电极（或复合电极）插入被测液中，构成电池，用碱液滴定，根据酸度计指示的pH判断和控制滴定终点。

（二）实验准备

1. 仪 器

酸度计。

2. 试 剂

（1）pH=6.18标准缓冲溶液；
（2）20%中性甲醛溶液；
（3）0.05 mol/L左右的NaOH标准溶液。

（三）实验步骤

1. 样品处理

先测出待测酱油的比重，然后吸取酱油5.00 mL于100 mL容量瓶中，加水定容。吸取20.00 mL于250 mL烧杯中，加水60 mL，放入磁力搅拌子，开动磁力搅拌器，调节转速适当。用pH 6.18的标准缓冲溶液校正酸度计，然后将电极清洗干净，插入上述酱油液中，用NaOH标准溶液滴定至酸度计指示pH 8.2。

2. 氨基酸的滴定

在上述滴定至pH=8.2的溶液中加入10.00 mL中性甲醛溶液，再用NaOH标准溶液滴定至pH 9.2，记录消耗的NaOH溶液体积V_1。

3. 空白滴定

吸取80 mL蒸馏水于250 mL烧杯中，用NaOH标准溶液滴定至pH=8.2，然后加入10.00 mL中性甲醛溶液，再用NaOH标准溶液滴定至pH=9.2，记下加入甲醛后消耗的NaOH溶液体积V_2。

（四）数据处理

$$氨基态氮（\%）=\frac{(V_1-V_2)\times c\times 0.014}{m\times \frac{20}{100}}\times 100$$

式中　V_1——酱油稀释液在加入甲醛后滴定至pH 9.2所用NaOH标准溶液的体积，mL；
　　　V_2——空白滴定在加入甲醛后滴定至pH 9.2所用NaOH标准溶液的体积，mL；
　　　c——NaOH标准溶液的浓度，mol/L。
　　　m——吸取的酱油的质量，g。
　　　0.014——氮的毫摩尔质量，g/mmol。

思考与练习

一、填空题

1. 一般测量电池电动势的电极有_____和_____两大类。
2. 玻璃电极的主要部分是_____，它是由_____制成的薄膜。在玻璃电极中装有_____溶液，其中插入一支_____作为内参比电极。
3. 玻璃电极的_____在一定温度时与试液的 pH 呈_____关系。
4. 玻璃电极初次使用时应在_____中浸泡_____h 以上，每次用毕应浸泡在_____溶液中。
5. 甘汞电极是常用的_____电极。它由_____和_____及_____溶液组成。在内玻璃管中，封接一根_____，将其插入_____中，下置一层_____，外玻璃管中装入_____溶液。
6. 将银丝浸入一定浓度的硫化钠溶液中，浸泡一段时间，洗净，即可制成一支_____电极，该电极和甘汞电极相连时作为_____电极。
7. 甘汞电极在使用时应经常注意电极玻璃管_____内是否_____，管内应无_____，以防止_____。
8. 离子选择性电极分_____和_____两大类。固体膜电极属于_____电极，气敏电极属于_____电极。
9. 用离子选择性电极测量离子浓度的方法通常有_____法和_____法。
10. 用电位滴定法进行氧化还原滴定时，通常使用_____为指示电极；进行 EDTA 配位滴定时，可用_____电极为指示电极，一般多采用_____为参比电极。

二、判断题

1. 玻璃电极中内参比电极的电位与被测溶液的氢离子浓度有关，所以能测出溶液的 pH。（　　）
2. 玻璃电极可用于测量溶液的 pH，是基于玻璃膜两边的电位差。（　　）
3. 在 pH > 9 的溶液中，玻璃电极产生的"钠差"，能使测得的 pH 比实际的 pH 偏高。（　　）
4. 在一定温度下，当 Cl^- 活度一定时，甘汞电极的电极电位为一定值，与被测溶液的 pH 无关。（　　）
5. 使用甘汞电极时，为保证电极中的饱和氯化钾溶液不流失，不应取下电极上、下端的胶帽和胶塞。（　　）
6. 甘汞电极在使用时应注意勿使气泡进入盛饱和 KCl 的细管中，以免造成断路。（　　）
7. 在实际测定溶液 pH 时，常用标准缓冲溶液来校正，其目的是消除不对称电位。（　　）
8. 电位滴定中，一般都是以甘汞电极为参比电极，铂电极或玻璃电极为指示电极。（　　）

9. 在电位滴定中，几种确定终点的方法之间的关系是：E-V 图上的拐点就是一次微商的最高点，也就是二次微商等于零的点。（　　）

三、选择题

1. 电位法中的指示电极，其电位应与被测离子的浓度（　　）。
   A. 无关　　B. 呈正比　　C. 的对数呈正比　　D. 符合能斯特公式的关系
2. 常用的指示电极有（　　）。
   A. 甘汞电极　　B. 玻璃电极　　C. 锑电极　　D. 银电极
3. pH 玻璃电极的响应机理与膜电位的产生是由于（　　）。
   A. 氢离子在玻璃膜表面还原而传递电子
   B. 氢离子进入玻璃膜的晶格缺陷而形成双电层结构
   C. 氢离子穿透玻璃膜而使膜内外氢离子产生浓度差而形成双电层结构
   D. 氢离子在玻璃膜表面进行离子交换和扩散而形成双电层结构
4. 普通玻璃电极不能用于测定 pH > 10 的溶液，这是由于（　　）。
   A. 氢氧根离子在电极上响应　　B. 钠离子在电极上响应
   C. 玻璃被碱腐蚀　　D. 玻璃电极的内阻太大
5. 玻璃电极在使用前一定要在水中浸泡 24 h 以上，其目的是（　　）。
   A. 清洗电极　　B. 活化电极　　C. 校正电极　　D. 检查电极好坏
6. 用玻璃电极测量溶液的 pH 时，采用的定量分析方法为（　　）。
   A. 标准曲线法　　B. 直接比较法
   C. 一次加入标准法　　D. 连续加入标准法
7. 用 pH 计测量溶液 pH 时，发现以标准 pH 缓冲溶液标定时，只要测量电池接入电路，指针就偏向一侧，且抖动不止，不能完成标定操作，这是由下列什么原因引起的（　　）
   A. 甘汞电极盐桥中有气泡
   B. 甘汞电极盐桥顶端毛细管堵塞
   C. 玻璃电极的内参比电极未浸入内充液中
   D. 电极插头严重锈蚀，或沾染油污
8. 用电位滴定法测定溶液中 Cl^- 含量时，参比电极可用（　　）。
   A. 甘汞电极　　B. 玻璃电极　　C. 锑电极　　D. 复合甘汞电极
9. 用硫酸铈溶液电位滴定 Fe^{2+} 时，可选用的指示电极为（　　）。
   A. 硫酸根电极　　B. 铂电极　　C. 氟电极　　D. 铂电极加 Fe^{2+} 溶液

四、问答题

1. 酸度计的主要部件是什么？
2. 什么是参比电极？对参比电极的基本要求是什么？最常用的参比电极是什么电极？
3. 试述玻璃电极的响应机理及其优缺点、使用注意事项。
4. 测定溶液 pH 时，为什么要用 pH 标准缓冲溶液标定？

5. 简述电位滴定法的优点。

6. 如何确定电位滴定分析的滴定终点？

五、计算题

1. 用玻璃电极测定溶液 pH。于 pH=4 的溶液中插入玻璃电极和另一支参比电极，测得电池电动势 E_s=0.14 V。于同样的电池中放入未知 pH 的溶液，测得电动势为 0.02 V，计算未知溶液的 pH。

2. 用氟离子选择性电极测定饮用水中的 F^-。取 25.00 mL 水样，加入 25.00 mL TISAB 溶液，测得电位值为 0.137 2 V；再加入 1.3×10^{-3} mol/L 的 F^- 标准溶液 1.00 mL，测得电位值为 0.117 0 V，电位的响应斜率为 58.0 mV/pF。计算水样中 F^- 的浓度（需考虑稀释效应）。

3. 用电位滴定法测定氯铂酸钠中 Cl^- 含量，以 $AgNO_3$ 标准滴定溶液滴定，称取样品氯铂酸钠（Na_2PtCl_6）0.247 9 g。样品在硫酸肼存在下分解，Pt（Ⅳ）还原为金属，释放出 Cl^-，用 $c(AgNO_3)$=0.231 4 mol/L 的硝酸银溶液滴定，以银电极为指示电极、饱和甘汞电极为参比电极，滴定终点前后的数据见表 2-8。

表 2-8　$AgNO_3$ 标准溶液滴定 Cl^- 的实验数据

$AgNO_3$ 标准滴定溶液体积/mL	电位值/mV
13.80	172
14.00	196
14.20	290
14.40	326
14.60	240

计算 Cl^- 的含量（以质量分数表示）。

项目三　紫外-可见分光光度法

📖 学习目标

【技能目标】

- 熟练使用和操作紫外-可见分光光度计；能根据要求用紫外-可见分光光度计对待检样品进行定量、定性分析；
- 学会紫外-可见分光光度计的日常维护和常规故障排除；
- 对实验数据能进行处理分析，并撰写实验报告；
- 具有信息迁移能力，能根据不同型号的仪器说明书达到对该仪器的认知及操作。

【知识目标】

- 理解紫外-可见分光光度计的工作原理；
- 掌握分光光度法对样品进行定量分析、定性分析的常用方法；
- 熟悉紫外-可见分光光度计的结构和保养、维护及故障排除方法；
- 掌握定量分析数据处理的方法及仪器分析报告的标准格式和要求。

许多物质是有颜色的，如高锰酸钾水溶液呈紫红色，硝酸镍水溶液呈绿色，无色或浅色物质也可以通过化学反应生成有色或深色化合物，如二价铜离子与氨生成深蓝色配合物，二价铁离子与邻二氮菲生成橙红色配合物等。

物质颜色的深浅与物质的浓度有关，显然，浓度越大，溶液颜色越深。因此通过比较溶液颜色的深浅就可以确定溶液中有色物质含量的多少，这种方法称为比色分析法。比色分析根据检测方法的不同又分为目视比色法和光电比色法，目视比色法是以人的眼睛检测颜色深浅，进而确定物质含量；而光电比色法则是通过光电转换器（光电池）检测颜色深浅，来确定物质含量的。比色分析仅适用于可见光区。

随着近代测试仪器的发展，现今常用分光光度计来测定物质对特定波长光的吸收程度，以确定物质含量，这种方法称为分光光度法。在测定中，根据所利用光波区域的不同，又分为可见分光光度法（400～780 nm）、紫外分光光度法（200～400 nm）和红外分光光度法（0.75～1 000 μm）等。本项目中我们只学习可见和紫外分光光度法。

紫外-可见分光光度法是仪器分析中应用最广的分析方法之一，具有以下特点：

（1）灵敏度高

化学分析法一般只适用于常量组分的测定，不能测定微量组分，而紫外-可见分光光度法可测 $10^{-5} \sim 10^{-6}$ mol/L，相当于含量为 0.001%～0.000 1% 的物质。

（2）准确度高

一般比色分析的相对误差为 5%~20%，分光光度法的相对误差为 2%~5%，虽不如化学分析法（0.2%），但对微量组分分析是符合要求的。

（3）操作简便，分析速度快

分光光度法的仪器操作简单，容易掌握。

（4）仪器价格低廉，自动化程度高

现代的紫外-可见分光光度计一般都是数字显示，并且配备有工作站，可以直接对测定数据进行处理并报告分析结果。

（5）应用广泛

大部分的无机离子和有机物都可以直接或间接地用紫外-可见分光光度法进行测定，随着灵敏度、选择性更好的显色剂、掩蔽剂的研究，紫外-可见分光光度法的前景更加诱人。

任务一 吸收光谱曲线的制作

【任务目的】

（1）学会吸收光谱曲线的制作；

（2）比较不同物质吸收光谱曲线，认识不同物质吸收光谱曲线各不相同；

（3）比较相同物质不同浓度的吸收光谱曲线，认识浓度与吸光度的关系；

（4）比较相同浓度相同物质，采用不同型号吸收池时的吸收光谱曲线，认识液层厚度与吸光度的关系。

【任务准备】

1. 仪 器

（1）紫外-可见分光光度计（752 型或 722 型）；

（2）比色皿（1 cm、2 cm）。

2. 试 剂

（1）重铬酸钾溶液：3.12×10^{-4} mol/L；

（2）高锰酸钾溶液：1.56×10^{-4} mol/L、3.12×10^{-4} mol/L、4.68×10^{-4} mol/L、7.80×10^{-4} mol/L。

【任务内容】

活动一：

分别在可见光区作同浓度不同物质的吸收光谱曲线（3.12×10^{-4} mol/L 重铬酸钾溶液、3.12×10^{-4} mol/L 高锰酸钾溶液），教师操作，学生观察并记录实验数据。

（1）取两只已配对好的石英比色皿，一只盛装蒸馏水作为参比溶液，一只盛装重铬酸钾溶液，并放入紫外-可见分光光度计暗格中，在波长 400~780 nm，每隔 10 nm 测一次吸光度值，并由学生记下数值。

（2）取两只已配对好的玻璃比色皿，一只盛装溶剂，一只盛装高锰酸钾溶液，并放入紫外-可见分光光度计暗格中，在波长 400～780 nm，每隔 10 nm 测一次吸光度值，并由学生记下数值。

（3）学生根据测出数据，以波长为横坐标、吸光度值为纵坐标，分别作出重铬酸钾及高锰酸钾对不同波长光的吸收程度的曲线，即吸收曲线，比较两种不同物质吸收曲线的不同。

活动二：

作出相同物质不同浓度溶液的吸收光谱曲线，教师操作，学生观察并记录实验数据。

（1）在波长 400～780 nm，每隔 10 nm 测一次浓度为 1.56×10^{-4} mol/L 高锰酸钾溶液吸光度值；用同样方法测定浓度分别为 3.12×10^{-4} mol/L、4.68×10^{-4} mol/L 的高锰酸钾溶液，并由学生记下数值。

（2）学生根据测出数据，在同一张坐标纸上，以波长为横坐标、吸光度值为纵坐标，分别作出不同浓度的高锰酸钾溶液的吸收曲线，比较本组曲线的异同。

活动三：

作同一浓度相同物质，采用不同型号吸收池的吸收光谱曲线，教师操作，学生观察并记录实验数据。

（1）浓度为 3.12×10^{-4} mol/L 高锰酸钾溶液分别用 1 cm 和 2 cm 的玻璃比色皿盛装，在波长 400～780 nm，每隔 10 nm 测一次吸光度值，并由学生记下数值。

（2）学生根据测出数据，在同一张坐标纸上，以波长为横坐标、吸光度值为纵坐标，分别作出不同吸收池盛装的高锰酸钾溶液的吸收曲线，比较本组曲线的异同。

问题探究一

1. 根据活动一，比较重铬酸钾及高锰酸钾的吸收光谱曲线是否相同。若现有一未知样，其吸收光谱曲线与重铬酸钾的吸收光谱曲线相同，则是否可由此判断该物质就是重铬酸钾？

2. 若将活动二与活动三中的高锰酸钾溶液换成重铬酸钾溶液，试画出其吸收光谱曲线；从活动二与活动三我们可看出，物质对光的吸收程度的大小与物质的浓度及入射光光程长度（液层厚度）之间是怎样的关系，试简要叙述之。

知识链接一　光的性质

一、光的基本特性

1. 光的波粒二象性

光是电磁波，既具有波动性也具有粒子性，其波动性可以用波的特征参数，如波长（λ）、频率（ν）等来描述。光的折射、光的衍射等现象均是光的波动性的表现。其粒子性是指光具有能量，光电效应是光具有粒子性的表现。光的波动性与粒子性二者的关系如下：

$$E = h\nu = h\frac{c}{\lambda} \tag{3-1}$$

式中　　h——普朗克常数；

　　　　ν——光的频率；

　　　　λ——光的波长；

　　　　c——光速（真空中约为 3×10^{10} cm/s）。

由于光量子能量小（10^{-19} J），因此，常用电子伏特（eV）为单位（1 eV=1.602 1×10^{-19} J）。由式（3-1）可知：波长越长，光量子能量越小；波长越短，光量子能量越大。

2. 单色光与互补光

由表 3-1 可看出，可见光和紫外光只是某一范围的电磁波。可见光的波长范围是 400~760 nm，它是由红、橙、黄、绿、青、蓝、紫七色按一定比例混合而成的白光。各种光的近似波长范围为：紫色（400~450 nm）、蓝色（450~480 nm）、青色（480~500 nm）、绿色（500~560 nm）、黄色（560~590 nm）、橙色（590~620 nm）、红色（620~760 nm），各种色光之间没有明显界限。紫外光波长范围为 200~400 nm。具有同一波长的光称为单色光，如 520 nm 的绿光；含有多种波长的光称为复合光，如白光。如果两种色光按一定的比例和强度混合，即可合成白光，则这两种色光互称为补色，如红光与绿蓝光可以按一定比例与强度合成白光，则红光和绿蓝光互为补色。各种光的互补关系如图 3-1 所示，直线上对应的两种光互为补色。

表 3-1　电磁波谱表

光谱名称	X 射线	远紫外光	近紫外光	可 见 光								近红外光	远红外光	微波	无线电波
				紫	蓝	青	绿	黄	橙	红					
波长范围	10^{-1}~10 nm	10~200 nm	200~400 nm	400~760 nm								0.76~50 μm	50~1 000 μm	0.1~100 cm	1~10^3 m
分析方法	X 射线光谱法	真空紫外光度法	紫外光度法	比色及可见光度法								近红外光谱法	远红外光谱法	微波光谱法	核磁共振光谱法

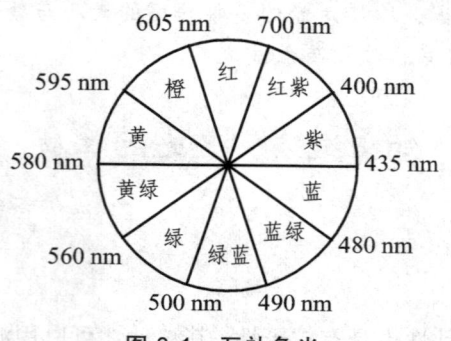

图 3-1　互补色光

二、物质对光的选择性吸收

1. 物质颜色的产生

物质显色是物质对可见光具有选择性吸收的结果。当一束白光通过某溶液时,若该溶液对可见光区各波长的光都不吸收,即入射光全部通过溶液,该溶液为无色透明溶液;如果该溶液对可见光区各波长的光全部吸收,此时看到溶液应该是黑色的;如果该溶液选择吸收了可见光区某波长段的光,则溶液呈现被吸收波长段光的互补光的颜色。例如,一束白光通过高锰酸钾溶液时,高锰酸钾溶液选择吸收了 500～560 nm 的绿色光,透过了紫红色光,而其他色光两两互补成白光通过,所以溶液显现紫红色;同样的道理,铬酸钾溶液是由于其吸收了蓝色光,透过了黄色光,所以显黄色。可见,物质的颜色是基于物质对光的选择性吸收的结果,而物质呈现的颜色是被物质吸收的光的互补色。

在分光光度法中我们根据物质对光的选择性来对物质进行定性、定量分析。物质对光的选择性吸收的特性,可以用吸收光谱曲线来描述。

2. 物质的吸收光谱曲线

吸收光谱曲线是通过实验方法获得的,将不同波长的单色光透过某一固定浓度和厚度的某物质的溶液,测量每一波长下溶液对光的吸收程度(用吸光度 A 表示),然后以波长为横坐标、吸光度为纵坐标作图,所得曲线即为该物质的吸收曲线(也称吸收光谱),它描述了同一溶液对不同波长光的选择性吸收程度。图 3-2 及图 3-3 分别是不同物质的吸收光谱曲线及同一物质不同浓度的吸收光谱曲线。

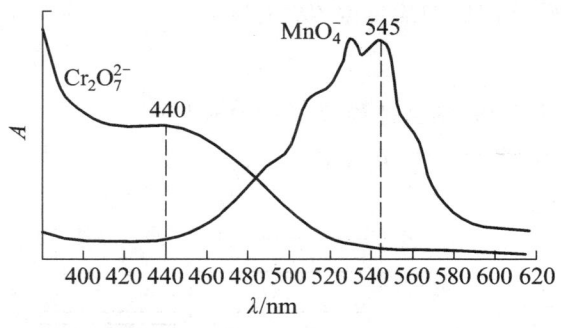

图 3-2　不同物质的吸收光谱曲线

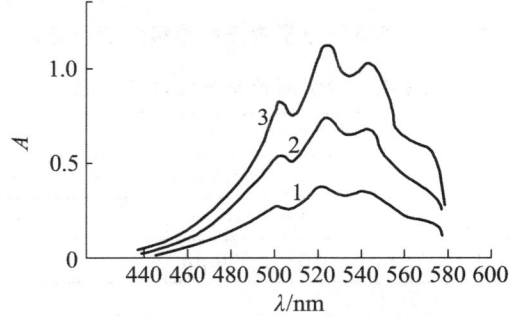

图 3-3　不同浓度的同一物质的吸收光谱曲线
1—$c(KMnO_4)=1.56×10^{-4}$ mol/L
2—$c(KMnO_4)=3.12×10^{-4}$ mol/L
3—$c(KMnO_4)=4.68×10^{-4}$ mol/L

通过分析可知：

（1）同一种物质对不同波长的光吸收程度各不相同。

（2）在相同条件下，同一物质不同浓度的溶液，其吸收光谱曲线相似，且 λ_{max}（光吸收程度最大处的波长，称最大吸收波长）相同；不同物质的吸收光谱曲线形状与最大吸收波长各不相同。所以可利用吸收光谱曲线作为物质初步定性分析的依据。

（3）入射光波长一定时，溶液浓度越大，吸光度也越大，这是分光光度分析法进行定量分析的基础。为了获得较高的测定灵敏度，常用最大吸收波长 λ_{max} 的光作为入射光。

3. 分子吸收光谱曲线产生机理

物质总是在不断地运动，构成物质的分子、原子具有一定的运动方式，在一定的条件下，分子处于一定的运动状态，物质分子内部运动状态有三种形式：

（1）电子运动：电子绕原子核作相对运动——电子能级；

（2）原子运动：分子中原子或原子团在其平衡位置附近作相对振动——振动能级；

（3）分子转动：整个分子绕其重心作旋转运动——转动能级。

所以，分子的总能量由上述三种运动的能量组成：

$$E_{分子} = E_e + E_v + E_j \tag{3-2}$$

式中 E_e，E_v，E_j——电子运动、原子振动和分子转动的能量。

当分子吸收一个具有一定能量的光量子时，就由较低的能级跃迁到较高的能级，被吸收光子的能量必须与分子跃迁前后的能量差 ΔE 相等（图3-4），否则不能被吸收。能级跃迁与光谱对应关系见表3-2。

$$\Delta E = E_2 - E_1 = \varepsilon_{光子} = h\nu = \Delta E_e + \Delta E_v + \Delta E_j$$

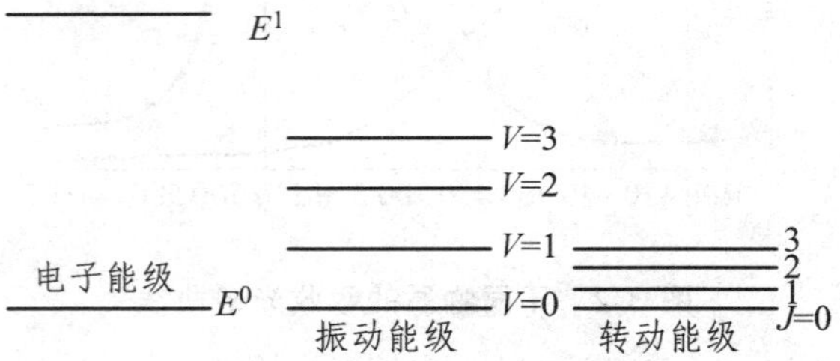

图3-4 双原子分子中三种能级跃迁示意图

表3-2 能级跃迁与光谱对应关系

多数分子	对应光子波长	光　谱
ΔE 为 1~20 eV	1.25~0.06 μm	紫外、可见区（电子）
ΔE 为 0.5~1 eV	2.5~50 μm	（中）红外区（振动）
ΔE 为 10^{-4}~0.05 eV	50~1 000 μm	（远）红外区（转动）

分子的能级跃迁是分子总能量的改变。当发生电子能级跃迁时，同时伴随振动能级和转动能级的改变，形成"带状光谱"，即由许多线光谱聚集在一起的带光谱组成的谱带。

综上所述，由于各种分子运动所处的能级和产生能级跃迁时能量变化都是量子化的，因此在分子运动产生能级跃迁时，只能吸收分子运动相对应的特定频率（或波长）的光量子。不同物质分子内部结构不同，分子的能级也是千差万别，各种能级之间的能量差各不相同，这就决定了不同的物质对不同波长的光的选择性吸收。

三、光的吸收定律

（一）吸光度与透光率（透射比）

当一束平行的单色光通过一定浓度的均匀透明溶液时，光的一部分被溶液吸收，一部分透过溶液，一部分被吸收池表面反射。设入射光强度为 I_0，吸收光强度为 I_a，透过光强度为 I_t，反射光强度为 I_r，则它们之间的关系为

$$I_0 = I_a + I_t + I_r \tag{3-3}$$

若吸收池的质量和厚度都相同，则反射光强度 I_r 基本不变，在具体测定操作时 I_r 的影响可互相抵消，式（3-3）可简化为

$$I_0 = I_a + I_t \tag{3-4}$$

实验证明：当一束强度为 I_0 的单色光通过一定浓度、一定液层厚度的溶液时，一部分光被溶液中的吸光物质吸收后透过光的强度为 I_t（图 3-5），则物质吸收光的程度即吸光度（A）与透过光强度之间的关系为

$$A = -\lg \frac{I_t}{I_0} = -\lg T \tag{3-5}$$

式中，$\dfrac{I_t}{I_0}$ 称为透射比，用 T 表示；$-\lg \dfrac{I_t}{I_0}$ 称为吸光度，用 A 表示。

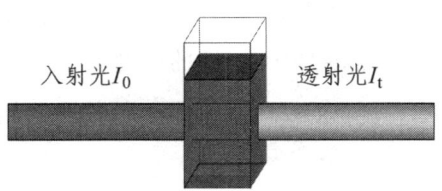

图 3-5　物质对光的吸收

（二）朗伯-比尔定律

布格（Bouguer）和朗伯（Lambert）先后于 1729 年和 1760 年阐明了光的吸收程度和吸收层厚度的关系，当一束平行单色光垂直照射到一定浓度的均匀透明溶液时，入射光吸光度（A）与溶液厚度成正比，即 $A \propto b$；1852 年，比尔（Beer）又提出了光的吸收程度和吸收物浓度之间也具有类似的关系：当一束平行单色光垂直照射到不同浓度、相同液层厚度的均匀透明溶液时，入射光吸光度值（A）与溶液浓度成正比，即 $A \propto c$。二者合并，被称为朗伯-比尔定律，也称光的吸收定律。朗伯-比尔定律可表述为：当一束平行的单色光通过溶液时，溶液的吸光度（A）与溶液的浓度（c）和厚度（b）的乘积成正比。其数学表达式为

$$A = -\lg \tau = K \cdot b \cdot c \tag{3-6}$$

朗伯-比尔定律是分光光度法定量分析的依据。它的适用条件：① 入射光必须是单色光；② 吸收发生在均匀的介质中；③ 吸收过程中，吸收物质相互不发生反应。

（三）吸收系数

式（3-6）中比例系数 K 称为吸收系数，它的物理含义为：单位浓度、单位厚度的一定溶液，在一定波长下测得的吸光度。K 值的大小与吸光物质的性质、入射光的波长、溶液的温度及溶剂的性质等有关，而与溶液浓度及液层厚度无关。K 值的大小因溶液浓度所采用的单位不同而异，其表示方法有两种：

1. 摩尔吸光系数（ε）

当 c 用 mol/L、b 用 cm 为单位时，K 用摩尔吸光系数 ε 表示，单位为 L/(mol·cm)。则式（3-6）可表述为

$$A=\varepsilon \cdot b \cdot c \tag{3-7}$$

ε 与 b 及 c 无关。ε 一般不超过 10^5 数量级，通常：$\varepsilon > 10^4$ 为强吸收；$\varepsilon < 10^2$ 为弱吸收；$10^2 \leq \varepsilon \leq 10^4$ 为中强吸收。摩尔吸光系数是吸光物质的重要参数之一，它表示物质对某一波长光的吸收能力，ε 越大，说明该物质对某波长光吸收能力越强，测定的灵敏度也就越高。

摩尔吸光系数不可能直接用浓度为 1 mol/L 的吸光物质测量，一般是由较稀溶液的吸光系数换算得到。

【例 3-1】 用邻菲罗啉显色测定铁，已知试液中的铁（Fe^{2+}）含量为 50 μg/100 mL，吸收池厚度为 1 cm，在波长 510 nm 处测得吸光度 $A=0.099$，计算邻菲罗啉-亚铁配合物的摩尔吸光系数。

解： 已知铁原子的摩尔质量为 55.85 g/mol，则溶液中铁的摩尔浓度为

$$c(Fe^{2+})=8.9\times10^{-6} \text{ mol/L}$$

邻菲罗啉与铁 1∶1 配合，故邻菲罗啉-亚铁的浓度等于亚铁的浓度，即

$$c(\text{邻菲罗啉-亚铁})=8.9\times10^{-6} \text{ mol/L}$$

由朗伯-比尔定律，得

$$\varepsilon=\frac{A}{c\times L}=\frac{0.099}{8.9\times10^{-6}\times 1}=1.1\times10^4 \text{ [L/(mol·cm)]}$$

2. 质量吸光系数（a）

当 c 用 g/L，b 用 cm 为单位时，K 用质量吸光系数 a 表示，单位为 L/(g·cm)，则式（3-6）可表述为

$$A=a\cdot b\cdot \rho \tag{3-8}$$

ε 与 a 之间的关系为

$$\varepsilon=M\cdot a \tag{3-9}$$

ε 通常用于研究分子结构，a 通常用于测定含量。

（四）影响吸收定律的主要因素

将某物质配制成一系列不同浓度的标准溶液，然后分别测定它们的吸光度，以吸光度 A 为纵坐标、以 c 为横坐标作图，得一直线，这条直线即为工作曲线或标准曲线。

根据吸收定律，在理论上，工作曲线应为一条过原点的直线，即截距为零，斜率为 $k \times b$ 的直线，但实际中吸光度与浓度的关系有时是非线性的，或者不过原点，这种现象称为偏离吸收定律。如图3-6所示，如果溶液实际吸光度值比理论值大，则为正偏离吸收定律；如果溶液实际吸光度值比理论值小，则为负偏离吸收定律。

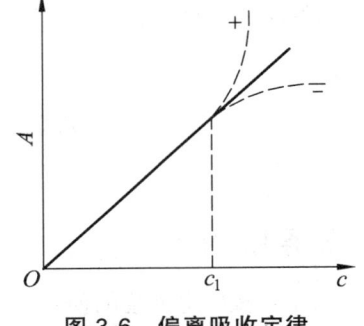

图3-6 偏离吸收定律

1. 化学、物理因素

（1）吸光物质不稳定

溶液中的溶质可因浓度（c）的改变而有离解、缔合、配位以及与溶剂间的作用等，而发生偏离朗伯-比尔定律的现象。

例如，在水溶液中，Cr（Ⅵ）的两种离子存在如下平衡：

$$Cr_2O_7^{2-} + H_2O \rightleftharpoons 2CrO_4^{2-} + 2H^+$$

$Cr_2O_7^{2-}$、CrO_4^{2-} 有不同的 A 值，溶液的 A 值是两种离子的 A 值之和，如图3-7所示。但由于随着浓度的改变或溶液的 pH 改变，$c(Cr_2O_7^{2-})/c(CrO_4^{2-})$ 会发生变化，使 $c_{总}$ 与 $A_{总}$ 的关系偏离直线。因此，测量前的化学预处理十分重要，如控制好显色反应条件、溶液的浓度及化学平衡。

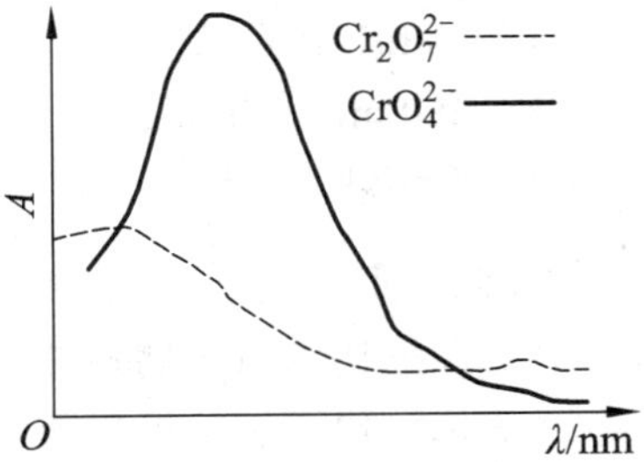

（2）吸光质点的相互作用

朗伯-比尔定律仅适用于稀溶液。在高浓度（$c > 0.01$ mol/L）时，由于吸光粒子间的相互作用，改变了对光的吸收能力，吸光度 A 与浓度 c 之间的线性关系发生偏离。

（3）介质不均匀引起的偏离

当吸光物质是胶体溶液、乳浊液或悬浮物时，由于吸光质点对入射光线的散射而发生偏离。

2. 仪器因素（非单色光的影响）

朗伯-比尔定律的重要前提是"单色光"，即只有一种波长的光。实际上，真正的单色光难以得到。实验中由分光器得到的单色光，实际是一小段波长范围的复合光，由于吸光物质对不同 λ 的光的吸收能力不同（ε 不同），吸光度与浓度间的线性关系发生偏离，引起偏差。例如，图3-8所示为某物质的吸收光谱曲线，进行定量分析时，若选择谱带Ⅰ作为入射光，吸光系数变化较小，测量造成的偏离就比较小；

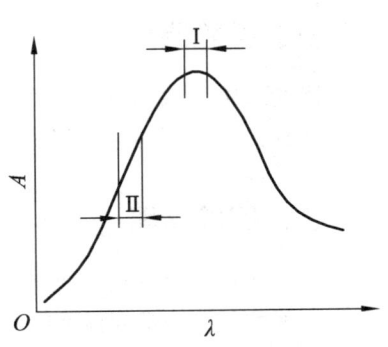

图3-7 铬元素两种离子 $Cr_2O_7^{2-}$ 和 CrO_4^{2-} 的吸收曲线

图3-8 分析谱带的选择对吸收定律的影响

若选择谱带Ⅱ的波长宽度作为入射光,吸光系数的变化很大,测量造成的偏离也就很大。所以通常选择吸光物质的最大吸收波长(即吸收曲线峰所对应的波长)作为分析的测量波长,这样不仅能保证有较高的测量灵敏度,而且此处的吸收曲线较为平坦,吸光系数变化比较小,对朗伯-比尔定律的偏离也比较小。

任务二 测定废水中微量铬含量

【任务目的】

(1)熟悉比色管的使用;
(2)掌握标准色阶的配制方法;
(3)掌握目视比色法测定溶液中微量物质含量的步骤。

【任务准备】

1. 仪 器

(1) 50 mL 比色管一套;
(2) 250 mL 容量瓶;
(3) 5 mL 吸量管。

2. 试 剂

(1) 标准铬(Ⅵ)储备液(ρ =50 mg/mL);
(2) 标准铬(Ⅵ)操作液(ρ =1.00 μg/mL);
(3) 显色剂:二苯碳酰二肼无色溶液;
(4) 待测液。

【任务内容】

用目视比色法测定废水中微量铬含量。

一、实验原理

铬在水中常以铬酸盐(六价铬)形式存在,六价铬离子与二苯碳酰二肼反应,生成紫红色化合物,可以用目视比色法,根据颜色深浅,测定微量(或痕量)铬的含量。

二、实验步骤

(1)选择一套 50 mL 比色管,洗净后置于比色架上(图 3-9)。
(2)配制铬的系列标准溶液:依次加入铬标准操作液(ρ =1.00 μg/L)0.00 mL、0.50 mL、1.00 mL、2.00 mL、3.00 mL、4.00 mL 于 50 mL 比色管中,加 40 mL 水混合均匀,分别加入 2 mL 二苯碳酰二肼溶液后,用蒸馏水稀释至刻线,混合均匀,放置 10 min,显色。

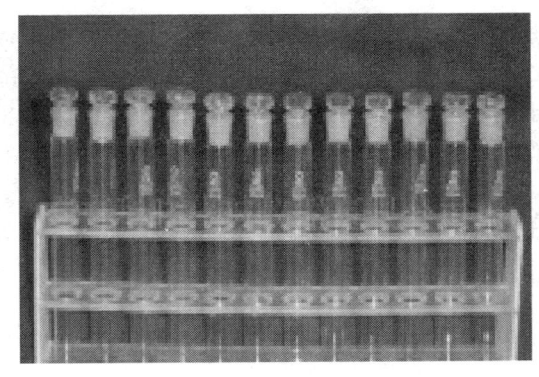

图 3-9　比色管与比色架

（3）配制样品测试液：移取待测水样若干毫升（样品显色后色泽介于标准系列之间）于另一支 50 mL 比色管中，按步骤（2）的方法显色后用蒸馏水稀释至刻线，混合均匀，放置显色 10 min。

（4）在自然光或日光灯下，自上而下比较样品测试液与系列标准溶液的颜色，根据颜色相近程度，求出样品中微量铬含量。

问题探究二

1. 用目视比色法测定样品含量时，若标准色阶溶液浓度太大，会出现什么问题？
2. 目视比色法测定样品含量时，若样品颜色不在色阶范围内，可不可以？若不可以？为什么？如何进行实验修正？
3. 目视比色法适用于哪些样品含量测定？

知识链接二　目视比色法

目视比色法是用眼睛观察比较溶液颜色深浅，以确定物质含量的分析方法。该方法虽然测定的准确度不高（相对误差 5%～20%），但其分析仪器简单，操作简便，现仍然广泛应用于准确度要求不高的一些中间控制分析和限界分析中。限界分析是指要求确定样品中待测杂质含量是否在规定的最高含量限界以下。

一、基本原理

将标准溶液与被测溶液在同样条件下显色并进行比较，若溶液液层厚度不变，两者颜色相同则浓度相同，即

$$c_{标} = c_{样}$$

二、测定方法

常用标准系列法，在一套等体积的直径、长度、玻璃成分、玻璃厚度等都相同的比色管

中，加入不同体积的标准溶液，分别加入等量显色剂及其他试剂，稀释至刻度，摇匀。待测液在同样条件下显色。比较在相同条件下显色的待测液和标准色阶溶液的颜色深浅，确定待测液的浓度。如果待测溶液与标准色阶中某一标准溶液的颜色深度相同，则其浓度也相同；如果其颜色深度介于相邻两标准溶液之间，则被测溶液浓度为两标准溶液浓度的平均值。

三、目视比色法的特点

仪器简单，操作简便，不需要单色光；但准确度较差，带有较大的主观误差，且标准色阶不宜保存。

任务三　熟悉紫外-可见分光光度计的组成与使用

【任务目的】

（1）熟悉紫外-可见分光光度计的基本组成部件；
（2）熟练掌握紫外-可见分光光度计的使用方法；
（3）熟练掌握吸收池的配对方法与使用方法。

【任务准备】

1. 仪　器

（1）752 型分光光度计；
（2）玻璃吸收池。

2. 试　剂

高锰酸钾标准溶液：3.12×10^{-4} mol/L。

【任务内容】

（1）在教师指导下，在 752 型分光光度计上分别找出分光光度计的五大部分（光源、单色器、吸收池、检测器、信号显示系统）的位置，并了解各部分的作用。

（2）打开 752 型分光光度计电源开关，打开样品室暗箱盖，预热 20 min，在可见光区转动波长刻度旋钮，调节波长，观察单色光颜色。

（3）调零：将遮光体放入样品架，并拉动样品架拉杆，使其进入光路中，调节零点。

（4）吸收池的配对：将选定好的吸收池冲洗干净，在吸收池毛面上口附近用铅笔标上进光方向并编号，用手捏住吸收池的毛面，加入蒸馏水至吸收池容积的 3/4 处，用滤纸吸干池外壁的水滴（不能擦），再用擦镜纸或丝绸巾轻擦透光面至无痕迹，按池上所标箭头方向放入吸收池架上，并固定好。盖上样品室盖，调节波长为 525 nm，将在参比位置上的吸收池推入光路中，调透光率为 100%，拉动样品槽拉杆，依次将被测溶液推入光路，读取相应的透光率值。若各吸收池透射比偏差小于 0.5%，则吸收池可配套使用。

（5）样品测定：上一步配套的吸收池，取出一只加入蒸馏水，作为参比溶液，其余的装入高锰酸钾溶液,放入分光光度计样品室(注意进光方向),进行测定。

(6)测量完毕,取出吸收池,关闭仪器电源,清洗吸收池及其他玻璃仪器,完成实验。

问题探究三

1. 紫外-可见分光光度计种类繁多,但结构大同小异,皆由五部分组成。在一台紫外-可见分光光度计上找出这五部分,并指出各部分的作用分别是什么。
2. 紫外-可见分光光度计检测样品含量的流程是怎样的?

知识链接三　紫外-可见分光光度计

一、分光光度计的基本组成部分

在紫外及可见光区用于测定溶液吸光度的分析仪器称为紫外-可见分光光度计。目前该类仪器虽型号很多,但其测定原理及仪器组成基本一致。紫外-可见分光光度法测定样品的过程是:由光源发出的光,经单色器获得一定波长的单色光,该单色光照射到样品溶液,被样品溶液吸收后,透过的光经检测器将光信号转变为电信号,并经信号指示系统调制放大后,显示或打印出吸光度 A(或透射比 T),完成测定。其分析流程如图3-10所示。

图3-10　紫外-可见分光光度法分析流程

(一)光　源

光源的作用是提供入射光,紫外-可见分光光度计对光源的基本要求是:能够按要求发射有足够强度的入射光,有良好的发光稳定性,使用寿命长,且辐射能量不随波长而明显改变。实际使用光源分为可见光源与紫外光源两种。图3-11是其实物图。

1. 可见光光源:钨灯或卤钨灯

热辐射光源,发射光波长范围宽,可发射350~2 500 nm 的连续光谱,属于可见区光源。卤钨灯具有比普通钨灯发光效率高、寿命长等优点,所以近几年很多仪器使用卤钨灯作为光源。卤钨灯是在钨灯中加入适量的卤素或卤化物(碘钨灯加入纯碘,溴钨灯加入溴化氢),并且多改用石英或高硅氧玻璃制作的灯泡。

图3-11　光源实物图

2. 紫外光源:氢灯或氘灯

气体放电发光光源,如氢、氘、氙放电灯。其中应用最多的是氢灯及同位素氘灯,辐射波长为150~400 nm 的连续光谱,用作紫外区光源,同时配有稳压电源(稳定 I_0)、光强补偿装置、聚光镜等。氘灯的光强比同功率氢灯大 3~5 倍，寿命也更长。

（二）单色器

单色器是能从光源的复合光中分出单色光的光学装置，其主要功能是产生光谱纯度高、色散率高且波长在紫外-可见光区域内任意可调的光。它是分光光度计的核心部分，主要由色散元件、狭缝、透镜系统等组成。

1. 色散元件

色散元件是单色器的关键部件，其作用是将连续光谱分散为单色光。能起分光作用的色散元件有棱镜和光栅。

（1）棱镜如图 3-12 所示，由玻璃或石英制成，利用棱镜对不同波长的光有不同的折射率，可将复合光分开，得到按波长顺序排列展开的光谱。由于玻璃吸收紫外光，所以玻璃棱镜一般只适合可见光区，用于可见分光光度计的色散元件；石英对紫外光无吸收，所以石英棱镜既适用于可见光区，也可用于紫外光区。

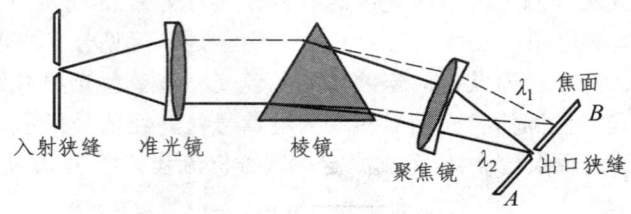

图 3-12 棱镜单色器的构成

（2）光栅如图 3-13 所示，由抛光表面密刻许多平行条痕（槽）而制成。它利用光的衍射作用和干涉作用使不同波长的光有不同的方向，起到色散作用。光栅色散后的光谱是均匀分布的，光栅的分辨能力比棱镜高，可调节波段范围也比棱镜宽。因此，目前使用的紫外-可见分光光度计几乎都采用光栅作为色散原件。

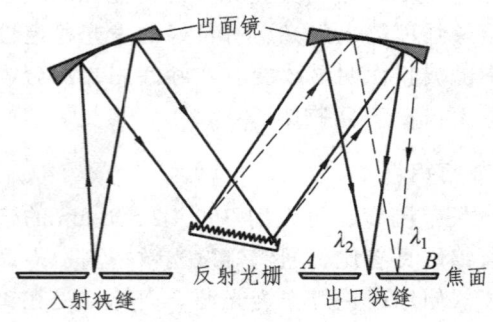

图 3-13 光栅单色器的构成

2. 狭 缝

狭缝包括入射狭缝和出射狭缝，入射狭缝限制杂散光（少量与仪器所指示波长十分不同的光波，产生原因主要是光学部件和单色器内外壁的反射和大气或光学部件表面上尘埃的散射等）进入；出射狭缝可调节，通过调节出射狭缝使色散后所需波长的光通过。狭缝对单色器的分辨率起重要作用,它可在一定范围内调节单色光的纯度。

3. 透镜系统

狭缝和透镜系统组合,可以控制光的方向,调节光的强度和"取出"所需要的单色光。

(三)吸收池

吸收池是光与试样相互作用的场所,是用于盛装待测溶液和决定透光液层厚度的器皿,一般采用无色、透明、耐腐蚀的池皿(图3-14)。其底部及两侧为毛玻璃,另两侧为光学透光面,根据光学透光面的性质,吸收池分为两种,光学玻璃吸收池只能用于可见光区,石英吸收池可用于紫外及可见区。吸收池又称比色皿。

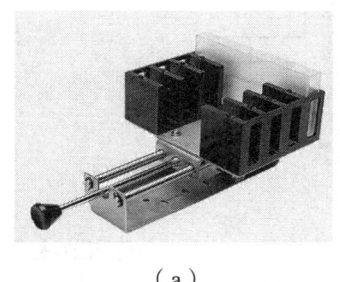 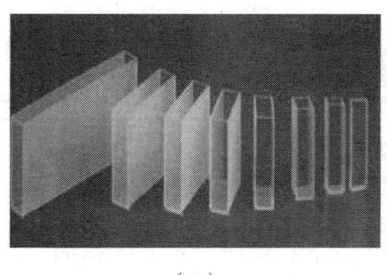

(a) (b)

图 3-14 吸收池与吸收池架实物图

定量分析时,需要对吸收池做校准及配对工作,以消除吸收池的误差,提高测量的准确度。一般以一个吸收池为参比,测量其他吸收池的透光率,偏差 $\Delta T \leqslant 0.5\%$ 的吸收池可配成一套。

使用吸收池时,注意保护两个光学面:

(1)手指只能接触两侧毛玻璃面,不可接触光学面;

(2)光学面不能与硬物或污物接触,只能用擦镜纸或丝绸擦拭光学面;

(3)对玻璃有腐蚀的物质不能长时间存放在吸收池中,吸收池使用后应立即洗干净;

(4)吸收池不能加热或烘烤。

(四)检测器

检测器又称接收器,其主要作用是对透过溶液的光信号作出响应,并将光信号转变成电信号输出。要求噪声小,灵敏度高,响应时间快,产生的光电流与照射在检测器上的光强度成正比。常用的检测器有以下几种。

1. 光电池

如图 3-15 所示。主要是硒电池,其灵敏度光区为 310~800 nm,其中 500~600 nm 最为灵敏。其特点是不必经放大就能产生可直接推动微安表或检流计的光电流。但由于它容易出现"疲劳效应",寿命较短。

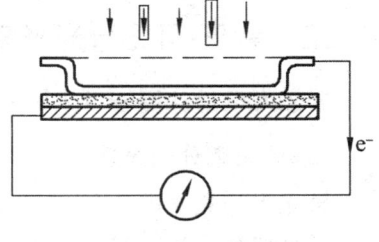

图 3-15 硒光电池

2. 光电管

如图 3-16 所示。一真空管内装有一个丝状阳极，用镍制成，释放电子；另一个半圆筒状阴极由金属制成，凹面涂光敏物质，接受阴极的电子。国产光电管主要有：紫敏光电管，用锑、铯做阴极，适用范围 200～625 nm；红敏光电管，用银、氧化铯做阴极，适用范围 625～1 000 nm。

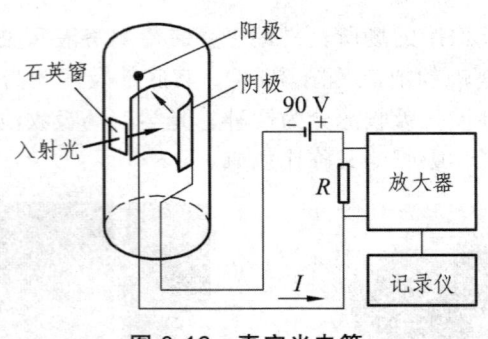

图 3-16 真空光电管

3. 光电倍增管

如图 3-17 所示。原理与光电管相似，结构上有差异，具有光电转换和放大作用，是检测微弱光最常用的元件。它的灵敏度比一般的光电管高 200 倍，有较好的分辨力。

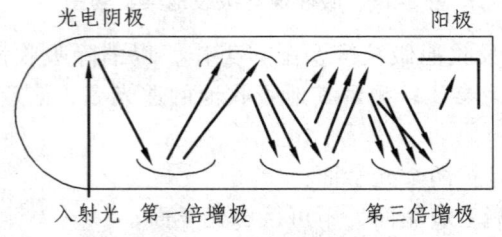

图 3-17 光电倍增管

（五）信号显示系统

由检测器产生的电信号是很微弱的，必须经过放大及数据转换等处理，才能转换为检测结果，并以一定的方式显示或输出。数据处理有微机处理或计算机工作站，显示系统有电表指针、数字显示、荧光屏显示等，显示数据常有 A、T、c 等。

二、紫外-可见分光光度计类型

分光光度计从结构上来区分可分为单光束、双光束和双波长分光光度计。

1. 单光束分光光度计

单光束分光光度计只有一束单色光、一只吸收池、一个光接收器，如图 3-10 所示。经单色器分光后的一束平行光，先后通过参比溶液和样品溶液，以进行吸光度的测定。

这种分光光度计测试过程简便，结构简单，适用于做定量分析。有高、中、低档之分。

低档的目前国内有两种：一种是手动设置波长，通过旋钮转动刻度盘，同时带动光栅，从而达到设置波长的目的；一种是自动设置波长，通过电机带动扇形齿轮，同时带动光栅，从而达到自动设置波长的目的。波长准确度一般为 ± 2 nm，波长重复性一般在 1 nm。功能也相对简单，测试结果误差较大。例如，目前国内用得较多的型号有：722（上分）、751（上分）、752（上分）、754（上分）、T6（北京普析）。中档的目前国内一般采用丝杆结构，采用自动波长设置，电路设计也比较合理，采用较好的屏蔽技术和滤波技术，成品仪器比较稳定，也不易受外界的干扰，220 nm 处的杂散光，一般在 0.2%，波长准确度一般为 ± 0.5 nm，波长重复性小于 0.3 nm。高档的单光束分光光度计一般采用非常先进的微机处理技术，电路设计也非常出色，结构设计也极为合理，光路准确可靠。此类单光束分光光度计基本可以和双光束媲美，主机功能丰富，界面清晰，读数直观。

2. 双光束紫外-可见分光光度计

如图 3-18 所示。双光束紫外-可见分光光度计单色器分光后经反射镜（M_1）分解为强度相等的两束光，一束通过参比池，另一束通过样品池，光度计能自动比较两束光的强度，此比值即为试样的透射比，经对数变换将它转换成吸光度，并作为波长的函数记录下来。双光束分光光度计一般都能自动记录吸收光谱曲线。由于两束光同时分别通过参比池和样品池，还能自动消除光源强度变化所引起的误差。此类分光光度计的光源波动、杂散光、电噪声的影响都能部分抵消，但同时因为一束光被分成两束光，能量变低，主要应用在待测溶液和参比溶液随时间的变化浓度也随之变化的实验中，起到随时跟踪，抵消相应浓度的变化给测试结果带来的影响。

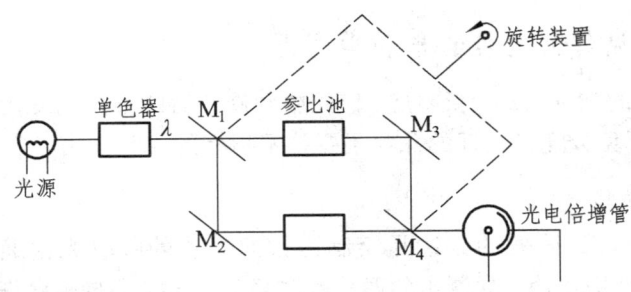

图 3-18　双光束紫外-可见分光光度计流程

3. 双波长紫外-可见分光光度计

如图 3-19 所示。双波长紫外-可见分光光度计都采用两个单色器，光源发出的光被两个单色器分别分离出波长为 λ_1 和 λ_2 的单色光，用切光器将两束单色光交替入射到同一试样中，检测器交替地接收经过试样吸收后的这两束单色光，并把它们变成电信号，电信号经过处理后转化为它们之间的吸光度差 ΔA，通过下列公式可计算出试样中待测物质的浓度。

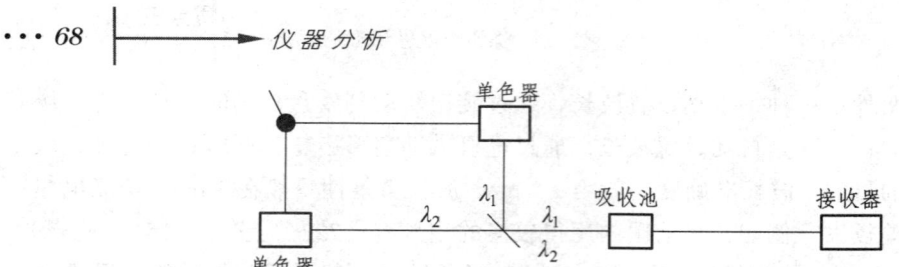

图 3-19 双波长紫外-可见分光光度计流程

$$\Delta A = A_{\lambda_2} - A_{\lambda_1} = (\varepsilon_{\lambda_2} - \varepsilon_{\lambda_1})bc \tag{3-10}$$

式中　ΔA——物质在波长 λ_2 下的吸光度和 λ_1 下吸光度的差值；

　　　A_{λ_2}——物质在波长 λ_2 下的吸光度；

　　　A_{λ_1}——物质在波长 λ_1 下的吸光度；

　　　ε_{λ_1}——待测物质在波长 λ_1 的摩尔吸光系数；

　　　ε_{λ_2}——待测物质在波长 λ_2 的摩尔吸光系数；

　　　b——溶液厚度；

　　　c——待测物质的浓度。

双波长紫外-可见分光光度计主要适用于多组分试样的测量。

技能拓展

分光光度计的检验与维护保养

（一）紫外-可见分光光度计的检验方法

为保证测试结果的准确可靠，新制造、使用中和修理后的分光光度计都应定期进行检定。下面简单介绍紫外-可见分光光度计的几项主要技术指标的检验方法。

1. 波长准确度检验

可见光区检验波长最简便的方法是绘制镨钕滤光片的吸收光谱曲线。镨钕滤光片测 529 nm 和 808 nm 两个吸收峰，如测出的两个吸收峰与名义值不同（允许误差 ±2 nm），则需进行调节。不同型号的仪器调节方法不同，按说明书进行。

在紫外光区检验波长最简便实用的方法是绘制苯蒸气的吸收光谱曲线。若测得苯蒸气的吸收曲线与标准吸收曲线不一致，则需进行波长调节。

2. 透射比准确度检验

透射比准确度的检定方法最常用的是重铬酸钾的标准溶液法。具体操作为：配制质量分数为 0.060 00/1000（即 1 000 g 溶液中含 $K_2Cr_2O_7$ 0.060 00 g）的 $K_2Cr_2O_7$ 的 0.001 mol/L $HClO_4$ 的标准溶液。以 0.001 mol/L $HClO_4$ 为参比，以 1 cm 的标准石英吸收池分别在 235 nm、257 nm、313 nm、350 nm 波长处测定透射比，连续测量 3 次，其平均值与表 3-3 所列标准溶液的标准值比较，根据仪器级别，其差值应在要求范围内（0.8% ~ 2.5%）。

表 3-3　$w(K_2Cr_2O_7)$=0.006 000% 的 $K_2Cr_2O_7$ 溶液的透射比

波长/nm	235	257	313	350
透射比/%	18.2	13.7	51.3	22.9

3. 吸收池配套性检验

在定量分析中，尤其是在紫外光波长测定时，需要对吸收池进行校准，以消除吸收池的误差。

在测定波长下，将吸收池磨砂面用铅笔编号，于干净的吸收池中装入测定用溶剂，以其中一个为参比，测定其他吸收池的吸光度，若测定的吸光度为零或两个吸收池的吸光度基本相等（透射比之差不大于 0.5%），即为配对吸收池。若不能配对，可选出吸光度最小的吸收池为参比，测定其他吸收池的吸光度，求出修正值。测定样品时，将待测溶液装入校准过的吸收池中，将测得的吸光度值减去该吸收池的修正值即为测定。

（二）紫外-可见分光光度计的保养与维护

（1）仪器工作电源一般允许电压为（220±22）V、频率为（50±1）Hz 的单相交流电，为保持光源和检测系统的稳定性，最好配备稳压器。

（2）单色器是仪器的核心部分，装在密封盒内，不能拆开。为防止色散元件受潮，必须定期更换单色器盒内干燥剂。

（3）正确使用吸收池，保护其光学面。

（4）实验室温度与湿度不当，可能引起机械部件的锈蚀，使金属镜面的光洁度下降，引起仪器机械部分的误差或性能下降；造成光学部件如光栅、反射镜、聚焦镜等的铝膜锈蚀，产生光能不足、杂散光、噪声等，甚至使仪器停止工作，从而影响仪器寿命。维护保养时应定期加以校正。光谱分析室尽量做到按要求恒温恒湿。

（5）环境中的尘埃和腐蚀性气体可以影响机械系统的灵活性，降低各种限位开关、按键、光电耦合器的可靠性，也是造成光学部件铝膜锈蚀的原因之一。因此必须定期清洁，保障环境和光谱分析室内卫生条件，防尘。

扩展阅读

分光光度计的发明与发展

人们在实践中早已总结出不用颜色的物质具有不同的物理和化学性质，根据物质的颜色深浅程度对物质的含量进行估计，可追溯到古代及中世纪。1852 年，人们研究发现液层厚度相等时，物质对光吸收强度与物质的浓度成比例，从而奠定了分光光度法的理论基础。1854 年，迪博斯克（Duboscq）和奈斯勒（Nessler）等人将此理论应用于定量分析化学领域，并且设计了第一台比色计。1918 年，美国国家标准局制成了第一台紫外-可见分光光度计。

分光光度法在分析领域中的应用已经有近百年的历史，至今仍是应用最广泛的分析方法之一。随着分光元器件及分光技术、检测器件与检测技术、大规模集成制造技术等的发展，以及单片机、微处理器、计算机和 DSP 技术的广泛应用，分光光度计的性能指标不断提高，并向自动化、智能化、高速化和小型化等方向发展。在分光元器件方面，经历了棱镜、机刻光栅、全息光栅的发展历程，商品化的全息闪耀光栅已迅速取代一般刻划光栅。在仪器控制方面，随着单片机、微处理器的出现以及软硬件技术的结合，从早期的人工控制进步到自动控制。在显示、记录与绘图方面，早期采用表头（电位计）指示、绘图仪绘图，后来用数字电压表显示，如今更多地采用液晶屏幕或计算机屏幕显示。在检测器方面，早期使用光电池、光电管，后来更普遍地使用光电倍增管甚至光电二极管阵列。阵列型检测器和凹面光栅的联用，使仪器的测量速度发生了质的飞跃，且性能更加稳定可靠。随着集成电路技术和光纤技术的发展，联合采用小型凹面全息光栅和阵列探测器以及 USB 接口等新技术，已经出现一些携带方便、用途广泛的小型化甚至是掌上型的紫外-可见分光光度计。

任务四　邻二氮菲法测定水样中微量铁的含量

【任务目的】

（1）熟悉显色反应的条件；
（2）熟悉测量条件的选择；
（3）掌握用标准工作曲线法对单组分样品进行定量分析。

【任务准备】

1. 仪　器

752 型分光光度计。

2. 试　剂

（1）0.1 g/L 铁标准储备液：准确称取 0.702 0 g $NH_4Fe(SO_4)_2 \cdot 6H_2O$ 置于烧杯中，加少量水和 20 mL 1∶1 H_2SO_4 溶液，溶解后，定量转移到 1 L 容量瓶中，用水稀释至刻度，摇匀。

（2）10 μg/mL 铁标准溶液：准确移取 1.00 mL 铁标准储备液于 100 mL 容量瓶中，用蒸馏水稀释至刻度，混合均匀。

（3）100 g/L 盐酸羟胺水溶液，用时现配。

（4）1.5 g/L 邻二氮菲水溶液，避光保存，溶液颜色变暗时不能使用。

（5）1.0 mol/L 乙酸钠溶液。

（6）0.1 mol/L 氢氧化钠溶液。

【任务内容】

活动一：显色条件选择

1. 显色原理

邻二氮菲（phen）和 Fe^{2+} 在 pH 3~9 的溶液中，生成一种稳定的橙红色络合物 $[Fe(phen)_3]^{2+}$，

其 $\lg K = 21.3$，$\varepsilon_{508} = 1.1 \times 10^4$ L/(mol·cm)。显色前用盐酸羟胺或抗坏血酸将 Fe^{3+} 全部还原为 Fe^{2+}，调节溶液酸度至适宜范围，再加入显色剂邻二氮菲进行显色。有关反应为

$$2Fe^{3+} + 2NH_2OH \cdot HCl \rightleftharpoons 2Fe^{2+} + N_2\uparrow + 2H_2O + 4H^+ + 2Cl^-$$

2. 显色剂用量选择

在 6 只 50 mL 比色管中，各加 1.0 mL 铁标准溶液和 1.0 mL 盐酸羟胺溶液，摇匀后放置 2 min。分别加入 0.6、1.0、1.4、2.0、3.0、4.0 mL 邻二氮菲溶液，再各加 5.0 mL 乙酸钠溶液，以蒸馏水稀释至刻度，摇匀。以水为参比，在选定波长 510 nm 下测量各溶液的吸光度。以显色剂邻二氮菲的体积为横坐标、相应的吸光度为纵坐标，绘制吸光度-显色剂用量曲线，确定显色剂的用量。

3. 溶液 pH 的影响

在 6 只 50 mL 比色管中各加入 1.0 mL 铁标准溶液和 1.0 mL 盐酸羟胺溶液，摇匀后放置 2 min。各加 2 mL 邻二氮菲溶液，然后从滴定管中分别加入 0 mL、5.00 mL、10.00 mL、20.00 mL、25.00 mL、30.00 mL 0.1 mol/L NaOH 溶液，摇匀，以水稀释至刻度，摇匀。用精密 pH 试纸或酸度计测量各溶液的 pH。以试剂为参比，在选定波长 510 nm 下，用 1 cm 吸收池测量各溶液的吸光度。绘制吸光度-溶液 pH 曲线，确定适宜的 pH 范围。

4. 有色配合物稳定性影响

在 1 只 50 mL 比色管各加入 1.0 mL 铁标准溶液和 1.0 mL 盐酸羟胺溶液，摇匀后放置 2 min。再加 2 mL 邻二氮菲溶液，此后隔 0 min、10 min、20 min、30 min、60 min、120 min 分别测其吸光度值，绘制吸光度-时间曲线，确定最佳显色时间。

活动二：最大吸收波长的选择

吸量管移取 1.0 mL 铁标准溶液（含铁 0.1 g/L）于 1 只 50 mL 容量瓶中，加入 1 mL 100 g/L 盐酸羟胺溶液，摇匀后放置 2 min，再加 2 mL 1.5 g/L 邻二氮菲溶液、5 mL 1.0 mol/L 乙酸钠溶液，以水稀释至刻度，摇匀。用 1 cm 吸收池，以试剂空白溶液为参比，在 440～560 nm 下，每隔 10 nm 测定一次待测溶液的吸光度 A，在峰值附近每间隔 5 nm 测量一次。以波长为横坐标、吸光度为纵坐标，绘制吸收曲线，从而选择测定铁的最大吸收波长。

活动三：标准工作曲线法测定未知水样中铁的含量

1. 测定原理

用分光光度法测定物质的含量，一般采用标准曲线法，即配制一系列浓度的标准溶液，在实验条件下依次测量各标准溶液的吸光度（A），以溶液的浓度为横坐标、相应的吸光度为纵坐标，绘制标准曲线。在同样实验条件下，测定待测溶液的吸光度，根据测得的吸光度值，从标准曲线上查出相应的浓度值，或根据线性回归方程求出相应的浓度值，即可计算试样中被测物质的含量。

2. 标准工作曲线的绘制

分别取 0.00 mL、2.00 mL、4.00 mL、8.00 mL、10.00 mL 浓度为 10.00 μg/mL 铁标准溶液于 5 只 50mL 容量瓶中，并分别加入 1 mL 100 g/L 盐酸羟胺溶液，摇匀后放置 2 min，再加入 2 mL 1.5 g/L 邻二氮菲溶液、5 mL 1.0 mol/L 乙酸钠溶液，以水稀释至刻度，摇匀。以最大吸收波长 510 nm 为吸收波长、试剂空白溶液为参比，用 1 cm 吸收池，测定各显色标准溶液的吸光度。利用电脑软件，以铁的浓度为横坐标、相应的吸光度为纵坐标，绘制标准曲线，并求出直线方程及相关系数。

标准溶液的配制及测定过程如图 3-20 所示。

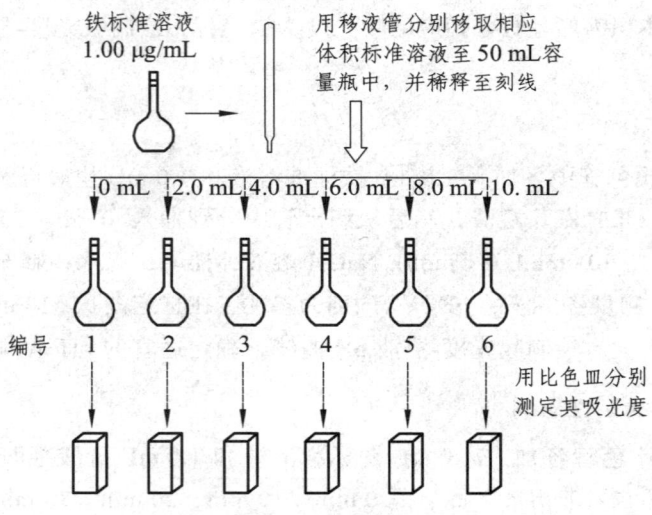

图 3-20 标准溶液配制及测定过程

3. 待测试样的测定

取适量的试样溶液（以吸光度落在工作曲线中部为宜），按步骤 2 显色后，在相同条件下测量吸光度，平行测量 3 次。由标准曲线计算试样中微量铁的质量浓度。

问题探究四

1. 用紫外-可见分光光度法对样品进行定量分析时，如何选择入射光波长？
2. 显色剂用量对测定结果有什么影响？如何选择显色剂用量？

3. 溶液酸度对测定结果有无影响？如何确定显色反应适合的显色酸度？
4. 显色时间对测定结果有无影响？如何确定显色反应恰当的显色时间？

知识链接四　实验条件选择与定量分析方法

一、显色反应条件选择

在进行分光光度分析时，有些物质对可见光不产生吸收或吸收不大，需要选择适当的试剂与被测组分反应，生成对可见光有较大吸收的有色化合物，然后对其进行测定，这种将待测组分转变成有色化合物的反应称为显色反应，与待测组分形成有色化合物的试剂称为显色剂。在可见分光光度法实验中，显色剂选择是否合适、显色条件是否控制得当，直接影响检测结果的准确性。

（一）显色剂及选择因素

显色反应可以是氧化反应，也可以是配位反应，其中配位反应较为常见。显色剂有无机和有机两类。无机显色剂显色稳定性、灵敏度和选择性较差，一般较少使用。常用的显色剂是有机显色剂，它能与金属离子形成较稳定的配合物，通常会发生电荷转移跃迁，产生很强的紫外-可见吸收光谱，有高选择性和灵敏度，如偶氮类显色剂（偶氮胂Ⅲ、PAR）应用最广泛。在分析时，对显色剂的选择一般考虑以下几个因素：

（1）选择性好。显色剂最好只与一种被测组分发生显色反应，或显色剂与共存组分生成的化合物吸收峰与被测组分的吸收峰相距较远，干扰少或易排除。

（2）灵敏度高。尤其是对低含量组分，一般选择 ε 在 $10^4 \sim 10^5$ L/(mol·cm)。

（3）有色化合物稳定、组成恒定，测量过程中应保持吸光度基本不变。

（4）有色化合物与显色剂的颜色差别大，$\Delta\lambda > 60$ nm，试剂空白值一般较小。

（二）影响显色反应的因素及反应条件

分光光度法是通过测定显色反应达到平衡后溶液的吸光度来测量未知物的含量，因此要使测量结果准确，除了选择正确的显色剂外，还必须了解影响显色反应的因素及反应条件，保证显色反应的完全和稳定。影响显色反应的因素主要有以下几种。

1. 显色剂的用量

设 M 为被测物质，R 为显色剂，MR 为生成的有色配合物，则显色反应可表示为

$$\underset{\text{待测组分}}{M} + \underset{\text{显色剂}}{R} \rightleftharpoons \underset{\text{有色化合物}}{MR}$$

根据化学平衡原理，显色剂过量越多，越有利于平衡向正反应方向移动，即有利于待测组分形成配合物。但过量的显色剂会引起空白增大或副反应的发生，对测量不利，因此一般显色剂应适当过量。显色剂的适宜用量通常由实验确定。在被测组分一定及其他实验条件不变的情况下，分别测量加入不同量显色剂的 A 值，作 A-c_R 曲线，较为常见的三种情况如图 3-21 所示。

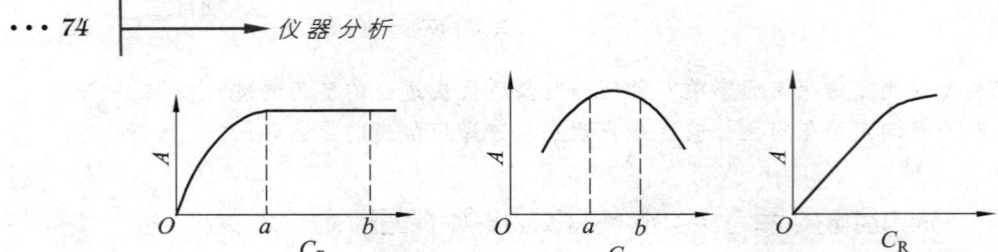

图 3-21　吸光度与显色剂加入量的关系

图 3-21（a）（b）曲线表明，在浓度 $a\sim b$ 内，吸光度出现稳定值，可在 $a\sim b$ 间选择合适的显色剂用量。只是图（b）显色剂浓度在 $a\sim b$ 的一较窄的范围内，吸光度值比较稳定，必须控制显色剂浓度在 $a\sim b$ 区域。图（c）吸光度值随显色剂浓度增大不断增大，必须十分严格控制显色剂浓度或选择其他显色剂。

2. 溶液的酸度

酸度对显色反应的影响主要有以下几方面。

（1）对金属离子存在状态的影响

酸度过低可能引起被测金属离子水解，形成各种形式的羟基配合物甚至沉淀，破坏有色配合物。

（2）对显色剂浓度的影响

许多显色剂本身就是弱有机酸，酸度变化会影响它们的解离平衡。对于显色剂，存在 $H_2R \rightleftharpoons 2H^+ + R^{2-}$ 平衡，酸度过大，显色剂有效浓度降低，配位能力减弱，显色反应不能完全进行。

（3）对显色剂颜色的影响

对于显色反应生成的有色配合物，有些是逐级配合物，则有

$$H_2R \rightleftharpoons H^+ + HR^- \rightleftharpoons 2H^+ + R^{2-}$$

如与磺基水杨酸的显色反应，当 pH=2～3 时，显紫色，当 pH=4～7 时，显橙色，当 pH=8～10 时，显黄色。

（4）对配合物组成的影响

同种金属离子与同种配位剂反应，在不同酸度条件下，可生成不同配位数的不同颜色的配合物，Fe^{3+} 与磺基水杨酸（Sal^{2-}）的反应就是一个典型的例子。

pH=1.8～2.5　$Fe^{3+} + Sal^{2-} \rightleftharpoons [Fe(Sal)]^+$　（紫红色）

pH=4～8　　　$Fe^{3+} + 2Sal^{2-} \rightleftharpoons [Fe(Sal)_2]^-$　（紫褐色）

pH=8～11.5　 $Fe^{3+} + 3Sal^{2-} \rightleftharpoons [Fe(Sal)_3]^+$　（黄色）

pH＞12　　　配合物被破坏，生成 $Fe(OH)_3$　（沉淀）

适宜的 pH 需通过实验确定，作 A-pH 曲线（其他条件不变），从中找出 A 较大且基本不变的 pH 范围。

3. 显色时间

各种显色反应的速率不同，反应完全所需时间不同；有些有色化合物在一定的时间内稳

定。因此，一方面要保证足够时间使显色反应完全，同时测量必须在配合物稳定的时间内完成。作 A-t（min）曲线（图 3-22），选择在 A 较大且稳定的时间内进行。

图 3-22（a）中，随着时间的延长，有色化合物的浓度增大，A 增大。反应完成后，A 保持不变。说明该有色化合物较稳定。图（b）中有色化合物性质不太稳定，随着放置时间的增加，在日光、空气等的作用下，有色化合物分解，浓度下降，A 降低。

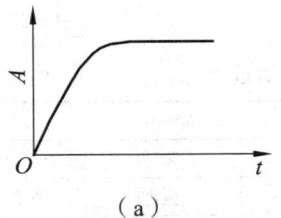
（a）
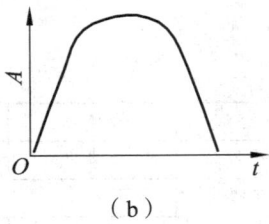
（b）

图 3-22　显色时间与吸光度值关系曲线

4. 显色温度

显色反应一般在室温下进行，但反应速率太慢或常温下不易进行的显色反应需要升温。但有的有色物质加热时容易分解，褪色很快。因此，对于不同的反应，应通过实验找出各自适宜的显色温度范围。

5. 溶　剂

由于溶质与溶剂分子的相互作用对紫外-可见吸收光谱有影响，因此在选择显色反应条件的同时需要选择合适的溶剂。水作为溶剂简便无毒，所以一般尽量采用水做溶剂。若水不能满足测量要求，则使用有机溶剂来提高反应的灵敏度及加快反应速率，满足测量要求。

二、测量条件的选择

（一）入射波长的选择

一般根据吸收光谱曲线选择最大吸收波长 λ_{max} 进行测定，因为以此波长的光作为入射光，物质对光吸收强度最强，测量的灵敏度最高；若有共存离子干扰，根据"吸收最大，干扰最小"原则选择 λ，即考虑选择灵敏度稍低但能避免干扰的入射光波长。例如，3,3'-二氨基联苯（DAB）和 Se 形成配合物 Se-DAB 的最大吸收波长为 340 nm，但在 340 nm 波长处 DAB 也有很强的吸收，在这种情况下，分析波长应选用次大吸收波长 420 nm，否则测量误差较大。

（二）参比溶液的选择

在分光光度分析中测定吸光度值时，由于入射光的反射，溶剂、试剂等对光的吸收，透射光的强度会减弱，为使透射光强度的减弱仅与被测物质的浓度有关，需选择合适的溶液作为参比溶液，来消除溶液中其他物质的干扰，抵消吸收池和试剂对入射光的吸收，真实反映待测物质对光的吸收，使测定结果准确。参比溶液在实际测定工作中是用来调节工作零点，即 $A=0$，$T=100\%$ 的溶液。参比溶液选择的基本原则是它的吸收能扣除非待测组分的吸收，即

$$A_{试液} = A_{待测吸光物质} + A_{干扰} + A_{池}$$

$$A_{参比} = A_{干扰} + A_{池}$$

显然,参比溶液可以抵消吸收池和试剂对入射光的吸收,使测得的 A 值比较真实地反映待测物质对光的吸收。

以显色反应 M + R $\rightleftharpoons$ M—R 为例进行讨论,若欲测 M—R 的吸收,根据情况不同,选择不同参比溶液,见表3-4。

表 3-4 参比溶液的选择

参比溶液	样品溶液	显色剂	溶剂	M—R	参比溶液组成
溶剂参比	无吸收	无吸收	无吸收	吸收	溶剂
样品参比	有一定吸收	无吸收	无吸收	吸收	不加显色剂的样品溶液
试剂参比	无吸收	有一定吸收	无吸收	吸收	不加样品的显色剂溶液
褪色参比	有一定吸收	有一定吸收	无吸收	吸收	显色剂、样品溶液及待测组分M的褪色剂

1. 溶剂参比

当样品比较简单,无干扰时,可以选择纯溶剂作为参比来进行测定。

2. 试剂参比

试剂参比又叫空白参比,多数情况下都采用试剂溶液作为参比。试剂参比就是与样品溶液进行平行操作,即加所有试剂,只是不加样品。试剂参比可以消除由于试剂而产生的影响。

3. 样品参比

在样品中含有的某些非待测物质对测定波长有吸收,且不与显色剂发生反应的情况下,为消除其对测定的干扰,可以选择样品溶液作为参比。

4. 褪色参比

当样品基体与显色剂均对测定波长有吸收,此时可在显色液中加入某种褪色剂,使其选择性地与被测离子配位(或改变其价态),生成稳定的无色物质,使已显色的被测物质褪色,以此溶液为参比,称为褪色参比。

(三)吸光度测定范围的选择

任何光度计都有一定的测量误差,这是由测量过程中光源不稳定、读数不准确或实验条件的偶然变动等因素造成的。由于吸收定律中透射比 T 与浓度 c 呈负对数的关系,从负对数的关系曲线可以看出,相同的透射比读数误差在不同的浓度范围中,所引起的浓度相对误差不同,当浓度较大或浓度较小时,相对误差都比较大。因此,要选择适宜的吸光度范围进行测量,以降低测定结果的相对误差。从图3-23 可知,当吸光度 $A=0.434$ 时,即图中曲线的最低点,仪器的测量误差最小。当 A 增大或减小时,误差都变

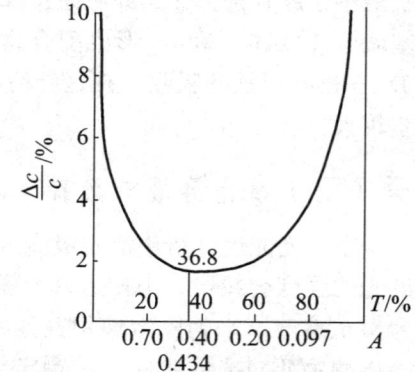

图 3-23 浓度测量的相对误差 $\Delta c/c$ 与溶液透光率 T 的关系

大。在吸光分析中，一般选择 A 的测量范围为 0.2~0.8（为 65%~15%），此时如果仪器透光率读数误差（ΔT）为 1%，由此引起的测定结果相对误差（$\Delta c/c$）约为 3%。在实际工作中，可通过调节待测溶液的浓度或选用适当厚度的吸收池，使测得的吸光度落在所要求的范围内。

三、定量分析方法

紫外-可见分光光度法最主要的用途是进行微量成分的定量分析，其依据就是朗伯-比尔定律。由于样品的组成及分析要求不同，定量分析方法也有所不同。

（一）单组分定量分析方法

被测试样溶液中只含一种组分，或者在混合物溶液中被测组分的吸收峰与共存物质的吸收峰无重叠，均视为单一组分试样。

1. 标准曲线法

标准曲线法也称工作曲线法，是应用最多的一种定量方法。配制一系列（至少 4 个）不同浓度的标准溶液，在适当波长（通常为 λ_{max}）下，选择合适的参比溶液，分别测定标准溶液的吸光度值 A，然后作 A-c 工作曲线。用与标准溶液相同方法配制适当浓度的样品溶液（使其吸光度落入工作曲线的中部），在相同条件下测定样品溶液吸光度 A_x，可在工作曲线上由 A_x 查找对应的 c_x。简单而有效的方法是利用 Excel 工作表作出 A-c 工作曲线，并找出直线回归方程 $A=ac+b$ 中的 a（斜率）、b（截距）、线性相关系数 r。r 越接近 1，说明工作曲线线性越好，一般要求所作工作曲线的相关系数大于 0.999，用公式计算出待测试样的浓度。

若为了使试液的吸光度落入工作曲线的中部而将原试液进行稀释，则应注意将所计算出的结果用稀释倍数换算为原试液的浓度。

【例 3-2】 用硅钼蓝法测定硅的含量。配制一系列标准溶液，用分光光度计测定，得如表 3-5 所示数据。

表 3-5 标准曲线法测定硅含量的吸光度值

SiO_2 浓度 /（μg/mL）	1.00	2.00	3.00	4.00	5.00
吸光度 A	0.210	0.421	0.630	0.839	1.04

称取试样 0.500 0 g，溶解后转入 50 mL 容量瓶中，在与绘制上述标准曲线相同的条件下进行显色，测得吸光度为 0.522。（1）绘制工作曲线。（2）求试样中硅的质量分数。

解：根据表 3-5 数据，用 Excel 工作表绘制出工作曲线如图 3-24 所示。

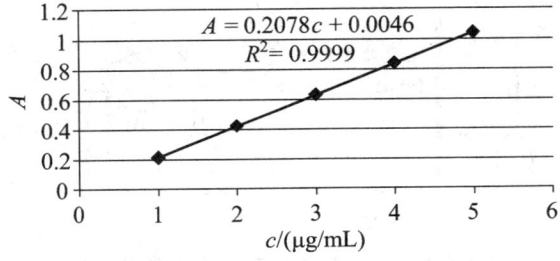

图 3-24 测定硅含量标准工作曲线

由题给已知条件，试样的吸光度为 0.522，根据图 3-24 的回归公式 $A=0.2078c+0.0046$，可以计算试样中 SiO_2 的浓度：

$$c(SiO_2)=\frac{A-0.0046}{0.2078}=\frac{0.522-0.0046}{0.2078}=2.49 \ (\mu g/mL)$$

试样中硅的质量分数为

$$w(Si)=\frac{c(SiO_2)\times V}{0.500}\times\frac{M(Si)}{M(SiO_2)}\times 100\%=\frac{2.49\times 50\times 10^{-6}}{0.500}\times\frac{28.09}{60.08}\times 100\%=0.012\%$$

【例 3-3】 利用邻二氮菲法测定某水样中的铁含量。标准铁储备液浓度为 $c(Fe)=50\ \mu g/mL$，取不同体积的此溶液并定容至 50 mL，配制系列标准溶液。为了绘制标准曲线，用分光光度计测得数据见表 3-6。准确移取待测水样 5 mL 于 100 mL 容量瓶中，定容，混匀，吸取 2 mL 试液置于 50 mL 容量瓶中，在与标准曲线相同条件下显色，测得溶液的吸光度 $A=0.300$，求水样中铁含量。

表 3-6 标准曲线法测定铁含量的吸光度值

$V(Fe)/mL$	0.0	0.5	1.0	1.5	2.0	2.5
$c(Fe)/(\mu g/mL)$	0.0	0.5	1.0	1.5	2.0	2.5
吸光度 A	0.0	0.120	0.234	0.350	0.466	0.59

解：（1）用 Excel 工作表绘制出 A-c 标准曲线，如图 3-25 所示。

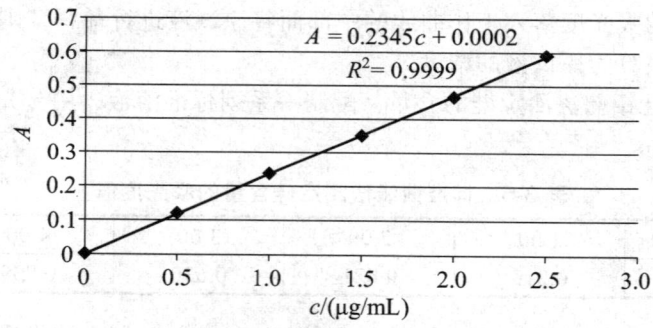

图 3-25 测定铁含量标准曲线

（2）样品的分析过程如图 3-26 所示。

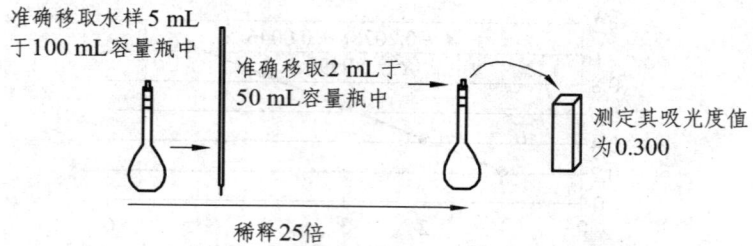

图 3-26 邻二氮菲法测定铁含量的分析过程

据第（1）所得线性回归公式为

$$A = 0.234\,5c + 0.000\,2$$

得

$$c = \frac{A - 0.000\,2}{0.234\,5} = \frac{0.3 - 0.000\,2}{0.234\,5} = 1.28\ (\mu g/mL)$$

则水样中铁的含量为

$$c_{水样} = c \times 50 \times 20 = 1.28\ (mg/mL)$$

在一定条件下，工作曲线应为一条直线。工作曲线应定期校准。当条件变化，如仪器经过检修、更换光源、更换标准溶液、重新配制试剂，都应重新绘制标准曲线。

2. 直接比较法

已知试样溶液基本组成，配制相同基体、相近浓度的标准溶液，分别测定吸光度 $A_{标}$、$A_{样}$，根据朗伯-比尔定律得

$$A_{标} = Kbc_{标}, \quad A_{样} = Kbc_{样}$$

两式相除，得

$$c_{样} = \frac{A_{样}}{A_{标}} \times c_{标} \tag{3-11}$$

（二）多组分定量分析

混合组分的吸收光谱相互重叠的情况不同，测定方法也不相同。常见混合组分吸收光谱干扰情况有如图 3-27 所示的三种。

（1）第一种情况：如图 3-27（a）所示，各种吸光物质吸收曲线不相互重叠或很少重叠，则可分别在 λ_1 及 λ_2 处测定 x 及 y 组分的含量，相互不干扰。

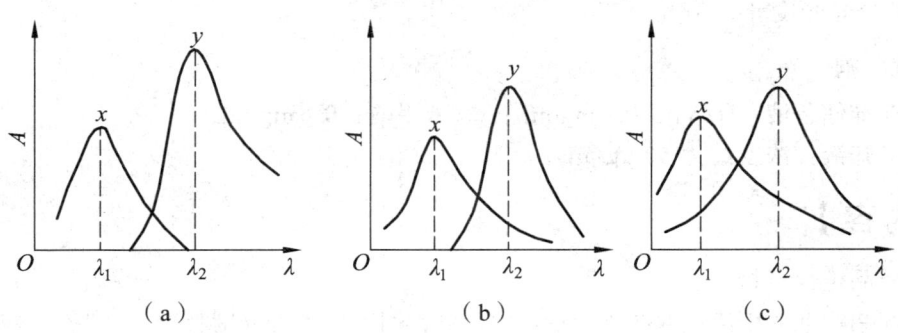

图 3-27　混合组分吸收光谱的三种相干情况示意图

（2）第二种情况：如图 3-27（b）所示，吸收曲线部分重叠，先在 λ_1 处测得 A_x，再在 λ_2 处测得混合组分的吸光度 A_{x+y}，根据吸收定律加和性：

$$\begin{cases} A_{x(\lambda_1)} = \varepsilon_{x(\lambda_1)} c_x \\ A_{x+y(\lambda_2)} = A_{x(\lambda_2)} + A_{y(\lambda_2)} = \varepsilon_{x(\lambda_2)} \cdot b \cdot c_x + \varepsilon_{y(\lambda_2)} \cdot b \cdot c_y \end{cases} \tag{3-12}$$

式中　c_x，c_y——x 和 y 的浓度；

$\varepsilon_{x(\lambda_1)}$——$x$ 在 λ_1 处的摩尔吸光系数；

$\varepsilon_{x(\lambda_2)}$，$\varepsilon_{y(\lambda_2)}$——$x$ 和 y 在 λ_2 处的摩尔吸光系数。

先求得 $\varepsilon_{x(\lambda_2)}$ 与 $\varepsilon_{y(\lambda_2)}$，并使用相同 b，即可求得 c_y。

（3）第三种情况：如图 3-27（c）所示，两吸收曲线互相重叠，但服从朗伯-比尔定律：若需要测定试样中的两种组分，则选定两组吸光度相差较大的波长 λ_1 及 λ_2，测得试液的吸光度为 A_1 和 A_2，则可解方程组求得组分 x、y 的浓度 c_x、c_y。

$$\begin{cases} A_1 = \varepsilon_{x1} \cdot b \cdot c_x + \varepsilon_{y1} \cdot b \cdot c_y & (在\lambda_1 处) \\ A_2 = \varepsilon_{x2} \cdot b \cdot c_x + \varepsilon_{y2} \cdot b \cdot c_y & (在\lambda_2 处) \end{cases} \tag{3-13}$$

式中 c_x，c_y——x 和 y 的浓度；

ε_{x1}，ε_{x2}——x 在 λ_1 和 λ_2 处的摩尔吸光系数；

ε_{y1}，ε_{y2}——y 在 λ_1 和 λ_2 处的摩尔吸光系数。

任务五　有机物的定性分析

【任务目的】

（1）进一步熟悉分光光度计的使用。

（2）能利用吸收曲线及其特征值对物质进行初步定性判断。

【任务准备】

1. 仪器

752 型分光光度计。

2. 试剂

（1）标准储备液：① V_C：0.1 mg/mL；② 苯甲酸：0.1 mg/mL。

（2）未知液：浓度约为 50 μg/mL。

【任务内容】

未知样品定性分析：

（1）配制标准使用液：取两支 50mL 比色管，用刻度吸管分别吸取 V_C 和苯甲酸标准储备液 5.00 mL 于比色管中，稀释至刻度线，混合均匀，配成浓度为 10 μg/mL 的标准使用液。

（2）配制未知液：将浓度约为 50 μg/mL 的未知液移取 10 mL 于 50 mL 比色管中，稀释至刻度线，混合均匀，配成浓度约为 10 μg/mL 的未知液（已知未知液为 V_C 和苯甲酸中的一种）。

（3）于波长 200～320 nm 内，每隔 10 nm 分析测定 3 种物质的吸光度值，在接近最大吸收波长处每隔 5 nm 测定一次吸光度值并记录。

(4) 作出吸收光谱曲线，并找出最大吸收波长。
(5) 根据吸收光谱曲线图，初步判断未知样是哪种物质。

问题探究五

1. 如何利用吸收光谱曲线对物质进行定性分析？
2. 现有两种物质，其吸收光谱曲线形状相同，是否可由此判定其为同一种物质？如何进行进一步的判断？
3. 某些药品杂质检查常用紫外-可见吸收光谱法，用此法进行杂质检查需满足什么条件？试描述药品杂质检查的实验过程。

知识链接五　分光光度法定性分析

每一种化合物都有自己的特征吸收，不同的化合物有不同的吸收光谱，这可作为紫外-可见分光光度法定性分析的依据。但由于紫外-可见吸收光谱曲线的谱带很宽，有精细结构的不多，目前在定性分析方面，主要用于确定某些官能团（如羰基、苯环、共轭体系等）存在与否，以及非吸收物质中高吸收杂质的检出鉴定。

一、定性分析方法

1. 未知物鉴定

未知物鉴定可以采用比对吸收光谱的一致性。即选择合适的溶剂，使用有足够纯度单色光的分光光度计，在相同的条件下测定相近浓度的待测试样和标准品的溶液的吸收光谱，然后比较二者吸收光谱的特征：吸收峰数目及位置、吸收谷及肩峰所在的波长位置等，分子结构相同的化合物应有完全相同的吸收光谱。图 3-28 为吸收光谱曲线描述方法。采用这种方法必须有标样或标准谱图，同时要求仪器准确，精密度高，而且测定条件一定要相同，否则可靠性差。例如，合成维生素 A_2 的鉴定：按照相应的实验条件合成了一种物质，判断其是否是维生素 A_2，可以作它的紫外吸收光谱曲线，并与相同条件下测得的天然维生素 A_2 标准样品的紫外吸收光谱曲线相比较。如果二者相同，则证明合成物是维生素 A_2；如果不相同，则证明生成的不是维生素 A_2。

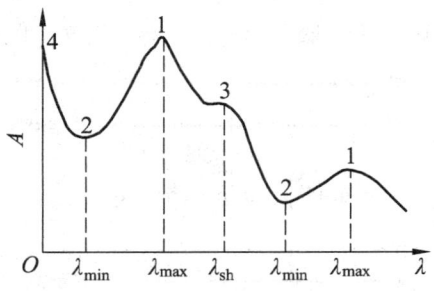

图 3-28　吸收光谱曲线

1—吸收峰；2—谷；3—肩峰；4—末端吸收

2. 官能团判断

一个物质中是否含有某种官能团，可以通过测绘其紫外-可见吸收光谱曲线，根据曲线上是否有官能团的特征吸收峰来判断。

3. 纯度检查

判断无吸收物质中是否含有高吸收杂质，可以通过测绘样品的紫外吸收光谱曲线。若无吸收，则不含有相应杂质；若有吸收，则说明含有杂质。例如，已知乙醇在紫外光区无吸收，而苯有较强吸收。判断乙醇中是否含有苯，只要测绘它在紫外光区的吸收曲线就可以判断。

二、化合物的紫外-可见吸收光谱

在紫外和可见光谱范围内，有机化合物的吸收带主要由 $\sigma \rightarrow \sigma^*$、$\pi \rightarrow \pi^*$、$n \rightarrow \sigma^*$、$n \rightarrow \pi^*$ 及电荷迁移跃迁产生。无机化合物的吸收带主要由电荷迁移和配位场跃迁（即 $d \rightarrow d$ 跃迁和 $f \rightarrow f$ 跃迁）产生。

由于电子跃迁的类型不同，实现跃迁需要的能量不同，因此吸收光的波长范围也不相同。其中 $\sigma \rightarrow \sigma^*$ 跃迁所需能量最大，$n \rightarrow \pi^*$ 及配位场跃迁所需能量最小，因此，它们的吸收带分别落在远紫外和可见光区。

（一）有机化合物的紫外-可见吸收光谱的产生

1. 跃迁类型

基态有机化合物的价电子包括成键 σ 电子、成键 π 电子和非键电子（以 n 表示）。这三类电子都有可能吸收一定的能量后跃迁到能量更高的反键轨道上去。分子反键轨道包括反键 σ^* 轨道和反键 π^* 轨道，因此，可能的跃迁为 $\sigma \rightarrow \sigma^*$、$\pi \rightarrow \pi^*$、$n \rightarrow \sigma^*$、$n \rightarrow \pi^*$ 等（图3-29）。

（1）$\sigma \rightarrow \sigma^*$ 跃迁

它需要的能量较高，一般发生在真空紫外光区。饱和烃中的 —C—C— 键属于这类跃迁，如乙烷的最大吸收波长 λ_{max} 为 135 nm。

（2）$n \rightarrow \sigma^*$ 跃迁

实现这类跃迁所需的能量较高，其吸收光谱落于远紫外光区和近紫外光区，如 CH_3OH 和 CH_3NH_2 的 $n \rightarrow \sigma^*$ 跃迁光谱分别为 183 nm 和 213 nm。

（3）$\pi \rightarrow \pi^*$ 跃迁

它需要的能量低于 $\sigma \rightarrow \sigma^*$ 跃迁，吸收峰一般处于近紫外光区，在 200 nm 左右。其特征是摩尔吸光系数大，一般 $\varepsilon_{max} \geq 10^4$，为强吸收带。如乙烯（蒸气）的最大吸收波长 λ_{max} 为 162 nm。

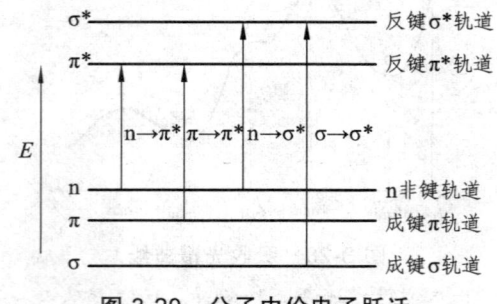

图3-29　分子中价电子跃迁

（4）n→π*跃迁

这类跃迁发生在近紫外光区。它是简单的生色团如羰基、硝基等中的孤对电子向反键轨道跃迁。其特点是谱带强度弱，摩尔吸光系数小，通常小于100。

2. 常用术语

（1）生色团

从广义来说，生色团是指分子中可以吸收光子而产生电子跃迁的原子团。但是，人们通常将能吸收紫外、可见光的原子团或结构系统定义为生色团，主要有 —C═O，—N═N—，—N═O，—C═C— 等。但是，只含有简单双键的化合物的生色作用很有限，其吸收谱有时可能仍在远紫外区。若分子中具有单双键交替的"共轭大π键"（离域键），如丁二烯（CH_2═CH—CH═CH_2），由于大π键中的电子在整个分子平面上运动，活动性增加，使π与π*间的能量差减小，π→π*跃迁吸收峰红移，生色作用大大增强。

（2）助色团

助色团是指带有非键电子对的基团，如 —OH、—OR、—NHR、—SH、—Cl、—Br、—I 等，它们本身不能吸收大于 200 nm 的光，但是当它们与生色团相连时，会使生色团的吸收峰向长波方向移动，并且增加其吸光度。

（3）红移与蓝移（紫移）

某些有机化合物经取代反应引入含有未共享电子对的基团（如 —OH、—OR、—NH_2、—SH、—Cl、—Br、—SR、—NR_2）之后，吸收峰的波长将向长波方向移动，这种效应称为红移效应。这种会使某化合物的最大吸收波长向长波方向移动的基团称为向红基团。

在某些生色团如羰基的碳原子一端引入一些取代基之后，吸收峰的波长会向短波方向移动，这种效应称为蓝移（紫移）效应。这些会使某化合物的最大吸收波长向短波方向移动的基团（如 —CH_2、—CH_2CH_3、—$OCOCH_3$）称为向蓝（紫）基团。

3. 有机化合物的紫外-可见吸收光谱

（1）饱和烃及其取代衍生物

饱和烃类分子中只含有σ键，因此只能产生σ→σ*跃迁，即σ电子从成键轨道（σ）跃迁到反键轨道（σ*）。饱和烃的最大吸收峰一般小于 150 nm，已超出紫外-可见分光光度计的测量范围。

饱和烃的取代衍生物如卤代烃，其卤素原子上存在 n 电子，可产生 n→σ*跃迁，n→σ*的能量低于σ→σ*。例如，CH_3Cl、CH_3Br 和 CH_3I 的 n→σ*跃迁分别出现在 173 nm、204 nm 和 258 nm 处。这些数据说明氯、溴和碘原子引入甲烷后，相应的吸收波长发生了红移，显示了助色团的助色作用。直接用烷烃和卤代烃的紫外吸收光谱分析这些化合物的实用价值不大。但是它们是测定紫外和（或）可见吸收光谱的良好溶剂。

（2）不饱和烃及共轭烯烃

在不饱和烃类分子中，除含有σ键外，还含有π键，它们可以产生σ→σ*和π→π*两种跃迁。π→π*跃迁的能量小于σ→σ*跃迁。例如，在乙烯分子中，π→π*跃迁最大吸收波长为 180 nm。

在不饱和烃类分子中，当有两个以上的双键共轭时，随着共轭系统的延长，π→π*跃迁的吸收带明显向长波方向移动，吸收强度也随之增强。在共轭体系中，π→π*跃迁产生的吸收带又称为 K 带，吸收峰主要出现在 210～250 nm。

（3）羰基化合物

羰基化合物含有 $>\!\!\!C=\!\!\!O$ 基团，$>\!\!\!C=\!\!\!O$ 基团主要可产生 $\pi \rightarrow \pi^*$、$n \rightarrow \sigma^*$、$n \rightarrow \pi^*$ 三个吸收带。$n \rightarrow \pi^*$ 吸收带又称 R 带，位于近紫外或紫外光区，吸收峰主要出现在 250～500 nm。

醛、酮、羧酸及羧酸的衍生物，如酯、酰胺等，都含有羰基。由于醛、酮类物质与羧酸及其衍生物在结构上存在差异，它们 $n \rightarrow \pi^*$ 吸收带的光区稍有不同。羧酸及其衍生物虽然也有 $n \rightarrow \pi^*$ 吸收带，但是，羧酸及其衍生物的羰基上的碳原子直接与含有未共用电子对的助色团相连，如 —OH、—Cl、—OR 等，由于这些助色团上的 n 电子与羰基双键的 π 电子产生 n-π 共轭，π^* 轨道的能级有所提高，但这种共轭作用并不能改变 n 轨道的能级，因此，实现 $n \rightarrow \pi^*$ 跃迁所需的能量变大，使 $n \rightarrow \pi^*$ 吸收带蓝移至 210 nm 左右。

（4）苯及其衍生物

苯有三个吸收带，它们都是由 $\pi \rightarrow \pi^*$ 跃迁引起的。E_1 带出现在 180 nm（ε_{max}=60 000），E_2 带出现在 204 nm（ε_{max}=8 000），B 带出现在 255 nm（ε_{max}=200）（图 3-30）。在气态或非极性溶剂中，苯及其许多同系物的 B 带有许多精细结构，这是由振动跃迁在基态电子跃迁上的叠加而引起的。在极性溶剂中，这些精细结构消失。当苯环上有取代基时，苯的三个特征谱带都会发生显著的变化，其中变化较大的是 E_2 带和 B 带。

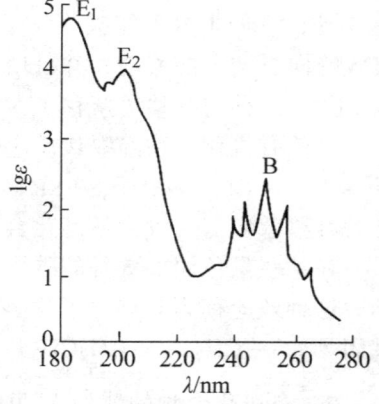

图 3-30　苯在乙醇中的紫外吸收峰

（二）溶剂对紫外-可见吸收光谱的影响

溶剂对紫外-可见光谱的影响较为复杂。改变溶剂的极性，会引起吸收带形状变化。例如，当溶剂的极性由非极性变为极性时，精细结构消失，吸收带变得平滑。

改变溶剂的极性，还会使吸收带的最大吸收波长发生变化。表 3-7 为溶剂对亚异丙酮紫外吸收光谱的影响。

表 3-7　溶剂对亚异丙酮吸收峰的影响

跃迁类型	正己烷	CHCl$_3$	CH$_3$OH	H$_2$O
$\pi \rightarrow \pi^*$ λ_{max}/nm	230	238	237	243
$n \rightarrow \pi^*$ λ_{max}/nm	329	315	309	305

由表 3-7 可以看出，当溶剂的极性增大时，由 $n \rightarrow \pi^*$ 跃迁产生的吸收带发生蓝移，而由 $\pi \rightarrow \pi^*$ 跃迁产生的吸收带发生红移。

由于溶剂对吸收光谱影响很大，在吸收光谱图上或数据表中必须注明所用的溶剂。与已知化合物的紫外光谱进行对照时也应注明所用的溶剂是否相同。

在进行紫外光谱分析时，必须正确选择溶剂。选择溶剂注意下列几点：

（1）溶剂应能很好地溶解被测试样，溶剂对溶质应该是惰性的，即所得溶液应具有良好的化学和光化学稳定性。

（2）在溶解度允许的范围内，尽量选择极性较小的溶剂。

（3）溶剂在样品的吸收光谱区应无明显吸收。

扩展阅读

伍德沃德与伍氏规则

伍德沃德（Robert Burns Woodward，1917—1979），美国化学家，现代有机合成之父。1917年4月10日生于美国马萨诸塞州的波士顿。1933年夏，只有16岁的伍德沃德以优异的成绩考入美国著名的麻省理工学院。他只用了3年时间就学完了大学的全部课程，并以出色的成绩获得了学士学位；然后直接攻取博士学位，用一年的时间获博士学位。伍德沃德一生主要从事天然有机化合物生物碱和甾族化合物结构与合成的研究，发表论文200余篇，一生获得24个名誉博士学位，是当代公认的最杰出的有机化学家之一。

伍德沃德（1917—1979）

伍德沃德在研究萜类天然产物结构时，通过观察烷基和羰基取代在共轭体系中紫外吸收变化的规则，得到了一系列经验规律，对紫外吸收的应用做出了重要的贡献，发现了众所周知的"伍氏规则"，这一贡献使紫外吸收在测定结构时成为一种非常方便的方法，至今人们仍在利用这个规则推测共轭二烯、多烯烃及共轭烯酮类化合物的最大吸收波长。

任务六 技能综合训练

【任务内容】

一、食品中亚硝酸盐含量的测定

（一）实验原理

亚硝酸盐广泛存在于自然界，在果酱中也有一定的含量。现已证明，亚硝酸盐与食品中固有的胺类化合物是产生致癌物质——亚硝胺的前体物质。因此，对果酱中亚硝酸盐含量的检测和控制是非常必要的。

在测定果酱中亚硝酸盐的过程中，用沉淀剂将样品处理后进行过滤，在滤液中加入磺胺和 N-1-萘基-乙二胺二盐酸盐，使其显粉红色，然后用分光光度计在其最大吸收波长处测定吸光度。将测得的吸光度与亚硝酸钠标准系列比较定量。

（二）实验准备

1. 仪器

紫外-可见分光光度计。

2. 试剂

（1）标准亚硝酸盐溶液：将浓度为 100 mg/L 的硝酸钠标准溶液逐级稀释为 1 μg/mL 的标

准储备液。

(2) 硫酸锌溶液：535 g/L；亚铁氰化钾溶液：172 g/L。

(3) 盐酸-氨水缓冲溶液：pH 9.6～9.7。

(4) 显色液1：稀盐酸（9∶11）（V/V）。

(5) 显色液2：5 g/L 磺胺溶液。

(6) 显色液3：1 g/L 萘胺盐酸盐溶液。

实验中所用试剂均为分析纯，水为去离子水。

(三) 实验步骤

1. 工作曲线

标准曲线的绘制：取 6 个 50 mL 的容量瓶，分别加入浓度为 1 μg/mL 的亚硝酸钠标准储备液 0.0 mL、0.5 mL、1.0 mL、2.0 mL、5.0 mL、10.0 mL，加水至 20 mL，然后依次加入 3 mL 显色液1、2.5 mL 显色液2，混合均匀后，静置 5 min；加 1 mL 显色液3，静置 5 min，用去离子水定容至刻度。静置 5 min 后于 540 nm 处，以 0 号管为参比，用 1 cm 比色皿进行测定，并以吸光度为纵坐标、亚硝酸钠浓度为横坐标绘制标准曲线。

2. 样品测定

(1) 样品前处理

将样品用粉碎机粉碎后，称 25～30 g，按顺序加入 25 mL 硫酸锌溶液、25 mL 亚铁氰化钾溶液、40 mL 盐酸-氨水缓冲溶液，每加一种试剂后立即充分混合，用去离子水定容于 250 mL 容量瓶中，静置 40 min，用定性中速滤纸过滤，收集滤液。

(2) 样品测定

移取 20 mL 滤液于 50 mL 容量瓶中，加 3 mL 显色液1、2.5 mL 显色液2，摇匀，静置 5 min；加 1 mL 显色液3，静置 5 min，定容后静置 5 min。同时移取 20 mL 滤液于 50 mL 容量瓶中作为参比溶液，加水定容至刻度，摇匀后静置，与样品同测。

(四) 数据处理

根据实验数据绘制标准曲线，根据直线回归方程计算样品中亚硝酸盐的含量。

二、水果、蔬菜中维生素 C 含量测定

(一) 实验原理

维生素 C 又称抗坏血酸，广泛存在于水果及蔬菜中，柑橘、番茄、辣椒、苹果、鲜枣、猕猴桃、豆芽、甘蓝、洋葱等果蔬中均具有较高的含量。维生素 C 具有较强的还原性，对光敏感，氧化后的产物为脱氢抗坏血酸，脱氢抗坏血酸仍然具有生理活性；进一步水解则生成 2,3-二酮古洛糖酸，并失去生理活性。食品中的维生素 C 主要以前两种形式存在，通常以二者的总量表示食品中维生素 C 的含量。测定维生素 C 的方法很多，常用的有 2,6-二氯靛酚滴定法、荧光法、高效液相色谱法等。紫外测定法是快速测定维生素 C 的方法，操作简单，不受其他还原性物质等成分的干扰。其原理是根据维生素 C 具有对紫外光产生吸收、对碱不稳

定的特性，在 243 nm 处测定样品液与碱处理样品液两者吸光度值之差，查标准曲线，即可计算出维生素 C 的含量。

（二）实验准备

1. 仪器

（1）紫外分光光度计；
（2）离心机；
（3）分析天平；
（4）容量瓶（10 mL、25 mL）与移液管（0.5 mL、1.0 mL）；
（5）研钵。

2. 试剂

（1）10% HCl：取 133 mL 浓盐酸，加水稀释至 500 mL；
（2）1% HCl：取 22 mL 浓盐酸，加水稀释至 100 mL；
（3）1 mol/L NaOH 溶液：称取 40 g 氢氧化钠，加蒸馏水，不断搅拌至溶解，然后定容至 1 000 mL。

3. 试样

各种水果、蔬菜、果汁及饮料。

（三）实验步骤

1. 标准曲线的绘制

（1）维生素 C 标准溶液的配制：在分析天平上准确称取维生素 C 10 mg，加 2 mL 10% HCl，再用蒸馏水定容至 100 mL，混匀，即为 100 μg/mL 维生素 C 标准溶液。

（2）测定并制作标准曲线：取具塞刻度试管 8 只，依序加入 100 μg/mL 维生素 C 标准溶液 0.1 mL、0.2 mL、0.3 mL、0.4 mL、0.5 mL、0.6 mL、0.8 mL、1.0 mL，分别补加蒸馏水至 10.0 mL，摇匀。以蒸馏水为空白，在 243 nm 处测定系列标准维生素 C 溶液的吸光度。以维生素 C 的质量（μg）为横坐标、对应的吸光度为纵坐标作标准曲线。

2. 样品中维生素 C 含量的测定

（1）样品的提取：将果蔬样品洗净、擦干、切碎、混匀。称取 5.00 g 混匀的样品于研钵中，加入 2~5 mL 1% HCl，匀浆，转移到 25 mL 容量瓶中，稀释至刻度。若提取液澄清透明，可直接取样测定；若有浑浊、沉淀现象，则需要离心，再测定。

（2）样品提取液的测定：取 0.1~0.2 mL 提取液，放入盛有 0.2~0.4 mL 10% HCl 的 10 mL 容量瓶中，用蒸馏水稀释至刻度后摇匀。以蒸馏水为空白，在 243 nm 处测定吸光度。

3. 待测碱处理液的制备与测定

分别吸取 0.1~0.2 mL 提取液、2 mL 蒸馏水和 0.6~0.8 mL 1 mol/L NaOH 溶液，依次加入 10 mL 容量瓶中，混匀；放置 15 min 后加入 0.6~0.8 mL 10% HCl，混匀，加蒸馏水定容至刻度。以蒸馏水为空白，在 243 nm 处测定吸光度。也可以碱处理待测液为空白，在 243 nm

处测定样品提取液的吸光度。

（四）数据处理

（1）由待测液及碱处理待测液的 A 值之差，查标准曲线，计算样品中维生素 C 的含量（μg/g）。

（2）直接根据以碱处理待测液为空白测得的样品提取液的吸光度值查标准曲线，计算样品中维生素 C 的含量（μg/g）。

三、测定水样中铬和钴的含量

（一）实验原理

当混合物中的两组分 M 及 N 的吸收光谱互不重叠时，只要分别在波长 λ_1 和 λ_2 处测定试样溶液中 M 和 N 的吸光度，就可以得到其相应的含量。若 M 及 N 的吸收光谱互相重叠，只要服从吸收定律，可根据吸光度的加和性质，在 M 和 N 最大吸收波长 λ_1 和 λ_2 处测量总吸光度 $A(M+N)_{\lambda_1}$、$A(M+N)_{\lambda_2}$。用联立方程求出 M 和 N 组分的含量。

本实验测 Cr 和 Co 的混合物。先配制 Cr 和 Co 的系列标准溶液，然后分别在 λ_1 和 λ_2 处测量 Cr 和 Co 系列标准溶液的吸光度，并绘制工作曲线，所得 4 条工作曲线的斜率即为 Cr 和 Co 在 λ_1 和 λ_2 处的摩尔吸光系数，代入联立方程式即可求出 Cr 和 Co 的浓度。

（二）实验准备

1. 仪 器

（1）752 型紫外-可见分光光度计一台；
（2）50 mL 容量瓶 9 只；
（3）10 mL 吸量管 2 只；
（4）玻璃棒一根。

2. 试 剂

（1）0.350 mol/L $Co(NO_3)_2$ 溶液；
（2）0.100 mol/L $Cr(NO_3)_3$ 溶液。

（三）实验步骤

1. 准备工作

（1）清洗容量瓶、吸量管及需用的玻璃器皿。
（2）配制 0.350 mol/L $Co(NO_3)_2$ 溶液：准确称量 10.186 0 g $Co(NO_3)_2$，用蒸馏水溶解，用玻璃棒转移至 50 mL 容量瓶中，稀释至刻线，摇匀。
（3）配制 0.100 mol/L $Cr(NO_3)_3$ 溶液：准确称量 4.001 5 g $Cr(NO_3)_3$，用蒸馏水溶解，用玻璃棒转移至 50 mL 容量瓶中，稀释至刻线，摇匀。
（4）按仪器使用说明书检查仪器。开机预热 20 min，并调试至工作状态。

(5）检查仪器波长是否正确和吸收池是否配套。

2. 系列标准溶液的配制

取 4 只洁净的 50 mL 容量瓶，分别加入 2.50 mL、5.00 mL、7.50 mL、10.00 mL 0.350 mol/L $Co(NO_3)_2$ 溶液；另取 4 只洁净的 50 mL 容量瓶，分别加入 2.50 mL、5.00 mL、7.50 mL、10.00 mL 0.100 mol/L $Cr(NO_3)_3$ 溶液，分别用蒸馏水将各容量瓶中的溶液稀释至刻线，摇匀。

3. 测绘 $Co(NO_3)_2$ 和 $Cr(NO_3)_3$ 溶液的吸收光谱曲线，确定入射光波长 λ_1 和 λ_2

取步骤 2 配制的 $Co(NO_3)_2$ 和 $Cr(NO_3)_3$ 系列标准溶液各一份，以蒸馏水为参比，在 420～700 nm，每隔 20 nm 测一次吸光度（在峰值附近间隔小些），分别绘制 $Co(NO_3)_2$ 和 $Cr(NO_3)_3$ 的吸收曲线，并确定 λ_1 和 λ_2。

4. 工作曲线的绘制

以蒸馏水为参比，在 λ_1 和 λ_2 处分别测定 $Co(NO_3)_2$ 和 $Cr(NO_3)_3$ 系列标准溶液的相应吸光度。以 A 值为纵坐标、标准溶液浓度为横坐标分别绘制标准曲线。

5. 未知试样的测定

取一只洁净的 50 mL 容量瓶，加入 5.00 mL 未知试液，用蒸馏水稀释至刻线，摇匀，在波长 λ_1 和 λ_2 处测量试液的吸光度 $A(Cr+Co)_{\lambda_1}$、$A(Cr+Co)_{\lambda_2}$。

6. 结束工作

测量完毕，关闭仪器电源，取出吸收池，清洗晾干后放入盒中保存，清理工作台，罩上仪器防尘罩，填写仪器使用记录，清洗容量瓶及其他用过的玻璃器皿，并放回原处。

（四）数据处理

（1）分别作出两种物质在波长 λ_1 和 λ_2 处的 4 条标准曲线，由曲线斜率求出两种物质分别在 λ_1 和 λ_2 处的摩尔吸光系数。

（2）联立方程，求出未知液中两种物质的浓度。

四、测定废水中微量酚的含量

（一）实验原理

苯酚在紫外光区有两个吸收峰，在中性溶液中 λ_{max} 为 210 nm 和 270 nm；在碱性溶液中，由于形成酚盐，该吸收峰红移至 235 nm 和 288 nm。差值光谱就是指这两种吸收光谱相减而得到的光谱曲线。实验中只要把苯酚的碱性溶液放在样品光路上，把中性溶液放在参比光路上，即可直接绘出差值光谱。

在苯酚的差值光谱图上，选择 288 nm 为测定波长，在该波长下，溶液的吸光度随苯酚浓度的变化有良好的线性关系，遵循吸收定律，即 $\Delta A = \Delta \varepsilon \cdot c \cdot L$，可用于苯酚的定量分析。差值光谱法用于定量分析，可消除试样中某些杂质的干扰，简化分析过程，实现废水中微量酚的直接测定。

（二）实验准备

1. 仪　器

（1）紫外-可见分光光度计；
（2）1 cm 厚石英比色吸收池；
（3）25 mL 容量瓶。

2. 试　剂

（1）0.1 mol/L KOH 溶液；
（2）0.250 0 g/L 苯酚标准溶液。

（三）实验步骤

1. 确定测定波长

以蒸馏水为参比，分别绘制苯酚在中性和碱性溶液中的吸收曲线。然后，将苯酚的中性和碱性溶液分别放置在参比和样品光路中，绘制二者的差值光谱曲线，根据该差值光谱曲线，确定测定波长。

2. 绘制标准曲线

用移液管分别移取苯酚标准溶液 1.0 mL、1.5 mL、2.0 mL、2.5 mL、3.0 mL 于 5 个 25 mL 的容量瓶中，另取同样体积的苯酚标准溶液于另 5 个 25 mL 容量瓶中，分别用水和 0.1 mol/L KOH 稀释至刻度。每对容量瓶所对应的溶液浓度分别是 10 mg/L、15 mg/L、20 mg/L、25 mg/L、30 mg/L。每一对苯酚标准溶液中的苯酚浓度相同，只是稀释溶剂不同。在测定波长下，把碱性溶液稀释的标准溶液放在样品光路上，把中性溶液稀释的标准溶液放在参比光路上，测定吸光度差值。

3. 测量未知样品中苯酚含量

用移液管分别移取含酚水样 10 mL 于 2 个 25 mL 容量瓶中，分别用水和 0.1 mol/L KOH 稀释至刻度。在测定波长下，把碱性溶液稀释的待测试样放在样品光路上，把中性溶液稀释的待测试样放在参比光路上，测定吸光度差值。

（四）数据处理

（1）用实验步骤 2 中测得的吸光度差值，绘制吸光度-浓度曲线，计算回归方程。
（2）用吸光度-浓度曲线或回归方程，计算水样中的苯酚含量（mg/L）。

五、污水中磷酸盐含量测定——钼酸铵分光光度法（GB 11893—89）

（一）实验原理

在中性条件下，用过硫酸钾（或硝酸-高氯酸）使试样消解，将所含磷全部氧化为正磷酸盐。在酸性介质中，正磷酸盐与钼酸铵显色剂反应，在适当波长下测定吸光度值，根据朗伯-比尔定律计算其浓度。

（二）实验准备

1. 仪器

（1）50 mL 具塞（磨口）刻度管。
（2）分光光度计。

注：所有玻璃器皿均应在稀盐酸或稀硝酸中浸泡。

2. 试剂

本标准所用试剂除另有说明外，均应为符合国家标准或专业标准的分析试剂和蒸馏水或同等纯度的水。

（1）浓硫酸（H_2SO_4），密度为 1.84 g/mL。
（2）稀硫酸（H_2SO_4），量取 195 mL 浓硫酸，不断搅拌下徐徐加入约 250 mL 蒸馏水中，冷却至室温。
（3）钼酸盐显色溶液：称取 50 g 钼酸铵[$(NH_4)_6Mo_7O_{24} \cdot 4H_2O$]、2.5 g 偏钒酸铵，溶于 400 mL 蒸馏水中，混合均匀，将此混合液在不断搅拌下徐徐加入稀硫酸中，用蒸馏水稀释至 1 L。
此溶液储存于棕色试剂瓶中，在冷处可保存 2 个月。
（4）磷标准储备溶液（1 mg/mL）：1.00 mL 此标准溶液含 1 mg 磷。
本溶液在玻璃瓶中可储存至少 6 个月。
（5）磷标准使用溶液（0.1 mg/mL）：将 10.0 mL 磷标准储备溶液转移至 100 mL 容量瓶中，用水稀释至刻线并混匀。1.00 mL 此标准溶液含 0.1 mg 磷。
使用当天配制。

（三）实验步骤

1. 标准溶液配制

向 11 支具塞刻度管中分别加入 0.0 mL，0.50 mL，1.00 mL，1.50 mL、2.50 mL、3.00 mL、5.00 mL，7.50 mL，10.0 mL，12.50 mL，15.00 mL 磷标准使用溶液（0.1 mg/mL），加水至 50 mL。倒入对应三角瓶中，各加入 5.00 mL 显色剂，放置 2 min。

2. 吸收曲线的绘制

选择以上任一浓度溶液，在 400～780 nm 波长，用可见分光光度计每隔 20 nm 测定一次吸光度值，作出吸收曲线，找出最大吸收波长（测定值尽量在 0.2～0.8）。

3. 工作曲线的绘制

以最大吸收波长为入射光波长，测出系列标准溶液对应的吸光度值，作出工作曲线。

4. 样品测定

按上述方法对样品显色，并测定其吸光度值，在工作曲线上找出对应的浓度。

（四）数据处理

根据工作曲线及直线回归方程，求出样品中总磷含量，结果以 C（mg/L）表示。

六、测定样品中高含量镍的含量

（一）实验原理

差示分光光度法和普通分光光度法的区别在于所用参比溶液不同，差示法是采用一已知浓度的标准溶液代替普通分光光度法中的"空白溶液"作为参比，来测定试样溶液的吸光度；而其测定过程基本相同。

普通分光光度法在测定高含量或高吸收溶液时，偏离朗伯-比尔定律及吸光度超出了准确测量的范围，因而高浓度样品的测定，采用高吸光度差示法比较适宜。

高吸光度差示法是以一个浓度比待测溶液稍低的已知浓度溶液为参比溶液，调节透光率（透射比）为100%（或吸光度为0），然后测量一个或数个标准溶液（其浓度均必须大于参比溶液的浓度）的吸光度和待测试样溶液的吸光度，用比较法或工作曲线法求得待测溶液的浓度。

应用高吸光度差示法，由于选择了适宜的参比溶液浓度，通过调满度（即 T=100% 或 A=0），充分利用了仪器的灵敏度，扩展了读数标尺，使吸光度测量的相对误差 $\Delta A/A$ 大为减小，从而提高了测量结果的准确度，使之在测定高含量组分时的相对误差可与重量法或滴定法相比。

本实验在柠檬酸铵-氨水介质中，当有氧化剂碘存在时，镍与丁二酮肟作用，形成组成比为 1∶4 的酒红色络合物，可于波长 530 nm 处进行分光光度测定。

（二）实验准备

1. 仪 器

（1）分光光度计；
（2）容量瓶（50 mL）；
（3）吸量管（5 mL、10 mL）；
（4）量筒（10 mL、25 mL）。

2. 试 剂

（1）0.1 g/L 镍标准溶液：准确称量 0.495 5 g 六水合硝酸镍，以水溶解并转移至 1 000 mL 容量瓶中，稀释至刻线，摇匀；
（2）5% 柠檬酸铵溶液；
（3）0.1 mol/L 碘溶液；
（4）0.2% 丁二酮肟溶液（溶于 1+1 氨水）；
（5）含镍水样。

（三）实验步骤

（1）分别吸取镍标准溶液 1.00 mL、2.00 mL、3.00 mL、4.00 mL、5.00 mL、6.00 mL、7.00 mL、8.00 mL、9.00 mL、10.00 mL 和试样溶液 10.00 mL，加入 11 个 50 mL 容量瓶中，各加水 15 mL、柠檬酸铵溶液 5 mL，再加入 0.1 mol/L 碘溶液 2.5 mL，摇匀，然后再加入 0.2% 丁二酮肟溶液 10 mL，用水稀释至刻度，充分摇匀。在 530 nm 波长处，用 2 cm 比色皿，以

蒸馏水为参比，分别测定吸光度。

（2）在以上镍系列标准溶液中选一个比试样溶液的吸光度低但又较接近，而且吸光度差值大于 0.2 的镍标准溶液为参比，分别测定其他较浓的镍标准溶液及试样溶液的吸光度。

（四）数据处理

（1）作普通分光光度法标准曲线，求试样溶液的浓度。
（2）作差示分光光度法标准曲线，求试样溶液的浓度。

思考与练习

一、填空题

1. 朗伯定律是说明光的吸收与_____正比，比尔定律是说明光的吸收与_____成正比，二者合为一体称为朗伯-比尔定律，其定义式为_____。
2. 摩尔吸光系数的单位是_____，它表示物质的浓度为_____，液层厚度为_____时溶液的吸光度。常用符号_____表示。
3. 紫外-可见分光光度计的基本结构包括_____、_____、_____、_____以及显示系统五部分。
4. 吸光度 A 和透射比（T）关系是_____。
5. 一般分光光度法中，使用波长在 350 nm 以上时可用_____比色皿，在 350 nm 以下时应选用_____比色皿，原因是_____。
6. 紫外吸收光谱法大多应用于鉴定含有_____，尤其是共轭体系的化合物，如含_____、_____、_____、_____等的脂肪族化合物，以及含有_____的芳香族化合物。
7. 752 型分光光度计采用_____光路，其波长范围为_____nm，在波长_____nm 范围内用_____做光源，在波长_____nm 范围内用_____做光源。
8. 不同浓度的同一物质，其吸光度随浓度增大而_____，但最大吸收波长_____。
9. 同种物质的不同浓度溶液，任一波长处的吸光度随物质浓度的增加而增大，这是物质_____的依据；各种物质都有特征的吸收曲线和最大吸收波长，这种特性可作为物质_____的依据。

二、选择题

1. 人眼能感觉到的可见光波长范围是（   ）。
   A. 400～780 nm   B. 200～400 nm
   C. 200～400 nm   D. 200～780 nm
2. 在分光光度法中，透射光强度（I）与入射光强度（I_0）之比 I/I_0 称为（   ）。
   A. 吸光度   B. 吸光系数   C. 透光率   D. 百分透光率
3. 在分光光度法中，当吸光度 $A=0$ 时，透射比 τ（%）=（   ）。
   A. 0   B. 100   C. 50   D. 吸光度与透射比无定量关系

4. 某物质的吸光系数与下列哪个因素有关（   ）。
   A. 溶液浓度   B. 测定波长   C. 仪器型号   D. 吸收池厚度
5. 在紫外-可见分光光度法测定中，使用参比溶液的作用是（   ）。
   A. 调节仪器透光率的零点   B. 选择测定时的吸收波长
   C. 调节入射光的光强度   D. 消除试剂等非测定物质对入射光吸收的影响
6. 符合朗伯-比尔定律的有色溶液在被适当稀释时，其最大吸收峰的波长位置（   ）。
   A. 向长波方向移动   B. 向短波方向移动
   C. 不移动   D. 移动方向不确定
7. 在光度分析中，某有色物质在某浓度下测得透光率为 T；若浓度增大 1 倍，则透光率为（   ）。
   A. T^2 B. $T/2$ C. $2T$ D. $T^{1/2}$
8. 某物质的摩尔吸光系数很大，表明（   ）。
   A. 该物质溶液的浓度很大
   B. 光通过该物质溶液的光程长
   C. 该物质对某波长的光的吸收能力很强
   D. 用紫外-可见分光光度法测定该物质时其检出下限很低
9. 下列说法正确的是（   ）。
   A. 透光率与浓度呈正比   B. 吸光度的负对数与浓度呈正比
   C. 某物质摩尔吸光系数随测定波长而改变   D. 玻璃棱镜适用于紫外光区
10. 用邻菲罗啉法测定微量铁时，加入抗坏血酸的目的是（   ）。
    A. 调节酸度   B. 做氧化剂   C. 做还原剂   D. 做显色剂
11. 下列表达不正确的是（   ）。
    A. 吸收光谱曲线表明吸光物质的吸光度随波长的变化而变化
    B. 吸收光谱曲线以波长为纵坐标、吸光度为横坐标
    C. 吸收光谱曲线中，最大吸收处的波长称为最大吸收波长
    D. 吸收光谱曲线表明吸光物质的光吸收特性
12. 在光度分析中，参比溶液的选择原则是（   ）。
    A. 通常选用蒸馏水   B. 通常选用试剂溶液
    C. 根据加入试剂和被测试液性质来选择   D. 通常选用褪色溶液
13. 在紫外吸收光谱曲线中，能用来定性的参数是（   ）。
    A. 最大吸收峰处的吸光度   B. 最大吸收峰的波长
    C. 最大吸收峰处的摩尔吸光系数   D. B + C
14. 物质显现一定的颜色是由于选择性吸收了白光中的某些波长的光。$CuSO_4$ 溶液呈现蓝色是由于它吸收了白光中的（   ）。
    A. 蓝色光波   B. 绿色光波   C. 黄色光波   D. 青色光波

三、判断题

1. 高锰酸钾溶液呈紫红色，是因为其吸收了可见光中的紫色光。（   ）

2. 摩尔吸光系数与溶液浓度、液层厚度无关，而与入射光波长、溶剂性质和温度有关。
（   ）
3. 在紫外光谱区测定吸光度应采用石英比色皿，是因为石英对紫外光没有反射作用。
（   ）
4. 当被测溶液为悬浮或乳浊液时，测得的吸光度偏高，产生正误差。（   ）
5. 光度法测定要求吸光度为 0.2～0.8，因为在此范围内该方法的灵敏度高。
（   ）
6. 朗伯-比尔定律适用于所有均匀非散射的有色溶液。（   ）
7. 紫外-可见分光光度法仅能测定有色物质的吸光度，无色物质必须经过显色反应后才能进行测定。（   ）
8. 在进行显色反应时，为保证被测物质全部生成有色产物，显色剂的用量越多越好。
（   ）
9. 在进行显色反应时，为保证被测物质全部生成有色产物，显色时间越长越好。
（   ）
10. 光度分析法中选择最大吸收波长作为测量波长，是为了提高方法的选择性。（   ）
11. 光度分析法中无论何种情况，都选择最大吸收波长作为测量波长。（   ）
12. 光度分析法中参比溶液的作用是消除溶液中的共存组分和溶剂对光吸收所引入的误差。（   ）
13. 分光光度计检测器直接测定的是吸收光的强度。（   ）
14. 在紫外-可见分光光度计中，钨灯常用作紫外光的光源。（   ）
15. 在分光光度法中，摩尔吸光系数 ε 越大，表示某物质对某波长的光的吸收能力越强。
（   ）

四、术语解释
1. 吸收光谱曲线（吸收曲线）
2. 透光率和吸光度
3. 摩尔吸光系数
4. 朗伯-比尔定律
5. 选择吸收

五、简答题
1. 简述紫外-可见吸收光谱定量及定性分析的基础。
2. 在光度法测定中引起偏离朗伯-比尔定律的主要因素有哪些？如何消除这些因素的影响？
3. 在吸光光度法中，选择入射光波长的原则是什么？
4. 在吸光光度法中，影响显色反应的因素有哪些？
5. 电子跃迁类型有哪些？哪些跃迁要在紫外-可见光谱上反映出来？

六、计算题
1. 某有色溶液，当液层厚度为 1 cm 时，透过光的强度为入射光的 87%；若通过 5 cm 厚的液层，其透过光的强度减弱多少？
2. 在 456 nm 处，用 1 cm 比色皿测定显色的锌配合物标准溶液的吸光度得到如表 3-8 所示数据：

表 3-8　锌标准溶液吸光度测定数值

$c(Zn)/(\mu g/mL)$	2.00	4.00	6.00	8.00	10.0
A	0.105	0.205	0.310	0.415	0.515

（1）绘制工作曲线；

（2）求吸光度为 0.260 的未知液的浓度。

3. 称取维生素 C 0.05 g，溶于 100 mL 0.005 mol/L 硫酸溶液中，再准确量取此溶液 2.00 mL，稀释至 100 mL，取此溶液于 1 cm 吸收池中，在 λ_{max} 为 245 nm 处测得 A 值为 0.551，求试样中维生素 C 的质量分数〔已知在 245 nm 处 V_C 的质量吸收系数为 560 g/(L·cm)〕。

4. 有一标准 Fe^{3+} 溶液，浓度为 6 μg/mL，其吸光度为 0.304，某一试样溶液在同一条件下测得吸光度为 0.510，求试样溶液中 Fe^{3+} 的含量（mg/L）。

项目四 原子吸收分光光度法

📖 学习目标

【技能目标】

- 原子吸收分光光度计的使用；
- 原子吸收分光光度计的日常维护和常规故障排除；
- 用原子吸收分光光度法定量分析的数据处理及分析报告；
- 具有信息迁移能力，能根据不同型号的仪器说明书达到对该仪器的认知、操作。

【知识目标】

- 理解原子吸收分光光度法中常用的名词与术语：共振线、吸收轮廓、中心频率、峰值吸收系数、峰值吸收、积分吸收等；
- 掌握仪器最佳分析条件的选择；
- 掌握原子吸收分光光度法定量分析的方法：工作曲线法（外标法）、标准加入法；
- 熟悉原子吸收分光光度计的结构和保养、维护及故障排除方法；
- 熟练进行数据处理，撰写的检验报告的格式达到标准要求。

原子吸收分光光度法（Atomic absorption Spectrophotometry，AAS）是根据基态原子对特征波长光的吸收，测定试样中待测元素含量的分析方法，也叫原子吸收光谱法。原子吸收光谱法主要用于测定样品中金属元素的含量，随着技术发展，现在的原子分光光度计也可测一些非金属元素（如卤素、硫、磷）和一些有机化合物（如维生素 B_{12}、葡萄糖、核糖核酸酶等），应用领域越来越广泛。

近年来，计算机、微电子、自动化、人工智能技术和化学计量等的发展，各种新材料与元器件的出现，大大改善了仪器性能，使原子吸收分光光度计的精度和准确度及自动化程度有了极大提高，使原子吸收光谱法成为痕量元素分析灵敏且有效的方法之一。

原子吸收光谱法的特点：

（1）灵敏度高，检出限低。火焰原子吸收光谱法的检出限可达 μg/mL 级；无火焰原子吸收光谱法的检出限可达 $10^{-10} \sim 10^{-14}$ g。

（2）准确度好。火焰原子吸收光谱法的相对误差小于 1%，其准确度接近经典化学方法。石墨炉原子吸收法的相对误差一般为 3%~5%。

（3）选择性好。用原子吸收光谱法测定元素含量时，通常共存元素对待测元素干扰少，若实验条件合适，一般可以在不分离共存元素的情况下直接测定。

（4）操作简便，分析速度快。在准备工作做好后，一般几分钟即可完成一种元素的测定。

若利用自动原子吸收光谱仪可在 35 min 内连续测定 50 个试样中的 6 种元素。

（5）应用广泛。原子吸收光谱法被广泛应用于各领域，它可以直接测定 70 多种金属元素，也可以用间接方法测定一些非金属和有机化合物。

原子吸收光谱法的不足之处是：由于分析不同元素必须使用不同的元素灯，因此多元素同时测定较困难。有些元素的灵敏度还比较低，如钍、铪、银、钽等。对于复杂样品仍需要进行复杂的化学预处理，否则干扰比较严重。

任务一　熟悉原子吸收分光光度计的分析流程

【任务目的】

（1）熟悉原子吸收分光光度计的分析流程；
（2）熟悉原子吸收分析法中的常用术语：共振线、吸收线、中心频率等；
（3）掌握原子吸收分析法对样品进行定量分析的基本原理。

【任务准备】

1. 仪　器

（1）原子吸收分光光度计一台；
（2）空心阴极灯；
（3）压缩空气：氧化剂，由空气压缩机供给，经过必要的过滤和净化；
（4）乙炔燃料（纯度不低于 99.6%）；
（5）用于配制溶液的各规格的烧杯、移液管、容量瓶等。

2. 试　剂

（1）硝酸（优级纯 AR）；
（2）铜标准储备溶液：10.0 μg/mL；
（3）铜系列标准溶液：利用铜标准储备液配制，0.0 μg/mL、0.2 μg/mL、0.4 μg/mL、0.6 μg/mL、0.8 μg/mL、1.0 μg/mL。

【任务内容】

活动一：火焰原子化法

教师演示，启动原子吸收分光光度计，完成自检后，设定实验参数与实验条件，选择原子化器为火焰原子化器，测定铜系列标准溶液的吸光度值。学生观察并记录相关数据。

活动二：石墨炉原子化法

教师演示，启动原子吸收分光光度计，完成自检后，设定实验参数与实验条件，选择原子化器为石墨炉原子化器，测定铜系列标准溶液的吸光度值。学生观察并记录相关数据。

问题探究一

1. 根据任务一简要叙述原子吸收分光光度计对样品进行分析的流程？与紫外-可见分光光度法有何不同？
2. 原子吸收分光光度计的分析对象是哪些物质？分析原理是什么？
3. 分析任务一中得到的吸光度与浓度数据，试推出原子吸收分光光度计测定出的吸光度与样品浓度的关系。

知识链接一　原子吸收分光光度法分析基础

一、原子吸收光谱与共振吸收线

近代原子结构理论表明，一个原子具有多种能级状态，如图4-1所示为钠原子的能级图。在正常情况下，原子处于能量最低的状态（E_0），是最稳定的状态，处于能量最低状态下的原子称为基态原子。在热能、电能或光能的作用下，基态原子最外层电子可跃迁到能量较高的不同能级，处在这些较高能级状态的原子称为激发态原子。激发态原子很不稳定，$10^{-8} \sim 10^{-7}$ s后返回基态，并放出能量。原子能级间的跃迁伴随能量的吸收和发射，产生相应的原子吸收光谱和发射光谱。当电子从基态跃迁至能量最低的激发态（即第一电子激发态 E_1）时，所吸收的一定波长的辐射线称为共振吸收线；再跃回基态时，则发射同样波长的辐射线，称为共振发射线，习惯上都称为共振线（Resonance Line）。由于基态与第一电子激发态之间跃迁所需能量最低，因而跃迁最易发生，大多数元素对这条谱线的吸收也最强，因此共振线是元素最灵敏的谱线。不同元素原子的结构和外层电子排布各不相同，因而元素都有其特征谱线。由于原子的能级只有电子能级而无振动及转动能级，能级间能量差较大，一般为 1~20 eV，因此原子光谱的谱线简单，是线状光谱，多位于紫外-可见光区，如图4-2所示。

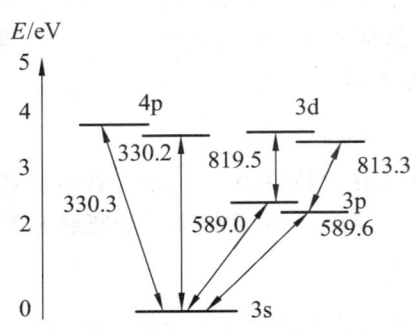

图 4-1　钠原子能级图

图 4-2　原子吸收光谱图

二、原子吸收轮廓与谱线宽度

理论上讲,原子光谱应是线状光谱,即由理想几何线组成。但实际上,原子吸收谱线并不是一条严格的几何线,而具有一定的宽度和形状。以谱线强度 I_ν 或吸收系数 K_ν 对吸收频率 ν 作图,得到的曲线称为谱线的轮廓,如图 4-3(b)和图 4-3(c)所示。在中心频率 ν_0 处有极大值 K_0,即峰值吸收系数;在 ν_0 两侧有一定的宽度,$\frac{1}{2}K_0$ 时,曲线两点间的距离称为吸收线半宽度,以 $\Delta\nu$ 表示。K_ν 与光强度 I_0 及原子蒸气的厚度 l 无关,取决于吸收介质的性质和入射光的频率。$\Delta\nu$ 的值为 0.001~0.05 nm。同样,发射线也具有一定的宽度,不过其半宽度更窄,为 0.000 5~0.002 nm,如图 4-3(a)所示。

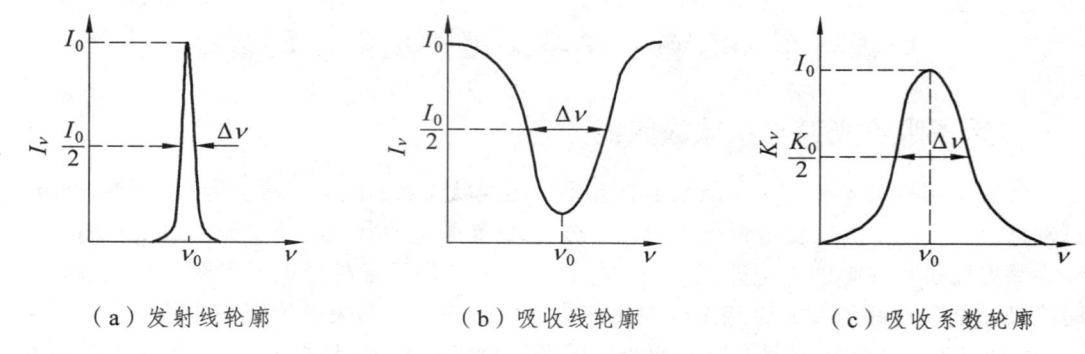

(a)发射线轮廓　　　　(b)吸收线轮廓　　　　(c)吸收系数轮廓

图 4-3　原子吸收线的轮廓

谱线轮廓的重要参数是中心频率 ν_0(或中心波长 λ_0)和半宽度 $\Delta\nu$。ν_0 或 λ_0 是最大吸收线强度 I_0 或最大吸收系数 K_0 所对应的频率或波长,而谱线半宽度 $\Delta\nu$ 则为最大发射线强度的一半 $\left(\frac{1}{2}I_0\right)$ 或最大吸收系数的一半 $\left(\frac{1}{2}K_0\right)$ 处谱线轮廓上两点之间的频率或波长的差值。

引起谱线变宽的原因主要有两类:一类是原子本身性质,如谱线的自然变宽;另一类是外界条件的影响,如热变宽和压力变宽等。下面简单介绍几种重要的变宽效应。

1. 自然变宽

在无外界条件影响时,谱线仍有一定的宽度,这种宽度为自然宽度,以 $\Delta\nu_N$ 表示。自然变宽的大小与产生跃迁的激发态原子的寿命有关。激发态原子寿命越长,$\Delta\nu_N$ 越窄。一般情况下,$\Delta\nu_N$ 约为 10^{-5} nm,与其他变宽效应相比可以忽略不计。

2. 多普勒(Doppler)变宽

它是原子在空间作无规则热运动引起的变宽,故又称为热变宽,以 $\Delta\nu_D$ 表示,约为 10^{-3} nm 数量级。待测元素原子的相对原子质量(原子量)越小,温度越高,变宽越显著。

3. 洛伦兹(Lorentz)变宽

原子与其他粒子(分子或原子)之间的碰撞,使原子的基态能级发生变化,从而使谱线轮廓变宽。由于气态粒子间的碰撞是一定压力所致,故又称为压力变宽,以 $\Delta\nu_L$ 表示,其数量级与 $\Delta\nu_D$ 相同。

4. 霍尔兹马克（Holtzmark）变宽

被测元素激发态原子与基态原子相互碰撞引起的变宽，又称共振变宽，以 $\Delta \nu_H$ 表示。共振变宽只在被测元素浓度较高时才有影响。

在通常的原子吸收分析条件下，吸收线变宽主要受 Doppler 变宽和 Lorentz 变宽所影响。其他可导致谱线变宽的因素还有场致变宽、塞曼效应变宽等。但在原子吸收分析的条件下，这些引起变宽的因素可以忽略不计。

三、基态原子数与激发态原子数的分布

在进行原子吸收测定时，试液在高温下挥发并解离成原子蒸气，待测元素转化为基态原子，即原子化过程。其中有一部分基态原子进一步被激发成激发态原子。在一定条件的热平衡状态下，激发态原子数 N_j 与基态原子数 N_0 的比值服从玻尔兹曼分布定律（Boltzmann Distribution Law）：

$$\frac{N_j}{N_0} = \frac{G_j}{G_0} \cdot e^{-\Delta E_j / kT} \tag{4-1}$$

式中　　k——玻尔兹曼常数；

　　　　T——热力学温度，K；

　　　　G_j，G_0——统计权重；

　　　　ΔE_j——激发态和基态的能量差。

表 4-1 列出了一些元素共振线的 N_j/N_0。在原子吸收光谱法中，对大多数元素来说，原子化温度一般在 3 000 K 以下。由表 4-1 可见，在如此高的温度范围内，大多数元素的 N_j/N_0 值仍小于 1%，也就是说，与处于基态的原子数目相比，处于激发态的原子数目可以忽略不计。在通常原子吸收光谱测定的条件下，可用基态原子数代表吸收辐射的被测元素的原子总数 N，即 $N \approx N_0$。

表 4-1　各种元素在不同温度下的 N_j/N_0 值

元素	谱线 λ/nm	激发能/eV	G_j/G_0	N_j/N_0		
				2 000 K	2 500 K	3 000 K
Na	589.0	2.104	2	9.86×10^{-6}	1.14×10^{-4}	5.83×10^{-4}
Mg	285.2	4.346	3	3.35×10^{-11}	5.20×10^{-9}	1.50×10^{-7}
Cu	324.7	3.817	2	4.82×10^{-10}	4.04×10^{-8}	6.65×10^{-7}
Ca	422.7	2.932	3	1.21×10^{-6}	3.67×10^{-6}	3.55×10^{-5}
Pb	283.3	4.375	3	2.8×10^{-11}	4.55×10^{-9}	1.34×10^{-7}
Zn	213.9	5.795	3	7.45×10^{-15}	6.22×10^{-12}	5.50×10^{-10}

四、原子吸收分光光度法的定量基础

1. 积分吸收

原子蒸气层中基态原子吸收共振线的全部能量称为积分吸收。它相当于图 4-3（b）吸收

线轮廓下包围的所有面积,以数学式表示为

$$\int K_\nu \mathrm{d}\nu$$

根据爱因斯坦的理论,吸收轮廓线的积分吸收值与基态原子数目有如下关系:

$$\int K_\nu \mathrm{d}\nu = \frac{\pi e^2}{mc} f \cdot N_0 \tag{4-2}$$

式中　e,m——电子的电荷和质量;
　　　c——光速;
　　　f——振子强度。

对于给定元素,在一定实验条件下,$\frac{\pi e^2}{mc} f$ 为常数,如果能求出积分吸收值 $\int K_\nu \mathrm{d}\nu$,则可求得基态原子数 N_0。要测量半宽度只有千分之几纳米的吸收线轮廓的积分吸收值,需要高分辨率的单色器。例如,欲测量波长为 500 nm、半宽度仅为 0.001 nm 的吸收峰的积分吸收值,所需单色器的分辨率应为

$$R = \frac{500}{0.001} = 500\,000$$

现有的技术难以制造出这样高分辨率单色器的光谱仪。这也是发现原子吸收现象以后 100 多年来,其一直未能在分析上得到实际应用的原因。

2. 峰值吸收

1955 年,A.Walsh 提出以锐线光源为激发光源,用峰值吸收代替积分吸收,成功地解决了这一难题。A.Walsh 使用了小电流、低气体压力的空心阴极灯所产生的很窄波长范围的发射光谱线,称为锐线光源。它的半宽度只有吸收轮廓线的半宽度的 1/10 ~ 1/5(图 4-4),整个发射线的轮廓处于吸收线的中心部分,它们的中心频率相同(即 ν_0 处)。这样就不需要用高分辨率的单色器,只要将其与其他谱线分离,就能测出峰值吸收系数。

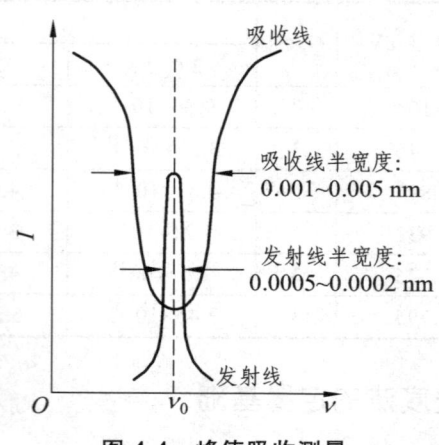

图 4-4　峰值吸收测量

峰值吸收是指基态原子蒸气对入射光中心频率的吸收,峰值吸收的大小以峰值吸收系数

K_0 表示，通过运算可得峰值吸收系数 K_0 为

$$K_0 = \frac{2}{\Delta \nu} \sqrt{\frac{\ln 2}{\pi}} \frac{\pi e^2}{mc} f \cdot N_0 \qquad (4\text{-}3)$$

用锐线光源对同一中心吸收波长 λ_0（频率 ν_0）的原子蒸气进行吸光度测定时，实际上相当于测量中心频率 ν_0 两边很窄（$\Delta \nu$）范围内的积分吸收，可认为吸收系数 $K_\nu = K_0$，$\Delta \nu$ 为常数。在实验条件一定时，对于特定的元素测定，式（4-3）右侧除了被测元素的基态原子数之外，其他各项为常数，于是得到

$$K_0 = kN_0 \qquad (4\text{-}4)$$

即峰值吸收系数 K_0 与基态原子数呈正比。

3. 定量分析的依据

式（4-4）中峰值吸收系数 K_0 与基态原子数呈正比，但在实际测量中并不是直接测量 K_0 值大小，而是通过测量基态原子蒸气的吸光度，并根据吸收定律进行定量的。基态原子对元素灯辐射线的吸收如图 4-5 所示。根据吸收定律：

$$I_\nu = I_0 \cdot e^{-K_\nu l} \qquad (4\text{-}5)$$

$$A = \lg \frac{I_0}{I_t} = 0.434 K_\nu l \qquad (4\text{-}6)$$

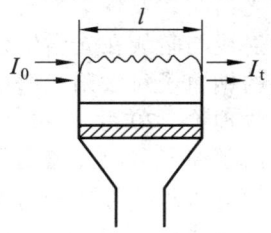

图 4-5 基态原子对辐射线的吸收

式中　l——原子蒸气的厚度；

I_0，I_t——频率 ν 时入射光和透射光的强度；

K_ν——吸收系数，它与入射光的频率、基态原子浓度及原子化温度有关。

将式（4-4）代入式（4-6）中，由于 $N_0 \approx N$，而试样中待测元素的浓度正比于待测元素的原子总数，即正比于基态原子数 N_0。因此，式（4-6）可写为

$$A = K'c \qquad (4\text{-}7)$$

式（4-7）表明，吸光度与被测试样中的元素含量呈正比关系。这是原子吸收光谱分析的实用关系式。由于 K' 是与实验条件有关的参数，因此必须使用校正曲线进行原子吸收光谱定量分析。

五、原子吸收分光光度法的分析流程（图 4-6）

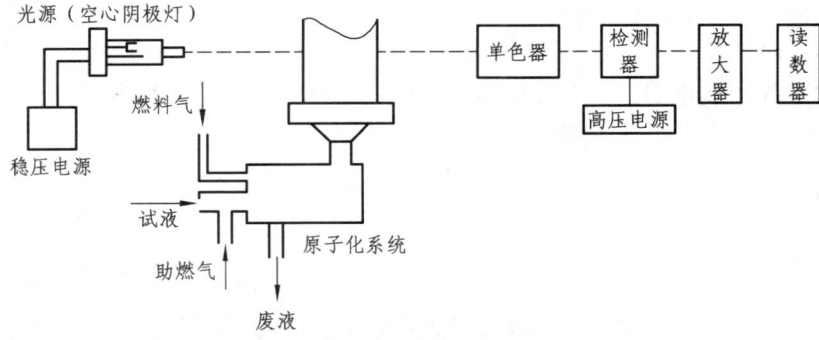

图 4-6 原子吸收分光光度法分析流程

由图 4-6 可见，AAS 与 UV-Vis 有相似之处，都是利用基态粒子对光的吸收进行分析，但 UV-Vis 测量的是溶液中分子或离子对光的吸收程度，为带状光谱，使用的是连续光源；AAS 测量的是基态原子蒸气对光的吸收程度，为线状光谱，使用的是锐线光源。因此，在仪器结构、试样的处理技术和特点等方面有许多不同。

扩展阅读

原子吸收光谱的发现与原子分光光度计

原子吸收光谱的研究起源于对太阳光的观测。1802 年，沃拉斯顿（W. H. Wollaston）发现太阳光谱中存在许多黑线，1817 年，夫琅禾费（J. Fraunhofer）在研究太阳连续光谱时，再次发现了这些暗线，由于当时人们还不了解产生这些暗线的原因，就将这些暗线称为夫琅禾费线。1859 年，基尔霍夫（G. Kirchhoff）与本生（R. Bunsen）在研究碱金属和碱土金属的火焰光谱时，发现钠蒸气发出的光通过温度较低的钠蒸气时，会引起钠光的吸收，并且根据钠发射线与暗线在光谱中位置相同这一事实，断定太阳连续光谱中的暗线正是太阳外围大气圈中的钠原子对太阳光谱中的钠辐射吸收的结果。1955 年，沃尔什（A. Walsh）正式提出原子吸收理论，20 世纪 50 年代末至 60 年代初，Hilger，Varian Techtron 及 Perkin Elmer 公司先后推出了原子吸收光谱商品仪器，发展了沃尔什的设计思想。到了 60 年代中期，原子吸收光谱开始进入迅速发展的时期。1959 年，沃尔夫（Wolf）发明非火焰法（石墨炉），1965 年，$N_2O-C_2H_4$ 火焰法被提出，70 年代出现背景扣除技术。

任务二　了解原子吸收分光光度计各部分的结构及作用

【任务目的】

（1）熟悉原子分光光度计的结构；
（2）熟悉原子分光光度计各部分结构的作用；
（3）了解原子分光光度计的维护及保养。

【任务准备】

（1）原子吸收分光光度计一台；
（2）空心阴极灯；
（3）压缩空气：氧化剂，由空气压缩机供给，经过必要的过滤和净化；
（4）乙炔燃料（纯度不低于 99.6%）。

【任务内容】

活动一

在教师指导下，分别找出原子吸收分光光度计的主要组成部分：光源、原子化器（火焰原子化器、石墨炉原子化器）、分光系统和检测系统等的位置，了解其各部分作用。

活动二

掌握原子吸收分光光度计正确的操作步骤。

问题探究二

1. 原子吸收分光光度计主要组成部分有哪些？各有什么作用？
2. 原子吸收分光光度计的正确操作步骤是怎样的？
3. 原子吸收分光光度计如何维护与保养？

知识链接二　原子吸收分光光度计

原子吸收光谱仪主要由光源系统、原子化系统、分光系统、检测系统四部分组成。

一、仪器的主要部件

（一）光　源

光源的作用是辐射待测元素的特征谱线。

原子吸收分光光度计对光源的基本要求是：

（1）光源发射待测元素的共振线，不受充入的稀有气体或其他杂质元素线的干扰。

（2）发射的共振线必须是锐线，发射线的半宽度明显小于吸收线的半宽度。

（3）辐射强度足够大、稳定性好，且背景低，低于特征谱线强度的1%。

符合上述要求的光源有空心阴极灯（Hollow-cathode Lamp，HCL）、蒸气放电灯和无极放电灯，目前应用最广泛的是空心阴极灯。

1．空心阴极灯

（1）结构与工作原理

空心阴极灯的结构如图 4-7 所示，它是一种低压气体放电管，管壳由带有石英窗的硬质玻璃制成，抽成真空后充入低压稀有气体（如氦、氖、氩、氙等）。将一个由绕有钽或钛丝的钨棒制成的阳极和一个由待测元素金属做成的空心圆筒状阴极密封于管内。

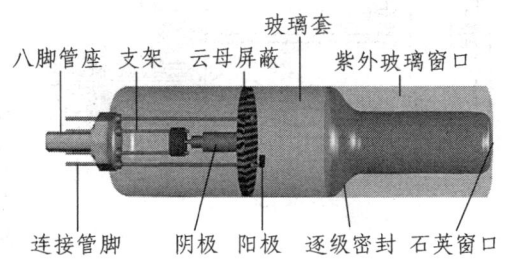

图 4-7　空心阴极灯结构

空心阴极灯的放电是一种特殊形式的低压辉光放电。当两极施加 300～500 V 电压时，便产生辉光放电。阴极放出的电子在高速飞向阳极的途中与稀有气体分子碰撞，使之电离，在电场作用下,带正电荷的离子高速飞向阴极,猛烈撞击阴极内壁,将阴极表面的原子从晶格中溅射出来。溅射出来的金属原子与飞行中的电子、稀有气体分子及离子发生碰撞而被激发,在返回基态时发射出待测元素的特征谱线。为保证光源仅发射频率范围很窄的锐线,要求阴极材料具有很高的纯度。

一般空心阴极灯为单元素灯。目前已研制成功多元素空心阴极灯,但多元素空心阴极灯发射强度不如单元素灯,并且易产生干扰,使用时应加以注意。

(2) 空心阴极灯的电流

空心阴极灯发光强度与工作电流有关,增大电流可以增加发光强度,但工作电流过大会使辐射的谱线变宽,灯内自吸收增加,锐线光强度下降,背景增大,还会缩短灯的寿命;灯电流过小,会使发光强度减弱,稳定性、信噪比下降。因此,实际工作中,应选择合适的工作电流。

2. 无极放电灯

另一种锐线光源叫作无极放电灯(Electrodeless Discharge Lamp),它是在石英管内放入少量金属或其卤化物,并充入低压稀有气体。其工作原理是:在低压的惰性气氛下,用高频电场激发产生特征谱线。它的光强度是空心阴极灯的 10~300 倍。但由于大多数元素的蒸气压较低,难以制成无极放电灯。较常见的有 As、Cd、Se、Zn、Pb、Hg、Sn、P、Tl、Te 等元素灯。它弥补了一些元素空心阴极灯光强度低的不足。

(二) 原子化器

原子化器(Atomizer)的作用是提供一定的能量,使各样品中的待测元素转变为基态原子蒸气,并使其进入光源的辐射光程。试样中待测元素转变为基态原子的过程,称为原子化过程。实现原子化的装置主要有:火焰原子化器、石墨炉原子化器和氢化物发生原子化器三类。

1. 火焰原子化器

火焰原子化器(Flame Atomizer)是利用各种化学火焰的热能,使试样原子化的一种装置,结构如图 4-8 所示。它由雾化器、雾化室和燃烧器三部分组成。

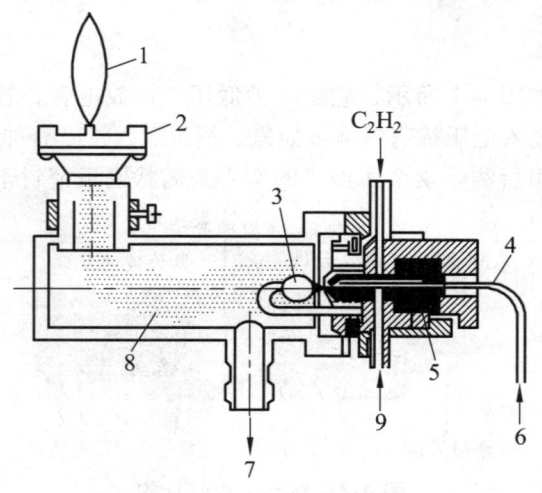

图 4-8 火焰原子化器

1—火焰;2—燃烧器;3—撞击球;4—毛细管;5—雾化器;6—试液;
7—废液;8—雾化室;9—空气或 N_2O

(1) 雾化器

雾化器的作用是利用气体动力学的原理，使试液成为微米级的气溶胶并将其导入雾化室。对雾化器的要求是喷雾稳定，产生雾滴细而均匀，雾化效率高。目前普遍采用的是同心型气体雾化器。外管接高压助燃气（空气、氧化亚氮等），内管吸入液体样品。如图4-9所示，当高压助燃气从气体导管中高速喷出时，在中心毛细管出口处形成负压，试液经毛细管吸入并被高速气流分散成雾滴。喷出的雾滴经撞击球碰撞被进一步分散成细雾。雾化器通常由不锈钢、聚四氟乙烯或玻璃材料制成。中心毛细管多由铂-铱（或铑）合金制成，以增加抗腐蚀性。

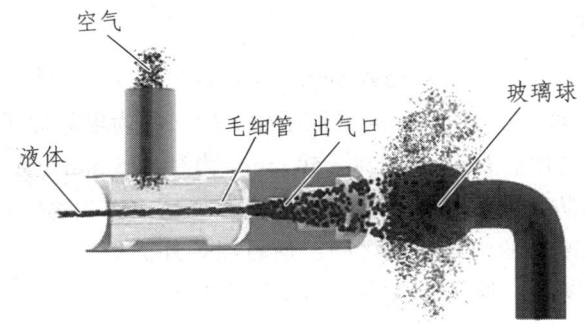

图 4-9　雾化器

(2) 雾化室（又称混合室）

如图4-10所示，其作用是在气溶胶进入火焰之前，使微细的雾滴与燃气混合，使大雾滴从回流废液管排出。通常在雾化室内壁喷涂氯化聚醚之类的塑料，使其具有较好的浸水性，防止挂水珠，减少记忆效应。

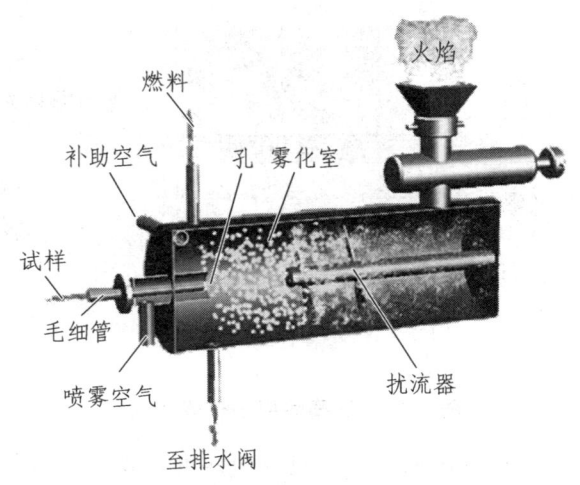

图 4-10　雾化室

(3) 燃烧器

燃烧器由不锈钢或金属钛等耐腐蚀、耐高温材料制成。燃烧器喷口一般都做成狭缝式，这种形状既可使原子蒸气获得较长的吸收光程，提高方法的灵敏度；又可防止回火，保证操作的安全。最常用的是单缝燃烧器；它的灵敏度高，噪声小，稳定性好。

火焰原子化是使试液原子化的一种理想方法。但火焰原子化的过程较复杂，不同类型火焰的温度和性质也不尽相同。同种类型的火焰，由于燃气和助燃气比例不同，火焰的温度也不同。

火焰原子化法重现性好，易操作。其缺点是原子化效率低，试液的利用率低（仅有 10%），原子在光路中滞留时间短以及燃烧气体的膨胀对基态原子的稀释等因素使得火焰原子吸收的灵敏度相对较低，限制了其应用。

2. 石墨炉原子化器

石墨炉原子化器（Graphite Furnace Atomizer）的原理是将石墨管作为一个电阻，在通电时，温度可达 2 000 ~ 3 000 ℃，使待测元素原子化，故又称为电热原子化器。图 4-11 为商品石墨炉原子化器结构示意图，石墨管长 28 ~ 50 mm，内径约 5 mm，管上有一小孔，孔径 1 ~ 2 mm，用以进液样。为防止高温下在大气中被氧化燃烧生成碳化物，石墨管内外都通入惰性保护气体，并置于有水冷却的两石墨锥之间，使石墨炉外面的温度保持在 60 ℃ 以下。石墨炉原子化需经过干燥、灰化、原子化及净化四步程序升温。干燥的目的是在低温（100 ℃ 左右）下蒸发掉样品中所含溶剂；灰化的作用是在较高温度下（350 ~ 1 200 ℃）去掉样品中低沸点的无机物及有机物，减少基体干扰；原子化的目的是将待测元素在原子化温度下（1 000 ~ 3 000 ℃）加热数秒，进行原子化，同时记录吸收峰值；净化则是使温度高于原子化温度 100 ~ 200 ℃，以除去残留物，消除记忆效应。

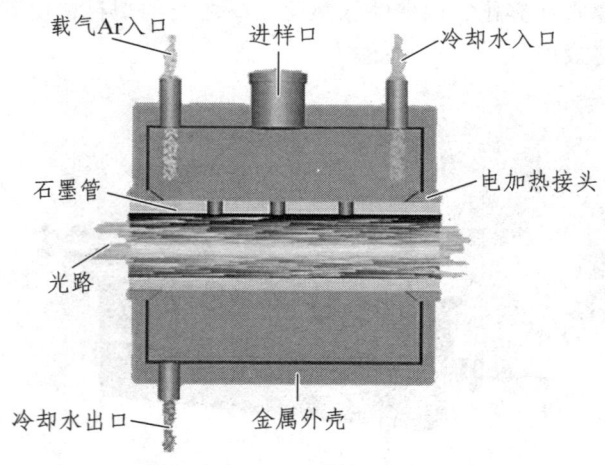

图 4-11 石墨炉原子化器结构

与火焰原子化法相比，石墨炉原子化法具有更多的优点（表 4-2），原子化在充有惰性保护气体及强还原性石墨介质中进行，有利于难熔氧化物的分解，原子化效率高；取样量少，固体样品为 0.1 ~ 10 mg，液体样品为 1 ~ 100 μL；基态原子在测定区有效停留时间长，几乎全部样品参与光吸收，灵敏度可增加 10 ~ 200 倍，绝对灵敏度可达 $10^{-9} \sim 10^{-14}$ g；排除了化学火焰中常产生的被测组分与火焰组分间的相互作用，减少了化学干扰；有些样品可不需前处理直接进行测定。但由于它取样量少，样品组成的不均匀性对测定结果影响较大，使测定的重现性较差；有较强的背景吸收和基体效应；分析成本高；设备较复杂，操作也不够简便。

表 4-2　火焰原子化法和石墨炉原子化法的比较

	火焰原子化法	石墨炉原子化法
原子化原理	燃烧热	电热
最高温度	2 955 °C（乙炔-氧化亚氮火焰）	约 3 000 °C
原子化效率	约 10%	90% 以上
试样体积	> 1 mL	5 ~ 100 μL
信号形状	平顶型	峰型
灵敏度	低	高
检出限	对 Cd，0.5 ng/g；对 Al，20 ng/g	对 Cd，0.002 ng/g；对 Al，0.1 ng/g
最佳条件下的重现性	相对标准偏差 0.5% ~ 1.0%	相对标准偏差 1.5% ~ 5.0%
基体效应	小	大

3. 氢化物发生原子化器

元素周期表中硼、碳、氮、氧、氟等多种主族元素可与氢形成正常氧化态的共价氢化物，在通常情况下为气体或挥发性液体。测定时先将样品置于氢化物发生器内，样品中待测元素在酸性介质中与强还原剂硼氢化钠（钾）反应，生成气态氢化物。以测定砷为例：

$$AsCl_3 + 4KBH_4 + HCl + 8H_2O =\!=\!= AsH_3\uparrow + 4KCl + 4HBO_2 + 13H_2\uparrow$$

所产生的氢化物由载气（氮气）带入石英吸收管中，在 300 ~ 900 °C 温度范围内，立即完全分解成基态原子，进行原子吸收光谱分析。

目前主要用来测定砷、硒、锑、铋、锗、锡、铅、镉、铟及铊等元素。这种原子化法的灵敏度高（一般可达 $10^{-10} \sim 10^{-9}$ g），选择性好，基体干扰和化学干扰较少。

（三）分光系统

分光系统的作用是将待测元素的特征谱线与邻近的谱线分开。其装置包括狭缝、色散元件和准直镜等。色散元件一般用光栅，它的刻线数为 600 ~ 2 800 条/mm。

（四）检测系统

检测系统的作用是将单色器透过的光信号转变成电信号并放大，由读数装置显示或由记录仪记录，以确定待测元素的含量。它由检测器、放大器和读数装置三部分组成。

检测器多为光电倍增管，它具有放大倍数高、信噪比高及线性关系好等特点。工作波段一般为 190 ~ 900 nm。由检测器输出的电信号，经放大器放大，对数转换，然后输入指示仪表，以数字积分显示。在现代化仪器中设有标尺扩展，背景自动校正，可用微机进行程序控制、数据处理和打印。

二、原子吸收分光光度计的分类

近年来，原子吸收分光光度法发展很快，仪器的种类、型号繁多，一般可分为下列三种类型。

1. 单道单光束原子吸收分光光度计

单道是指仪器只有一个单色器和一个检测器，只能同时测定一种元素（图 4-12）。这种仪器光路系统结构简单，性能较好；共振线在外光路损失少，单色器能获得较大亮度，故有较高灵敏度；价格较低，便于推广，能满足日常分析工作的要求。但单光束最大的缺点是：不能消除光源波动所引起的基线漂移，对测定的精密度和准确度都有一定的影响，因此在测定过程中需经常校正零点，以补偿基线的不稳。为了获得较稳定的光输出，空心阴极灯需预热 20~30 min，分析速度较慢。

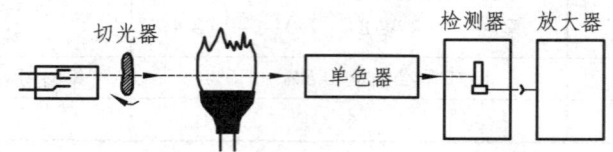

图 4-12　单道单光束原子吸收光谱仪光学原理

2. 单道双光束原子吸收分光光度计

双光束仪器在光学系统设计上对单光束仪器进行了改进，以克服单光束仪器因光源波动而引起的基线漂移。图 4-13 是其光学原理的示意图。

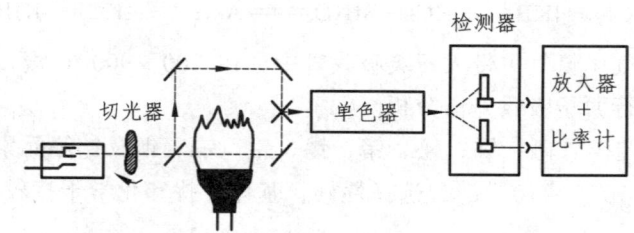

图 4-13　单道双光束原子吸收光谱仪光学原理

双光束型仪器利用旋转切光器将光源发射的共振线分成强度相等的两个光束，一束为样品光束，直接通过原子化器；另一束是参比光束，不通过原子化器。两光束在切光器处相会，并交替进入单色器和检测器。由于两束光来自同一光源，可以通过参比光束的作用，克服光源不稳定造成的漂移影响。但由于参比光束不通过火焰，所以不能消除火焰的扰动和背景吸收的干扰。

3. 双道或多道原子吸收分光光度计

这类仪器具有两个或两个以上元素空心阴极灯，两个或两个以上单色器和检测器，可测定两种或两种以上的元素，并可进行背景干扰的扣除（图 4-14）。但仪器结构较复杂，价格昂贵，推广应用较困难。

目前，使用最普遍的是单道单光束和单道双光束原子吸收分光光度计。

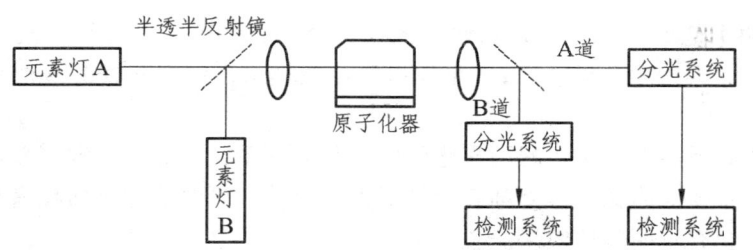

图 4-14 双道双光束原子吸收光谱仪光学原理

技能拓展

原子吸收分光光度计的维护保养

(一) 仪器所处环境的要求

(1) 实验室环境要干净、无灰尘,有温度及湿度控制系统,仪器室与准备室分开,防止试剂对仪器造成损害。

(2) 保持计算机不被病毒感染。

(3) 所用乙炔要尽量纯,一般要求纯度达到 98% 以上。乙炔瓶内压力低于 0.5 MPa 就要更换,否则乙炔内溶解物会流出并进入管道,造成仪器内乙炔气路堵塞,不能点火。

(4) 使用能除油、除水的空气压缩机。

(5) 要求氩(Ar)气纯度 99% 以上,主要是为了保护石墨管和元素不被氧化。

(6) 如使用笑气(N_2O),注意要用带加温功能的减压阀,因为笑气钢瓶内笑气是以液态储存的,使用时变为气态,温度很低,会影响雾化室温度,甚至造成雾化室结冰,使灵敏度降低。

(7) 石墨炉电源要与主机电源分开,要求 220 V、30 A 以上的供电,最好不要用插座,要使用 30 A 以上的开关,并把接线头压紧,防止接触不良。一定要把仪器的地线端用同一根地线相连,并与所在房屋的单独地线相连。

(二) 火焰部分的维护及使用注意事项

(1) 火焰法测量时,首先要知道大概的灵敏度、线性范围及可测的样品浓度范围,调整仪器各种参数(如燃烧头位置、燃气及助燃气流量配比、雾化器的情况)。一般来说,样品浓度在 10^{-6} 水平应获得 0.2~0.8 的吸光度,使仪器的测量结果误差最小。

(2) 处理样品后要求无颗粒物质,否则很容易把雾化器进样毛细管堵塞。如有颗粒,要过滤样品。毛细管被堵塞后,灵敏度会下降很多,此时可取下雾化器,用专用的钢丝(仪器自带)疏通,疏通时注意不要把撞击球捅掉,尽量不要拔出雾化器的毛细管。

(3) 如使用笑气-乙炔火焰,要根据元素不同调节笑气流量,使火焰温度达到合适的温度,以达到最佳灵敏度。要注意笑气钢瓶内压力, 及时更换钢瓶。

(4) 一般要由专业人员安装供气管道并检漏后才能使用。点不着火,原因一般是乙炔或空气压力低,或乙炔钢瓶换得太晚,钢瓶内溶解物进入管路,引起乙炔气路堵塞。乙炔气路一般可能有两个地方堵塞,一是乙炔进入仪器处,二是仪器内乙炔二次调压阀处,如处理不当造成漏气,会发生危险。空气压缩机要注意排水及注意检查润滑油液面,夏天最好每天排水。

(5)火焰法的灵敏度与雾化器的雾化效率有很大关系,一般可用铜溶液检查灵敏度是否达到仪器的指标。在疏通雾化器毛细管后如无大的改善,可调节雾化器喷嘴与撞击球间的距离,微小的调整会有很明显的效果。

(6)要注意检查点火电极上的积炭情况,如果积炭太多则须刮掉,否则可能造成两电极短路。一般每月应检查处理一次。乙炔不纯时更容易产生积炭。

(三)石墨炉部分的维护及使用注意事项

(1)石墨炉用于分析浓度 10^{-12} 级的样品,因此,不能盲目进样,浓度太高会造成石墨管被污染,可能多次高温清烧也烧不干净,使石墨管报废。测量时要先检查水的干净程度,至少应符合实验室二级用水标准,然后加酸制成空白溶液,检查酸的纯度,再进样测定。同样,吸光度不能太大,否则会影响灵敏度及线性范围。确定空白没问题后再测定系列标准溶液,同样要注意标准溶液的吸光度,最高浓度标准溶液吸光度要求在 0.8 以下为好,否则可能出现线性不良或造成石墨管污染,使测量误差大。

(2)石墨炉法测量时,对室内大气环境、样品瓶、样品杯及容量瓶等接触样品的容器的干净程度要求很高,否则很可能得不到准确的测量值。

(3)石墨管的寿命:一般的样品可用几百次以上,如果样品中有强氧化剂或含氧酸,可能影响石墨管寿命。测定时,如果同一样品的测定值重现性明显变差,排除其他原因仍不能改善,或已被严重污染不能烧干净的时候,要考虑换石墨管。如石墨管寿命明显变短,可考虑如下原因:

① 氩气纯度及流量:纯度要求 99% 以上。流量要检查石墨炉内外两气路,外气路指石墨管外保护气,流量要在 1.2～1.5 L/min。如果偏小,石墨管外表面会损失较快。内气路流量由计算机软件控制,如果有堵塞,石墨管内壁会损失较快。清洗石墨架和石墨帽后,要注意检查通气小孔是否堵塞。

② 石墨炉温度:长时间使用石墨炉后,如不能经常按要求保养,造成石墨管温度过高,会使石墨管损失较快,此时,要检查石墨帽上的孔内是否需要清理,温度传感器的滤光片表面是否清洁,传感器位置是否偏移,必要时用专用工具及时调整。

任务三 测定自来水中镁含量及蔬菜中金属铜的含量

【任务目的】

(1)熟悉标准工作曲线法及标准加入法测定样品含量的原理;
(2)能熟练使用原子吸收分光光度计;
(3)能熟练、准确配制标准使用液与样品溶液,并能用标准工作曲线法准确测出自来水中镁的含量及用标准加入法准确测出样品中铜的含量。

【任务准备】

1. 仪 器

（1）原子吸收分光光度计一台；

（2）空心阴极灯；

（3）压缩空气：氧化剂，由空气压缩机供给，经过必要的过滤和净化；

（4）乙炔燃料（纯度不低于99.6%）。

2. 试 剂

（1）镁标准储备液：1 mg/mL；

（2）钙标准储备液：1 mg/mL；

（3）6 mol/L HCl 溶液；

（4）浓硝酸；

（5）0.2% 硝酸；

（6）1% 磷酸二氢铵。

【任务内容】

一、实验原理

将准备好的标准样品与试样直接吸入火焰，火焰中形成的原子蒸气对光源发射的特征电磁辐射产生吸收。将测得的样品吸光度和标准溶液的吸光度进行比较，确定样品中被测元素的含量。

二、实验步骤

活动一：标准工作曲线法测定自来水中镁离子含量

1. 10 μg/mL Mg 标准工作溶液的配制

准确吸取 1.00 mL 上述 Mg 标准储备液于 100 mL 容量瓶中，用水稀释至刻度，摇匀，备用。

2. 标准工作溶液的配制

准确吸取 0.00，1.00，2.00，3.00，4.00，5.00 mL 上述 Mg 标准工作溶液，分别置于 6 只 50 mL 容量瓶中，各加入 2mL 6mol/L 盐酸，用水稀释至刻度，摇匀，备用。

3. 样品溶液配制

准确吸取适量（视 Mg 浓度而定）自来水置于 50 mL 容量瓶中，加入 2mL 6mol/L 盐酸，用水稀释至刻度，摇匀，备用。

4. 测 定

（1）按仪器操作说明书，启动原子吸收分光光度计，待仪器自检（漏气、光路及测定参数)就绪后,设置待测元素的测定条件及参数,进入下一步测定工作。

(2)空白溶液调零,再按浓度由小到大的顺序分别吸入镁标准工作溶液,测量其吸光度,并逐一记录。

(3)空白溶液调零,再测定样品溶液的吸光度值。

(4)测定完成后,吸蒸馏水 5 min,按仪器操作说明书,关闭原子吸收分光光度计。

5. 数据处理

用相关数据绘制标准工作曲线,并根据直线方程求出自来水中镁的含量。

活动二:标准加入法测定蔬菜中铜的含量

1. 样品前处理

采用高温干灰化法,将洗净晾干的新鲜蔬菜制成匀浆,准确称取 10~15 g 放入坩埚(加水制浆则扣除水分),在 105~120 °C 蒸干后,在可调电热板上炭化至无烟,移入马弗炉,将温度升至 500~520 °C 灰化,残渣呈灰白或白色即灰化完全。待坩埚稍冷,沿壁加入 1∶1 硝酸 5 mL,低温溶解残渣,用蒸馏水转入 50 mL 容量瓶中,再加入 5 mL 1% 的磷酸二氢铵,稀释至刻度,备用。同时做试剂空白液。

2. 10 μg/mL Cu 标准工作溶液的配制

准确吸取 1.00 mL 上述铜标准储备液于 100 mL 容量瓶中,用 0.2% 硝酸稀释至刻度,摇匀,备用。

3. 标准溶液的配制

在 5 个干净的 50 mL 容量瓶中,各加入等量样品处理液,然后依次加入 0.00,1.00,2.00,3.00,4.00 mL Cu 标准工作溶液,分别用 0.2% 硝酸稀释至刻度,摇匀,备用。

4. 测 定

(1)按仪器操作说明书,启动原子吸收分光光度计,待仪器自检(漏气、光路及测定参数)就绪后,设置待测元素的测定条件及参数,进入下一步测定工作。

(2)试剂空白调零,再按浓度由小到大的顺序分别吸入铜标准工作溶液,测量其吸光度,并逐一记录。

(3)测定完成后,吸蒸馏水 5 min,按仪器操作说明书,关闭原子吸收分光光度计。

5. 数据处理

用以上数据绘制标准加入法的工作曲线,并根据直线方程或用外推法求出蔬菜中铜的含量。

问题探究三

1. 比较标准工作曲线法与标准加入法有何不同,测定蔬菜中铜含量时为什么用标准加入法?
2. 在实验中采用哪些方法可提高测量的准确性?

知识链接三 原子吸收定量分析方法

在一定浓度范围内（稀溶液），原子吸收定量分析方法的依据仍是朗伯-比尔定律，即吸光度与浓度呈线性关系。常用的定量方法有标准曲线法、直接比较法、标准加入法和内标法等。现介绍在原子吸收分光光度法中最常用的两种方法。

一、标准曲线法

与紫外-可见分光光度法相似，用标准物质配制一系列浓度适宜的标准溶液，在最佳实验条件下，按浓度从低到高顺序测出各标准溶液的吸光度，以吸光度 A 为纵坐标、浓度 c 为横坐标，绘制 A-c 关系的标准曲线，求出直线方程及相关系数。在完全相同的实验条件下测定未知浓度试样的吸光度，就可根据直线方程求出未知试样的浓度或直接从曲线上查出其对应的浓度。

为保证测定结果的准确，测定时需注意：
（1）为消除基体效应，标准溶液与试样溶液的基体应相似；
（2）标准溶液浓度范围应以获得的吸光度值在 0.2～0.8 为宜；
（3）待测溶液浓度应包括在标准溶液浓度范围内；
（4）标准溶液测定应从低浓度到高浓度；
（5）在测量过程中应以空白溶液进行校正，以消除零点漂移；
（6）由于燃气和助燃气流量变化会引起工作曲线斜率变化，因此每次分析都应重新绘制工作曲线。

该方法特点：简便，快速，适合于组成简单的大批量样品分析。

【例 4-1】 在本任务活动一中，测得的镁系列标准溶液的吸光度如表 4-3 所示，若准确移取自来水 5 mL，按任务一中步骤稀释为 50 mL，测得其吸光度值为 0.49，试求自来水中镁离子含量。

表 4-3 镁标准溶液吸光度值

编 号	1	2	3	4	5	6
镁的浓度（μg/mL）	0	0.2	0.4	0.6	0.8	1.0
吸光度 A	0	0.15	0.31	0.45	0.59	0.76

解：（1）标准工作曲线的绘制可在 Excel 中完成，如图 4-15 所示。

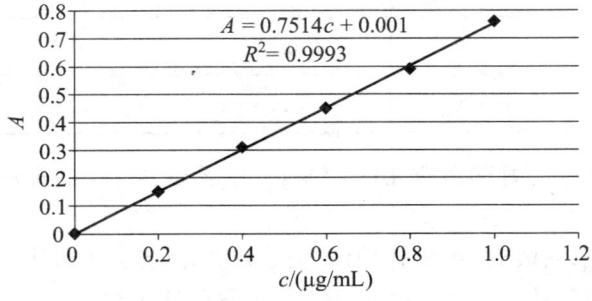

图 4-15 镁的标准工作曲线

（2）根据直线方程，将所测自来水的吸光度值代入方程 $A=0.7514c+0.001$ 中，可求出稀释后的镁离子含量：$c=0.65\ \mu g/mL$。

（3）稀释前的浓度（即自来水中镁的含量）为

$$c_{稀释前}=10c=6.5\ \mu g/mL$$

二、标准加入法

由于试样中的基体成分我们往往不能准确知道，或是十分复杂，不能使用标准曲线法，但可采用另一种定量方法——标准加入法。

其具体方法是：取至少 4 份相同量的试样，分别向其中加入不同量的标准物质，配制一系列标准溶液（等差系列或等比系列）。其中 0 号管中不加标准物质，1 号管中的加入量应近似于试样的浓度，2、3 号管中的加入量按一定关系依次增大（如浓度依次为 0、c_0、$2c_0$、$4c_0$）。分别测定该系列溶液的吸光度 A_0、A_1、A_2、A_3。然后绘制 A-c 曲线。通过反向延长曲线与浓度轴相交（虚线部分），即可得到试样的浓度 c_x。

注意：当直线斜率较小时，外推值会有较大的误差，此时应增大标准物质的浓度。分析过程和工作曲线如图 4-16 所示。

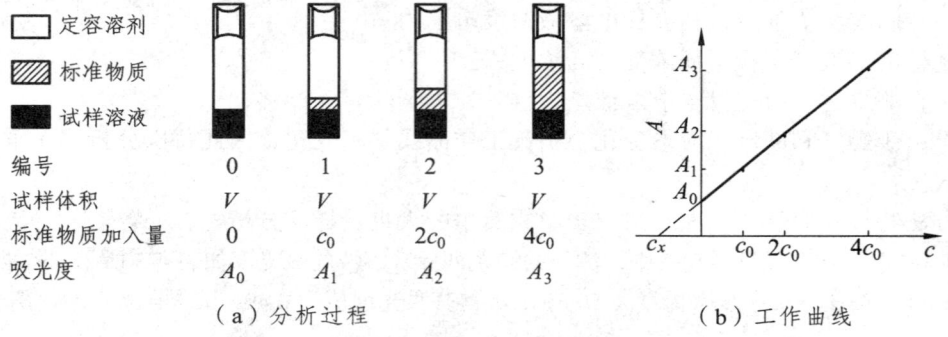

（a）分析过程　　　　　（b）工作曲线

图 4-16　标准加入法的分析过程及工作曲线

【**例 4-2**】 在本任务活动二中，用标准加入法测定蔬菜中铜含量的结果如表 4-4 所示。

表 4-4　标准加入法测蔬菜中的铜含量

编　号	1	2	3	4
试样体积/mL	10	10	10	10
铜加入量/（μg/mL）	0	0.2	0.4	0.6
吸 光 度	0.098	0.194	0.297	0.401

在实验中准确称取处理好的蔬菜 10.012 5 g，按活动二方法处理后进行测定，试计算其中铜含量。

解：根据实验数据，作出标准工作曲线（图 4-17），将工作曲线反向延长，与 x 轴相交的点即为待测样品中铜含量，或将 $A=0$ 代入直线方程，即可得

$c = 0.19\ \mu g/mL$

蔬菜中铜含量为

$$w(\text{Cu}) = \frac{0.19 \times 5 \times 50}{10.012\ 5} = 0.47\ (\mu g/g)$$

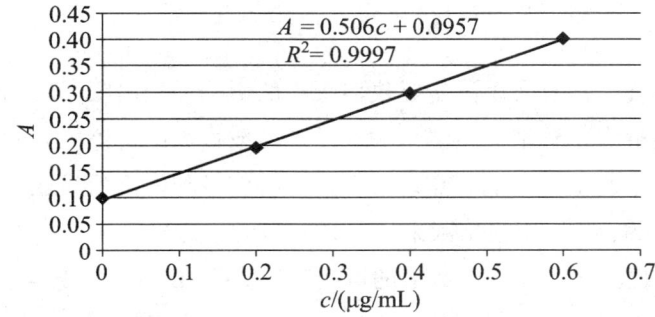

图 4-17　铜标准工作曲线

在使用标准加入法时应注意：

（1）为了得到较准确的外推结果，至少要配制 4 种不同比例加入量的待测元素标准溶液，以提高测量准确度。

（2）绘制的工作曲线斜率不能太小，否则外延后将引入较大误差，为此应使第一次加入的 c_0 与未知物浓度 c_x 尽量接近。

（3）本法能消除基体效应带来的干扰，但不能消除背景吸收带来的干扰。

（4）待测元素的浓度与对应的吸光度应呈线性关系，即绘制的工作曲线应为直线，而且当 c_x 不存在时，工作曲线应该通过零点。

当试样中共存物质不明或较复杂，并且对测定有干扰，而又无法配制与其相匹配的标准溶液时，使用标准加入法可有效地消除这种由于基体效应等引起的误差。但该方法耗样量大，耗时长，操作麻烦，适用于样品数量较少的情况。

三、原子吸收的灵敏度、检出限、回收率

分析方法和仪器的评价，常用灵敏度和检出限、回收率作为指标。

1. 灵敏度

根据国际纯粹与应用化学联合会（IUPAC）的规定，分析方法的灵敏度（Sensitivity，S）定义为 A-c 工作曲线的斜率（用 S 表示），表示待测物质浓度 c 或质量 m 改变一个单位时，响应信号 A 的变化值。习惯上，原子吸收光谱法用特征浓度（Characteristic Concentration）或特征质量作为一定条件下元素的分析灵敏度。特征浓度用于衡量火焰法等连续进样的测量方法的灵敏度，特征质量用于衡量石墨炉等测量方法的灵敏度。它指能产生 1% 吸光率（吸光度为 0.004 4）时对应的待测元素的浓度或质量，单位为 $\mu g/mL$ 或 pg。

$$S = \frac{dA}{dc} \quad \text{或} \quad S = \frac{dA}{dm}$$

灵敏度（S）越大，特征浓度越小，表示分析方法或该仪器越灵敏。灵敏度的大小，除与元素的性质有关外，还与原子化条件、仪器的分辨率、光源的纯度和检测器的质量有关。

例如，专业标准规定，合格的原子吸收分光光度计，在火焰法中铜的特征浓度不大于 0.05 μg/mL，石墨炉中镉的特征质量不大于 2 pg。

2. 检出限

特征浓度或灵敏度，没有考虑测定时仪器噪声的影响。检出限（Limit of Detection）是指以特定分析方法能够有足够把握检测出的样品溶液或样品中待测元素的最低浓度或含量。只有存在量达到或高于此值，才能可靠地将有效分析信号与噪声信号区分开，确定样品中待测元素具有统计意义的存在。用检出限来表示某元素的最低检出浓度（或质量），反映了方法的灵敏度和稳定性，也指出了检出限数值的可信程度。按 IUPAC 的规定，元素的检出限（L）为响应信号相当于 3 倍噪声时所对应的元素浓度（或质量）。则有

$$L = 3S_b / S$$

式中　S_b——空白测量值的标准偏差；

　　　S——工作曲线的斜率。

这时求出的检出限，置信水平约为 90%。专业标准中，锌和镁的检出限分别为 0.002 g/mL 和 0.008 g/mL，镉不大于 2 pg。

3. 回收率

进行原子吸收分析实验时，通常需要测出所用方法的待测元素的回收率，以评价方法的准确性与可靠性。回收率的测定可采用以下方法：

（1）标准物质测定：将已知准确含量的待测元素标准物质，在与试样相同条件下进行预处理，并在相同仪器及相同操作条件下，以相同的检测方法进行测量，测出标准样品中待测组分的含量，则回收率为测定值与真实值之比，即

$$回收率 = \frac{实测值}{真实值} \times 100\%$$

（2）标准加入法测定：在给定的实验条件下，先测未知试样中待测元素的含量，然后在一定量的该试样中，准确加入一定量的待测元素，用相同仪器，在相同操作条件下，以相同的检测方法进行测量，测出该加标样品含量，则回收率为加标试样测量值与未加标试样测量值之差与标样加入量之比，即

$$回收率 = \frac{加标试样测量值 - 未加标试样测量值}{标样加入量} \times 100\%$$

显然，回收率越接近 100%，方法的可靠性越高。

任务四　样品中铅含量检测条件的选择

【任务目的】

（1）了解影响火焰原子化法与石墨炉原子化法测定结果的因素；
（2）能熟练使用原子吸收分光光度计；
（3）能利用操作界面改变实验条件，并能比较在不同条件下的测定结果，选择最佳实验条件。

【任务准备】

1. 仪　器

（1）原子吸收分光光度计一台；
（2）空心阴极灯；
（3）压缩空气：氧化剂，由空气压缩机供给，经过必要的过滤和净化；
（4）乙炔燃料（纯度不低于 99.6%）；
（5）石墨管。

2. 试　剂

（1）铅标准储备液：1 mg/mL；
（2）硝酸（优级纯 AR）；
（3）铅标准工作液：5 μg/mL，50 ng/mL（用于石墨炉条件选择）。

【任务内容】

一、实验原理

在火焰原子吸收法中，分析方法的灵敏度、准确度、干扰情况和分析过程是否简便快速等，除与所用仪器有关外，在很大程度上取决于实验条件。因此最佳实验条件的选择是个重要的问题。本任务以铅的实验条件优选为例，分别对火焰原子吸收法中灯电流、狭缝宽度、燃烧器高度，以及石墨炉原子吸收法中灰化温度、时间和原子化温度、时间等因素进行优化选择。在条件优选时，可以进行单个因素的选择，即先将其他因素固定不变，逐一改变所研究因素的条件，然后测定某一标准溶液的吸光度，选取吸光度大且稳定性好的条件作为该因素的最佳工作条件。

二、实验步骤

1. 吸收线（测定波长）的选择

启动原子吸收分光光度计，设定化学计量燃助比，分别选择波长 324.8 nm（灵敏度比值

1.0)、327.4 nm（灵敏度比值 0.38）、249.2 nm（灵敏度比值 0.04）进行铅标准工作溶液的吸光度测定，逐一记录，并确定最佳测定波长。

2. 灯电流的选择

启动原子吸收分光光度计，设定化学计量燃助比，在最佳测定波长下，选择不同的灯电流，分别进行铅标准工作溶液的吸光度测定，逐一记录，并确定最佳灯电流。

3. 光谱通带（狭缝宽度）的选择

启动原子吸收分光光度计，设定化学计量燃助比，选定上述最佳测定波长、最佳灯电流，选择不同的光谱通带值，分别进行铅标准工作溶液的吸光度测定，逐一记录，并确定最佳光谱通带值。

4. 燃助比的选择

启动原子吸收分光光度计，选定上述最佳测定波长、最佳灯电流和最佳狭缝宽度，选择不同的燃助比，分别进行铅标准工作溶液的吸光度测定，逐一记录，并确定最佳燃助比。

5. 观测高度的选择

启动原子吸收分光光度计，选定上述最佳测定波长、最佳灯电流、最佳狭缝宽度和最佳燃助比，选择不同的观测高度，分别进行铅标准工作溶液的吸光度测定，逐一记录，并确定最佳观测高度。

6. 灰化温度和时间的选择

启动石墨炉原子吸收分光光度计，选定最佳测定波长，进样 20 μL。选择不同的灰化温度和时间，分别进行铅标准工作溶液的吸光度测定，逐一记录，并确定最佳灰化温度和时间。

7. 原子化温度和时间的选择

启动石墨炉原子吸收分光光度计，选定最佳测定波长、最佳灯电流、最佳狭缝宽度，进样 20 μL。选择不同的原子化温度和时间，分别进行铅标准工作溶液的吸光度测定，逐一记录，并确定最佳原子化温度和时间。

问题探究四

1. 根据实验结果，影响铅含量测定的因素有哪些？如何选择最佳测定条件？
2. 根据实验结果分析哪些因素对原子吸收定量分析影响较大。
3. 原子吸收分光光度法中，分析线选择的原则是什么？

知识链接四　原子吸收测定条件的选择

一、分析线的选择

为获得较高的灵敏度、稳定性和宽的线性范围及无干扰，必须选择合适的吸收线。选择原则是：

（1）通常选择最灵敏的共振线作为分析线。但测定高含量元素时，可选用次灵敏线，这样可以降低吸光度值，使它处于工作曲线的线性范围内，其作用相当于稀释溶液，减少了稀释溶液引入的误差。例如，一般用 422.7 nm 波长测定 Ca，若选用次灵敏线 239.9 nm 测定，相当于将溶液稀释了 120 倍。

（2）若在最灵敏的共振线下测定存在光谱干扰，可以选择其他谱线来进行测定。例如，测定 Pb 时 217.0 nm 谱线灵敏度高，但是受火焰吸收及背景吸收干扰较大，所以常选择它的次灵敏线 283.3 nm 为分析线；测定铷时，为了消除钾、钠的电离干扰，可用 798.4 nm 代替 780.0 nm 作为分析线。

二、光谱通带的选择

光谱通带的宽窄直接影响谱线的纯度和光强度，进而影响测定的灵敏度与标准曲线的线性范围。光谱通带的选择实际就是狭缝宽度的选择。光谱通带窄，狭缝小，通过的谱线较纯；但狭缝过小，则通过的光强度也非常小，在检测器上得到的信号就非常小。选择的原则是：

在保证只有分析线到达检测器的前提下，尽量选择较宽的狭缝，以获得较高的信噪比和读数的稳定性。往往是狭缝增大到某数值时，灵敏度才会开始下降。对于谱线简单的元素（如碱金属、碱土金属），可用较宽的通带。合适的宽度可通过实验来确定，一般的仪器多设置为 0.2~1.0 nm。

三、灯电流的选择

选择合适的灯电流，才能得到较高的灵敏度和稳定性。灯电流太大，谱线的多普勒变宽和自吸效应增大，灵敏度减小，灯的寿命也会缩短；灯电流太小，元素灯放电不稳定，光强不够，吸收信号较弱，信噪比较小，读数稳定度降低，测定的精密度较差。

对于高浓度的元素测定，可用较大的灯电流，以保证足够高的精密度；对于低含量的元素分析，可选用较小的灯电流，以获得较高的灵敏度。

各种元素的熔点、金属溅射性的高低均不同，因此，它们对应的元素灯使用的电流值可能不同。商品空心阴极灯标有额定（最大）工作电流，通常工作时选择的电流值为额定值的 40%~60%。灯使用时间较长后，光强会减弱，可适当提高电流以获得较高的吸收测定值。通常的电流值为 5~10 mA。

在使用空心阴极灯时，要在工作电流条件下通电预热 5~30 min（不同元素差别较大）后，发射强度才能稳定。尤其是对于单光束原子吸收分光光度计，更应注意灯的预热，预热后发射强度稳定，可保证测定结果的准确性。

四、火焰原子化的条件选择

1. 火焰类型

火焰的类型不同，其最高温度（表 4-5）及对光的透过性均不相同。测定不同的元素，应选用不同的火焰类型。

表 4-5 常用火焰类型及最高温度

火焰类型	最高温度/°C
空气-乙炔	2500
氧化亚氮-乙炔	2990
空气-氢气	2373
空气-丙烷	2198

（1）空气-乙炔火焰。它是目前应用最广泛的一种火焰，燃烧稳定，重复性好，噪声低，除 Al、Ti、Zr、Ta 等之外，对大多数元素都有足够的测定灵敏度。不足之处是对波长在 230 nm 以下的辐射有明显的吸收，特别是发亮的富燃火焰，由于存在未燃烧的碳粒，火焰发射和自吸收增强，噪声增大。

（2）氧化亚氮-乙炔火焰。其主要特点是燃烧速度低，火焰温度高，适合容易形成难溶氧化物如 B、Be、Al、Sc、Y、Ti、Zr、Hf、Nb、Ta 等元素的测定。同时，氧化亚氮-乙炔火焰的温度高，可以减少测定某些元素时的化学干扰，例如，用空气-乙炔火焰测定钙和钡时，磷酸盐有干扰，铝对测定镁有干扰；而用氧化亚氮-乙炔火焰时，100 倍磷也不干扰钙的测定，1 000 倍的铝也不干扰镁的测定。

（3）空气-氢气火焰。温度低、背景小，特别是在 230 nm 以下，火焰的自吸收较弱。适用于共振线在这一波段的元素，如 Zn、Cd、Pb、Sn 等的测定。

2. 助燃比的选择

同种类型的火焰，不同的燃气-助燃气比，火焰温度和氧化还原性质也不同。根据火焰温度和气氛可将火焰分为以下几种：

（1）化学计量火焰。按照燃气与助燃气化学反应的计量比构成的火焰。这种火焰具有层次分明、温度高、背景小和还原性强等特点，是目前普遍使用的一种火焰

（2）富燃火焰。燃助比大于化学反应的计量比的称为富燃火焰。这种火焰温度低于化学计量火焰，呈黄色光亮，含有未完全燃烧的燃气，具有较强的还原气氛，适用于氧化物熔点较高的元素如铝、钛、钼等的测定。

（3）贫燃火焰。燃助比小于化学反应的计量比的称为贫燃火焰。由于燃烧充分，火焰温度较高；但火焰燃烧不稳定，测量重复性差，仅适用于不易氧化的元素如铜、银、钴的测定。

在测定时，不仅要根据不同元素选用适当的火焰类型，同时还应根据实验条件选择燃气和助燃气的最佳流量，确定最佳的火焰状态。

最佳燃助比的选择实验方法：一般是在固定助燃气流量的条件下，改变燃气流量，绘制吸光度和燃助比的关系曲线。吸光度大又比较稳定时的燃气流量，就是最佳燃助比。

3. 燃烧器位置

不同的元素在火焰中形成的基态原子的最佳浓度区域高度不同，因此，应选择合适的燃烧器高度，使光束从原子浓度最大的区域通过。一般在燃烧器狭缝上方 2~5 mm 处火焰具有

最大的基态原子密度,灵敏度最高。但对于不同的待测元素及使用不同性质的火焰,基态原子密度最大位置不相同,所以最佳燃烧器高度应通过实验选择。

燃烧器高度选择方法:在固定燃助比的条件下,测定标准溶液在不同燃烧器高度时的吸光度,绘制燃烧器高度与吸光度的关系曲线,选择吸光度最大的燃烧器高度为最佳条件。

五、石墨炉原子化条件的选择

在石墨炉原子吸收法中,灯电流、吸收线和光谱通带等条件的选择与火焰法相似;主要区别在于石墨炉原子化条件的选择。石墨炉原子化过程包括四个阶段,如图 4-18 所示,分别是干燥、灰化、原子化及净化阶段。四个阶段的温度及时间选择,直接影响分析结果的准确性。

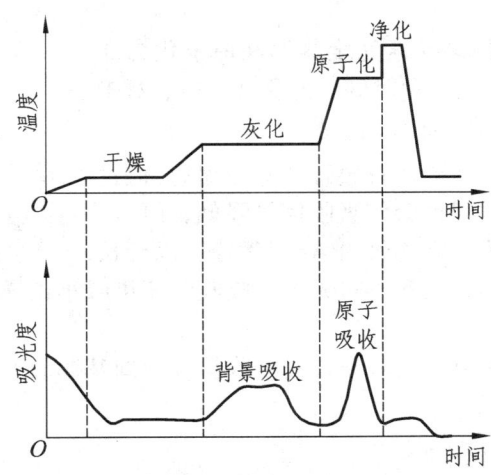

图 4-18 石墨炉试样原子化四阶段

1. 干燥温度和时间的选择

干燥阶段的目的是蒸发样品溶剂,以蒸尽溶剂而又不发生飞溅为原则,一般选择略高于溶剂沸点的温度。斜坡升温使溶剂逐步蒸发,处理完全,有利于干燥。

一般干燥时间控制在每微升试样耗时 2～5 s。

2. 灰化温度和时间的选择

灰化的作用是蒸发共存有机物和低沸点无机物,以减少原子化阶段的共存物和背景吸收的干扰。在灰化阶段,一方面要保证足够的温度和时间,使灰化完全,背景吸收降到最低;另一方面又要选择尽可能低的灰化温度和最短灰化时间,以保证待测元素不受损失。在实际工作中,我们采用测绘灰化温度曲线的方法来选择最佳灰化温度。

由图 4-19 可见,温度在 T_1～T_2 阶段,背景吸收急剧下降,T_2～T_3 阶段,背景吸收已可被氘灯扣除,温度超过 T_3 后,被测元素原子吸收信号因灰化损失而逐渐减弱,因此灰

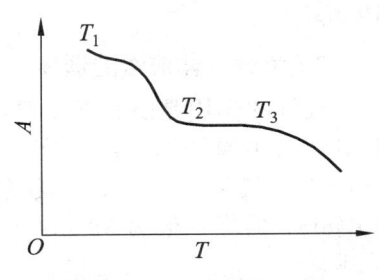

图 4-19 灰化温度曲线

化温度应选在 $T_2 \sim T_3$ 之间。灰化温度一般在 300~500 ℃，灰化时间一般在 10~60 s。

为了防止或减少被测元素在灰化过程中的损失以及消除基体的干扰，可在试样中加入某种物质以降低被测元素的挥发性或增加基体成分的挥发性，这种化合物称为基体改进剂。例如，测定硒，在 300~400 ℃ 灰化，已有相当量的硒挥发损失。如果在含硒的样品溶液中加入适量镍盐，则在 1 050 ℃ 灰化，硒的损失也很少。

选择原则：在保证待测元素没有明显损失的前提下，尽量降低基体和背景的吸收干扰。

3. 原子化温度和时间的选择

原子化的过程是将试样转化为气态基态原子，以进行测定。原子化温度是由元素及其化合物自身的性质决定的。实际工作中，原子化温度通过实验绘制原子化温度曲线来确定，参见图 4-20，一般在 1 500~3 000 ℃。

原子化时间以能保证待测元素完全蒸发和原子化为原则，对于中低熔点的元素，原子化时间一般为 3~5 s，对于高熔点元素，原子化时间一般为 5~12 s。

过高的温度和过长的时间会使石墨管的寿命缩短，但过低的温度和过短的原子化时间也会使吸收信号降低，并使记忆效应增大。在原子化阶段，常将管内 Ar 气暂停，以延长原子蒸气在管内的停留时间，以利于对光产生吸收，还可减小试样被 Ar 气稀释，提高分析的灵敏度。

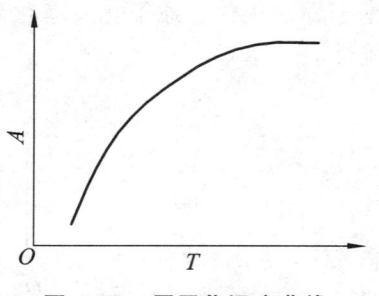

图 4-20　原子化温度曲线

选择原则：在保证最大原子化效率并使吸收信号回到基线的前提下，选择最低的原子化温度和最短的原子化时间。

4. 热清洗和空烧（净化）

为了消除记忆效应，在原子化之后，增加净化操作，目的是将存在于石墨管中的基体和未完全蒸发的待测元素除去，为下一次分析做好准备。净化温度一般应高于原子化温度 200~400 ℃，时间一般为 2~5 s。

5. 进样量的选择

根据选择的方法，进样量应适当，进样量过小，吸收信号弱，不便于测量；进样量过大，在火焰原子化法中，对火焰产生冷却效应，在石墨炉原子化法中，会增加除残的难度。在实际工作中，应测定吸光度随进样量的变化，达到最满意的吸光度的进样量，即为应选择的进样量。在石墨炉原子化法中，一般液体进样量为 1~50 μL，固体进样量为 0.1~10 mg。

6. 惰性气体流量的选择

载气的作用是防止石墨管与石墨锥的氧化损耗，造成石墨表面疏松多孔，同时也保护热解的自由原子不再被氧化。目前常用的惰性气体为高纯度的氩气（一般 99.996%），这是由于氩气原子量大，扩散系数比氮气小，故灵敏度较高。外部气体流量一般为 1~5 L/min，内部一般为 30~60 L/min。为了提高灵敏度，可以采用在原子化阶段"停气"的技术。

任务五　消除测定水样中钙镁含量的化学干扰与电离干扰

【任务目的】

（1）了解原子吸收的四类干扰类型；
（2）了解干扰的抑制方法。

【任务准备】

1. 仪　器

（1）原子吸收分光光度计一台；
（2）空心阴极灯；
（3）压缩空气：氧化剂，由空气压缩机供给，经过必要的过滤和净化；
（4）乙炔燃料（纯度不低于99.6%）。

2. 试　剂

活动一所用试剂：

（1）镁储备液：准确称取于800 ℃灼烧至恒重[①]的氧化镁（AR）1.658 3 g，加入1 mol/L盐酸至完全溶解，移入1 000 mL容量瓶中，稀释至刻度，摇匀。溶液中含镁1.000 mg/mL。

（2）铝储备液：溶解1.000 0 g纯铝丝于少量6 mol/L盐酸中，移入1 000 mL容量瓶，用1%盐酸稀释至刻度。此溶液含铝1.000 mg/mL。

活动二所用试剂：

（1）钙储备液：准确称取于110 ℃干燥的碳酸钙（AR）2.498 0 g，加入100 mL蒸馏水，滴加少量盐酸，使其完全溶解，移入1 000 mL容量瓶中，稀释至刻度，摇匀。溶液中含钙1.000 mg/mL。

（2）钾储备液：称取2.3 g KCl（AR），溶于少量蒸馏水中，稀释至100 mL。此溶液含钾12 mg/mL。

【任务内容】

活动一

消除测定中的化学干扰。

（一）实验原理

化学干扰是指在溶液或气相中被测组分与其他组分之间的化学作用而引起的干扰效应。它影响被测元素化合物的离解和原子化，使火焰中基态原子数目减少，原子吸收信号降低。化学干扰是原子吸收光谱分析中的主要干扰。在试液中加入一种试剂，它会优先与干扰组分

注：实为质量，包括后文的重量。因为现阶段在食品、农业等行业的生产实践中一直沿用，为使学生了解、熟悉生产实际，本书予以保留。——编者注

反应，释放出待测元素，这种试剂叫释放剂。它可以有效地消除化学干扰。

（二）实验步骤

（1）在 6 个 100 mL 容量瓶中，将镁和铝的储备液经过适当稀释，配制一系列混合溶液，其中镁含量均为 0.20 μg/mL，含 Al 分别为 0.0，1.0，10.0，50.0，100.0，500.0 μg/mL，逐一测量其吸光度。

（2）在 5 个 100 mL 容量瓶中，配制一系列混合溶液，其中含 Mg 均为 0.20 μg/mL，含 Al 分别为 0.0，1.0，10.0，50.0，100.0，500.0 μg/mL，含 La 均为 1 mg/mL，分别测量其吸光度。

（3）绘制未加 La 和加 La 后测得的吸光度对所加 Al 的浓度曲线，比较两条曲线，判断加入 La 后对测定结果的影响，并分析原因。

活动二

消除测定中的电离干扰。

（一）实验原理

电离干扰是指在高温条件下，被测元素原子发生电离，使基态原子数目减少，测定灵敏度降低的现象。为降低电离干扰，可在被测物质中加入一种比待测元素原子更易电离的元素，从而保护待测元素不电离，该物质叫消电离剂。

（二）实验步骤

（1）在 8 个 100 mL 容量瓶中配制一系列混合溶液，其中含 Ca 均为 8.0 μg/mL，含 K 分别为 0.0，1.0，10.0，100.0，500.0，1 000，2 000，3 000 μg/mL，逐一测量其吸光度。

（2）绘制吸光度对 K 浓度的关系曲线，根据曲线确定本实验中克服电离干扰所需 K 的最小量。

问题探究五

1. 在原子吸收分光光度法定量分析中，对测定结果有干扰的因素有哪些？
2. 测定自来水中镁含量时，若水样中含铝，对测定结果有何影响？加入 La 盐的目的是什么？若不加 La 盐，结果会怎样变化？
3. 测定自来水中钙含量时，加入钾盐有何作用？

知识链接五　原子吸收干扰类型与消除方法

虽然原子吸收光谱法有较高的选择性，但也不可避免地存在某些干扰，特别是石墨炉法测定痕量元素时影响较大。干扰的种类及抑制的方法分述如下。

一、物理干扰

物理干扰又称基体干扰（Matrix Interference）。由于溶液的黏度、蒸气压、表面张力等物理因素，影响溶液的输送速度、雾化效率及原子化效率。可用配制与试样溶液有相似物理性质的标准溶液的方法，消除基体干扰。也可通过适当稀释溶液，减少干扰；在基体性质不清楚或比较复杂时，使用标准加入法可较好地消除基体干扰。

二、化学干扰

化学干扰（Chemical Interference）指待测元素与共存的其他物质发生化学反应，影响了原子化效率。通常，化学干扰使测定结果偏低，例如，用空气-乙炔火焰测定盐酸介质中的 Ca^{2+} 时，溶液中存在的 PO_4^{3-} 会与它生成难以原子化的 $Ca_3(PO_4)_2$。阳离子有时也对待测元素产生干扰，如有大量的铝或铁共存也对钙和镁的测定有干扰。研究表明，这些元素与测定元素生成难熔化合物 $MgO \cdot Al_2O_3$、$CaO \cdot Al_2O_3$，同样使测定结果偏低。

消除化学干扰可采用以下方法。

1. 改变火焰的温度或火焰的气氛

如测钙，可通过使用温度较高的氧化亚氮-乙炔火焰，基本可以消除干扰。对于在低温火焰中易生成难解离氧化物的元素，可改用还原性富燃火焰来解决或用氧化亚氮-乙炔火焰。例如，用还原性富燃火焰克服测定 Mg 时，Al 造成的干扰（破坏生成的 $MgO \cdot Al_2O_3$）。

2. 加入释放剂

释放剂可与干扰元素形成更稳定、更难电离的化合物，将待测元素从原来难解离化合物中释放出来，有利于其原子化。例如，测定 Ca 时加入镧盐，使其与 PO_4^{3-} 生成更难离解的化合物 $LaPO_4$，从而释放出 Ca；测定镁时加入镧盐或锶盐，可消除 Al 对镁测定的影响。

3. 加入保护剂

保护剂可与待测元素或干扰元素反应生成稳定配合物，从而保护待测元素，避免干扰。例如，测定钙时可加入络合剂 EDTA，使其与 Ca 形成稳定的螯合物，将 Ca 保护起来，而且 EDTA-Ca 也易于原子化。

有时，在试样和标准样中加入过量的干扰成分（称为缓冲剂），也可以消除化学干扰，因为当干扰成分浓度高到一定值时，干扰值趋于稳定。例如，测定钛时加入高于 200 mg/L 的铝就可以准确测定钛。

4. 加入基体改进剂

在石墨炉原子化中加入基体改进剂，可提高被测物质的灰化温度或降低其原子化温度，以消除干扰。基体改进剂是指在被测试样中加入某种试剂，使基体成分转化为更易挥发的化合物，或使被测元素生成更稳定的化合物，从而可提高灰化温度，有效除去干扰基体的试剂。基体改进剂已广泛应用于石墨炉原子吸收测定生物和环境样品的痕量金属元素及其化学形态。例如，测定海水中的 Cu、Fe、Mn 等元素时，为减少 NaCl 的背景吸收，可加入 NH_4NO_3 作为基体改进剂，使其转化为 NH_4Cl，灰化温度降低，更易除去。常见的基体改进剂见表 4-6。

表 4-6　分析元素与基体改进剂

元素	基体改进剂	元素	基体改进剂	元素	基体改进剂
Al	硝酸镁、Triton X-100、氢氧化铁、硫酸铵	Cu	抗坏血酸、EDTA、硫酸铵、磷酸铵、硝酸铵、硫脲、磷酸、过氧化钠	Se	硝酸铵、高锰酸钾、Ni、Cu、Mo、Pd
Sb	Ni、Cu、Po、Pd、H_2、硫酸	Ga	抗坏血酸	Si	Ca
As	Ni、Mg、Pd、Pd + 硝酸镁	Ge	硝酸、氢氧化钠	Ag	EDTA
Be	Ca、硝酸镁	Au	硝酸铵、Triton X-100 + Ni	Sb	Ni、Po、Pd
Bi	Ni、Pd、EDTA、O_2	In	氧气	Tl	硝酸、酒石酸 + 硫脲、Pd
B	Ca、Mg、Ba	Pb	硝酸铵、磷酸二氢铵、硝酸铜、Po、Pd、Au、抗坏血酸、酒石酸、草酸、EDTA	Sn	抗坏血酸、磷酸二氢铵、Pd
Cd	La、焦硫酸铵、EDTA、柠檬酸、组氨酸、乳酸、硝酸、硫酸铵、磷酸二氢铵、磷酸铵、氟化铵、Po、Pd、Pd + 硝酸镁	Li	硫酸、磷酸	V	Ca、Mg
Ca	硝酸	Mn	硝酸铵、EDTA、硫脲	Zn	硝酸铵、EDTA、柠檬酸
Cr	磷酸二氢铵	Hg	Ag、Pd、硫酸铵、硫酸钠		
Co	抗坏血酸	Pd	La		

若以上方法都达不到预期效果，只有采用分离的方法，如溶剂萃取，不仅可将待测元素与干扰分离，而且还起到了浓缩试样和改变基体性质的作用。

三、电离干扰

一些电离电位较低的元素（碱金属、碱土金属），在温度较高的火焰中有较高的电离度，使基态原子的数目减少，测定灵敏度降低。

消除电离干扰的方法通常是：

（1）改变火焰类型，降低火焰温度。例如，Na 在氧化亚氮、乙炔火焰中的电离度达 79%，而在空气/乙炔火焰中电离度可降为 9%。

（2）加入消电离剂。消电离剂是比待测元素更易电离的元素，它在火焰中首先电离，产生大量的自由电子，从而抑制了待测元素的电离。如测定 K 或 Na 时，可加入 Cs 作为消电离剂；测定 Ca 时，可加入 K 作为消电离剂。

四、光谱干扰

光谱干扰（Spectral Interference）产生的原因一方面是光源不纯，另一方面是试样中存在对共振线也有吸收的杂质。主要表现为：吸收线重叠，即共存元素吸收线与待测元素分析线接近时，共存元素对待测元素分析线产生吸收，使测定结果偏高，表 4-7 列出了一些常见的干扰元素与待测元素吸收线相近或重叠引起的光谱干扰。此时应另选其他无干扰的分析线进行测定或预先分析干扰元素。待测元素对光谱通带内存在的其他发射线的吸收，也属于光谱干扰。消除这类光谱干扰，可通过减小狭缝来分离干扰谱线，但狭缝太小会造成光通量不足，又会引起信噪比降低。此时可选用次灵敏线进行测定，避开干扰谱线。

表 4-7　一些元素的共振线重叠引起的光谱干扰

待测元素及谱线 /nm	Cu 324.754	Fe 271.9025	Al 308.2155	Hg 253.652	Mn 403.3073	Pb 216.999
干扰元素及共振线 /nm	Eu 324.753	Pt 271.9038	V 308.2111	Co 253.649	Ga 403.2982	Sb 217.023

五、背景干扰

（一）背景干扰的类型

背景干扰主要包括分子吸收干扰和光散射干扰。

1. 分子吸收干扰

分子吸收干扰是指样品溶液在原子化过程中生成的氧化物、卤化物、氢氧化物等气体分子或自由基吸收光源辐射引起的干扰。它是一种带状光谱，具有明显的波长特征，因而不同分子具有不同的吸收带。例如，硫酸、磷酸在紫外区有很强的吸收，盐酸、硝酸及高氯酸吸收很小，所以在原子吸收光谱法中应尽量避免使用硫酸与磷酸。如果被测元素的吸收波长落在分子吸收带内，则产生正干扰，使信号增加。例如，海水试样、动物体液等含有碱金属或碱土金属的卤化物（如氯化钠），产生 200～400 nm 的背景吸收；生物试样中的蛋白质等也会产生较严重的背景吸收。

2. 光散射干扰

火焰中的一些熔点高、难挥发的物质以固体形式存在，会对光产生散射和折射，同样会使测定结果偏高，产生光散射干扰。

（二）背景干扰消除方法

石墨炉法的背景干扰比火焰法严重。通过减少进样量，提高灰化温度、延长灰化时间，增大气流，加入基体改进剂等方法可减少背景干扰。

另外，利用仪器的特殊装置，也可以较好地扣除背景干扰。下面介绍三种常用的方法。

1. 氘灯校正法

它是利用氘灯发出的连续光谱来进行背景校正。其原理是：让空心阴极灯发出的锐线光和氘灯发出的连续光交替通过原子化器，当空心阴极灯发出的特征谱线通过时，测得的吸光度值 A_1 是待测元素和背景吸收的总和，而氘灯发出的连续光通过原子化器时，测得的吸光度值 A_2 主要是背景吸收值。因测定时仪器光谱通带较宽，约 0.2 nm，氘灯发出的包括分析线在内的一定波长范围的谱线被通过，由于原子吸收是锐线吸收，谱线窄，只有 0.002 nm 左右，其吸收值所占比例小于 1%，可以忽略不计。两个测定值之差 $A_1 - A_2$ 即扣除了背景吸收的原子吸收值。

氘灯产生的光谱也不是完全理想的连续谱带，在某些波长范围存在不均匀性。氘灯可在紫外区扣除背景值，若要在可见光区进行，可换成碘钨灯或氙灯。

2. 塞曼效应校正法

光谱线在磁场中的分裂现象称为塞曼效应。谱线分裂成互相正交的 π 和 σ 线偏振光，波长只相差 0.006 nm，用偏振器可将它们分开。用 π 成分测定背景及原子吸收值，σ 成分测定背景吸收值，两光束的光强度之比同试样中待测元素含量有关，因此可以将背景值扣除。塞曼效应背景校正法使用的是同一光源，分析线和参比线的平衡好，能准确地扣除背景值，即使是较高的背景值，也能给予校正。

3. 自吸效应校正法

空心阴极灯内存在两种物理过程：溅射和激发。在较小的灯电流下，灯内溅射出的基态原子得以充分激发，发射的谱线自吸收现象较少；加大灯电流时，灯内溅射作用加剧，出现大量未激发的基态原子，这些基态原子对灯发射的谱线产生原子吸收，导致谱线自吸收变宽，中心波长能量下降（也称自蚀），甚至将中心频率完全吸收，令谱线"分割"成频率不同于共振线的两条谱线。利用这种自吸收变宽，灵敏度低的谱线可测量背景吸收。Smith 等人用在低电流、弱脉冲的空心阴极灯条件来测定原子吸收和背景吸收值，然后在强脉冲、高电流下测定背景吸收值，扣除了背景干扰。

这种方法的仪器简单，但是灵敏度相对降低，一些元素灯难以产生谱线自蚀，限制了其使用的范围。

扩展阅读

原子吸收分光光度法的应用

原子吸收光谱分析法作为一种化学分析方法，诞生于 1955 年。澳大利亚科学家沃尔什（Awalsh）开创了火焰原子吸收光谱法。而 1959 年，俄罗斯沃尔夫（Wolf）开创了石墨炉电热原子吸收光谱法。在元素分析方面的应用，原子吸收光谱法凭借其自身的特点，现已广泛应用于工业、农业、生化制药、地质、冶金、食品检验和环保等领域。该法已成为金属元素分析的最有力手段之一。而且在许多领域已作为标准分析方法，如化学工业中的水泥分析、玻璃分析、石油分析、电镀液分析、食盐电解液中杂质分析、煤灰分析及聚合物中无机元素分析；农业中的植物分析、肥料分析、饲料分析；药物分析；冶金中的钢铁分析、合金分析；地球化学中的水质分析、大气污染物分析、土壤分析、岩石矿物分析；食品中微量元素分析等。

1. 食品行业

在食品的生产及卫生监督工作中，经常使用原子吸收法来测定食品中有害元素铅、汞、铜、砷等以及食品中微量元素钙、铁、锌、硒等的含量，以评价食品的营养价值。乳制品、肉类或骨头中的钙、镁，可在试样处理后加入镧盐或 EDTA 作为释放剂，用火焰法直接测定。铅、铬、钴等元素的含量低，需用石墨炉法。测铅时，常加入磷酸氢铵作为基体改进剂，使灵敏度和稳定性大大提高。食品中砷、硒、锡等元素常用氢化物发生法测定；而汞则用冷原子吸收法测定。

2. 医药卫生

无机微量元素在人体内参与生命活动过程以及其他营养元素如蛋白质、碳水化合物、某些维生素的合成与代谢。一定浓度水平的微量元素是维持生物体正常功能所必需的，缺乏或过量都会引起不良的生理后果。因此，微量元素的监测结果是辅助医疗诊断的重要资料。如血液是医院临床诊断常规化验项目，用原子吸收光谱法检验微量元素简便快速，已用来测定铬、锰、铜、锌、铁、钙等。血液基体复杂，使用基体改进剂能更有效地进行测定。在药物分析中，常用间接法进行药物成分分析，如在氮-氮二甲胺存在下，用二氯乙烷萃取盐酸布比卡因与硫氢酸钴络阴离子生成的离子对缔合物，用水反萃取后，用原子吸收光谱法测定钴，间接定量测定盐酸布比卡因。

3. 环境监测

原子吸收光谱法广泛应用于水环境中重金属的监测，可测定环境水中的 Cu、Cd、Pb、Zn、Mg 等各种元素。检测天然水中痕量金属元素时，由于浓度极低，先对待测元素进行富集，富集方法很多，如利用吸附有二硫腙的微晶萘萃取色层富集，甲基二甲胺洗脱，可测定天然水中的铜含量。

任务六　技能综合训练

【任务内容】

一、自来水中钾钠元素定量分析——标准曲线法

（一）实验原理

原子吸收光谱分析的基本原理是测量基态原子对共振辐射的吸收。在高温火焰中，钾和钠很易电离，使参与原子吸收的基态原子数目减少。在测定钠、钾时，在待测溶液中均加入比钾和钠更易电离的铯作为电离缓冲剂，以提供足够的电子，使电离平衡向生成钠、钾基态原子的方向移动，可在同一份试样中连续测定钾和钠。

（二）实验准备

1. 仪　器

（1）原子吸收分光光度计；
（2）空心阴极灯；
（3）容量瓶（50 mL）及移液管等玻璃器皿（注：所有玻璃器皿使用前均需用 1+1 硝酸浸泡，去离子水洗净）。

2. 试 剂

（1）钾标准储备液：1g/L；
（2）钠标准储备液：1g/L；
（3）钾标准使用溶液：100.00 mg/L；
（4）钠标准使用溶液：10.00 mg/L；
（5）硝酸溶液：1+1；
（6）硝酸溶液：0.2%；
（7）硝酸铯溶液：10%。

（三）实验步骤

1. 试样的制备

取一定量（一般为 2~10 mL）的自来水，置于 50 mL 容量瓶中，加 3.0 mL 硝酸铯溶液，用水稀释至刻线，摇匀。此溶液应在当天完成测定。

2. 标准溶液的制备

（1）钾标准溶液

取 6 只 50 mL 容量瓶，分别加入钾标准使用溶液 0，0.50，1.00，1.50，2.00，2.50 mL，加硝酸铯溶液 3.00 mL，加硝酸溶液（1+1）1.00 mL，用水稀释至刻线，摇匀。各瓶的浓度分别为：0，1.00，2.00，3.00，4.00，5.00 mg/L。本标准溶液应在当天使用。

（2）钠标准溶液

取 6 只 50 mL 容量瓶，分别加入钠标准使用溶液 0，1.00，3.00，5.00，7.50，10.00 mL，加 3.00 mL 硝酸铯溶液，加 1 mL 硝酸溶液（1+1），用水稀释至刻线，摇匀。各瓶的浓度分别为 0，0.20，0.60，1.00，1.50，2.00 mg/L。本标准溶液应在当天使用。

3. 仪器的准备

将待测元素灯装在灯架上，经预热稳定后，按选定的波长、灯电流、狭缝宽度、观测高度、空气及乙炔流量等各项参数进行点火测量。

注意：在打开气路时，必须先开空气，再开乙炔；关闭气路时，必须先关乙炔，后关空气，以免回火爆炸。

点火后，在测量前，先以硝酸溶液（0.2%）喷雾 5 min，以清洗雾化系统。

4. 测 量

在正式测量前，先以空白溶液调仪器零点，然后按浓度由低到高的顺序测定标准溶液，用空白溶液调零点后，再测样品，记录吸光度。

（四）数据处理

绘制工作曲线，根据工作曲线方程计算自来水中钠、钾的含量（注意稀释倍数）。

二、茶叶中微量铅的测定

（一）实验原理

将消解处理好的样品注入石墨管中，样品在高温下形成原子蒸气，并对光源发射的特征谱线产生吸收，样品的吸光度与溶液的浓度呈正比关系。

（二）实验准备

1. 仪器

（1）原子吸收分光光度计（带石墨炉和背景校正装置）；
（2）铅空心阴极灯；
（3）微波消解仪；
（4）高纯氩气（纯度不低于99.6%）。

2. 试剂

（1）硝酸（优级纯AR）。
（2）高氯酸（优级纯AR）。
（3）去离子水。
（4）铅标准溶液：

① 100 μg/mL 铅标准储备液：准确称取 0.100 0 g 高纯金属铅，置于烧杯中，加入 10 mL 硝酸，盖上表面皿，低温加热蒸至小体积，冷却后，移入 1 000 mL 容量瓶中，用二次蒸馏水稀释至刻度，摇匀，备用。

② 1 μg/mL 铅标准工作液：分别取 1 mL 100 μg/mL 铅标准储备液于 100 mL 容量瓶中，用二次蒸馏水稀释至刻度，摇匀，备用。

（三）实验步骤

1. 样品处理

将茶叶样品于 60 ℃ 条件下烘 2 h，冷却后进行粉碎，混匀。称取 0.25 g 左右，直接加硝酸 5 mL 于烧杯中加热或于消解罐中用微波消解法进行消解。冷却后，将消解液转移至 25 mL 容量瓶中，用去离子水稀释至刻度，摇匀，待测。

2. 铅系列标准溶液的配制与样品的测定

（1）分别移取 0.00，0.40，0.80，1.20，1.60，2.00 mL 1 μg/mL 铅标准工作液于 50 mL 比色管中，用二次蒸馏水定容，摇匀。此系列的浓度分别为 0.0，8.0，16.0，24.0，32.0，40.0 ng/mL。

（2）按下列测量条件，测量标准溶液和试样的吸光度值：

测定波长 283.3 nm；狭缝宽度 0.4；灯电流 2.0 mA；进样体积 10 μL；干燥温度（℃）/时间（s）：120/10；灰化温度（℃）/时间（s）：600/5；原子化温度（℃）/时间（s）：2100/1.5。

（四）数据处理

根据系列标准溶液的数据绘制铅的 A-c 曲线，利用工作曲线查得或算出样品溶液中铅的含量（ng/mL），再换算成原样品的含量，根据卫生标准判断样品中铅是否超标。

思考与练习

一、填空题

1. 火焰原子吸收法与分光光度法，其共同点都是利用_____原理进行分析。但二者有本质区别，前者是_____，后者是_____；所用的光源，前者是_____，后者是_____。

2. 一般原子吸收分光光度计分为_____、_____、_____、_____四个主要部分。

3. 原子吸收分光光度计中的原子化器主要分为_____类，一类由_____将试样分解成自由原子，称为_____分析；另一类依靠_____将试样气化及分解，称为_____分析。

4. 空心阴极灯是原子吸收光谱仪的_____，空心阴极灯的阳极一般是_____，而阴极材料则是_____。管内通常充有_____。

5. 在原子吸收法中，火焰原子化器与无火焰原子化器相比，测定的灵敏度_____，这主要是因为后者比前者的原子化效率_____。

6. 原子吸收分光光度计中的分光系统也称_____，其作用是将光源发射的_____与_____分开。

7. 在原子吸收法中常加入消电离剂，以克服_____。一般地，消电离剂的电离电位越_____，则效果越好。

8. 在原子吸收分光光度计中广泛使用_____做检测器，它的功能是将微弱的_____信号转换成_____信号，并有不同程度的_____。

9. 原子吸收光谱分析时工作条件的选择主要有_____、_____、_____、_____及_____的选择。

10. 原子吸收法测定钙时，为了抑制 PO_4^{3-} 的干扰，常加入的释放剂为_____；测定镁时，为了抑制 Al^{3+} 的干扰，常加入的释放剂为_____。

11. 原子吸收光谱分析时产生的干扰主要有_____、_____、_____、_____干扰等几种情况。

二、选择题

1. 原子吸收测定时，调节燃烧器高度的目的是（_____）。
   A. 控制燃烧速度   B. 增加燃气和助燃气预混时间
   C. 提高试样雾化效率   D. 选择合适的吸收区域

2. 原子吸收光谱是由下列哪种粒子产生的（_____）。
   A. 固体物质中原子的外层电子   B. 气态物质中基态原子的外层电子
   C. 气态物质中激发态原子的外层电子 D. 气态物质中基态原子的内层电子

3. 原子化器的主要作用是（_____）。
   A. 将试样中待测元素转化为基态原子   B. 将试样中待测元素转化为激发态原子

C. 将试样中待测元素转化为中性分子　　　D. 将试样中待测元素转化为离子
　4. 在原子吸收分光光度计中,目前常用的光源是(　　)。
　　　A. 火焰　　　　　B. 空心阴极灯　　　　C. 氙灯　　　　　　D. 交流电弧
　5. 在原子吸收分析法中,待测元素的灵敏度、准确度在很大程度上取决于(　　)。
　　　A. 空心阴极灯　　B. 火焰　　　　　　　C. 原子化系统　　　D. 分光系统
　6. 原子吸收的定量方法用标准加入法时,消除了下列哪种干扰(　　)。
　　　A. 分子吸收　　　B. 背景吸收　　　　　C. 光散射　　　　　D. 基体效应
　7. 在原子吸收分析中,如怀疑存在化学干扰,采取下列补救措施,指出哪种措施是不适当的(　　)。
　　　A. 加入释放剂　　B. 加入保护剂　　　　C. 提高火焰温度　　D. 改变光谱通带
　8. 在原子吸收分析中,下列哪种火焰组成的温度最高(　　)。
　　　A. 空气-乙炔　　B. 空气-煤气　　　　C. 笑气-乙炔　　　D. 氧气-氢气
　9. 在电热原子吸收分析中,多利用氘灯或塞曼效应进行背景扣除,扣除的背景主要是(　　)。
　　　A. 原子化器中分子对共振线的吸收　　　B. 原子化器中干扰原子对共振线的吸收
　　　C. 空心阴极灯发出的非吸收线的辐射　　D. 火焰发射干扰
　10. 在原子吸收法中,原子化器的分子吸收属于(　　)。
　　　A. 光谱线重叠的干扰　B. 化学干扰　　　C. 背景干扰　　　　D. 物理干扰
　11. 可以消除原子吸收法中物理干扰的方法是(　　)。
　　　A. 加入释放剂　　B. 加入保护剂　　　　C. 扣除背景　　　　D. 采用标准加入法
　12. 原子吸收光谱法测定试样中的钾元素含量,通常需加入适量的钠盐,这里钠盐被称为(　　)。
　　　A. 释放剂　　　　B. 缓冲剂　　　　　　C. 消电离剂　　　　D. 保护剂
　13. 在石墨炉原子化器中,应采用下列哪种气体作为保护气(　　)。
　　　A. 乙炔　　　　　B. 氧化亚氮　　　　　C. 氢气　　　　　　D. 氩气
　14. 原子吸收分光光度计中常用的检测器是(　　)。
　　　A. 光电池　　　　B. 光电管　　　　　　C. 光电倍增管　　　D. 感光板
　15. 在原子吸收光谱法中,火焰原子化器与石墨炉原子化器相比(　　)。
　　　A. 灵敏度高,检出限却低　　　　　　　B. 灵敏度高,检出限也低
　　　C. 灵敏度低,检出限却高　　　　　　　D. 灵敏度低,检出限也低

　三、判断题
　1. 原子吸收光谱分析定量测定的理论基础是朗伯-比尔定律。　　　　　　　　　　　(　　)
　2. 原子吸收光谱仪和751型分光光度计一样,都是以氢弧灯作为光源的。　　　　　(　　)
　3. 在使用原子吸收光谱法测定样品时,有时加入镧盐是为了消除化学干扰,加入铝盐是为了消除电离干扰。　　　　　　　　　　　　　　　　　　　　　　　　　　　　　(　　)
　4. 在原子吸收分析中,对光源的要求是辐射线的半宽度比吸收线的半宽度宽得多。(　　)
　5. 空心阴极灯灯电流的选择原则是在保证光谱稳定性和适宜强度的条件下,应使用最低的工作电流。　　　　　　　　　　　　　　　　　　　　　　　　　　　　　　　(　　)
　6. 在火焰原子化器中,雾化器的主要作用是使试液雾化成均匀细小的雾滴。　　　(　　)

7. 以峰值吸收替代积分吸收的关键是发射线的半宽度比吸收线的半宽度小，且发射线的中心频率与吸收线的中心频率完全重合。( )

8. 任何情况下，原子吸收分光光度计中的狭缝宽度一定要选择较大的值。( )

9. 任何情况下，待测元素的分析线一定要选择其最灵敏的共振发射线。( )

10. 原子在激发或吸收过程中，由于受外界条件的影响，原子谱线的宽度变宽，由温度引起的变宽叫多普勒变宽，由磁场引起的变宽叫塞曼变宽。( )

四、简答题

1. 原子吸收光谱法的基本原理是什么？
2. 原子吸收光谱法和紫外-可见分光光度法有何相同和不同之处？
3. 简述原子吸收光谱仪四大系统中主要部件的名称及作用。
4. 原子吸收定量分析常采用标准曲线法，其标准曲线能否像紫外-可见分光光度法的标准曲线一样，可较长时间使用？为什么？
5. 简要说明试样在火焰原子化器中原子化的历程，并说明火焰影响原子化效率的因素有哪些。
6. 进行原子吸收光谱分析会出现哪些干扰？如何消除各种干扰？

五、计算题

1. 用火焰原子吸收法测定血清中钙的含量。将血清用蒸馏水稀释20倍后，测得吸光度为0.295。取5.00 mL稀释后的样品溶液，加入浓度为1.00 mmol/L的钙标准溶液5.00 mL，混匀后测得吸光度为0.417，试计算血清中钙的含量。

2. 用原子吸收光度法测定某样品中铜的含量，称取样品0.998 6 g，经化学处理后，移入250 mL容量瓶中，以蒸馏水稀释至刻线，摇匀。铜标准溶液浓度及测得的吸光度值如表4-8所示。在同样条件下，测出未知样的吸光度为0.32，求该样品中铜的质量分数。

表4-8 铜标准溶液浓度及对应吸光度值

编号	1	2	3	4	5
铜的浓度/(g/mL)	0	2	4	6	8
吸光度	0	0.11	0.21	0.32	0.43

3. 用原子吸收光谱法测定大米中镉的含量。经干燥后质量为1 g的大米灰化后，溶解于少量盐酸中，并加水定容至100 mL。以标准加入法进行分析，测定结果见表4-9，求大米中镉的含量(mg/kg)。

表4-9 标准加入法测镉含量数据

编号	1	2	3	4	5
试样体积/mL	10	10	10	10	10
镉加入量/(μg/mL)	0	0.2	0.4	0.6	0.8
吸光度	0.014	0.027	0.040	0.053	0.066

4. 称取奶粉样品2 g，用干式消化法测定钙的含量。灰分用稀硝酸溶解后定容到25 mL，然后取出1 mL，加1% $LaCl_3$溶液1 mL作为基体改进剂，再用稀硝酸定容至25 mL，待测。

实验测得待测液的吸光度为 0.413，标准溶液的吸光度值如表 4-10 所示，求奶粉样品的含钙量（mg/100 g）。

表 4-10　标准溶液吸光度

编　号	1	2	3	4	5	6
标准液浓度 /（mg/L）	0.00	5.00	10.00	20.00	30.00	40.00
吸光度	0.010	0.103	0.202	0.403	0.604	0.801

5. 用 AAS 法测定某未知含 Fe 试液，测得吸光度为 0.130。另取 9.00 mL 未知试液，加入 1.00 mL 浓度为 100.0 mg/L 的 Fe 标准溶液，在相同条件下，测得吸光度为 0.435，求未知试液中 Fe 的浓度是多少？

6. 用 AAS 法测定某食品中 Pb 的含量。称取 2.000 g 样品制成 100.0 mL 溶液，再用 10.00 mL 萃取液萃取 Pb（萃取率为 90%），分别吸取 2.00 mL 于两个 25 mL 的容量瓶中，其中一个瓶中加入浓度为 1.00 μg/mL 的 Pb 标准溶液 2.00 mL，均用萃取溶剂稀释至刻度，测得吸光度分别为 0.160 和 0.320，求该食品中 Pb 的含量（μg/g）。

7. 用原子吸收分光光度法测定自来水中镁的含量。准确移取镁标准溶液（1 μg/mL）若干（表 4-11）及自来水样 20 mL 于 50 mL 容量瓶中，分别加入 5% 锶盐溶液 2 mL，用蒸馏水稀释至刻度。用蒸馏水作为空白，按浓度从低到高测定标准溶液的吸光度值，测定数据见表 4-11。同样条件下测定自来水样的吸光度值为 0.135，计算自来水中镁的含量（mg/L）。

表 4-11　镁标准溶液配制量及测定吸光度值

编　号	1	2	3	4	5
镁标准液加入量/mL	0.00	1.00	2.00	3.00	4.00
吸光度	0.043	0.092	0.140	0.187	0.234

项目五　红外吸收分光光度法

📖 学习目标

【技能目标】
- 掌握红外吸收分光光度计的基本操作；
- 掌握红外吸收分光光度计的日常维护和常规故障排除；
- 用红外吸收分光光度法对物质进行初步定性分析，能识别常见官能团的红外图谱；
- 具有信息迁移能力，能根据不同型号的仪器说明书达到对该仪器的认知、操作。

【知识目标】
- 理解产生红外吸收的条件；
- 掌握基团频率和特征吸收峰，主要有机化合物的红外吸收光谱特征；
- 掌握红外光谱与分子结构的关系，有机化合物不饱和度的计算，主要基团（羰基、羧基、羟基、碳碳双键）的特征吸收峰，红外光谱的一般解析方法；
- 了解分子的振动类型，红外光谱中吸收峰增减的原因；
- 掌握红外吸收光谱法的定性、定量方法；
- 了解红外光谱仪的构造与红外制样技术。

　　红外吸收光谱法（Infrared Absorption Spectroscopy，IR）也叫红外分光光度法，是以连续波长的红外光为光源照射被测物质，物质分子吸收其能量，产生振动能级和转动能级从基态到激发态的跃迁，形成红外光谱，利用红外光谱研究红外光与物质之间相互作用的方法。红外吸收光谱法在化学领域主要用于分子结构的基础研究以及化学组成的分析，但其中应用最广泛的还是化合物的结构鉴定。根据红外光谱的峰位、峰强及峰形，判断化合物中可能存在的官能团，从而推断出未知物的结构，因此 IR 是有机物的结构测定和鉴定最重要的方法之一。

　　红外吸收光谱法的特点：
　　（1）应用面广，提供信息多且具有特征性。根据分子红外光谱吸收峰的位置、数目，可鉴定未知化合物的分子结构或确定其中的化学基团；依据吸收的强度与分子含量的关系，可以对物质进行定量分析与纯度鉴定。
　　（2）不受样品相态的限制，也不受熔点、沸点和蒸气压的限制。无论样品是固态、液态还是气态都可进行测定。
　　（3）样品用量少，不破坏试样，分析速度快，操作方便。
　　（4）现有大量标准红外光谱图可供查阅，为样品分析提供依据。

（5）红外光谱的局限性：有些物质不能产生红外吸收，无法用红外吸收光谱法进行分析；有些红外光谱图上的吸收峰有一部分还不能从理论上进行解释；红外光谱法定量分析的准确度与灵敏度均低于可见、紫外吸收分光光度法。

任务一　制作苯甲酸、苯胺、苯甲醇的红外光谱图

【任务目的】

（1）了解分子振动类型；
（2）熟悉红外吸收产生的原因；
（3）熟悉红外吸收产生条件；
（4）熟悉红外吸收光谱的表示方法。

【任务准备】

1. 仪　器

（1）傅里叶红外吸收分光光度计一台；
（2）压片机；
（3）玛瑙研钵；
（4）红外干燥灯。

2. 试　剂

（1）溴化钾：光谱纯；
（2）苯甲酸、苯胺、苯甲醇试样。

【任务内容】

（1）教师演示傅里叶红外吸收分光光度计的开机操作，预热 30 min。
（2）教师演示压片过程。
（3）教师演示，对三种样品进行检测，得出谱图，并与标准图谱比较。

问题探究一

1. 比较苯甲酸、苯胺、苯甲醇三种不同物质的红外吸收光谱图是否相同？为什么？
2. 是否所有物质都能产生红外吸收，有红外吸收光谱图？
3. 红外吸收光谱图有什么作用？可以对样品进行定性与定量分析吗？

知识链接一　红外吸收光谱法基本原理

波长在 0.76～1 000 μm 的电磁辐射称为红外光（Infrared Ray），该区域称为红外光谱区

或红外区。物质对红外光产生选择性吸收,记录红外光的透射比与波数或波长关系的曲线,叫红外光谱,红外光谱又称为分子振动光谱或分子振转光谱。利用红外光谱可研究在振动中伴随有偶极矩变化的化合物的结构、组成及含量。

通常将红外光谱分为三个区域:近红外区(0.75~2.5 μm)、中红外区(2.5~50 μm)和远红外区(50~1 000 μm)。一般来说,近红外光谱是由分子的倍频、合频产生的,中红外光谱属于分子的基频振动光谱,远红外光谱则属于分子的转动光谱和某些基团的振动光谱。由于绝大多数有机物和无机物的基频吸收带都出现在中红外区,因此中红外区是研究和应用最多的区域,积累的资料也最多,仪器技术最成熟。通常所说的红外光谱即指中红外光谱。

一、分子振动

(一)双原子分子的振动

原子与原子之间通过化学键连接组成分子,分子中的原子与化学键都处于不断地运动中。我们把不同原子组成的双原子分子的振动模拟为不同质量小球组成的谐振子振动(Harmonicity),即把双原子分子的化学键看成是质量可以忽略不计的弹簧,把两个原子看成是各自在其平衡位置附近作伸缩振动的小球(图 5-1)。

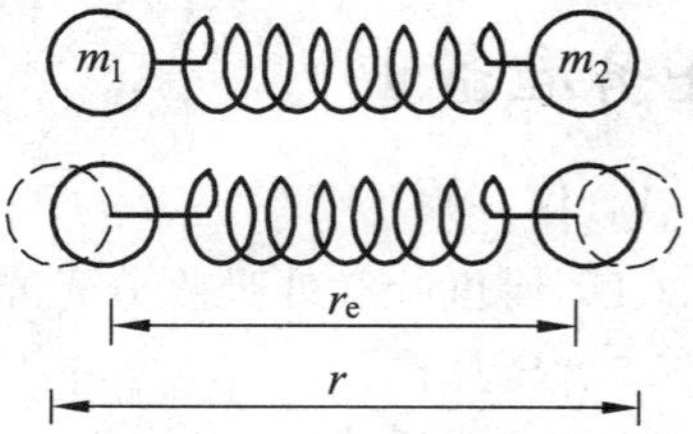

振动位能与原子间的距离 r 及平衡距离 r_e 间的关系:

$$U = \frac{1}{2}k(r-r_e)^2 \quad (5\text{-}1)$$

图 5-1 双原子分子伸缩振动
r_e——平衡位置原子间距离;
r——振动某瞬间原子间距离

式中 k——力常数。

当 $r = r_e$ 时,$U = 0$,当 $r > r_e$ 或 $r < r_e$ 时,$U > 0$。当原子处于不同状态(基态或激发态)时,具有一定的振动位能:

$$E_v = U = \left(V + \frac{1}{2}\right)h\nu \quad (5\text{-}2)$$

式中 ν——分子的振动频率;
V——振动量子数,$V = 0, 1, 2, 3, \cdots$;
h——普朗克常数。

双原子分子的振动是沿核方向的振动,该振动称为伸缩振动(Stretching Vibration),用 ν 表示。

(二)多原子分子的振动

多原子分子的振动,不仅包括双原子分子沿其核-核方向的伸缩振动,还包括各种可能的变形振动。若将多原子分子(或基团)的每个化学键近似地看成一个谐振子,则其振动形式有以下几种:

1. 伸缩振动(Stretching Vibration)

沿键轴方向发生周期性的变化的振动称为伸缩振动。伸缩振动可分为:对称伸缩振动和

不对称伸缩振动 [图 5-2（a）]。

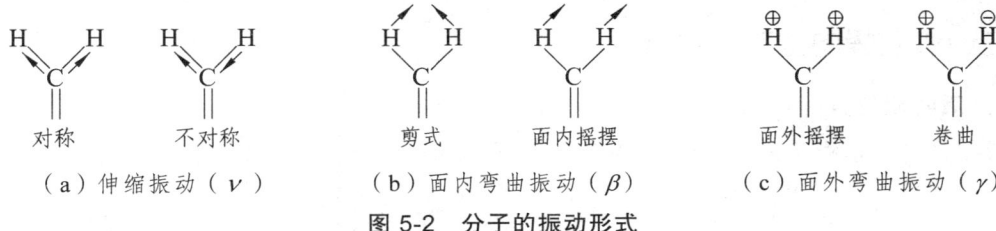

图 5-2　分子的振动形式

2. 弯曲振动（Bending Vibration）

使键角发生周期性变化的振动称为弯曲振动。弯曲振动可分为：

（1）面内弯曲振动（β）：包括剪式振动（δ）和面内摇摆振动（ρ）[图 5-2（b）]。

（2）面外弯曲振动（γ）：包括面外摇摆振动（ω）和卷曲振动（τ）[图 5-2（c）]。

二、红外光谱产生的条件

1. 分子的振动能级跃迁所需能量与辐射光具有的能量相等

由式（5-2）可知

$$E_{振} = \left(V + \frac{1}{2}\right)h\nu \tag{5-3}$$

分子处于基态（$V=0$）的振动能量：$E_0 = \frac{1}{2}h\nu$；分子处于第一激发态（$V=1$）的振动能量：$E_1 = \frac{3}{2}h\nu$。分子由基态跃迁到第一激发态所需能量为 $\Delta E = h\nu$，能提供这一能量的就是红外光，即光子能量 $E_L = h\nu_L$。由此可见 $\nu_L = \nu$，即分子由基态跃迁到第一激发态，吸收红外光的频率等于分子的化学键振动频率。

2. 分子在振动过程中必须有偶极矩的变化（即分子要具有红外活性）

红外跃迁是偶极矩诱导的，即红外光的能量通过分子振动偶极矩的变化传递给分子。分子由于构成它的各原子的电负性不同，也显示不同的极性，称为偶极矩。通常用分子的偶极矩（μ）来描述分子极性的大小。当偶极子处在电磁辐射的电场中时，该电场作周期性反转，偶极子将经受交替的作用力，偶极矩增大或减小。由于偶极子具有一定的原有振动频率，显然，只有当辐射频率与偶极子频率相匹配时，分子才与辐射相互作用（振动耦合）而增加它的振动能，使振幅增大，即分子由原来的基态跃迁到较高振动能级。因此，并非所有的振动都会产生红外吸收，只有发生偶极矩变化（$\Delta\mu \neq 0$）的振动才能引起可观测的红外吸收光谱，这类分子称为红外活性的；$\Delta\mu = 0$ 的分子振动不能产生红外振动吸收，这类分子称为非红外活性的。

当一定频率的红外光照射分子时，如果分子中某个基团的振动频率和它一致，二者就会产生共振，此时光的能量通过分子偶极矩的变化而传递给分子，这个基团就吸收一定频率的红外光，产生振动跃迁。如果用连续改变频率的红外光照射某样品，由于试样对不同频率的红外光吸收程度不同，通过试样后的红外光在一些波数范围减弱，在另一些波数范围内仍然较强，用仪器记录该试样的红外吸收光谱，就可以进行样品的定性和定量分析。

三、吸收峰的位置与数目

1. 吸收峰位置

根据量子力学能量公式和胡克定律，可得红外吸收物质基本振动频率计算公式为

$$\tilde{v}=\frac{1}{2\pi c}\sqrt{\frac{k}{\mu}} \tag{5-4}$$

式中　$\tilde{v}$——波数，表示在光的传播方向上每单位长度（1 cm）内的光波数，为波长的倒数（也可用 σ 表示），cm^{-1}；

　　　c——光速；

　　　k——化学键的力常数，N/cm；

　　　μ——原子的折合原子量，$\mu=\dfrac{M_1 M_2}{M_1+M_2}$。

由式（5-4）可见，影响波数的直接因素是构成化学键的原子的原子量及化学键的力常数。力常数越大（常见化学键的力常数见表 5-1），折合原子量越小，化学键的振动波数越高。

表 5-1　化学键的力常数 k

键	C—C	C=C	C≡C	C—H	O—H	N—H	C=O
k /（N/cm）	4.5	9.6	15.6	5.1	7.7	6.4	12.1

C—C、C=C、C≡C 三种键的折合原子量相同，而化学键的力常数大小顺序为单键<双键<三键，所以其波数也依次增大，C—C 约为 1 430 cm^{-1}，C=C 约为 1 670 cm^{-1}，C≡C 约为 2 220 cm^{-1}；又如，C—C、C—N、C—O 三种键的力常数相近，而折合原子量大小顺序为 C—C<C—N<C—O，所以其波数依次减小，C—C 约为 1 430 cm^{-1}，C—N 约为 1 330 cm^{-1}，C—O 约为 1 280 cm^{-1}。

【例 5-1】　计算 C=O 键伸缩振动产生的基频吸收峰的波数。

解：已知 k(C=O)=12.1 N/cm

$$\mu=\frac{M_1 M_2}{M_1+M_2}=\frac{12\times 16}{12+16}=6.8$$

$$\tilde{v}=1\ 304\sqrt{\frac{k}{\mu}}=1\ 304\sqrt{\frac{12.1}{6.8}}=1\ 739\ (cm^{-1})$$

2. 吸收峰数目

由相关推算可知：线性分子独立振动数目为 $3N-5$，非线性分子独立振动数目为 $3N-6$。理论上讲，每个振动自由度代表一个独立的振动，在红外光谱区就将产生一个吸收峰。但是实际上，测得的峰数往往少于基本振动的数目，这是由于：

（1）当振动过程中分子的瞬间偶极矩不发生变化时，不产生红外光的吸收，即无红外活性。

（2）频率完全相同的振动在红外光谱中重叠，这种现象称为红外光谱的简并。

(3) 弱的吸收峰被强吸收峰掩盖或测不到。
(4) 吸收峰落在中红外区以外。

例如,水分子为非线性分子,振动自由度为 3,在红外光谱中产生 3 个吸收峰。CO_2 为线性分子,振动自由度为 4,但红外光谱上只出现 2 个吸收峰,($2\,349\ cm^{-1}$ 和 $667\ cm^{-1}$),这是因为 CO_2 的对称伸缩振动是非红外活性的振动,面内弯曲振动($667\ cm^{-1}$)和面外弯曲振动($667\ cm^{-1}$)谱带发生简并。

四、红外吸收光谱的表示

红外光谱多用透光率 T 为纵坐标,表示吸收强度;以波数 σ(cm^{-1})为横坐标,表示吸收峰的位置。也可用吸光度 A 为纵坐标,其峰与前者正好相反。图 5-3 为 1-己烯的红外光谱图,由图可知该物质吸收峰的强度、位置及形状等信息,利用这些信息可以对物质进行定性、定量或结构分析。

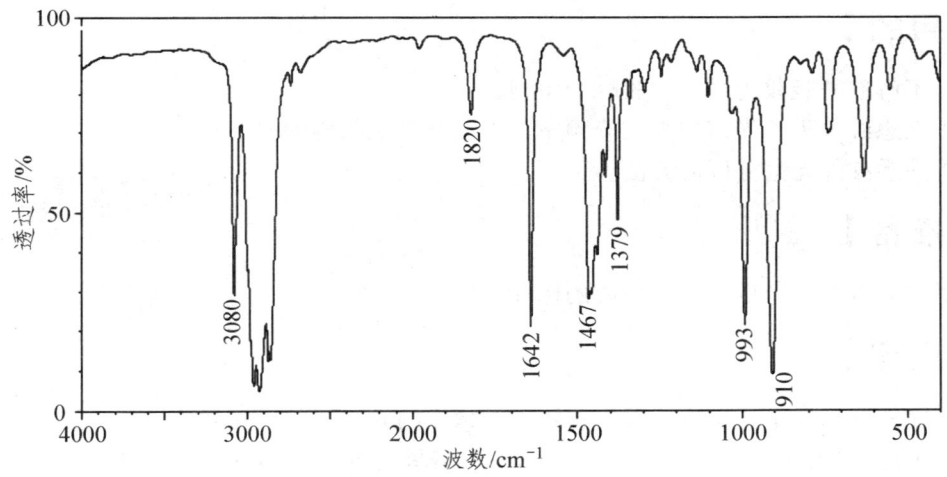

图 5-3 1-己烯的红外光谱图

扩展阅读

红外线与红外光谱的发现

红外光也叫红外线,是英国科学家弗里德里克·威廉·赫舍尔(Friedrich Wilhelm Herschel,1738—1822)发现的。1800 年,赫舍尔在研究太阳光时,让光通过棱镜分解为彩色光带,用温度计去测量光带中不同颜色所含的热量。试验中,他偶然发现一个奇怪的现象:放在光带红光外的一支温度计,比室内其他温度的指示数值高。经过反复试验,这个热量最多的高温区总是位于光带最边缘处红光的外面。于是他宣布,太阳发出的辐射中除可见光线外,还有一种人眼看不见的"热线",这种人的肉眼看不见的"热线"位于红色光外侧,叫作红外线。

1881 年,Abney 和 Festing 第一次将红外线用于分子结构的研究。他们用 Hilger 光谱仪拍下了 46 个有机液体在 0.7~1.2 μm 区域的红外吸收光谱。瑞典科学家 Angstrem 采用 NaCl

作为棱镜和测辐射热仪作为检测器，第一次记录了分子的基本振动（从基态到第一激发态）频率。1889 年，Angstrem 首次证实 CO 和 CO_2 具有不同的红外光谱图。这个试验表明了红外吸收产生的根源是分子而不是原子。整个分子光谱学科就是建立在这个基础上的。不久 Julius 发表了 20 个有机液体的红外光谱图，并且将在 3 000 cm^{-1} 的吸收带指认为甲基的特征吸收峰。1905 年，科布伦茨（W. Coblentz）发表了 128 种有机和无机化合物的红外光谱，红外光谱与分子结构间的特定联系才被确认。到 1930 年前后，随着量子理论的提出和发展，红外光谱的研究得到了全面深入的开展，并且测得大量物质的红外光谱。

任务二 认识苯甲酸、苯胺、苯甲醇三种物质的红外吸收光谱图

【任务目的】

（1）了解红外吸收光谱中吸收峰的类型；
（2）熟悉红外吸收光谱中吸收峰频率、强度与分子结构的关系；
（3）熟悉红外光谱分区的方法。

【任务准备】

苯甲酸、苯胺、苯甲醇三种物质的标准谱图。

【任务内容】

（1）在教师指导下，学生比较三种物质结构上的异同，并一一列出。
（2）在教师指导下，学生比较三种物质的标准谱图，列出谱图中的相似之处与明显不同之处。

问题探究二

1. 苯甲酸、苯胺、苯甲醇三种物质的红外吸收光谱图有哪些位置有相同的吸收峰？根据三种物质的结构分析相同吸收峰与它们的哪个官能团有关。

2. 观察红外吸收光谱图，在 4 000～1 300 cm^{-1} 的峰与在 1 300～400 cm^{-1} 的峰有何区别？它们与物质的结构有何关系？

知识链接二 红外吸收光谱与分子结构的关系

一、吸收峰的类型

1. 基频峰

分子吸收一定频率的红外线，振动能级由基态跃迁至第一激发态时，所产生的吸收峰称为基频峰。基频峰强度较大，是红外吸收光谱最主要的一类吸收峰。

2. 倍频峰

在红外吸收光谱上除基频峰外，还有振动能级由基态（$V=0$）跃迁至第二激发态（$V=2$）、第三激发态（$V=3$）所产生的吸收峰，称为倍频峰。在倍频峰中，二倍频峰还比较强，三倍频峰以上，因跃迁几率很小，一般都很弱，常常不能测到。

3. 泛频峰

除此之外，还有合频峰（n_1+n_2，$2n_1+n_2$，），差频峰（n_1-n_2，$2n_1-n_2$），等，这些峰多数很弱，一般不容易辨认。倍频峰、合频峰和差频峰统称为泛频峰。

泛频峰的存在增加了红外光谱的复杂性，但是也增强了红外光谱的特征性。取代苯的泛频峰出现在 $2\ 000 \sim 1\ 667\ cm^{-1}$ 的区间，主要由苯环上碳-氢面外的倍频峰等构成，特征性较强，可用于鉴别苯环上的取代位置，但峰强常常较弱，也有可能不能测到。

二、红外吸收光谱的分区

红外光谱区可分成 $4\ 000 \sim 1\ 300\ cm^{-1}$ 和 $1\ 300 \sim 400\ cm^{-1}$ 两个区域，前者称为基团频率区、官能团区或特征频率区，后者称为指纹区。

（一）基团频率区

基团频率区出现的吸收峰比较稀疏，容易辨认，一般是由分子官能团的伸缩振动产生的吸收带，可用于鉴定官能团的存在，是化学键和基团的特征振动频率区。基团频率区又可分为三个区域：

（1）$4\ 000 \sim 2\ 500\ cm^{-1}$ 为 S—H、O—H、N—H、C—H 的伸缩振动区。

O—H 的伸缩振动出现在 $3\ 650 \sim 3\ 200\ cm^{-1}$，它可以作为判断有无醇类、酚类和有机酸类的重要依据。当醇和酚溶于非极性溶剂（如 CCl_4），且浓度为 $0.01\ mol/L$ 时，在 $3\ 650 \sim 3\ 580\ cm^{-1}$ 处出现游离 O—H 的伸缩振动吸收，峰形尖锐，且没有其他吸收峰干扰，易于识别。当试样浓度增加时，羟基化合物产生缔合现象，O—H 的伸缩振动吸收峰向低波数方向位移，在 $3\ 400 \sim 3\ 200\ cm^{-1}$ 出现一个宽而强的吸收峰。

胺和酰胺的 N—H 伸缩振动也出现在 $3\ 500 \sim 3\ 100\ cm^{-1}$，因此，可能会对 O—H 伸缩振动有干扰。

C—H 的伸缩振动可分为饱和与不饱和的两种：饱和的 C—H 伸缩振动出现在 $3\ 000\ cm^{-1}$ 以下，$3\ 000 \sim 2\ 800\ cm^{-1}$，取代基对它们影响很小。如 —$CH_3$ 基的伸缩振动吸收出现在 $2\ 960\ cm^{-1}$ 和 $2\ 876\ cm^{-1}$ 附近；—CH_2— 基的吸收在 $2\ 930\ cm^{-1}$ 和 $2\ 850\ cm^{-1}$ 附近。不饱和的 C—H 伸缩振动出现在 $3\ 000\ cm^{-1}$ 以上，可以此来判别化合物中是否含有不饱和的 C—H 键。

苯环的 C—H 伸缩振动出现在 $3\ 030\ cm^{-1}$ 附近，它的特征是强度比饱和的 C—H 稍弱，但谱带比较尖锐。

不饱和的双键 =C—H 的吸收出现在 $3\ 010 \sim 3\ 040\ cm^{-1}$，末端 =$CH_2$ 的吸收出现在 $3\ 085\ cm^{-1}$ 附近。

三键 ≡C—H 上的 C—H 伸缩振动出现在更高的区域（$3\ 300\ cm^{-1}$ 附近）。

（2）$2\ 500 \sim 1\ 900\ cm^{-1}$ 为三键和累积双键区。

主要包括碳碳三键、碳氮三键等三键的伸缩振动，以及 —C═C═C、—C═C═O 等累积双键的不对称伸缩振动。对于炔烃类化合物，可以分成 R—C≡CH 和 R'—C≡C—R 两种类型，R—C≡CH 的伸缩振动出现在 2 100 ~ 2 140 cm^{-1} 附近，R'—C≡C—R 出现在 2 190 ~ 2 260 cm^{-1} 附近。如果是 R—C≡C—R，分子结构对称，无红外活性。—C≡N 的伸缩振动在非共轭的情况下出现在 2 240 ~ 2 260 cm^{-1} 附近。当与不饱和键或芳香核共轭时，该峰位移到 2 220 ~ 2 230 cm^{-1} 附近。若分子中含有 C、H、N 原子，—C≡N 基吸收比较强而尖锐。若分子中含有氧原子，且氧原子离 —C≡N 基越近，—C≡N 基的吸收越弱，甚至观察不到。

（3）1 900 ~ 1 300 cm^{-1} 为双键伸缩振动区。

该区域主要包括三种伸缩振动：

① C═O 伸缩振动：一般出现在 1 900 ~ 1 650 cm^{-1}，是红外光谱中很特征的且往往是最强的吸收，以此很容易判断酮类、醛类、酸类、酯类以及酸酐等有机化合物。酸酐的羰基吸收带由于振动耦合而呈现双峰。

② C═C 伸缩振动：烯烃的 C═C 伸缩振动出现在 1 680 ~ 1 620 cm^{-1}，一般很弱。单核芳烃的 C═C 伸缩振动出现在 1 600 cm^{-1} 和 1 500 cm^{-1} 附近，有两个峰，这是芳环骨架结构的吸收，用于确认有无芳核的存在。

③ 苯的衍生物的泛频谱带：出现在 2 000 ~ 1 650 cm^{-1}，是 C—H 面外和 C═C 面内变形振动的泛频吸收。虽然强度很弱，但它们的吸收峰形状在表征芳核取代类型上是有用的。

（二）指纹区

在 1 300 ~ 400 cm^{-1} 区域内，除单键的伸缩振动外，还有因变形振动产生的谱带。这种振动与整个分子的结构有关。当分子结构稍有不同时，该区的吸收就有细微的差异，并显示出分子特征。这种情况就像人的指纹一样，因此将该区域称为指纹区。指纹区对于指认结构类似的化合物很有帮助，而且可以作为化合物存在某种基团的旁证。

指纹区又可分为两个区域：

（1）1 300 ~ 900 cm^{-1} 区域是 C—O、C—N、C—F、C—P、C—S、P—O、Si—O 等单键的伸缩振动和 C═S、S═O、P═O 等双键的伸缩振动吸收。其中 1 375 cm^{-1} 左右的谱带为甲基的 δ_{C-H} 对称弯曲振动，对识别甲基十分有用，C—O 的伸缩振动在 1 300 ~ 1 000 cm^{-1}，是该区域最强的峰，也较易识别。

（2）900 ~ 400 cm^{-1} 区域的某些吸收峰可用来确认化合物的顺反构型。例如，烯烃的 ═C—H 面外变形振动出现的位置，很大程度上取决于双键的取代情况。对于 RCH═CH$_2$ 结构，在 990 cm^{-1} 和 910 cm^{-1} 出现两个强峰；若结构为 RHC═CHR，其顺、反构型分别在 690 cm^{-1} 和 970 cm^{-1} 出现吸收峰。

三、常见官能团的特征吸收频率

用红外光谱来确定化合物中某种基团是否存在时，需熟悉基团频率，先在基团频率区观察该基团的特征峰是否存在，同时找到相关峰进行旁证。

1. 特征峰

化学工作者通过大量工作发现，具有相同官能团或化学键的一系列化合物对红外光的吸收频率相同或接近，证明官能团或化学键的存在与谱图上的吸收峰的出现是对应的，因此，可用一些易于辨别的、有代表性的吸收峰来鉴定官能团的存在，凡可确定官能团存在的峰叫特征吸收峰（表 5-2）。

表 5-2 常见官能团的红外吸收频率

键的振动类型	化合物	吸收峰位置（cm^{-1}）及特征
O—H 伸缩振动	醇、酚	单体 3 650～3 590（s）*；缔合 3 400～3 200（s，b）
	酸	单体 3 560～3 500（m）；缔合 3 000～2 500（s，b）
N—H 伸缩振动	伯胺	3 500～3 400（m，双峰）；仲胺 3 500～3 300（m，单峰）
	亚胺	3 400～3 300（m）
	酰胺	3 350～3 180（m）
≡C—H 伸缩振动	炔烃	3 300（s）
=C—H 伸缩振动	烯烃	3 095～3 010（m）
	芳烃	～3 030（m）
饱和 C—H 伸缩振动	烷烃	2 962～2 850（m～s）
C≡C 伸缩振动	炔	2 260～2 100（w）
C≡N 伸缩振动	腈	2 260～2 240（m）
C=O 伸缩振动	酰卤	1 815～1 770（s）
	酸酐	1 850～1 800（s），1 790～1 740（s）
	酯	1 750～1 730（s）
	醛	1 740～1 720（s）
	酮	1 725～1 705（s）
	酸	1 725～1 700（s）
	酰胺	1 690～1 630（s）
C=C 伸缩振动	烯	1 680～1 620（v）
	芳烃	1 600（v），1 580（m），1 500（v），1 450（m）
C=N 伸缩振动	亚胺、肟	1 690～1 640（v）
	偶氮	1 630～1 575（v）
C—O 伸缩振动	醇、醚	1 275～1 025（s）
C—X 伸缩振动	卤代烃	C—F：1 350～1 100（s）；C—Cl：750～700（m），C—Br：700～500（m）；C—I：610～485（m）
饱和 C—H 面内弯曲振动	烷烃	CH_3：1 470～1 430（m），1 380～1 370（s）；CH_2：1 485～1 445（m）；CH：1 340（w）；—CH(CH_3)$_2$：1 385（m），1 375（m），两峰强度相等；—C(CH_3)$_3$：1 395（m），1 365（m），后者强度为前者的两倍

续表 5-2

键的振动类型	化合物	吸收峰位置（cm^{-1}）及特征
不饱和 C—H 面外弯曲振动	烯	R—CH=CH$_2$: 995~985(s), 920~905(s); R—CH=CH—R (Z): 730~650(m); R—CH=CH—R (E): 980~950(s); R$_2$C=CH$_2$: 895~885(s); R$_2$C=CH—R: 830~780(m)
	芳烃	一取代苯: 770~730(vs), 710~690(s) 邻二取代苯: 770~735(s) 间二取代苯: 950~860(s), 810~750(vs), 720~680(s) 对二取代苯: 860~800(vs) 均三取代苯: 860~810(s), 735~675(s) 连三取代苯: 780~760(s), 725~680(m) 偏三取代苯: 885~870(s), 823~805(vs) 四取代苯: 870~800(s) 五取代苯: 900~850(s)
	炔	665~625(s)

注：物质对红外光的吸收符合 Lambert-Beer 定律，峰强可用摩尔吸收系数 ε 表示。通常 $\varepsilon > 100$ 时，为很强吸收（vs）；$\varepsilon = 20 \sim 100$ 时，为强吸收（s）；$\varepsilon = 10 \sim 20$ 时，为中强吸收（m）；$\varepsilon = 1 \sim 10$ 时，为弱吸收（w）；$\varepsilon < 1$ 时，为很弱吸收（vw）。

2. 相关峰

相关峰是指一组相互依存、相互佐证的吸收峰。一个基团有数种振动形式，每种红外活性的振动通常都相应给出一个吸收峰。如芳环化合物相关峰有五种振动形式：ν_{C-H}、泛频区、$\nu_{C=C}$、δ_{C-H} 和 γ_{C-H}，可作为佐证苯环存在的依据。

四、影响特征吸收频率的因素

基团频率主要是由基团中原子的质量和原子间的化学键力常数决定的。然而，分子内部结构和外部环境的改变对它都有影响，因此影响特征吸收频率的因素包括内部因素与外部因素两个方面。

（一）内部因素

分子中各基团不是孤立的，它受到邻近基团和整个分子结构的影响，即同一基团在不同化学环境吸收频率不同。了解基团峰位置的影响因素有利于对分子结构的准确判定。

1. 电子效应

包括诱导效应和共轭效应，由化学键的电子分布不均匀引起的。

（1）诱导效应

由于取代基具有不同的电负性，通过静电诱导作用引起分子中电子分布的变化，从而改变了键的力常数，使基团的特征频率发生位移。如当电负性强的元素与羰基上的碳原子相连时，诱导效应将使 C=O 键的振动频率升高，吸收峰向高波数方向移动。元素电负性越强，取代基数目越多，诱导效应则越强，吸收峰向高波数方向移动越明显。如以下化合物中 C=O 的吸收：

$$\underset{1715}{R-\overset{\overset{O}{\|}}{C}-R'} \qquad \underset{1735}{R-\overset{\overset{O}{\|}}{C}-OR'}$$

$$\underset{1800}{R-\overset{\overset{O}{\|}}{C}-Cl} \qquad \underset{1870}{R-\overset{\overset{O}{\|}}{C}-F}$$

（2）共轭效应

当形成共轭体系时，因π电子离域增大，即共轭体系的电子云密度平均化，双键的强度降低，振动频率随之降低。如以下化合物中C＝O的吸收：

$$\underset{1715}{R-\overset{\overset{O}{\|}}{C}-R'} \qquad \underset{1690}{R-\overset{\overset{O}{\|}}{C}-Ph} \qquad \underset{1665}{Ph-\overset{\overset{O}{\|}}{C}-Ph}$$

有时诱导效应和共轭效应同时存在，要区分哪一种的影响更大。如酰胺，其共轭效应大于诱导效应，羰基的吸收向低频率移动，在 1 689 cm^{-1}；而脂肪族酯，诱导效应占主导地位，羰基的吸收向高频率移动，在 1 735 cm^{-1}。

2. 氢键的影响

氢键的形成使电子云密度平均化，从而使伸缩振动频率降低且谱带变宽、变强。分子内氢键不受浓度影响，分子间氢键受浓度影响较大。例如，醇、酚的 ν_{OH}，当分子处于游离态时，位于 3 640 cm^{-1}（m）；当分子处于缔合态时，位于 3 300 cm^{-1}（vs）附近，羧酸由氢键形成二聚体，使 ν_{OH} 移向低频，在 3 200~2 500 cm^{-1} 区域；$\nu_{C=O}$ 由游离态的 1 760 cm^{-1} 移到 1 700 cm^{-1} 附近。

3. 空间效应

空间效应是指由于空间作用的影响，基团电子云密度发生变化，从而引起振动频率发生变化的现象。空间位阻是常见的一种空间效应。空间位阻是指因邻近基团体积大或位置太近，共平面偏离或被破坏，共轭效应减弱，振动吸收向高频移动。如以下化合物中C＝O的吸收：

（1663）　　（1686）　　（1693）

4. 振动耦合

当两个振动频率相同或相近的基团相邻且具有一个公共原子时，由于一个键的振动通过公共原子使另一个键的长度发生改变，产生一个"微扰"，从而形成了强烈的相互作用。其结果是使振动频率发生变化，一个向高频移动，另一个向低频移动，谱带分裂。振动耦合常出现在一些二羰基化合物中，如羧酸酐。

$$\begin{array}{c} \nu_{C=O} \\ R_1-C\!\!\!\overset{O}{\underset{O}{\diagdown}}\! \nu_{as}\ 1820\ cm^{-1} \\ R_2-C\!\!\!\overset{O}{\underset{O}{\diagdown}}\! \nu_s\ 1760\ cm^{-1} \end{array}$$

5. 费米共振

当一振动的倍频与另一振动的基频接近时，由于发生相互作用而产生很强的吸收峰或吸收峰发生裂分，这种现象称为费米共振。

（二）外部因素

1. 样品物理状态的影响

气态下测定红外光谱，可以提供游离分子的吸收峰的情况；液态和固态样品，由于分子间的缔合和氢键的形成，峰位常常向低频方向移动。如气态羧酸在 $1\ 780\ cm^{-1}$ 有强峰，而液态羧酸峰出现在 $1\ 760\ cm^{-1}$。

2. 溶剂影响

极性基团的伸缩振动频率常常随溶剂极性的增加而降低。如羧酸中的伸缩振动在非极性溶剂、乙醚、乙醇和碱中的振动频率分别为 $1\ 760\ cm^{-1}$、$1\ 735\ cm^{-1}$、$1\ 720\ cm^{-1}$ 和 $1\ 610\ cm^{-1}$。

任务三　苯甲酸、苯胺、苯甲醇三种物质的红外吸收谱图解析

【任务目的】

（1）熟悉红外光谱法在物质定性、定量分析中的作用；
（2）熟悉红外吸收光谱法定性分析的基本步骤；
（3）能根据谱带的数目、位置、形状、强度等条件对物质结构进行合理推断；
（4）熟悉红外光谱的定量分析方法。

【任务准备】

苯甲酸、苯胺、苯甲醇三种物质的标准谱图

【任务内容】

（1）在教师指导下，学生对红外图谱进行解析；
（2）在教师指导下，总结红外图谱解析的步骤。

问题探究三

1. 红外光谱法定性分析及定量分析的依据是什么？
2. 如何根据红外吸收光谱图中谱带的位置、强度、数目等对物质结构进行合理推断？
3. 红外吸收光谱法图谱解析的基本步骤是什么？

知识链接三 红外吸收光谱法的应用

红外吸收光谱法可以用来推断未知物的结构，检查化合物的纯度，测定其含量等，在生产、科研中应用广泛。

一、定性分析

定性分析包括已知物的鉴定与未知物结构的测定。

（一）已知物的鉴定

将试样的谱图与标准谱图进行对照，或者与文献上的谱图进行对照。如果两张谱图各吸收峰的位置和形状完全相同，峰的相对强度一样，就可以认为样品是该种标准物。如果两张谱图不一样，或峰位置不一致，则说明两者不为同一化合物，或样品有杂质。如用计算机谱图检索，则采用相似度来判别。使用文献上的谱图时，应注意试样的物态、结晶状态、溶剂、测定条件以及所用仪器类型均应与标准谱图相同。常用的标准图谱有Sadtler红外图谱集，由美国Sadtler实验室于1947年开始编制出版，现已收集包括棱镜、光栅和傅里叶变换的光谱图10万余张，是一套收集图谱最全、数量最多的红外图谱集。

（二）未知物结构的测定

分子中的基团或化学键都有各自的特征振动频率，所以利用未知物的红外光谱图上特征吸收峰的位置，再结合相关峰信息，可推断出分子中可能存在的官能团和化学键，判断化合物的结构。在定性分析过程中，除了获得清晰可靠的图谱外，最重要的是对谱图作出正确的解析。谱图的解析就是根据实验所测绘的红外光谱图的吸收峰位置、强度和形状，利用基团振动频率与分子结构的关系，确定吸收带的归属，确认分子中所含的基团或键，进而推定分子的结构。

用红外分光光度法对样品进行结构分析的一般步骤如下：

1. 试样的分离与精制

被测的物质应该是纯物质，否则混合物中各组分的光谱相互重叠，给物质鉴定带来困难。在检测前应利用萃取、重结晶、层析等各种分离手段，对样品进行纯化，得到单一的纯物质。

2. 收集未知试样的有关资料和数据

了解试样的来源、元素分析值、相对分子质量（分子量）、熔点、沸点、溶解度等数据，了解物质的化学性质，以及紫外吸收光谱、质谱等数据，对红外谱图的解析会有很大的帮助，可节约谱图解析时间。

3. 确定未知物的不饱和度

不饱和度表示有机分子中碳原子的不饱和程度。从不饱和度可推出化合物可能的范围。计算不饱和度的经验公式为

$$\Omega = 1 + n_4 + (n_3 - n_1)/2$$

式中 n_4，n_3，n_1——分子中所含的四价、三价和一价元素原子的数目。

二价原子如 S、O 等不参与计算。

当 $\Omega=0$ 时，表示分子是饱和的，应为链状烃及其不含双键的衍生物；

当 $\Omega=1$ 时，可能有一个双键或脂环；

当 $\Omega=2$ 时，可能有两个双键或两个脂环，或一个双键一个脂环也可能有一个三键；

当 $\Omega=4$ 时，可能有一个苯环等。

4. 谱图解析

谱图的解析主要靠长期的实践、经验的积累，至今仍没有一个特定的办法。一般按照"先特征，后指纹；先最强峰，后次强峰；先粗查，后细找；先否定，后肯定；先找特征峰，抓住一组相关峰"的程序进行谱图解析。在解析过程中，采用"先否定，后肯定"方法，以缩小未知物结构的范围，因为吸收峰的不存在否定官能团的存在，要比吸收峰的存在肯定一个官能团的存在容易得多。"抓住"一组相关峰，互为佐证提高谱图解析的可信度，避免孤立解析造成结论错误。综合判断分析结果，提出最可能的结构式，然后用已知样品或标准谱图对照，核对判断的结果是否正确。

对于复杂化合物或新化合物，红外光谱解析困难时要结合紫外光谱、核磁共振光谱、质谱等手段进行综合光谱解析，才能确定所提的结构是否正确。

【例 5-2】 未知物分子式为 C_6H_{12}，其红外光谱图如图 5-4 所示，试推断其结构。

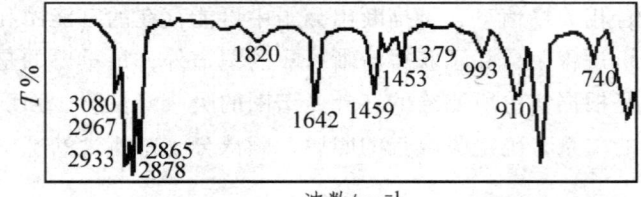

图 5-4 未知物 C_6H_{12} 红外光谱图

解：（1）由其分子式为 C_6H_{12}，可计算其不饱和度为 $\Omega=1$，即可能有一个双键或成环结构。

（2）谱图解析：① 特征区有强峰 1 642 cm^{-1}，经粗查为烯烃的特征吸收；② 烯烃相关峰有：① $\nu_{=CH}$ 3 080 cm^{-1}，强度较弱；② $\nu_{C=C}$ 非共轭，发生在 1 642 cm^{-1}，强度中等。③ $\gamma_{=CH}$ 出现在 910 cm^{-1} 范围内，强度较强，为同碳双取代结构，该化合物为端基烯。

（3）δ_{CH}^{as} 1 459 cm^{-1}，δ_{CH}^{s} 1 379 cm^{-1} 说明有端甲基，此峰未发生分裂，证明端基只有一个甲基。ρ_{CH_2} 740 cm^{-1} 说明该化合物中有直链—$(CH_2)_n$—结构。所以化合物结构为 CH_2=$CH(CH_2)_3CH_3$。

【例 5-3】 分子式为 C_8H_8O 的化合物的 IR 光谱见图 5-5，沸点 202 ℃，试通过解析光谱，判断其结构。

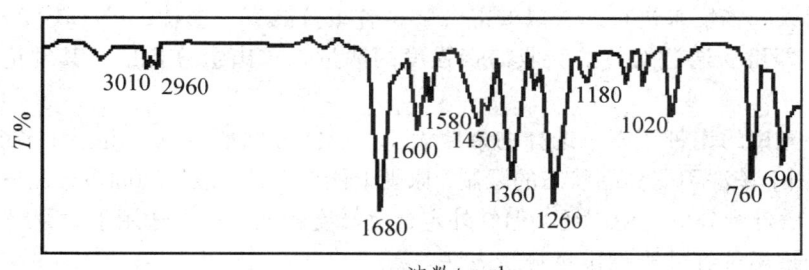

图 5-5 未知物 C_8H_8O 的红外光谱图

解：（1）求不饱和度：根据未知物的分子式可求出其不饱和度。

$$\Omega = (2 \times 8 + 2 - 8)/2 = 5$$

（2）图谱解析：在 3 500 ~ 3 300 cm^{-1} 区间内无任何吸收，证明分子中无—OH。在 2 830 cm^{-1} 与 2 730 cm^{-1} 没有明显的吸收峰，可否认醛的存在。$\nu_{C=O}$ 1 680 cm^{-1} 说明是酮，且发生共轭。3 000 cm^{-1} 以上的 ν_{C-H} 及 1 600 cm^{-1}、1 580 cm^{-1}、1 450 cm^{-1} 的 $\nu_{C=C}$ 等峰的出现，泛频区弱的吸收证明其为芳香族化合物，而 γ_{C-H} 的 760 cm^{-1} 及 690 cm^{-1} 出现进一步提示为单取代苯。2 960 cm^{-1} 及 1 360 cm^{-1} 出现提示有—CH_3 存在。

（3）结构推断：综上所述，化合物是苯乙酮，其结构为

【例 5-4】 有一化合物，化学式为 C_7H_8O，具有如下的红外光谱特征：

在下列波数（cm^{-1}）处有吸收峰：① ~ 3 040；② ~ 1 010；③ ~ 3 380；④ ~ 2 935；⑤ ~ 1 465；⑥ ~ 690 和 740。

在下列波数（cm^{-1}）处无吸收峰：① ~ 1 735；② ~ 2 720；③ ~ 1 380；④ ~ 1 182。

请鉴别存在的（及不存在的）每一吸收峰所属的基团，并写出该化合物的结构式。

解：（1）该未知物的不饱和度为

$$\Omega = (2 \times 7 + 2 - 8)/2 = 4$$

（2）化合物中可能有苯环。存在的吸收峰可能所属的基团为：① 苯环上 C—H 伸缩振动；② C—O 的伸缩振动；③ O—H 伸缩振动（缔合）；④ —CH_2— 的伸缩振动；⑤ —CH_2— 的弯曲振动；⑥ 苯环单取代后 C—H 的面外弯曲振动。

（3）不存在的吸收峰可能所属的基团为：① 不存在 C=O；② 不存在—CHO；③ 不存

在 —CH_3；④不存在 C—O—C。

故该化合物最可能的结构为苯甲醇。

二、定量分析

红外光谱法在分析中的另一应用是对混合物中各组分进行定量分析。红外光谱定量分析是借助对比吸收峰强度来进行的，只要混合物中各组分能有一个特征的、不受其他组分干扰的吸收峰存在即可。通过对特征吸收谱带强度的测量，求出组分含量。其理论依据是朗伯-比尔定律。

由于红外光谱的谱带较多，选择的余地大，所以能方便地对单一组分和多组分样品进行定量分析。此外，该法不受样品状态的限制，原则上能对气体、液体和固体样品进行定量测定。因此，红外光谱定量分析应用广泛。但红外定量灵敏度较低，还不适用于微量组分的测定。

现简要介绍两种红外光谱定量分析方法。

1. 直接计算法

这种方法适用于组分简单、特征吸收带不重叠，且浓度与吸光度呈线性关系的样品。

由朗伯-比尔定律可知，$A=kbc$。应用该公式，从谱图上读取透光率数值，计算出 A 值，然后由 $A=kbc$ 可算出组分含量 c，从而推算出质量分数。

这一方法的前提是需用标准样品测得吸收系数 k 值。分析精度要求不高时，可用文献报道的 k 值。

2. 工作曲线法

这种方法适用于组分简单、特征吸收谱带重叠较少，而浓度与吸光度不完全呈线性关系的样品。

将一系列浓度的标准样品溶液在同一吸收池内测出需要的谱带，计算出吸光度值，作为纵坐标，再以浓度为横坐标，绘出相应的工作曲线。由于是在同一吸收池内测量，故可获得 A-c 的实际变化曲线。

由于工作曲线是从实际测定中获得的，它真实地反映了被测组分的浓度与吸光度的关系。因此即使被测组分在样品中不服从朗伯-比尔定律，只要浓度在所测的工作曲线范围内，也能得到比较准确的结果。同时，这种方法可以排除许多系统误差。

在这种定量方法中，分析波数的选择非常重要，分析波数只能选在被测组分的特征吸收峰处。溶剂和其他组分在该处不应有吸收峰出现，否则将引起较大的误差。

扩展阅读

红外光谱法在中药鉴定中的应用

傅里叶变换红外吸收光谱仪（Fourier Transform Infrared Spectroscopy，FTIR）是一种新型红外光谱仪，它具有测定速度快、灵敏度和信噪比高、分辨率高、测定的光谱范围宽等优点。在红外研究领域，FTIR 方法几乎完全取代了光栅分光法。红外光谱法现已被广泛应用于生物、物理、材料、医药、地质、农业等多种学科领域，尤其在中药材的快速鉴别、中成药的定性定量分析方面。

（1）利用红外光谱法可以对同种药材、不同药用部位进行鉴别研究。如当归的归头和归尾具有不同的药用价值，它们的一维红外谱图较为相似，难以区分；但由于氨基酸和挥发油在归头和归尾部分分布不均一，其二维相关红外光谱存在明显不同，可以方便地对归头和归尾进行鉴别。

（2）同种药材如果来自不同产地，气候、生长条件等差异导致它们的主要有效成分、含量大小及药用价值不同，利用红外光谱法可以对同一类别不同产地、品种的中药材进行鉴别研究。粉末状的贝母，从形态上很难鉴别，但对其进行提取后测定红外谱图，根据其光谱特征可鉴别不同的贝母药材。另有报道，利用FTIR光谱法可以对野生天麻、家种天麻及天麻伪品进行快速无损鉴别。研究表明，根据红外光谱的峰形和位置可以鉴别真伪天麻；根据谱峰位置和吸光度可以区分野生冬天麻和野生春天麻、野生天麻和家种天麻。

（3）某些野生天然中药材分布稀少，药效神奇，因而价格较昂贵，为牟取暴利，市场上出现了很多假冒伪劣产品。利用红外光谱法可以快速无损地鉴别真伪中药材。文献显示，采用压片法对牛黄及其伪品进行红外光谱测定，天然牛黄与人工牛黄谱图有明显区别。

（4）红外光谱法也可以对中药材提供快速、方便的定量分析方法，如对青蒿素含量的测定，可选择 $1738\ cm^{-1}$ 处的羰基伸缩振动峰作为定量峰。

药材及其制剂的质量控制是制约中药应用与发展的重要问题，寻求全面且简便、快速的质量控制方法是目前人们颇为关注的研究方向。红外光谱法能够全面地反映药材的整体特征，符合中医注重整体效应的施治理论；且其操作简便易行，仪器通用，易于推广，因而越来越多地应用到中药材及其制剂的质量控制研究中。

任务四　熟悉红外吸收光谱仪的结构与基本操作

【任务目的】

（1）了解红外吸收分光光度计（红外吸收光谱仪）的工作原理；
（2）熟悉红外吸收分光光度计的基本结构；
（3）熟悉傅里叶红外吸收分光光度计的基本操作。

【任务准备】

红外吸收分光光度计。

【任务内容】

（1）在教师指导下，学生观察红外分光光度计的工作环境与条件，了解影响红外分光光度计检测准确度与精密度的因素。

（2）在教师指导下，学生观察红外分光光度计的各部分结构，了解其工作原理及基本结构。

（3）在教师指导下，打开红外分光光度计，预热，熟悉操作程序。

问题探究四

1. 红外光谱仪的基本结构与工作原理是怎样的？
2. 影响红外检测准确度的因素有哪些？
3. 在操作红外分光光度计时需注意哪些问题？

知识链接四　红外吸收光谱仪

目前，常用的红外光谱仪主要有两类：色散型红外光谱仪和 Fourier（傅里叶）变换红外光谱仪。

一、色散型红外光谱仪

色散型红外光谱仪的组成部件与紫外-可见分光光度计相似，但部件的结构、所用的材料及性能与紫外-可见分光光度计不同。它们的排列顺序也略有不同，红外光谱仪的样品是放在光源和单色器之间；而紫外-可见分光光度计是放在单色器之后。如图 5-6 所示，从光源发出的红外辐射分成两束，一束通过试样池，另一束通过参比池，然后进入单色器。在单色器内先通过以一定频率转动的扇形镜（斩光器），其作用与其他的双光束光度计一样，是周期性地切割两束光，使试样光束和参比光束交替进入单色器中的色散棱镜或光栅，最后进入检测器。随着扇形镜的转动，检测器就交替地接收这两束光。

光束色散后进入检测器，若交替照射在电偶上的两束光强度相等，热电偶无交变信号输出。当参比光束强度大于测量光束时，热光偶将产生与光强差呈正比的交变信号，此信号经放大后将推动参比光束中的光楔，使之向减弱参比光束的方向移动，直至两光束强度相等为止。记录笔与光楔同步移动，光楔所削弱的参比光束的能量就是试样池中样品所吸收的能量。

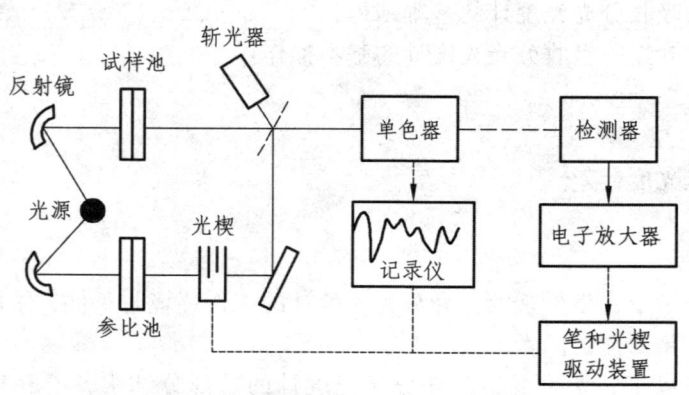

图 5-6　色散型红外光谱仪原理及结构

（一）色散型红外光谱仪的特点

（1）是双光束仪器。使用单光束仪器时，大气中的 H_2O、CO_2 在重要的红外区域内有较强的吸收，因此需要一参比光路来补偿，使这两种物质的吸收补偿到零。采用双光束光路可以消除它们的影响，测定时不必严格控制室内的湿度及人数。

（2）单色器在样品室之后。由于红外光源的强度低，检测器的灵敏度低（使用热电偶时），故需要对信号进行大幅度放大。红外光谱仪的光源能量低，即使靠近样品也不足以使其产生光分解。单色器在样品室之后可以消除大部分散射光，使其不至于到达检测器。

（3）斩光器转动频率低，响应速率慢，以消除检测器周围物体的红外辐射。

（二）色散型红外光谱仪的组成

1. 光源

红外光谱仪中所用的光源通常是一种惰性固体，用电加热使之发射高强度的红外辐射。常用的是硅碳棒和能斯特（Nernst）灯。

（1）硅碳棒

硅碳棒由碳化硅烧结而成，两端粗（约 $\phi 7\ mm \times 27\ mm$），中间较细（约 $\phi 5\ mm \times 50\ mm$），在低电压、大电流（4～5 A）下工作。耗电功率 200～400 W，工作温度为 1 200～1 500 ℃。其优点是：发光面积大，波长范围宽（可低至 200 cm^{-1}），坚固、耐用，使用方便及价格较低。其缺点是：电极触头发热，需水冷；工作时间长时电阻增大。

（2）能斯特灯

它是由稀土氧化物烧结而成的空心棒或实心棒，主要成分为 ZrO_2（75%）、Y_2O_3、ThO_2，掺入少量 Na_2O、CaO 或 MgO。直径 1～2 mm，长度 25～30 mm，两端绕有 Pt 丝作为导线。功率 50～200 W，工作温度 1 300～1 700 ℃。其优点是：发光强度大，稳定性好，寿命长，不需水冷。其缺点是：机械性能较差，易脆，操作较不方便，价格较贵。

2. 吸收池

因玻璃、石英等材料不能透过红外光，红外吸收池要用对红外光透过性好的碱金属、碱土金属的卤化物，如 NaCl、KBr、CsBr、CaF_2 等或 KRS-5（TlI 58%、TlBr 42%）等材料制成窗片。窗片必须注意防湿及损伤。固体试样常与纯 KBr 混匀压片，然后直接测量。

3. 单色器

单色器由色散元件、入射和出射狭缝、聚焦和反射用的反射镜（不用透镜，以防色差）组成。

（1）色散元件：有棱镜和光栅两种。

① 棱镜主要用于早期仪器中，棱镜由对红外光透射率好的碱金属或碱土金属的卤化物单晶制成，不同材料制成的棱镜有不同的使用波长范围，应注意选择。对于红外光，要获得较好的分辨本领，可选用 LiF（2～15 μm）、CaF_2（5～9 μm）、NaF（9～15 μm）、KBr（15～25 μm）等。棱镜易受损和被水腐蚀，要特别注意干燥。

② 光栅单色器常用几块不同闪耀波长的闪耀光栅组合，可以自动更换，使测量的波数范围扩展且能得到更高的分辨率。闪耀光栅存在次级光栅的干扰，因此需与滤光片或棱镜结合

起来使用。

（2）狭缝

单色器系统中的狭缝可以控制单色光的纯度和强度。狭缝越窄，纯度越高，分辨率也越大。但是由于红外光强度很弱，能量低，且整个波数范围内强度不是恒定的，所以在波数扫描过程中，狭缝要随光源的发射特性曲线自动调节宽度，既要使到达检测器的光强近似不变，又要达到尽可能高的分辨能力。

4. 检测器

（1）对红外检测器的要求

由于是利用热电效应进行检测，所以要求检测器的热容量小，检测元件吸收不同能量红外光所产生的信号变化大，这样灵敏度才会高；光束集中，接收热能的"靶"体积小、薄；为减少热能的损失及环境热源的干扰，所以将其置于真空中；响应速度快，响应波长范围宽。

（2）红外检测器的种类

① 光电导管（硫化铅、硒化铅、锗光电导管）。利用半导体吸收红外光后，其电导发生变化。

② 真空热电偶。利用不同导体构成回路时的温差电现象，将温差转变为电位差。

③ 测热辐射计。利用红外光照在热感元件上，温度变化使电阻发生改变。

5. 记录系统

红外光谱都由记录仪自动记录谱图。现代仪器都配有计算机，以控制仪器操作、优化谱图中的各种参数、进行谱图的检索等。

二、傅里叶变换红外光谱仪

傅里叶变换红外光谱仪结构如图 5-7 所示。傅里叶变换红外光谱仪与色散型红外光谱仪的主要区别是用迈克耳孙（Michelson）干涉仪取代了单色器。主要由光源（硅碳棒、高压汞灯）、Michelson 干涉仪、检测器、计算机和记录仪组成，核心部分为 Michelson 干涉仪。

光源经过干涉仪，转化为干涉光，干涉光通过样品室，获得含有光谱信息的干涉信号，到达检测器，检测器将干涉信号转变为电信号。此处的干涉信号是一时间函数，由干涉信号绘出干涉图，经过 A/D 转换器送入计算机，由计算机进行傅里叶变换的快速计算，即获得以波数为横坐标的红外光谱图。

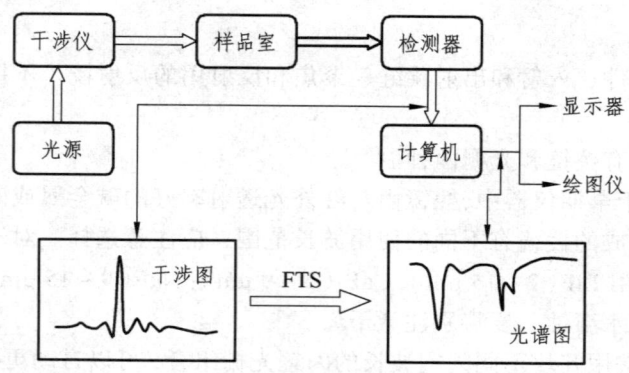

图 5-7 傅里叶变换红外光谱仪结构

迈克耳孙干涉仪由定镜、动镜、分束器和检测器组成。定镜 M_1 是固定的，动镜 M_2 可平行移动。分束器 G_1' 镀有半透半反射膜，能将入射的红外光分成两束，一束透射到动镜上，另一束反射到定镜上。这两束光由于动镜的移动再以不同的光程差重新组合，发生干涉现象。如图 5-8 所示。即当两束光的光程差为 $\lambda/2$ 的偶数倍时，落在检测器上的相干光相互叠加，产生明线，其相干光强度有极大值；相反，当两束光的光程差为 $\lambda/2$ 的奇数倍时，落在检测器上的相干光相互抵消，产生暗线，相干光强度有极小值。当动镜匀速移动时，也就匀速连续改变两光束的光程差，形成干涉图（图 5-9）。

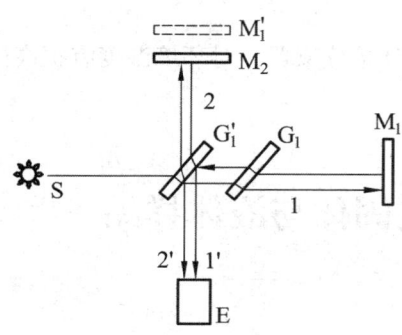

图 5-8　迈克耳孙干涉仪结构

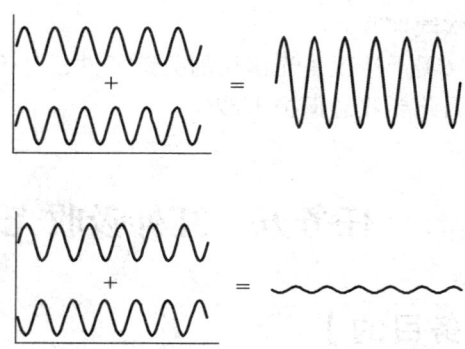

图 5-9　光的干涉图

傅里叶变换红外光谱仪的优点：
（1）光学部件简单，只有一个动镜在实验中运动，不易磨损。
（2）测量范围宽（1 000 ~ 10 cm^{-1}）。
（3）精度高，光通量大，所有频率同时测量，检测灵敏度高。
（4）扫描速度快，并可与色谱仪连用。获得一张红外光谱图仅需 1 s 或更短的时间。
（5）杂散光不影响检测。
（6）对温度、湿度要求不高。

技能拓展

红外分光光度计的维护与保养

红外分光光度计是精密光学仪器，正确安装、使用和保养对保持仪器良好的性能和保证测试的准确度有重要作用。

1. 仪器的工作环境

（1）仪器应安放在干燥的房间内，使用温度为 15 ~ 28 ℃，相对湿度不超过 65%。
（2）仪器应放在坚固平稳的工作台上，避免强烈的震动或持续的震动。
（3）室内照明不宜太强，应避免阳光直射。
（4）尽量远离高强度的磁场、电场及发生高频波的电气设备，且必须装有良好的地线。

2. 仪器的维护和保养

（1）仪器应定期保养，保养时应注意切断电源，不要触及任何光学元件及狭缝机构。

（2）经常检查仪器存放地点的温度、湿度是否在规定的范围内。一般要求实验室装配空调和除湿机。

（3）定期检查干燥剂。干燥剂中指示硅胶变色（由蓝色变为浅蓝色）时，需要更换干燥剂。

（4）长期不用时应定时开机预热两小时以上。

（5）仪器中所有的光学元件都无保护层，绝对禁止用任何东西揩拭镜面，镜面若有积灰，应用吹气球吹。

（6）干涉仪是光谱仪的关键部件，且价格昂贵，尤其是分束器，对环境湿度有很高的要求，因此要注意保护干涉仪。

任务五　红外吸收光谱法测定固体与液体样品

【任务目的】

（1）熟悉固体样品制样方法，会制作固体样品；
（2）熟悉液体样品的制样方法。

【任务准备】

1. 仪　器

（1）红外吸收分光光度计。
（2）压片机、模具和样品架、玛瑙研钵、不锈钢药匙。
（3）红外灯。
（4）注射器。
（5）两块 KBr 晶片、擦镜纸。

2. 试　剂

苯甲酸、二甲苯、KBr 粉末（光谱纯）。

【任务内容】

活动一

在教师指导下，学生完成苯甲酸样品的红外检测工作。
（1）打开红外吸收分光光度计，预热仪器；
（2）在教师指导下，学生完成苯甲酸的制样过程；
（3）在教师指导下，学生完成对苯甲酸的红外检测工作。

活动二

在教师指导下，学生完成二甲苯样品的红外检测工作。

问题探究五

1. 红外检测固体样品的制样过程中需注意哪些问题？为何制样过程需在红外灯下完成？
2. 如何对液体样品进行测定？液体槽使用时应注意哪些问题？

知识链接五　红外吸收光谱法实验技术

一、红外光谱法对样品的要求

红外光谱的试样可以是液体、固体或气体，一般要求：

（1）试样应该是单一组分的纯物质，纯度应 $>98\%$ 或符合商业规格，才便于与纯物质的标准光谱进行对照。多组分试样在测定前应尽量预先用分馏、萃取、重结晶或色谱法进行分离提纯，否则各组分光谱相互重叠，难于判断。

（2）试样中不应含有游离水。水本身有红外吸收，会严重干扰样品的谱图，而且会侵蚀吸收池的盐窗。

（3）试样的浓度和测试厚度应适当，以使光谱图中的大多数吸收峰的透射比处于 $10\% \sim 80\%$。

二、制样的方法

（一）气体样品

气态样品可在玻璃气槽（图 5-10）内进行测定，它的两端粘有红外透光的 NaCl 或 KBr 窗片。先将气槽抽真空，再将试样注入。在一定体积中，气体具有的吸收分子比凝聚态小得多，因此需要较大的样品厚度。常用的厚度为 10 cm，因为对于大多数气体和蒸气，这一厚度都可给出适当的吸收强度。这种玻璃气槽还可以用于挥发性很强的液体样品的测定。

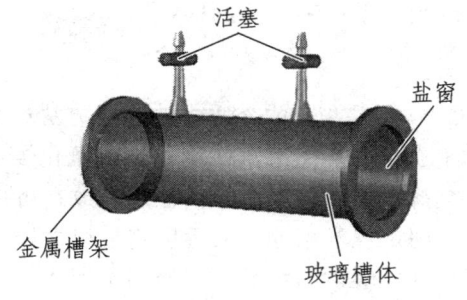

图 5-10　气态样品槽

（二）液体和溶液试样

液体样品通常采用光程为 0.01～1 mm 的液体槽进行测定。液体槽的结构为：用两片可透过红外光的溴化钾单晶片（以下简称单晶片）夹住一片间隔片，间隔片的用途是限制光程的大小和样品的体积。在一片单晶片上钻有小孔，可用注射器将待测液体注射入间隔片的空间。液体槽通常装在框架上，并有螺旋帽将单晶片、间隔片等压紧。图 5-11 为可拆式的液体槽。对可拆式的液体槽，还可直接将液体滴在两单晶片之间，依靠毛细作用保持待测的液体层。在装配液体槽时，要注意按对角线方向，逐渐拧紧固定螺旋帽，不要用力过猛或拧得过紧以避免单晶片破裂。

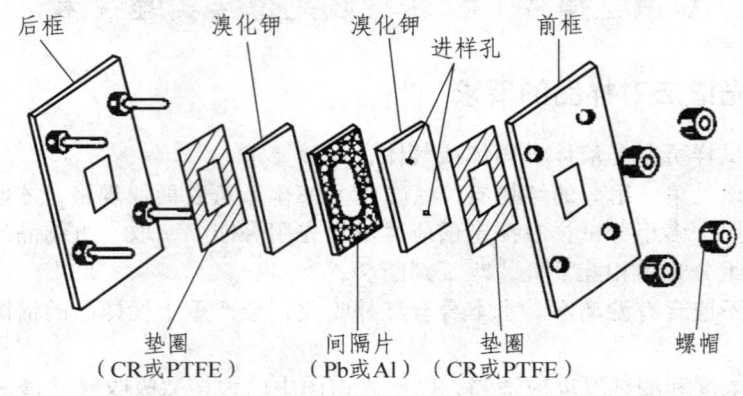

图 5-11 可拆式液体槽

对于易流动液体，在定量分析中最好不使用可拆式样品池，因为这种密封并非是永远不可渗透的。有时少量样品会陷入间隔片与单晶片之间，除非把样品池拆开，难以对其进行有效的清洗。

对于易挥发液体和溶液的分析，通常应使用固定式液体槽，液体槽上有带聚四氟乙烯塞子的小孔，样品从此小孔中注入，直到溢出，立即盖上盖子。操作时最好戴橡皮手套，以防液体槽的单晶片受到手汗的侵蚀。测定完毕后应立即倒出样品并用溶剂清洗液体槽。

（三）固体样品

对于固体样品，通常可以用以下三种方法制样：

1. 糊状法

将样品研磨后的粉末分散或悬浮在液体介质中的制样方法称为糊状法。通常是先取 2～3 mg 粉末样品，用玛瑙研钵充分研细，然后滴一滴白油或氟化煤油，再继续研磨至很细的糊剂。用不锈钢刮刀取一部分至盐片上，再压上另一盐片，放在可拆式液体槽架上，固定后即可进行测定。样品的厚度可由固定螺丝帽的松紧程度来加以微调。为了减少试样的散射，研磨后的试样颗粒大小必须小于红外辐射的波长，所使用的液体介质，其折射率也须与试样的折射率相近。

该方法的缺点是难以控制样品的厚度，因此不适合做定量分析，只有采用内标法才能达到定量的结果。其次是各种液体介质均有一定的红外特征吸收,因此必须选择合适的研糊剂,以避免样品的特征红外吸收受到干扰。

2. 薄膜法

将固体样品制成薄膜后再测定的方法叫作薄膜法。制样方法通常有三种:一种是用切片机把样品切成适当厚度的薄片;对于熔点低,熔融时不发生分解、升华和其他化学变化的物质,可用加热熔融的方法将其压制成薄膜,或者直接涂在盐片上;另一种是对于大多数聚合物,可先把它们溶于挥发性溶剂中,再滴在盐片上,在室温下使溶剂挥发自然成膜,也可将它们滴在具有抛光表面的金属或平滑的玻璃上,待溶剂挥发后即可揭下使用。

3. 压片法

将研细的试样粉末分散在固体介质中,并用压片装置压成透明薄片后再进行测定的方法叫作压片法。固体的分散介质应是在红外区极为透明的物质,通常是溴化钾、氯化钠等,使用前应将其充分磨细(200目以下),颗粒直径小于红外辐射的波长,否则会产生强烈散射,使谱图的背景"吸收"增强,分辨率降低。样品与介质的比例通常可取几毫克样品与 0.5 ~ 1 g KBr 混合。为了避免研细的 KBr 吸收空气中的水分,压片前的操作最好在干燥箱或红外灯下进行。红外样品在制样前,一般还应做到:试样不含游离水;最终的分析试样还要充分除去溶剂。

压片在压片机上完成,如图 5-12 所示,研细的样品放在两模具之间,将模具放在压片机主柱塞工作台中央,旋转丝杠压紧模具;将压片机放油手柄轻轻旋至最里,然后再外旋 2 ~ 3 圈;反复摇动摇把,对样品加压,至压力表显示 30 MPa 为止,放置 1 ~ 2 min;将放油手柄轻轻旋至最里,此时压力表压力显示为 0,旋松丝杠,拿下模具,取出带有 KBr 的薄片,即可用于红外测试。

另外,红外吸收池的窗片都是由 NaCl 制成的,会受到潮气的侵蚀,因此要注意:不要触摸池窗表面。若采用糊状法,必须处理窗片时,应戴手套,不对着池窗呼吸;避免使用吸水液体或溶剂。

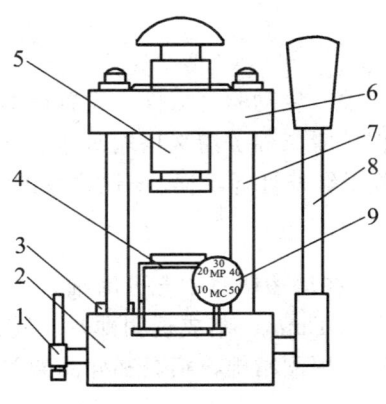

图 5-12 压片机

1—放油手柄;2—主体;3—油封盖;4—主柱塞工作台;5—丝杠;
6—横梁;7—立柱;8—摇把;9—压力表

任务六　技能综合训练

【任务内容】

一、固体样品邻苯二甲酸氢钾红外吸收光谱的测定

（一）实验原理

样品状态不同，采用的制样方法也不同。制样方法的选择和制样技术的好坏直接影响谱带的频率、数目与强度。邻苯二甲酸氢钾是固态粉末状样品，一般采用压片法制样。将研细后的粉末样品分散在固体分散介质（如 KBr）中，用压片机压成透明薄片，再在红外分光光度计中进行检测。

（二）实验准备

1. 仪　器

（1）红外分光光度计；
（2）压片机及压片模具；
（3）玛瑙研钵；
（4）红外灯。

2. 试　剂

（1）KBr（光谱纯）；
（2）无水乙醇（分析纯）；
（3）邻苯二甲酸氢钾。

（三）实验步骤

1. 测试前的准备工作

（1）打开红外光谱仪电源开关，启动驱动软件，设置仪器工作参数。
（2）打开红外灯，用酒精棉（脱脂棉）清洗玛瑙研钵、压片模具（两个相同的圆柱体，抛光面朝上放置）、样品架，并置于红外灯下干燥。测试样品的制备工作全部在红外灯下进行。

2. 空白样品制作与测试

取大约 400 mg 干燥的 KBr，在玛瑙研钵中充分磨细。取出约 100 mg，置于干净的压片模具内，于 30 MPa 压力下，压制 1 min，制成透明薄片。将此片装于样品架上，扫描 KBr 空白。之后，取下样品架和薄片，用酒精棉将模具和样品架等擦净。

3. 邻苯二甲酸氢钾样品制作与测试

在制备空白片后的 KBr 中，加入 1~2 mg 已干燥的邻苯二甲酸氢钾固体样品，继续研磨至完全混匀。取出约 100 mg，按照与空白测试片制备相同的方法，压制样品测试片（透明薄

片）。将此片装于样品架上，扫描并保存其红外光谱图。如测得的谱图质量较差，需重新压片，测试。扫描结束后，取下样品架和薄片，按要求将模具和样品架等擦净收好。

将制作的邻苯二甲酸氢钾红外光谱图复制到 WORD 文档中，以备撰写实验报告用。

（四）数据处理

（1）根据谱图找出各化合物的特征吸收峰，并判断其归属；
（2）与标准谱图比较，说明红外光谱法确定有机化合物结构时的优势与不足。

二、液体样品正丁醇的红外吸收光谱的测定

（一）实验原理

液体样品的沸点低于 100 ℃ 时，可采用液体池法进行红外吸收光谱的分析测定，选择不同的垫片尺寸可调节液体池的厚度，对强吸收的样品应先用溶剂稀释后，再进行测定。对沸点高于 100 ℃ 的液体样品或黏度大的样品，可采用液膜法进行红外吸收光谱的分析测定，在两个盐片之间，滴加 1~2 滴样品，使之在盐片上形成一层薄的液膜。

（二）实验准备

1. 仪　器

（1）红外分光光度计；
（2）压片机及压片模具；
（3）玛瑙研钵；
（4）红外灯。

2. 试　剂

（1）KBr（光谱纯）；
（2）无水乙醇（分析纯）；
（3）正丁醇。

（三）实验步骤

1. 测试前的准备工作

（1）打开红外光谱仪电源开关，启动驱动软件，设置仪器工作参数。
（2）打开红外灯，用酒精棉（脱脂棉）清洗玛瑙研钵、压片模具（两个相同的圆柱体，抛光面朝上放置）、样品架，并置于红外灯下干燥。测试样品的制备工作全部在红外灯下进行。

2. 空白样品制作与测试

取大约 400 mg 干燥的 KBr，在玛瑙研钵中充分磨细。取出约 100 mg，置于干净的压片模具内，于 30 MPa 压力下，压制 1 min，制成透明薄片。将此片装于样品架上，扫描 KBr

空白之后，取下样品架和薄片，用酒精棉将模具和样品架等擦净。

3. 正丁醇样品制作与测试

在压制的 KBr 薄片上滴加少许正丁醇液体，并使其尽可能铺展均匀。将此薄片装于样品架上，扫描并保存红外光谱图。

将制作的正丁醇红外光谱图复制到 WORD 文档中，以备撰写实验报告用。

（四）数据处理

（1）根据谱图找出各化合物的特征吸收峰，并判断其归属；
（2）与标准谱图比较，说明红外光谱法确定有机化合物结构时的优势与不足。

三、未知样品的定性分析

（一）实验原理

物质分子中的各种不同基团，在有选择地吸收不同频率的红外辐射后，发生振动能级之间的跃迁，形成各自独特的红外吸收光谱。本实验采用比较在相同的制样和测定条件下，被分析的样品和标准纯化合物的红外光谱图，若吸收峰的位置、数目和相对强度完全一致，则可认为两者是同一个化合物。

（二）实验准备

1. 仪 器

（1）傅里叶变换红外光谱仪；
（2）压片机及压片模具；
（3）玛瑙研钵；
（4）红外灯。

2. 试 剂

（1）KBr（AR）和 CCl_4（AR）；
（2）已知分子式的未知试样：1 号 C_8H_{10}，2 号 $C_4H_{10}O$，3 号 $C_4H_8O_2$，4 号 $C_7H_6O_2$。

（三）实验步骤

（1）从教师处领取未知有机物样品。
（2）压片法：取 1~2 mg 未知样品粉末，与 200 mg 干燥的 KBr 粉末（颗粒大小在 2 μm 左右）在玛瑙研钵中混匀后压片，测绘红外光谱图，进行谱图处理（基线校正、平滑、归一化）及谱图检索（操作见说明书），确认其化学结构。
（3）液膜法：取 1~2 滴未知样品，滴加在两个 KBr 晶片之间。用夹具轻轻夹住，测绘红外光谱图，进行谱图处理、谱图检索（操作见说明书），确认其化学结构。

（四）数据处理

根据教师给定的未知有机物的化学式计算不饱和度，并根据红外吸收光谱图上的吸收峰位置，推断未知有机物可能存在的官能团及其结构式。

（五）注意事项

固体试样研磨过程中会吸水。由于吸水的试样压片时，易粘附在模具上，不易取下且水分的存在会产生光谱干扰，所以研磨后的粉末应烘干一段时间。

思考与练习

一、填空题

1. 红外光区在可见光区和微波光区之间，习惯上又将其分为三个区：_____、_____、_____。其中_____的应用最广。

2. 在红外光谱中，基团在振动过程中有_____变化的称为_____，相反则称为_____。一般来说，前者在红外光谱图上会出现吸收峰。

3. 在_____区域的峰是由伸缩振动产生的，基团的特征吸收一般位于此范围，称为_____区；在_____区域，当分子结构稍有不同时，该区的吸收就有细微的不同，犹如人的指纹一样，故称为_____。

4. 化合物

    HO—⌬—CHO

    在 3 750～3 000 cm^{-1} 的吸收对应_____；在 3 000～2 700 cm^{-1} 的吸收对应_____；

    在 1 900～1 650 cm^{-1} 的吸收对应_____；在 1 600～1 450 cm^{-1} 的吸收对应_____。

5. 红外光谱法的固体试样的制备常采用_____、_____和_____。

二、选择题

1. 傅里叶变换红外分光光度计的色散元件是（　　）。
    A. 玻璃棱镜　　　B. 石英棱镜　　　C. 卤化盐棱镜　　　D. 迈克耳孙干涉仪

2. 红外光谱仪光源使用（　　）。
    A. 空心阴极灯　　B. 能斯特灯　　　C. 氘灯　　　　　D. 碘钨灯

3. 某物质能吸收红外光波，产生红外吸收谱图，其分子结构必然（　　）。
    A. 具有不饱和键　　　　　　　　　B. 具有共轭体系
    C. 发生偶极矩的净变化　　　　　　D. 具有对称性

4. 图 5-13 是某一只含碳、氢、氧的有机化合物的红外光谱，根据此图指出该化合物为哪一类（　　）。

A. 酚　　　　　B. 含羰基　　　　C. 醇　　　　　D. 烷烃

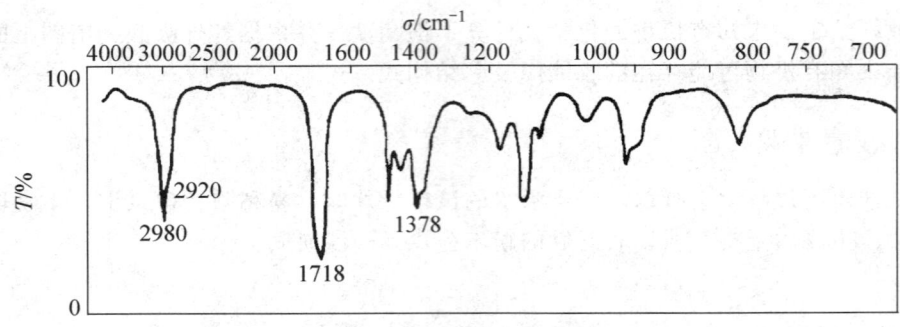

图 5-13　某化合物的红外光谱图

5. 羰基化合物① RCOR′；② RCOCl；③ RCOCH；④ RCOF 中，C=O 伸缩振动频率最高者为（　　）。

　　A. ①　　B. ②　　C. ③　　D. ④

6. 在醇类化合物中，O—H 伸缩振动频率随溶液浓度的增加，向低波数方向位移的原因是（　　）。

　　A. 溶液极性变大　　　　B. 形成的分子间氢键随之加强
　　C. 诱导效应随之变大　　D. 易产生振动耦合

7. 某一化合物在紫外吸收光谱上未见吸收峰，在红外光谱的官能团区出现如下吸收峰：3 000 cm^{-1} 左右、1 650 cm^{-1} 左右，则该化合物可能是（　　）。

　　A. 芳香族化合物　　B. 烯烃　　C. 醇　　D. 酮

8. 用红外吸收光谱法测定有机物结构时，试样应该是（　　）。

　　A. 单质　　B. 纯物质　　C. 混合物　　D. 任何试样

9. 红外光谱法中，试样状态可以是（　　）。

　　A. 气体　　　　　　　B. 固体
　　C. 固体、液体　　　　D. 气体、液体、固体都可以

10. 一个含氧化合物的红外光谱图在 3 600～3 200 cm^{-1} 有吸收峰，下列化合物最可能的是（　　）。

　　A. CH_3—CHO　　　　　　B. CH_3—CO—CH_3
　　C. CH_3—CHOH—CH_3　　D. CH_3—O—CH_2—CH_3

三、简答题

1. 产生红外吸收的条件是什么？是否所有的分子振动都会产生红外吸收光谱，为什么？
2. 下列化合物红外吸收光谱有何不同？

（1）A. 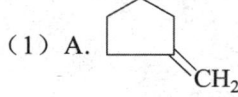　　B. 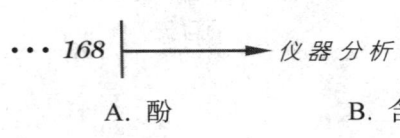　　（2）A. 　　B.

3. 欲测定某一微细粉末的红外光谱，试说明选用什么样的试样制备方法。
4. 红外光谱定性分析的基本依据是什么？简要叙述红外定性分析的过程。
5. 计算分子式为 $C_8H_{10}O_3S$ 的不饱和度。

四、解析题

1. 某化合物在 3 640～1 740 cm^{-1} 区间，IR 光谱如图 5-14 所示。该化合物应是氯苯、苯、或 4-叔丁基甲苯中的哪一个？说明理由。

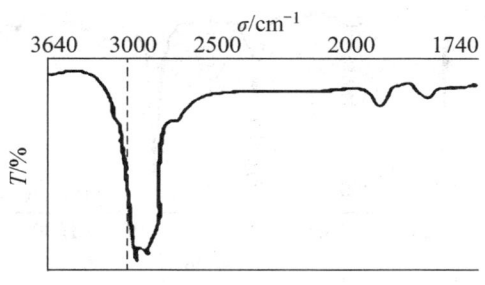

图 5-14　某化合物的红外谱图

2. 图 5-15 是化学式为 C_8H_8O 的物质的 IR 谱图，试由光谱判断其结构。

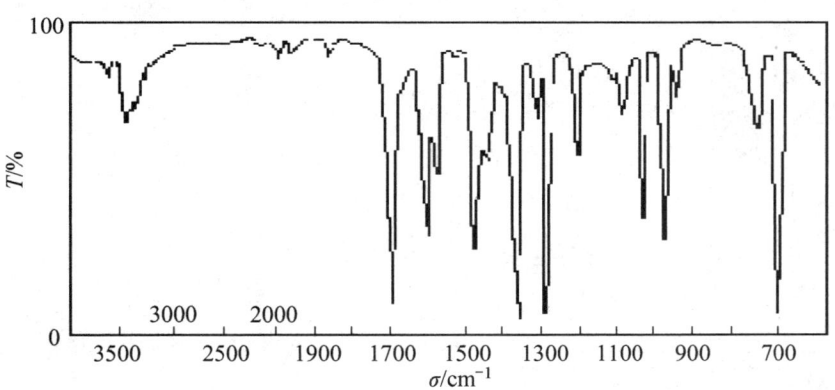

图 5-15　C_8H_8O 的红外谱图

3. 有一化学式为 C_3H_6O 的液体，其红外光谱如图 5-16 所示，试分析其可能是哪种结构的化合物。

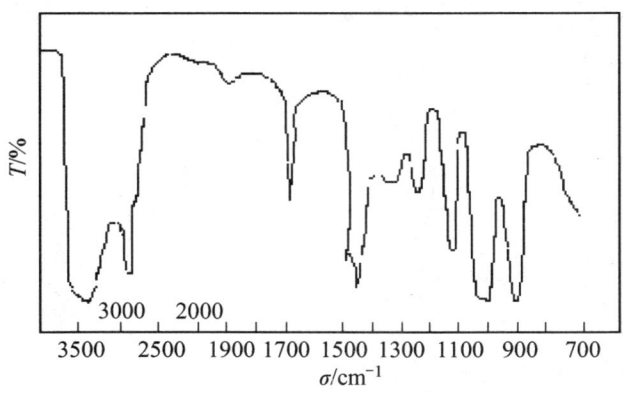

图 5-16　C_3H_6O 的红外谱图

4. 某化合物的化学式为 C_4H_5N，红外光谱如图 5-17 所示，试推断其结构式。

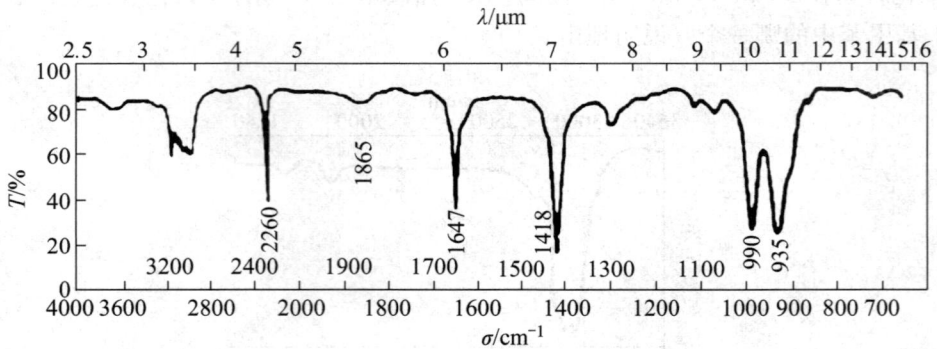

图 5-17　C_4H_5N 的红外谱图

项目六　气相色谱法

📖 学习目标

【技能目标】
- 气相色谱仪的操作；
- 气相色谱仪的日常维护和常规故障排除；
- 数据处理分析及报告；
- 具有信息迁移能力，能根据不同型号的仪器说明书达到对该仪器的认知、操作。

【知识目标】
- 理解仪器的工作原理；
- 掌握仪器的分析测定方法；
- 掌握仪器的结构和保养、维护及故障排除方法；
- 掌握数据处理的方法及检验报告的标准格式和要求。
- 熟悉仪器的使用。

色谱分析法始创于 20 世纪初，是一门迅速发展起来的现代分离技术。它是利用混合物中各组分在两相间的分配系数不同而获得分离的方法。其中固定不动的相称为固定相，携带试样流过固定相的流体（气体或液体），称为流动相。

色谱分析法根据流动相状态的不同可分为气相色谱法（Gas Chromatography，GC）和液相色谱法。以气体为流动相的色谱分析法称为气相色谱法，以液体为流动相的色谱分析法称为液相色谱法。气相色谱法根据所用的固定相不同，可分为气-固色谱和气-液色谱；按色谱分离的原理不同，可分为吸附色谱和分配色谱；根据所用的色谱柱内径不同，又可分为填充柱色谱和毛细管柱色谱。

气相色谱法不仅能对混合物进行分离，同时还能对混合物中各组分进行定性和定量分析，因此广泛应用于食品、药品、环境等各领域。其特点有：

（1）分离效率高，分析速度快

由于气体黏度小，用其作为流动相时样品组分在两相之间可很快进行分配。气相色谱能分析沸点十分接近的复杂混合物，例如，用毛细管色谱柱分析汽油样品，在 2 h 内就可获得 200 多个色谱峰。

（2）样品用量少，检测灵敏度高

由于样品是在气态下分离和在气体中进行检测，有许多高灵敏度的检测器可供使用，样品用量少时也能检测出来。如气体样品可为 1 mL，液体样品可为 0.1 μL，固体样品可为几微克,用热导检测器可测出百万分之十几的杂质,氢火焰离子化检测器可检测出百万分之几的杂质,电子捕获检测器与火焰光度检测器可检测出十亿分之几的杂质。

(3)选择性好

可选择对样品组分有不同作用力的液体、固体作为固定相,在适当的操作条件下,可将物理、化学性质相近的组分分离开。

(4)应用范围广

一般地说,气相色谱法可直接进样分析气体和易于挥发的有机化合物,对于不易挥发的物质,可转化成易挥发和热稳定性好的衍生物进行分析。现在气相色谱法应用的领域主要有:石油工业、环境保护、临床化学、药物与药剂、农药、食品等。

气相色谱法虽有上述许多优点,但也有它的局限性。它的分离效能虽高,但分离后各未知组分的定性分析比较困难,必须用已知物或与其他方法联用才能获得比较可靠的定性结果;在定量分析时,常需要对检测器输出的信号进行校正才能获得较精确的定量结果。

任务一 茨维特经典色谱分离实验

茨维特(Tsvet)(俄国植物学家)的经典色谱实验是将植物叶子的石油醚提取液倾入一根填充 $CaCO_3$ 颗粒吸附剂的竖直玻璃柱中,并不断以石油醚淋洗柱子。经过一段时间后柱内形成间隔清晰的不同颜色的谱带(提取液中叶色素各组分分离的结果)。茨维特实验装置如图 6-1 所示。装置中装有 $CaCO_3$ 颗粒吸附剂的玻璃管就是色谱柱(Column),固定在管内的填充物 $CaCO_3$ 是固定相(Stationary Phase),而淋洗液石油醚则为流动相(Mobile Phase)。

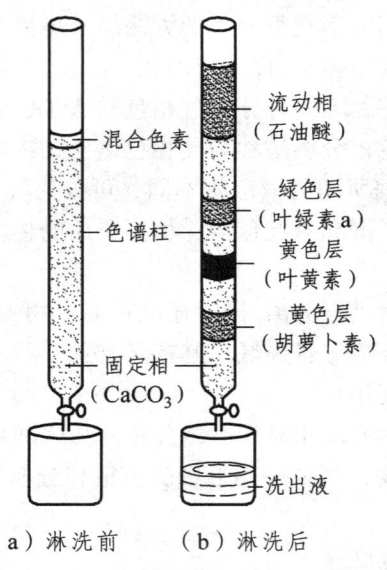

(a)淋洗前　(b)淋洗后

图 6-1　茨维特的色谱实验示意图

问题探究一

1. 色谱分离过程是怎样的？
2. 气相色谱法的分离原理是什么？

知识链接一　色谱法的分离原理

一、色谱分离原理

气相色谱分析的关键是物质的分离。气相色谱的分离效果可直观地表现在色谱图的峰间距离和峰宽上。欲使两物质分离，它们的色谱峰之间必须有足够距离，同时色谱峰必须很窄，彼此不相重叠，才能达到完全分离的目的。试样各组分的分离是在色谱柱中进行的，由于固定相不同，其分离有两种情况：

1. 气-固色谱

气-固色谱的固定相是一种多孔性的且具有大的比表面积的吸附剂，流动相是载气。当试样由载气流带入色谱柱时，各组分立即被吸附剂所吸附；因为载气是不断流过吸附剂的，某些被吸附着的组分又会被载气洗脱下来；洗脱的组分随载气继续前进时，又被前面的吸附剂吸附，这样反复进行吸附和洗脱。由于被测物质各组分的性质不同，它们在吸附剂中的吸附能力也不同，难被吸附的组分容易洗脱，逐渐走在前面，易被吸附的组分不易洗脱，留在后面，经过一段时间后，试样中各组分即彼此分离。

例如，分离空气样时用 13X 分子筛作为吸附剂，H_2 作为载气，分离情况如图 6-2 所示。当空气刚进入色谱柱时，N_2 与 O_2 是完全混合在一起的，经过一定时间后 O_2 走在前面，N_2 落在后面，中间重叠部分是 N_2 与 O_2 的混合物，再经过一定时间后，N_2 与 O_2 才完全分离。

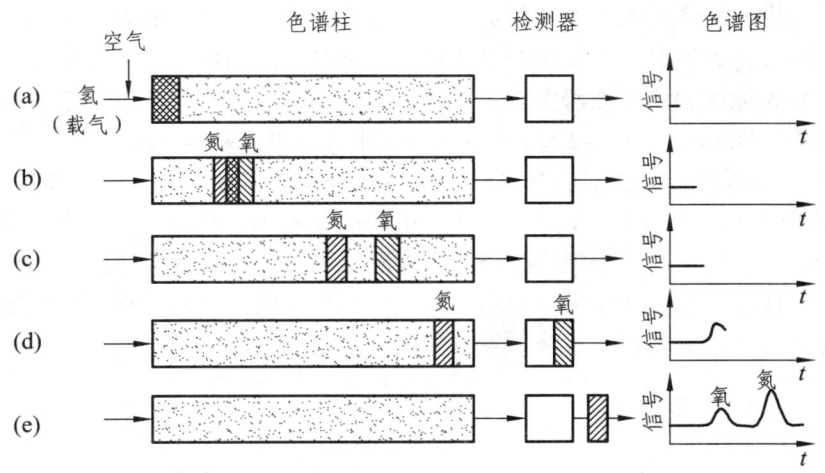

图 6-2　色谱柱分离示意图

2. 气-液色谱

气-液色谱的固定相为担体表面涂渍固定液的液膜，流动相为载气。当载气携带试样进入色谱柱与固定液接触时，气相中的被测组分便溶解在固定液中；载气连续流经色谱柱，某些溶解在固定液中的被测组分又挥发到气相中去；随着载气的流动，挥发到气相中的被测组分又会溶解在前面的固定液中，这样反复多次溶解、挥发、再溶解、再挥发。由于各组分在固定液中的溶解能力不同，溶解度大的组分停留在色谱柱中的时间长，往前移动慢；溶解度小的组分停留在色谱柱中的时间短，往前移动快，经过一定时间后混合物便分离为各单组分。

以上吸附、洗脱、溶解、挥发的过程称为分配过程，被测组分按一定比例分配在流动相和固定相之间。吸附能力或溶解能力大的组分，分配给固定相多些，流动相少些；吸附能力弱或挥发能力大的组分，分配给流动相多些，固定相少些。

二、气相色谱固定相

气相色谱分析中，某一多组分混合物各组分能否完全分离开，主要取决于色谱柱的效能和选择性，而选择性在很大程度上取决于固定相选择是否适当。因此，选择适当的固定相就成为色谱分析中的关键问题。

（一）气-固色谱固定相

在气相色谱分析中，气-固色谱不如气-液色谱的应用范围广。但在分离常温下的气体及气态烃类时，因为气体在一般固定液中溶解度很小，所以分离效果不好。若采用吸附剂作为固定相，由于其对气体的吸附性能常有差别，往往可获得满意的分离效果。

在气-固色谱法中，作为固定相的吸附剂常用的有非极性的活性炭、弱极性的氧化铝、强极性的硅胶等。它们对各种气体吸附能力的强弱不同，因而可根据分析对象选用。由于吸附剂种类不多，不是同批制备的吸附剂其性能往往又不易重复，且进样量稍多时色谱峰就不对称，有拖尾现象等，近年来通过对吸附剂表面进行物理化学改性，研制出表面结构均匀的吸附剂（如石墨化炭黑），不但使极性化合物的色谱峰不拖尾，而且可以成功地分离一些顺、反式空间异构体。

除了上述常用的固体吸附剂作为固定相外，还有一种常用的合成固定相，又称高分子聚合固定相，它既可作为吸附剂直接做固定相使用，又可作为担体，涂上液体固定相后使用。合成固定相可分为极性和非极性两大类，非极性类是以苯乙烯为单体，二乙烯基苯为交联剂的共聚物，如国产 GDX-1、GDX-2 型，在这类固定相上，组分基本上按分子量大小顺序分离。极性类是在苯乙烯和二乙烯基苯的共聚物中引入各种极性基团后的产物，如国产 GDX-3、GDX-4 型，其中 3 型引入的是三氯乙烯，4 型引入的是乙烯吡咯酮。在这类固定相上，分子量接近的组分基本上按极性大小顺序分离。合成固定相具有较大的比表面（$100 \sim 500 \text{ m}^2/\text{g}$），孔结构均匀，机械强度好，柱子易填充均匀，高温时也不流失，对极性物质，如水、乙醇、游离脂肪酸等的分离效果较好，水峰一般最先流出。

（二）气-液色谱固定相

从 1952 年气-液色谱问世之后，气相色谱得到迅速发展，并成为高效、快速、灵敏的分析手段。气-液色谱与气-固色谱相比具有更多的优点：气-液色谱在通常操作条件下有良好的对称峰；固定液的品种繁多，选择余地增大；固定液可做填充柱，也可做毛细管柱，柱的寿命比吸附剂长得多，如不超过柱的最高使用温度，柱的寿命可达数年。

气-液色谱法是目前应用最广泛的气相色谱法。气-液色谱固定相主要是液体固定相,即固定液。毛细管色谱柱中的固定相就是固定液;填充色谱柱中的固定相是由担体和固定液组成的。

1. 固定液

(1) 对固定液的要求

理想的固定液,需具备以下几个条件:

① 溶解度大,选择性好。为了达到多组分的彼此分离,固定液对被测组分必须有一定的溶解度,才能根据各组分溶解度的差异,达到相互分离。

② 蒸气压低、热稳定性好。在操作温度下,固定液只允许有很低的蒸气压,否则固定液的流失或热分解将影响色谱柱的寿命,且使噪声增大。为了避免固定液流失,柱温不能超过最高使用温度。

③ 化学稳定性好。在操作条件下,固定液不与载气、担体、被测组分发生不可逆化学反应。

④ 黏度小、凝固点低。如果在操作柱温下,固定液凝固,则对被测组分不起分配作用,导致柱效很低。通常把固定液熔点作为柱的最低使用温度。例如,阿皮松 L、聚苯醚(OS-138)为 75 ℃,甲基硅橡胶(SE-30)为 100~125 ℃,聚乙二醇-20M 为 68 ℃,聚酰胺-900 为 175 ℃。

为了满足上述要求,固定液一般都是高沸点的有机化合物,而且各有其特定的使用温度范围。

(2) 固定液的分类

固定液的种类不断增加,据统计,目前已有千余种之多,它们各具有不同的性质和用途。为了便于选择和使用,一般按固定液极性大小进行分类。固定液的极性可以用相对极性或固定液常数表示。用相对极性表示是人为规定角鲨烷的极性为 0,β,β'-氧二丙腈的极性为 +5,其他固定液均与这两者相比较,求得其相对极性,各种固定液的相对极性在 0~100,以 20 为一级,分为五级,用 +1、+2、+3、+4、+5 表示;非极性用 -1 表示。+1、+2 为弱极性,+3 为中等极性,+4、+5 为强极性固定液。

有关常用固定液的相对极性、最高使用温度和主要分析对象等资料,可参考相关手册。

(3) 固定液的选择

固定液一般是根据"相似相溶"的规律来选择,即按被测组分的极性或化学结构与固定液相似的原则选择。其一般规律如下:

① 分离非极性物质可选用非极性固定液。试样中各组分按沸点从低到高的顺序先后流出色谱柱。

② 分离强极性物质可按极性强弱选相应极性固定液。试样中各组分按极性从小到大的顺序先后流出色谱柱。

③ 分离非极性和极性混合物时选用极性固定液。这时非极性组分先出峰,极性组分后出峰。

④ 分离含氢键的样品选氢键型固定液。如腈醚、多元醇固定液,其中腈基中的氮、羟基中的氧电负性较大,能同醇、酚、酸、伯胺、仲胺等组分形成氢键。各组分按氢键力从小到大的顺序先后流出色谱柱。

⑤ 对于一个复杂的多组分样品,应选择混合固定液,即用两种或两种以上固定液,以适当的方式混合起来,配合使用以增加分离效果。配制方法可以采用混涂,即把几种固定

液按一定比例混合、溶解，再涂渍到担体上；也可以混装，即将固定液分别涂渍在担体上，然后再按一定比例混合装柱；还可以采用串联柱，即将两种固定液分别涂在两份担体上，再分别装柱，串联使用。

2. 担体

担体也称载体，是承载固定液的一种颗粒状、多孔性的化学惰性物质。对担体的要求是：表面惰性好，没有吸附活性，没有催化作用，热稳定性好，比表面积适中，孔结构合适，机械强度高。

（1）担体的分类

气-液色谱中使用的担体，可分为硅藻土型和非硅藻土型两大类。硅藻土担体目前使用最普遍，由于制造工艺不同，又分为红色硅藻土担体和白色硅藻土担体。

① 红色硅藻土担体。由天然硅藻土在黏合剂作用下，于 900 ℃ 左右煅烧而成，其中含有少量 Fe_2O_3，使担体略带红色，故称红色担体。此担体孔径较小，比表面积较大，能承担较多的固定液，机械强度好，不易粉碎，分离效能高，主要用于分析非极性和弱极性化合物。其缺点是：由于表面存在吸附活性中心，分析极性物质时易产生拖尾。国产的有 6201、201、202。

② 白色硅藻土担体。由天然硅藻土加 Na_2CO_3 助溶剂在 900 ℃ 以上煅烧而成，其中 Fe_2O_3 变成白色的铁硅酸钠，故称白色担体。它的孔径较大，比表面积较小，表面惰性好，主要用于极性和碱性物质的分析。但机械强度较差，易粉碎，涂渍固定液和装柱时要细心操作。国产的有 101 白色担体、102、405、303 釉化担体；国外的有 Chromosorb W、Celite545、Gas Chrom Q。

③ 非硅藻土担体。目前应用的非硅藻土担体有玻璃微球、氟担体、氟氯担体、陶瓷担体等。其中应用较广的是玻璃微球及氟担体。

a. 玻璃微球。是一种有规则的小球，主要优点是能在较低柱温下分析高沸点样品，且分析速度快。由于表面积只有 $0.1 \sim 0.2 \ m^2/g$，固定液涂渍量 $0.05\% \sim 3\%$。虽然其柱效低，但近代在药物、农药等的分离、分析方面仍采用。近几年来，采用含铝较高的碱石灰玻璃，制成蜂窝状结构、低密度的微球。经过改性后的玻璃球担体，可分离、分析甾族化合物，理论塔板数达 1 000 块，峰形不出现拖尾。

b. 氟担体。由四氟乙烯聚合而成。它耐腐蚀，广泛用于分离强极性化合物。这些强极性化合物在用其他担体时严重拖尾，但在氟担体上不拖尾。例如，水、甲酸、乙酸在内径为 4.8 mm，柱温为 125 ℃ 的 10% 聚乙二醇的氟担体柱上能得到很好的分离，出峰次序为水、乙酸、甲酸。

（2）担体的表面处理

担体的表面有硅醇基（Si—OH）和 Si—O—Si 基团，并有少量金属氧化物，如 Al_2O_3 酸性作用点和 Fe_2O_3 碱性作用点。这些基团及酸、碱作用点会引起担体对组分的吸附，造成色谱峰拖尾，所以表面要进行处理。

担体的表面处理一般包括：酸洗、碱洗、硅烷化、釉化、物理钝化、涂减尾剂等。一般商品担体已经过这些处理，可根据实际需要选用合适的担体。

（3）担体的选择

选择适当担体有利于分离，能提高柱效。选择担体的大致原则如下：

① 固定液用量大于 5%，选用硅藻土白色担体或红色担体。

② 固定液用量小于 5%，应选用表面处理过的担体。
③ 腐蚀性样品可选用氟担体。
④ 高沸点组分可选用玻璃微球担体。
⑤ 担体粒度常选用 60~80 目或 80~100 目，高效柱可选用 100~120 目。

三、色谱图及相关术语

（一）色谱图

被测混合物从进样开始，经色谱柱分离到各组分全部流过检测器并被检测后，可以直接或间接地记录各组分的流出曲线——色谱图，又称色谱流出曲线。色谱图的图形随所采用的色谱方法以及检测和记录的方式不同而不同。通常使用微分型检测器和长图记录仪得到色谱图，如图 6-3 所示，色谱图的纵坐标为检测的信号（mV），横坐标为时间（min 或 s）

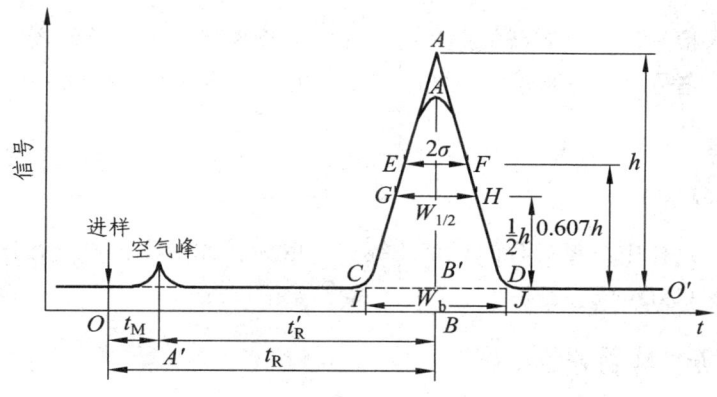

图 6-3　色谱流出曲线

1. 色谱图的基本特征

（1）在适当的色谱条件下，样品中每个组分均有相应的色谱峰，色谱峰一般呈对称的高斯分布曲线。

（2）色谱峰的区域宽度与组分的洗出时间（即保留时间）一般呈线性关系。峰半高宽度或峰底宽度随组分保留时间呈线性增加（图 6-4）。如果连续的色谱峰中一个峰的半高宽度不规则增大，则可能该色谱峰中有一个以上组分。

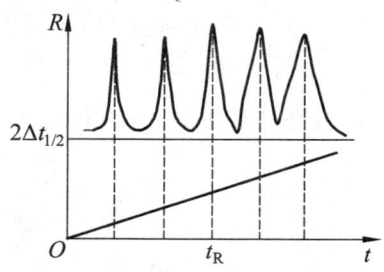

图 6-4　色谱峰区域宽度与保留时间的关系

2. 色谱图的作用

色谱图是色谱分析的主要技术指标。色谱图应标明色谱流动相、固定相、操作条件、检测器的类型和操作参数、样品类型及有关说明等。根据色谱图可得到如下信息：

（1）样品是否为纯化合物。在正常色谱条件下，若色谱图有一个以上的色谱峰，表明试样中有一个以上组分。色谱图能提供混合试样中的最低组分数。

（2）色谱柱效和分离情况。可定量计算出表征色谱柱效的理论塔板数，评价相邻物质的分离度。

（3）色谱定性资料和依据。色谱图给出的组分保留时间是色谱定性的第一手材料，根据保留时间可以求出组分定性的各种数据。

（4）色谱图给出的各个组分的峰高和峰面积是定量的依据。

（二）基　线

没有试样进入检测器，仅有载气通过时，在实验操作条件下，检测器响应信号由记录笔画出的线称基线。它是反映检测器噪声随时间变化的线，即图 6-3 中 O—O′ 线。稳定的基线是一条直线。

（三）色谱峰

被测组分从色谱柱中流出过程的记录曲线，一般为对称于峰尖的正态分布曲线，称为色谱峰，如图 6-3 中 CAD。

（四）峰高 h、峰面积 A

1. 峰　高

色谱峰顶点向基线作垂线的距离，如图 6-3 中 AB' 间的距离 h。色谱峰高一般用毫伏（mV）等单位表示。

2. 峰面积

峰面积指每个组分的流出曲线与基线间所包围的面积，用 A 表示。对于峰形对称的色谱峰，可看成是一个近似等腰三角形的面积，可由峰高 h 乘半峰宽（即峰高一半处所对应的峰宽度）计算：

$$A = h \times W_{1/2}$$

峰高或峰面积的大小和每个组分在样品中的含量相关，因此色谱峰的峰高或峰面积是色谱进行定量分析的主要依据。

（五）区域宽度

1. 半峰宽（$W_{1/2}$）

峰高一半处所对应的峰宽度，如图 6-3 中的 GH 间的距离，它一般用分钟或秒（min 或 s）

等单位表示。

2. 峰底宽 W_b

由色谱峰两边的拐点作切线，与基线交点间的距离，如图 6-3 中 CD 间的距离为峰底宽（W_b），其表示单位与半峰宽相同。

（六）保留值

1. 死时间（t_M）

死时间指不被固定相吸附或溶解的气体。例如气-液色谱中空气不被固定液溶解，从进样开始到柱后出现浓度最大值所需要的时间，如图 6-3 中 OA' 所示的距离（mm、cm 或时间"min"）。

2. 保留时间（t_R）

从进样开始到组分柱后出现浓度最大值所需要的时间，如图 6-3 中 OB。

3. 调整保留时间（t'_R）

指组分的保留时间与死时间的差值，如图 6-3 中的 $A'B$。

$$t'_R = t_R - t_M$$

4. 选择性因子（α）

相邻两组分调整保留值之比称为选择性因子，以 α 表示。α 的大小反映了色谱柱对难分离物质对的分离选择性，α 越大，相邻两组分色谱峰相距越远，色谱柱的分离选择性越高。当 α 接近 1 或等于 1 时，说明相邻两组分色谱峰重叠，未能分开。

$$\alpha = \frac{t'_{R2}}{t'_{R1}}$$

扩展阅读

茨维特与色谱

色谱法是俄国植物学家茨维特（Mikhail Tsvet，1872—1919）创立的。茨维特，1872 年 5 月 14 日生于意大利阿斯蒂，1919 年 6 月 26 日卒于苏联沃罗涅日。1896 年获日内瓦大学哲学博士学位后，全家移居俄国。1901 年获喀山大学植物学学士学位，1902 年任华沙大学讲师，1907 年任兽医学院教授，1908 年任华沙理工大学教授。在 1903 年的一次国际会议上，茨维特提出了一种应用吸附原理分离植物色素的新方法。1906 年，茨维特命名这个方法为色谱（Chromatography），它由希腊文 chromos（色彩）和 grapho（记录）两字并合而成，字面上的意义是"颜色的记录"。我国的标准名称是"色谱"，但在江南一带有人喜欢叫作层析法，另外也有人称为色层法或层离法。他的第一篇关于色谱法的论文发表在 1903 年华沙的《生物学杂志》上，1906—1910 年的论文都发表在德国的《植物学杂志》上。在这几篇论文中，他详细地叙述了利用自己设计的色谱分析仪器，分离出胡萝卜素、叶绿素和叶黄素。由于他的论文发表在不大知名的期刊上，所以当时没有引起化学界的注意。

后来色谱法不断发展，普遍用来分离无色物质，并不存在色谱，但色谱法这个名称一直被沿用下来。由于 Tsvet 的开创性工作，人们尊称他为"色谱学之父"，而以他的名字命名的 Tsvet 奖也成为色谱界的最高荣誉。

色谱法发明后的最初二三十年发展非常缓慢。液-固色谱的进一步发展有赖于瑞典科学家 Tiselius（1948 年 Nobel Chemistry Prize 获得者）和 Claesson 的努力，他们创立了液相色谱的迎头法和顶替法。

气相色谱与马丁、辛格

马丁（Porter Martin）于 1910 年 3 月 1 日出生于英国伦敦一个书香门第，早年就读于著名的贝德福德学校。在学校，他的物理、化学成绩总是名列前茅。1929 年，他进入剑桥大学学习；1932 年大学毕业，1935 年和 1936 年先后拿到硕士和博士学位。辛格（Richard Laurence Millington Synge）于 1914 年 10 月 28 日出生于英国的利物浦，1936 年他从剑桥大学毕业，1939 年获得硕士学位。1941 年，马丁、辛格联名发表了第一篇有关分配层析法的文章，因此，辛格获得了博士学位。

1937 年，马丁到剑桥大学与辛格共事。1938 年，他们制成第一台液相色谱仪，但还有很大的缺陷。1940 年，马丁改进设计出一台适用的分配色谱仪。1941 年，马丁、辛格联合发展了第一篇有关分配层析的文章，1943 年，辛格离开利兹，但他还始终与马丁联系与合作，继续对分配层析法进行探索。1944 年马丁等人在上述探索的基础上，用普通滤纸代替硅胶作为载体，也获得了成功。

分配色谱法和纸色谱法的发明和推广极大地推动了化学研究，特别是有机化学和生物化学的发展，可以说是分析方法上一次了不起的革命。正是认识到这一意义，诺贝尔评奖委员会将 1952 年的诺贝尔化学奖授予了马丁和辛格。

任务二　气相色谱仪气路连接、安装和检漏

【任务目的】

（1）学会连接安装气相色谱气路中各部件。
（2）学习气路的检漏和排漏方法。

【任务准备】

1. 仪　器

气相色谱仪、气体钢瓶、减压阀、净化器、色谱柱、聚四氟乙烯管、垫圈。

2. 试　剂

肥皂水（或十二烷基磺酸钠水溶液）。

【任务内容】

一、气路的连接与安装

1. 准备工作

（1）根据所用气体选择减压阀：使用氮气、空气钢瓶需选择氧气减压阀（氧气减压阀与钢瓶连接的螺母为右螺纹）；使用氢气钢瓶需选择氢气减压阀（氢气减压阀与钢瓶连接的螺母为左螺纹）。

（2）准备净化器：清洗气体净化管并烘干，分别装入分子筛、硅胶。在气体出口处，塞一段脱脂棉（防止将净化器的粉尘吹入色谱仪中）。

（3）准备气体管路：根据需要，准备若干条不同长度的气体管路，可用尼龙管、聚四氟乙烯管或聚乙烯管（注：不能用橡皮管，橡皮管仅可用于排废气管路）。在聚乙烯管的两端套上螺母，塞入不锈钢管，套入 O 形橡胶密封圈。

2. 连接气路

（1）连接钢瓶与减压阀接口

将减压阀对准载气钢瓶出口，用手旋紧螺母，再用扳手旋紧。同样方法，连接氢气钢瓶减压阀输出口和空气钢瓶减压阀输出口。

（2）用准备好的软管连接减压阀与净化器进口。

（3）用准备好的软管连接净化器出口与仪器主机背面气体输入接口。

3. 色谱柱的连接

（1）色谱柱进口、出口分别放入螺母和石墨垫圈。

（2）连接气化室与色谱柱进口端，用手旋紧螺母，再用扳手旋紧。

（3）连接色谱柱出口端与检测器进气口，用手旋紧螺母，再用扳手旋紧。

二、气路的检漏

气密性检查是一项十分重要的工作，若气路有漏，不仅直接导致仪器工作不稳定或灵敏度下降，而且还有发生爆炸的危险，故在操作前必须进行检漏（气密性检查一般是检查载气流路，氢气和空气流路若未拆动过，可不检查）。

1. 钢瓶与减压阀间的检漏

（1）关闭钢瓶减压阀。

（2）打开钢瓶总阀。

（3）稍等，关闭钢瓶总阀。若压力保持不变或下降很慢，表示不漏气。

（4）或者用肥皂水（洗涤剂饱和溶液）涂在各接头处（钢瓶总阀门开关、减压阀接头、减压阀本身），如有气泡不断涌出，则说明这些接口处有漏气现象。

2. 气源与气化室出口间的检漏

（1）用垫有橡胶垫的螺帽封死气化室出口。

（2）打开钢瓶总阀，调节减压阀调节螺杆，使输出表压为 0.4 MPa。

（3）打开仪器的载气稳流阀，将柱前压力上调至 0.3 MPa 左右。

（4）待数分钟，关闭钢瓶总阀，柱前压力应保持不变。若压力逐渐下降，表示有漏气点。可用十二烷基磺酸钠水溶液探漏气路各个接口，观察是否有漏气现象。若有漏气，需重新仔细连接和检漏，确定仪器各输气系统不漏气。

3. 气化室至检测器出口的检漏

（1）重新连接色谱柱和气化室。

（2）用十二烷基磺酸钠水溶液探漏，观察是否有漏气现象。若有漏气，需重新仔细连接和检漏。

4. 氢气和空气气路密封性的检查

打开钢瓶总阀，调节减压阀调节螺杆，打开稳流阀，用十二烷基磺酸钠水溶液探漏气路各个接口，观察是否有漏气现象。若有漏气，需重新仔细连接和检漏。

三、结束工作

（1）关闭气源。

（2）关闭钢瓶总阀，待压力表指针回零后，再关闭减压阀。

（3）关闭主机上载气稳压阀（顺时针旋松）。

问题探究二

1. 气相色谱仪的主要组成部件有哪些？
2. 检查气相色谱仪是否漏气应检测哪些部分？用什么方法来检测？
3. 如何操作气相色谱仪？

知识链接二　气相色谱仪的基本构造与操作

气相色谱仪是完成物质分离、分析和制备的仪器设备。国内外生产的气相色谱仪种类繁多，性能和应用范围千差万别。从用途上看，气相色谱仪大致可分为三类：实验室分析用的多性能色谱仪，用于指示和控制生产流程的工业色谱仪，制备纯物质用的小型和大型制备色谱仪。尽管各种型号的气相色谱仪外形和构造有所不同，但它们的流程和基本结构是相同的。

一、气相色谱仪的流程

气相色谱法是由惰性气体将气化后的试样带入加热的色谱柱，携带各组分分子与固定相发生作用，并最终将组分从固定相带走，达到样品中各组分的分离。以热导池为检测器的气相色谱仪结构如图 6-5 所示。

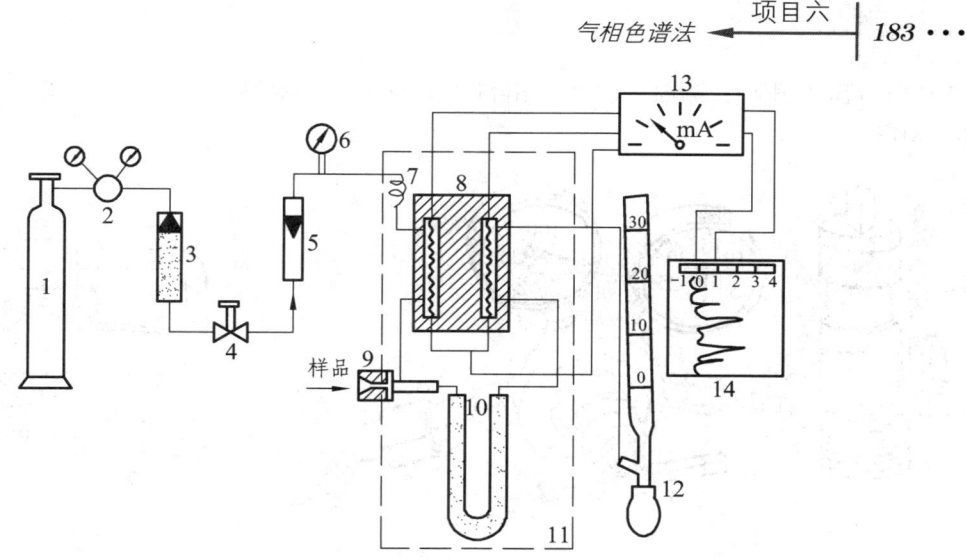

图 6-5 气相色谱仪结构

1—高压钢瓶；2—减压阀；3—净化管；4—针形阀；5—转子流量计；6—压力表；
7—预热管；8—热导池检测器；9—进样器；10—色谱柱；11—恒温箱；
12—皂膜流量计；13—测量电桥；14—记录器

由高压钢瓶（1）供给载气，经减压阀（2）减至约 0.2 MPa，经净化管（3）除去水分和杂质，经针形阀（4）稳定地控制载气流速，经转子流量计（5）指示气体流量，压力表（6）指示色谱柱前所具有的压力（柱前压），经预热管（7）预热气体，通过热导池检测器（8）的参考臂，经进样器（9），将注入的样品气化后进入色谱柱（10），将混合物分离成单一组分，再依次进入热导检测器（8）的测量臂，将组分的变化转变为电信号，此信号经测量电桥（13）线路送入记录器（14）或色谱工作站，记录如图 6-3 所示的色谱图。

二、气相色谱仪的主要组成部分及其功能

气相色谱仪是以气体为流动相，具有连续运行的管道密闭系统，整个气相色谱仪由载气系统、进样系统、分离系统、检测系统、温度控制系统、信号记录或数据处理系统六部分组成。

（一）载气系统

气相色谱分析中作为流动相的气体称为载气。常用载气有氢气、氮气、氦气、氩气和空气等。这些气体除空气可用空压机供给、氢气用氢气发生器供给外，一般都用钢瓶作为载气源。载气通常要经过净化、稳压控制和流量控制几个环节后，才能进入色谱柱。

1. 载气的减压与净化

为了将瓶内气体的压力降到使用压力，在瓶出口处可安装减压阀［图 6-6（a）］，减压阀上有两个压力表：一个指示瓶内压力，另一个指示载气的压力。

减压阀的结构如图 6-6（b）所示。图中气体入口处是高压气瓶与减压阀的连接口，气体经针阀进入装有调节隔膜的出口腔，出口压力靠调节手柄调节。逆时针旋松，针阀逐渐

打开出口压力升高；顺时针拧紧，出口压力减小。通常将 10~15 MPa 压力减小到 0.1~0.5 MPa。

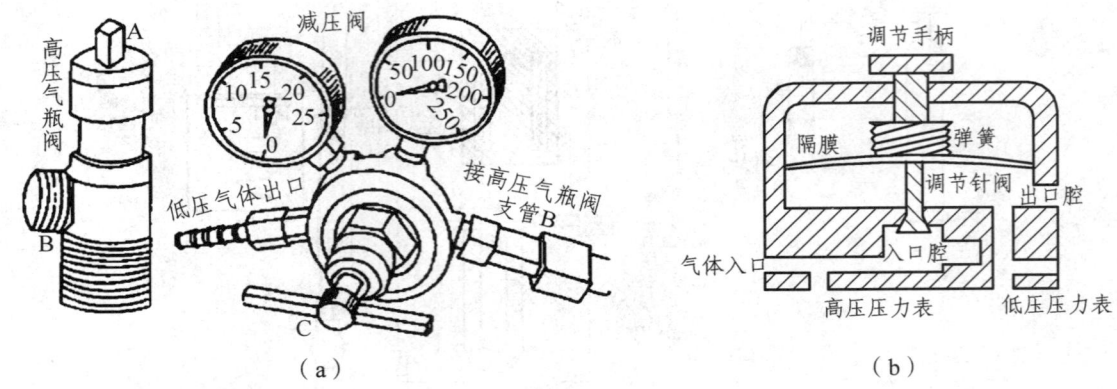

图 6-6　高压气瓶减压阀

对载气纯度的要求，主要取决于检测器的灵敏度、固定相的性质以及分析任务。一般载气中所含的杂质，主要是 O_2、CO_2、H_2O、CH_4 等。这些杂质可能使热导检测器的线性变坏，使氢焰检测器噪声增大；至于电子捕获检测器，则必须除尽 O_2、H_2O 等杂质，否则，仪器根本无法正常工作。从固定相方面考虑，H_2O、CO_2 能使分子筛失去活性，O_2 能使聚乙二醇类断链，都将使柱子寿命降低，甚至失效。从分析任务来看，对于一般分析任务，普纯级的载气即可满足需要，而作痕量分析时，则宜用高纯级载气。

最常用净化载气的方法，是在气源与气相色谱仪之间的气路中串联一个净化管（图 6-7）。管内依次分别填充硅胶、活性炭和 4A（42~47 nm）、5A（49~56 nm）分子筛。活性炭能吸附有机杂质，分子筛和硅胶可除去 H_2O、CO_2。

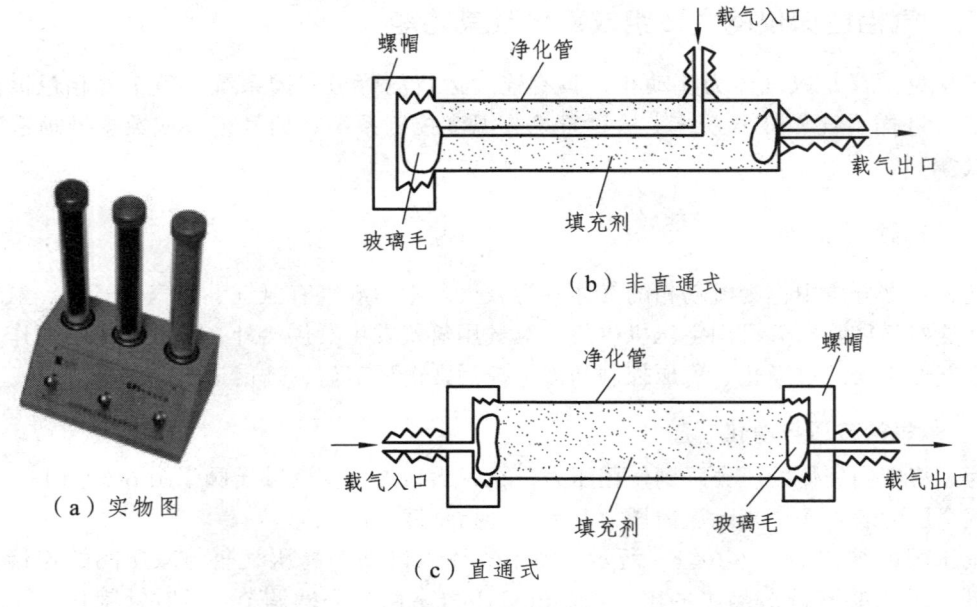

图 6-7　净化管

2. 载气的稳定

由于气相色谱中所用载气流量较小，一般在 100 mL/min 以下，所以单靠减压阀来控制流速是比较困难的，通常在减压阀输出气体的管线中还要串联稳压阀，以精确控制气体的流速。载气流速大小对测定有影响，要求流量稳定，所以通常用稳压阀调节压力，以控制流量。图 6-8 是一种稳压阀的示意图。

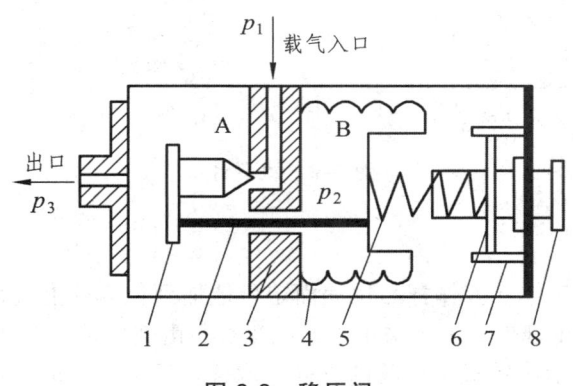

图 6-8　稳压阀

1—阀针；2—连动杆；3—阀体；4—波纹管；5—压簧；
6—滑板；7—滑杆；8—调节手柄

腔 A 与腔 B 通过连动杆（2）由孔的间隙相连通，当调节手柄（8）逆时针转动打开阀门至一定开度后，系统达到平衡，如果进气口压力 p_1 有微小上升，腔 B 气压随之增加，波纹管（4）向右伸张，阀针（1）也同时右移，减小了阀针与针座的间隙，因此气流阻力加大，则出口压力 p_3 降回至原来的平衡状态。同理，若进气口压力有微小下降，系统也能自动恢复原有平衡状态，从而达到稳压的效果。

3. 载气流量的测量

气相色谱仪中气体的流量一般很小，多用转子流量计和皂膜流量计控制。转子流量计结构见图 6-9（a）。它由上口稍大、下口稍小的玻璃管和一个能够旋转的转子构成。当气体自下而上流经管时，转子底部和顶部所受压力不同（即由于浮力的作用），使转子升起。加大气量，转子上升，转子与玻璃壁间隙增大（即环隙增大），减低环隙流速，缩小了转子顶底之间的压差，当这压差恰能抵消转子本身重量时，转子即处于平衡位置，根据转子所处的高度确定流量的大小。

皂膜流量计结构如图 6-9（b）所示。使用时先向橡胶滴头注入肥皂水，挤动橡胶滴头，皂膜进入气量管，用秒表测定皂膜达到一定体积所需时间就可算出气体流速。

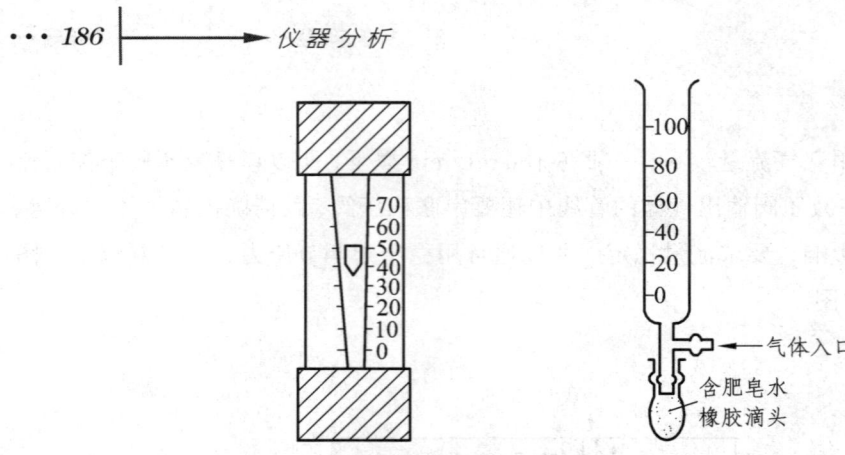

(a) 转子流量计　　　　(b) 皂膜流量计

图 6-9　流量计

(二) 进样系统

进样是指把被测的气体、液体样品快速而定量地加到色谱柱上进行色谱分离。对于气体样品，为了获得更好的重现性，大多采用六通阀进样，由载气带入色谱柱。图 6-10 为六通阀进样器实物图。6-11 表示旋转式六通阀的进样、取样位置，进样时将阀瓣旋转 60°。对于液体样品则用微量注射器（图 6-12）注入，微量注射器有 1 μL、5 μL、10 μL、50 μL、100 μL 几种。进样口下端为气化室（图 6-13）。固体样品通常用溶剂溶解后，用微量注射器进样。

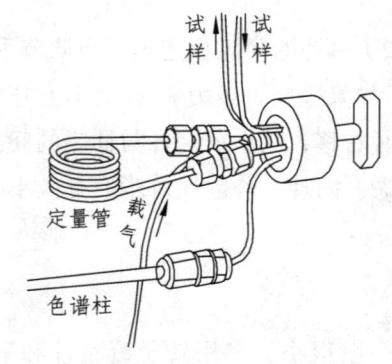

图 6-10　六通阀进样器

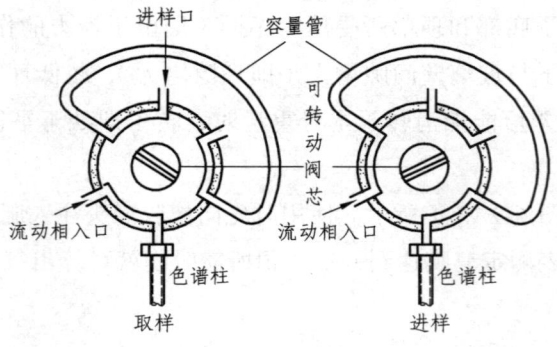

图 6-11　六通阀进样示意图

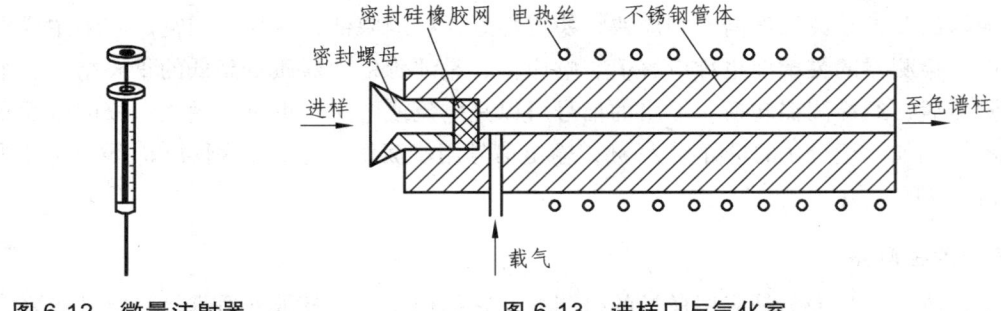

图 6-12　微量注射器　　　　　图 6-13　进样口与气化室

(三) 分离系统

分离系统的核心是色谱柱（图 6-14），其功能是将多组分样品分离为单个组分。色谱柱主要有两种柱型。

(a) 螺旋形色谱柱　　　(b) U 形色谱柱　　　(c) 毛细管色谱柱

图 6-14　色谱柱

1. 填充色谱柱

填充柱的内径一般为 3~6 mm，长 1~10 m，可由不锈钢、铜、玻璃和聚四氟乙烯材料制成。柱子的形状有 U 形和螺旋形两种，分离效果基本相同。

2. 毛细管色谱柱

毛细管色谱柱又名空心柱，内径 0.2~0.5 mm，长 30~50 m，可由不锈钢或玻璃制成。不锈钢耐高温，机械强度大，使用较广。玻璃毛细管柱经济，使用性能良好，效能高，但易折断，使用时要特别小心。毛细管柱是在内壁涂一层固定液，或者涂一层已有固定液的载体（约 0.1 mm 厚）。将混合组分分离主要靠固定液。

(四) 检测系统

混合组分经色谱柱分离以后，按次序先后进入检测器。检测器的作用是将各组分在载气中的浓度变化转变为电信号。目前检测器的种类繁多，据统计已有 30 余种，最常用的检测器为热导池检测器和氢火焰检测器，其次是电子捕获检测器、火焰光度检测器。

根据检测器原理的不同，可将检测器分为浓度型和质量型两类。浓度型检测器的响应信号正比于载气中组分浓度，如热导池检测器（TCD）、电子捕获检测器（ECD）。质量型检测器的响应信号正比于单位时间内组分进入检测器的质量，如氢火焰检测器（FID）、火焰光度检测器（FPD）。

对检测器的要求是灵敏度高，响应快，稳定性好，检测限低，线性范围宽。其中主要指标是灵敏度。检测器的灵敏度也称应答值、响应值，是评价检测器质量高低的重要指标。组分进入检测器后，经检测器转换，输出的信号可以是电流或电压，也可以用色谱峰的峰面积或峰高表示。例如，组分 i 的进样量为 m_i，输出信号用峰面积 A_i 表示，则 $A_i=S_i \times m_i$，S_i 即为检测器对组分 i 的灵敏度。

1. 热导池检测器

热导池检测器（TCD）是应用最早的检测器，它结构简单，灵敏度适宜，稳定性较好，而且对所有物质都能产生信号，是目前应用最广的一种通用检测器，几乎任何一台气相色谱仪都备有这种检测器。

（1）热导池结构

热导池由池体和热敏元件构成，有四臂热导池和双臂热导池两种（图 6-15）。热导池池体用不锈钢或铜制成，双臂热导池具有两个大小、形状完全对称的孔道，孔径为 3～4 mm，每一孔道中装有一根热敏元件。热敏元件常用钨丝，其特点是电阻随温度变化而灵敏改变，即温度系数较大。一臂连在色谱柱之后，称为测量臂；另一臂连在色谱柱之前，只让载气通过，称为参考臂。

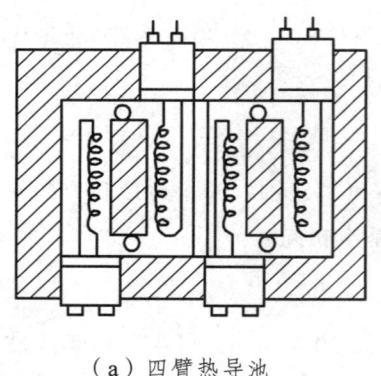

（a）四臂热导池　　　　　　　　　（b）双臂热导池

图 6-15　热导池结构

四臂热导池具有四根相同的金属钨丝，灵敏度比双臂热导池约高一倍，所以目前大多采用四臂热导池。

（2）检测原理

热导池检测器是基于气体成分的变化引起热导系数变化这一物理特性来设计的。载气中组分的变化，引起热敏电阻丝上温度变化，温度的变化再引起电阻变化，根据电阻值变化大小间接测定组分含量。

在热传导过程中，不同固体的热传导速率不同；同样，不同气体的热传导速率也不同。在热力学中，用导热系数的大小来表示此性质，传热快的导热系数大。导热系数用 λ 表示，常见的气体和某些有机物蒸气的导热系数如表 6-1 所示。

表 6-1　某些气体和有机物蒸气的导热系数

组　分	$\lambda/[10^{-4} \text{ J/(cm·s·°C)}]$		组　分	$\lambda/[10^{-4} \text{ J/(cm·s·°C)}]$	
	0/°C	100/°C		0/°C	100/°C
空气	2.4	3.1	氧化氮	2.4	—
氢气	17.2	22.3	甲烷	3.0	4.6
氦气	14.6	17.4	乙烷	1.8	3.3
氧气	2.5	3.2	丙烷	1.5	2.6
氮气	2.4	3.1	正丁烷	1.3	2.3
氩气	1.7	2.2	异丁烷	1.4	2.4
氖气	4.6	4.5	正戊烷	1.3	5.3
氙气	0.5	—	正庚烷	—	1.8
氨气	2.2	3.3	苯	0.9	1.8
一氧化碳	2.3	3.0	丙酮	1.0	1.7
硫化氢	1.3	—	氯仿	0.7	1.0
二氧化碳	1.5	2.2	乙烯	1.8	3.0
二氧化硫	0.8	—	甲醇	1.4	2.2

对于双臂热导池,两臂的热丝与两个阻值相等的固定电阻 R_1、R_2 组成惠斯顿电桥,用于测量,如图 6-16 所示。

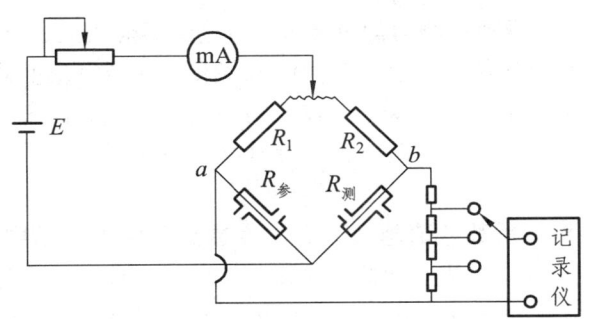

图 6-16　双臂热导池测量电桥线路

图 6-16 中,热导池测量臂的电阻为 $R_{测}$,参考臂的电阻为 $R_{参}$,R_1 与 R_2 为锰铜线绕电阻,E 为直流稳压电源,且 $R_1=R_2$, $R_{参}=R_{测}$。

当载气以恒定的速度通过检测器的参考池和测量池,经恒电流加热的钨丝 $R_{测}$ 和 $R_{参}$ 被载气带走的热量和通过载气传导给池体的热量一定,因此 $R_{测}$ 与 $R_{参}$ 上的温度也相等,所以 $R_{测}$ 仍等于 $R_{参}$,又 $R_1=R_2$, $R_1R_{测}=R_2R_{参}$,电桥处于平衡状态,a、b 两端电位 $E_{ab}=0$,记录器无信号输入。

当样品注入后,通过色谱柱分离,某组分被载气带入测量池,因组分的导热系数不等于载气的导热系数,则钨丝 $R_{测}$ 上的温度将改变,其电阻值也随之而变。这样,a、b 两端电位差不再为零,电桥有一信号电压输入记录仪,获得该组分的色谱峰。

如果检测器为四臂热导池,且 $R_1=R_2=R_3=R_4$,都为热敏钨丝,则 R_1 与 R_4 共为参考臂,R_2 与 R_3 共为测量臂,当有一样品组分进入测量池,有一更大信号输入记录器,获得更高的色谱峰,所以灵敏度比双臂热导池约高一倍。其电桥线路如图 6-17 所示。

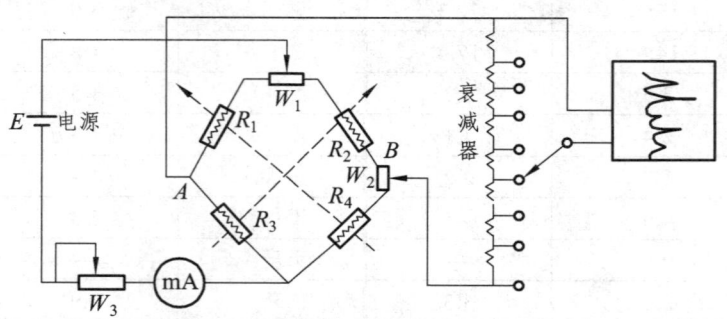

图 6-17 四臂热导池测量电桥线路

当电桥输出信号过大,色谱峰出格,则应使用色谱仪上的衰减旋钮。衰减原理是利用一串电阻进行分压。衰减倍数视被测组分含量而定,色谱仪面板上的衰减旋钮,可供任意选择倍数,以获得大小适宜的色谱峰。

(3)使用条件的选择

① 桥电流的选择

增加桥电流,可提高热导池检测器的灵敏度;但电流不能太大,否则热丝处于灼热状态,噪声加大。其选择原则是:在使用导热系数大的载气和检测器室温度低时,可选用较大的桥电流;在灵敏度够用的情况下,应尽量选用较低的桥电流,以保护热敏元件。

注意:在不通载气时,不能加桥电流,以防热导池烧坏。

② 载气的选择

载气与被测组分的导热系数差值越大,灵敏度越高。由于一般物质的导热系数都比 H_2 和 He 小很多,所以使用 H_2 作为载气能提高灵敏度。同时,载气的导热系数大,在相同的桥电流下,热丝温度较低,所以可使用更高的桥电流,有利于灵敏度的提高。

③ 池体温度选择

热导池检测器对温度很敏感,温度升高,灵敏度下降。当桥电流固定时,钨丝温度就一定,如果池体温度低,钨丝与池体温差大,热传导就容易,当被测组分进入测量池,会产生较大的电阻值变化,就会得到较高的色谱峰,提高了灵敏度。但池体温度不能太低,否则会使样品在检测器内冷凝。一般检测器的温度不得低于柱温。

2. 氢火焰离子化检测器

氢火焰离子化检测器(FID)(简称氢焰检测器)对大多数有机化合物有很高的灵敏度,比一般热导池的灵敏度高两个数量级,所以适用于测定痕量有机物,是目前最常用的检测器之一。但是它对无机物不产生信号,同时检测时样品被破坏。

(1)氢焰检测器的结构及工作原理

氢火焰离子化检测器的结构如图 6-18 所示。

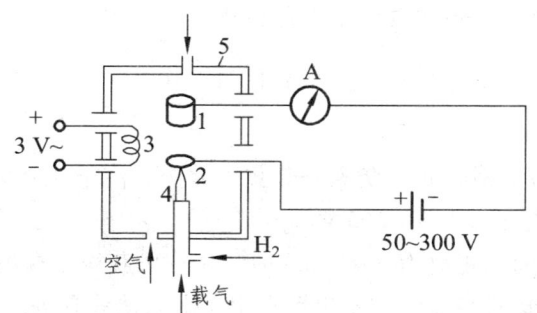

图 6-18 氢焰检测器
1—收集极；2—极化极，又称发射极；3—点火极；4—氢火焰；
5—离子室外壳；A—微电流装置

当被测组分由载气携带从色谱柱流出，与氢气混合一起进入离子室，由毛细管喷嘴喷出。氢气在空气的助燃下（事先用点火极点燃火焰）进行燃烧，温度能达 2 000 ℃ 左右，在火焰的激发下，被测有机组分电离为正离子和电子。离子室内有收集极和极化极，电极加有 150～300 V 直流电压，这个电压称为极化电压。电离出来的正离子奔向收集极（负极），电子奔向极化极（正极），产生了微电流，由测量微电流装置 A 指示出。微电流大小与被测组分有定量关系。

氢火焰的电离效率很低，大约每 50 万个碳原子中有一个碳原子被电离，因此产生的电流很微弱，不能直接送入记录器，需经微电流放大器放大后，再送入记录仪，记录其色谱峰。图 6-19 为氢火焰离子化检测器的气路和电路连接示意图。

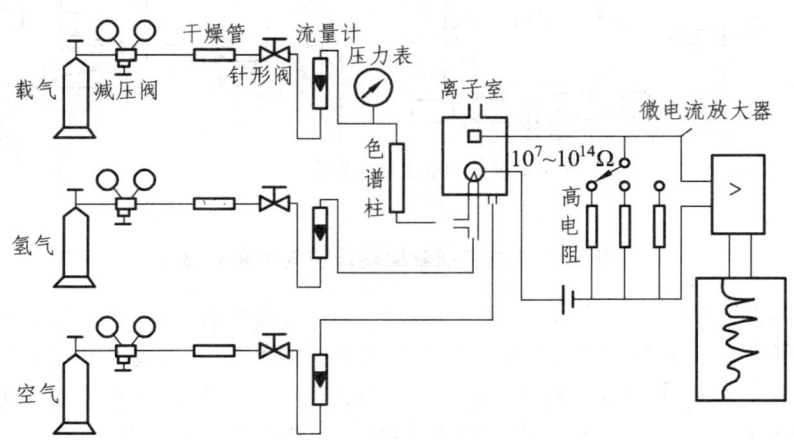

图 6-19 氢焰检测器的气路和电路

（2）氢焰检测器的操作条件

① 实验表明，用氮气做载气比用其他气体（如 H_2、He、Ar）的灵敏度要高。所用氮气、氢气和空气均应经过净化。

② 在一定范围内增大空气和氢气流量可提高灵敏度。但 H_2 流量过大反而会降低灵敏度，空气流量过大会增加噪声。一般可参考如下流量比：

$$v(氮气):v(氢气):v(空气)=1:1:10$$

如 40：40：400（mL/min）

③ 极化电压低于 50 V 时，正、负离子收集不完全；高于 300 V 时，将引起噪声增大和不稳定。一般选择极化电压为 150~300 V。

④ 收集极与喷嘴之间的距离为 5~7 mm 时，往往可获得较高的灵敏度。

⑤ 保持离子室和收集极表面清洁，应经常用无水酒精等有机溶剂清洗离子室。

⑥ 测定高分子物质时，适当提高检测室温度也有利于提高灵敏度。

3. 电子捕获检测器

电子捕获检测器（ECD）也是一种离子化检测器，可与氢火焰共用一个放大器。它的应用仅次于热导池检测器和氢火焰检测器，是一种有选择性的高灵敏度检测器。它只对具有较大电负性的物质，如含有卤素、硫、磷、氧、氮的物质有信号，物质的电负性越强，检测器的灵敏度越高。对无电负性的烃类无信号。

（1）电子捕获检测器的结构及工作原理

检测器结构如图 6-20 所示。

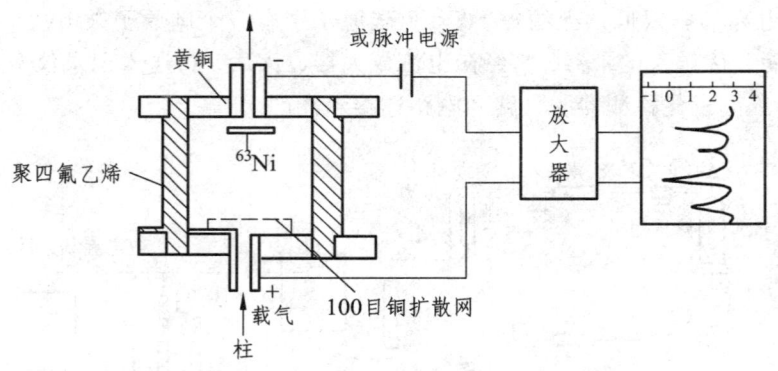

图 6-20 电子捕获检测器的气路和电路

载气入口端为正极，出口端为负极，放射源可用金属钛膜吸收 ^3H（超重氢），或在金属表面镀上放射源 ^{63}Ni。载气用 N_2 或 Ar，当载气从色谱柱出来，通过铜网均匀进入检测器时，放射源放射出 β 射线（快速电子流），使载气电离，产生正离子及电子（慢速电子），这些带电粒子在恒定或脉冲电场作用下，产生一较大的、稳定的基电流；当电负性物质进入检测器后，将捕获一部分慢速电子，使基流降低，产生检测信号，经放大器放大后，由记录仪记录下来。

电子捕获检测器属浓度型检测器，检测信号大小与组分浓度成正比。

（2）操作条件的选择

① 极化电压

极化电压是为了收集离子和电子，极化电压过高，慢速电子的能量过大而不易被捕获，因此在保证能将全部离子收集的情况下,极化电压一般为 150~300 V。

② 载气

载气中若含有微量 O_2 和 H_2O 等电负性物质,对检测器响应有很大影响,要求载气纯度达 99.99%。一般采用分子筛除 H_2O,活性铜除 O_2。

③ 检测器温度

检测器温度对响应值有直接影响,若组分捕获电子形成负分子并放出能量,则检测器灵敏度随温度上升而下降,如芳香族、羰基化合物等。当组分捕获电子后,又自身离解,并吸收能量,则检测器温度高可提高灵敏度,如卤代烃等。检测器的温度一般要求高于柱温,以防柱内固定液等挥发物沉积于放射源上,污染放射源,造成灵敏度下降。如果放射源被污染,则可提高检测器温度,用载气冲洗,或用有机溶剂清除污物。

空气中的氧能污染离子室,因为氧能捕获电子,所以更换进样口硅橡胶垫片时要快速;不使用时,气路系统的进口和出口都应密封,以免氧进入检测器。

(五) 温度控制系统

温度控制系统是气相色谱仪的重要组成部分。温度影响色谱柱的选择性和分离效率,影响检测器的灵敏度和稳定性。所以色谱柱、检测器、气化室三处都要进行温度控制。目前色谱仪大都把色谱柱和检测器分别放在色谱炉和检测器炉子里,便于程序升温。要求柱室温度梯度小,保温性能好,控温精度高,升温、降温速度快。为了达到这个目的,许多国产气相色谱仪采用了空气夹层保温炉膛,带有强制鼓风与排风装置。其结构见图 6-21。当仪器将夹层中的热空气迅速排出,冷空气进入夹层,进入炉膛,随着鼓风扇、排风扇的运转,热空气不断排出,冷空气不断进来,达到迅速降温的目的。仪器恒温工作时,可把门关上,随之排风门自动关闭。排风扇的作用是将夹层中的热空气循环至平衡,鼓风扇将炉内产生的热量吹送到内胆各处,热空气由炉门挡回,从挡板流入风扇中心,这样反复多次循环,直至达到恒温。实践证明,这种柱室升温、降温快,热惰性小,机械强度好,便于恒温和程序升温。炉温一般在 0~350 ℃,或高温色谱为 0~500 ℃。要求温度分布均匀,并且炉内的上下温度或同一截面不同点温度之差不超过 ±0.5 ℃,控制点精度在 ±0.1 ℃ 以内。

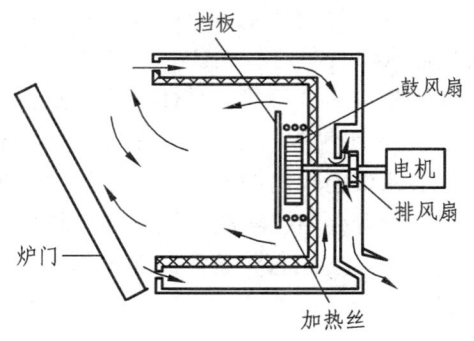

图 6-21 恒温箱结构

(六) 数据处理系统

数据处理系统是气相色谱分析中必不可少的一部分,其最基本的功能是将检测器输出的模拟信号随时间的变化曲线(即色谱图)绘制出来。数据处理系统有电子电位差计、积分仪、色谱数据处理机和色谱工作站等,目前色谱工作站的应用日益广泛。色谱工作站是由一台计算机实时控制色谱仪器,并进行数据采集和处理的一个系统。它是由硬件和软件两个部分组成的。硬件是一台计算机;软件主要包括色谱仪实时控制程序、峰识别和峰面积积分程序、定量计算程序、报告打印程序等。

色谱工作站在数据处理方面的功能有:智能化数据处理和谱图处理功能。可由色谱分析获得色谱图,打印出各个色谱峰的保留时间、峰面积、峰高、半峰宽,并可按归一化法、内标法、外标法等进行数据处理,打印出分析结果。谱图处理功能包括谱图的放大、缩小,峰的合并、删除,多重峰叠加等。使用专用的色谱参数的计算和绘图软件,可计算柱效、分离度、拖尾因子,并可绘制标准工作曲线。国产色谱工作站多采用汉化的 Windows 软件,使用起来十分方便。

三、气相色谱仪的操作

气相色谱仪的类型和型号繁多,不同类型和型号产品的技术性能、功能特点、价格、操作特性相差甚大。下面介绍气相色谱仪的一般操作步骤。

使用气相色谱仪首先必须安装合适的色谱柱,然后设定柱温、进样器温度、检测器温度,调整气体的压力和流量,调节检测器控制器,待仪器稳定后即可进样分析。

1. 热导气相色谱仪的操作

(1)色谱柱安装和系统试漏。色谱柱预先安装到色谱仪中,再进行试漏。试漏可分段进行,用肥皂液涂抹或封闭系统压力法来查出漏区和漏点。

① 钢瓶阀口和压力调节器接口试漏。先打开钢瓶阀旋钮,压力调节器的高压表升高,指示出钢瓶及接口直到高压表部分的压力;然后关闭钢瓶阀,如果指示的压力很快下降,说明接口处和钢瓶阀口漏气;如果压力指示不变或下降很慢,说明不漏气。压力缓慢下降可能是由于调节器低压阀口处渗气,这是压力调节器的低压阀口质量问题造成的,多数压力调节器的高低压阀口处都串气。

② 检查压力调节器的出口到色谱仪气体入口这一段的气路管线接头、干燥器接头。可以用加橡胶垫的螺母在色谱仪气体入口处将管线封闭,关闭气源后,看压力是否下降,如果压力迅速下降说明有漏气点,可用肥皂沫试验找出具体的漏气点。

③ 将色谱载气出口处堵死,关闭气源,看压力表指示是否下降,如果指示下降较快,说明仪器内部有漏气点,可用肥皂沫试验找出漏气点;如果压力不下降,说明不漏气。

(2)色谱条件的设置。首先设置柱温、检测器温度和进样口温度。当温度恒定后,再进一步调节载气流速,使线速度在 7~12 cm/s。通常选空气作为惰性的不被滞留的组分,测出其出峰时间 t_M,线速度为柱长(cm)/t_M(s)。然后设置热丝电流,同时开动色谱工作站,并设置各个参数。

注意:热丝电流的设置必须根据色谱仪说明书规定的条件进行设置,电流不能太大,否则将烧毁热丝或缩短热丝寿命。

设置的热丝电流大小和载气种类有关:氢气和氦气作为载气,允许的电流大;氮气作为载气允许的电流小。另一方面，允许的电流还和检测器的温度有关。随检测器温度升高，允许的电流减小。对于常量分析，氢气作为载气时设置电流为 180~200 mA，氮气作为载气时设置电流为 70~120 mA 较合适。

注意：不同的仪器允许的热丝电流不同，可参看说明书。任何情况下，都必须通入载气后再设置热丝电流。

（3）色谱测定仪器稳定后，调节色谱仪输出零点，开始进样。液体试样进样量 1~2 μL，气体试样 1~2 mL。待色谱峰出现后，不断调整灵敏度挡（衰减挡），使各组分在色谱工作站得到完整的峰。

2. 热导检测器色谱仪的操作步骤

（1）开启载气钢瓶（N_2 或 H_2），将压力调至 0.6 MPa，用仪器面板上减压阀调节柱前压力为 0.02~0.03 MPa，以主机稳压调节所需气体流量为 20 mL/min。

（2）打开主机电源。

（3）开启温控器电源，调节气化室加热器，控制气化温度为 120 ℃，调节色谱柱温调节器，使色谱室温度为 80 ℃。

（4）开启热导检测器电源，转动热导池电流调节旋钮，调节电流为 120 mA 左右，不可以调得太大，否则容易烧坏钨丝。

（5）半小时后开启记录仪，衰减器置于 1/1 位置，调节平衡和调零电位器，使记录仪针在零点附近，待基线走稳后进样。

（6）进样前进一步检查温度是否在所需控制的温度点上。

（7）仪器使用完后应将各种开关复位，将恒温室门打开，让其冷却，再关闭总电源和载气。

3. 氢焰检测器色谱仪的操作

采用氢焰检测器的气相色谱仪操作比热导气相色谱仪略复杂，色谱柱的选择和系统试漏与前者相似。

（1）色谱条件的设置

当分析微量的有机化合物，或者水溶液中微量有机物时，热导检测器灵敏度不够，应该使用氢焰检测器，它的灵敏度比热导检测器高出 10~100 倍，水不出峰，无干扰。氢焰检测器对色谱柱要求高，要求流失小，热稳定性好。最好使用气-固色谱柱和低液相载荷量的柱子。

① 温度设置：柱炉温度、检测器温度、进样口温度的设置和热导色谱仪相似。不同的是，检测器温度必须高于 110 ℃，以防水汽冷凝。如果使用毛细管柱，由于进样量小，必须使用氢焰检测器，否则灵敏度不够。当使用毛细管柱时，相应的柱温比使用填充柱时低。

② 气体流速的设置：氢焰检测器使用的气体比热导检测器复杂，除了载气外还有燃气和助燃气。氢焰检测器色谱仪使用氮气作为载气，氢气作为燃气，空气作为助燃气。氢气和氮气的流量比在 1∶1~1∶1.5 为好。

当使用毛细管柱时，载气流量很小（1 mL/min 以下），这时应使用辅助气（N_2）在柱尾进入检测器前加到载气中，使载气（N_2）的总量和氢气流量的比仍符合上述要求，而且尾吹气还可使色谱柱流出物快速流入检测器，防止死体积过大，流速太小而使已经分离的组分又重新混合。氢气流量低于上述数值时，点火困难；高于上述数值时，噪声大，基线波动。一般的做法是，先给定较大的氢气流量，点火后，再调节减小流量，直到达到正常值。空气流量是氢气的 1 倍以上，当空气流量低于此值时，灵敏度不高。

（2）氢焰气相色谱仪的操作步骤

① 安装色谱柱，进行检漏。当 N_2、H_2 和空气都试漏完毕后，关闭 H_2 和空气，只留载气 N_2。

② 设置柱温、检测器温度和进样口温度。待温度恒定后，打开检测器电源、工作站。

③ 点火。氢焰点火是利用 H_2 和空气混合，体积比达到爆炸浓度范围，按下点火按钮，使设置于离子室上方的电阻丝发红而引起爆鸣点火。点火前，先打开 H_2 阀，再打开空气阀，稍停片刻，按下点火钮，有时点不着火，可加大氢气气量，待点火后，再缓慢减小氢气气量，使其回到正常值。用一个光亮的冷金属片放在氢焰检测器排气口上试验，可查出是否点着了火；如果金属片上有冷凝的水汽，证明已经点着了火，这时有明显的输出信号。待仪器稳定半小时后，基线平稳，即可分析进样。

④ 进样。氢焰色谱进样量比热导色谱进样量小，液体试样为 0.1～0.2 μL，气体试样为 0.1～0.2 μL。

后面的操作与分析步骤和前面热导色谱相同。

技能拓展

气相色谱仪的维护和保养方法

（1）安装仪器的室内应没有腐蚀性气体和对电子器件的放大器以及记录仪有影响的磁场存在。并注意防止震动，以免产生不必要的问题。

（2）仪器应严格按照操作方法进行操作，严禁油污、有机物以及其他污物进入检测器及管道，以免造成管道堵塞或仪器性能恶化。

（3）色谱柱的维护

① 气相色谱仪更换色谱柱时，事先需对色谱柱进行清洗。对玻璃色谱柱，先用 $K_2Cr_2O_4$ 洗液浸泡，再用水冲洗干净，干燥后备用；对不锈钢色谱柱，可先用 5%～10% 的 NaOH 溶液浸泡后抽洗，再用水冲洗干净，干燥后备用；对铜质色谱柱，可先用 10% 的 HCl 溶液浸泡后抽洗，再用水冲洗干净，干燥后备用。

② 色谱柱在使用中间要更换固定相时，先通风将柱中粉末碎屑吹去，再用有机溶剂和水清洗干净柱体，干燥后方可重新装填色谱柱。

③ 色谱柱如果取下暂时不用，两端要密封，以免污染。

④ 色谱柱的使用温度不可超过固定液的最高使用温度。

（4）微量注射器的清洗方法

微量注射器使用前要用丙酮等溶剂洗净，以免污染样品；使用后要立即清洗，以免样品中的高沸点物质玷污注射器。一般常用下述溶液依次清洗：5% NaOH 水溶液、蒸馏水、丙酮、氯仿，最后用真空泵抽干。

扩展阅读

微型气相色谱的特点及应用

在现代高科技和实际需要的推动下，各种仪器的小型化和微型化一直是一个重要的发展趋势，突出的例子有各种化学传感器和生物传感器的开发。现已有多种传感器可用于矿井中易燃易爆和有毒有害气体的监测、战地化学武器的监测等。传感器有很高的灵敏度和专属性，但对复杂混合物的分析，如工业气体原料的质量控制、油气田勘探中的气体组成的分析、航天飞机机舱中的气体监测等，单靠传感器显然是不够的。这就需要用小型、轻便、快速的 GC 进行分析。事实上，GC 的微型化一直是人们追求的目标，并已经历了几十年的发展。总的来说，开发微型 GC 有两种思路：一是将常规仪器按比例小型化，如 PE 公司的便携式 GC，其大小相当于一个旅行箱，重量为 20 kg 左右；二是用高科技制造技术实现元件的微型化，如 HP 公司的微型 GC，其大小相当于一个文件包，重量可达 5.2 kg。中国科学院大连化物所的关亚风教授也成功地研制出了微型 GC。这些微型 GC 的共同特点是：

（1）体积小，重量轻，便于携带。可安装在航天飞机及各种宇宙检测器上，也可由工作人员随身携带进行野外考察分析。

（2）分析速度快，保留时间以秒计，很适合用于有毒有害气体的监测和化工过程的质量控制。

（3）灵敏度高，对许多化合物的最低检测限为 10^{-5} 级。

（4）可靠性高，适用于不同的环境，可连续进行 2 500 000 次分析。

（5）功耗低，省能源，一般采用 12 V 直流电，功耗不超过 100 W。

（6）自动化程度高，可用笔记本电脑控制整个分析过程和数据处理，也可遥控分析。

（7）样品适用范围有限。目前市场上的微型 GC 基本都采用 TCD 检测器，进口温度不超过 150 ℃，故主要用于常规气体的分析，如天然气、炼厂气、氟利昂、工业废气以及液体和固体样品的顶空分析，而不适用于分析高沸点样品。

目前已开发出多种专用的系列微型 GC，如天然气分析仪、炼厂气分析仪等。

任务三　苯系物中苯、甲苯和乙苯的定性分析

【任务目的】

（1）了解气相色谱法的分离原理。
（2）熟悉气相色谱流出曲线及常用的基本术语。
（3）掌握气相色谱的定性分析方法。

【任务准备】

1. 仪器

（1）色谱仪（配 TCD 检测器）；
（2）色谱柱：DNP 混合柱。

2. 试剂

（1）苯、甲苯、乙苯色谱纯试剂；
（2）苯、甲苯、乙苯等体积混合液。

【任务内容】

一、实验原理

在气相色谱条件不变的情况下，每一种物质都有特定的流出曲线（包括保留时间、半峰宽、峰数等）。保留时间一致，基本上可判断它们为同一物质，这就是气相色谱法定性分析的依据之一。

二、实验步骤

1. 色谱操作条件的选择

柱温：130 ℃；气化室温度：180 ℃；检测器温度：200 ℃；载气流速：高纯氮气 30～40 mL/min；氢气流速：50 mL/min；空气流速：500 mL/min；进样量：0.4～1 μL。

2. 样品分析

（1）纯苯、甲苯、乙苯色谱图测定：待仪器基线平直后，先后用微量进样器取 0.5 μL 纯苯、甲苯、乙苯进样，用色谱工作站采集数据，并对色谱峰做标记。

（2）混合样品色谱图测定：取 1 μL 等体积混合样品进样，与纯样品峰对比，将相同的保留时间作为定性的主要依据，判定各个峰所代表的组分。

问题探究三

1. 气相色谱法的定性依据是什么？如何定性？
2. 气相色谱法进行定性分析时，若无标准样品进行对照，可以完成定性分析吗？

知识链接三　气相色谱定性分析法

气相色谱定性分析就是确定试样中的组分，即根据试样色谱图，确定每一个色谱峰是什么物质。气相色谱的主要缺点是不能直接从色谱图给出定性结果，而需要与已知物对照，利用色谱文献数据、经验规律或其他分析方法配合才能给出定性结果。

一、用纯物质对照定性

用已知纯物质对照定性是气相色谱最简便、最常用、最可靠的定性方法，只有找不到纯物质时，才用其他间接定性方法。

1. 保留时间或保留体积定性

当固定相和操作条件（如柱温、柱长、柱内径、载气流速）不变时，任何一种物质都有一定的保留时间或保留体积，可作为定性的依据。

定性方法：先测出未知物中每个峰的保留时间（min、s 或距离 mm、cm），然后将待测的某纯物质注入色谱仪，若未知物中某峰的保留时间与纯物质相同，则两物质也相同。如图 6-22 所示，可以推测未知样品中峰 2 可能是甲醇，峰 3 可能是乙醇，峰 4 可能是正丙醇，峰 7 可能是正丁醇，峰 9 可能是正戊醇。1、5、6、8 峰是未知组分。

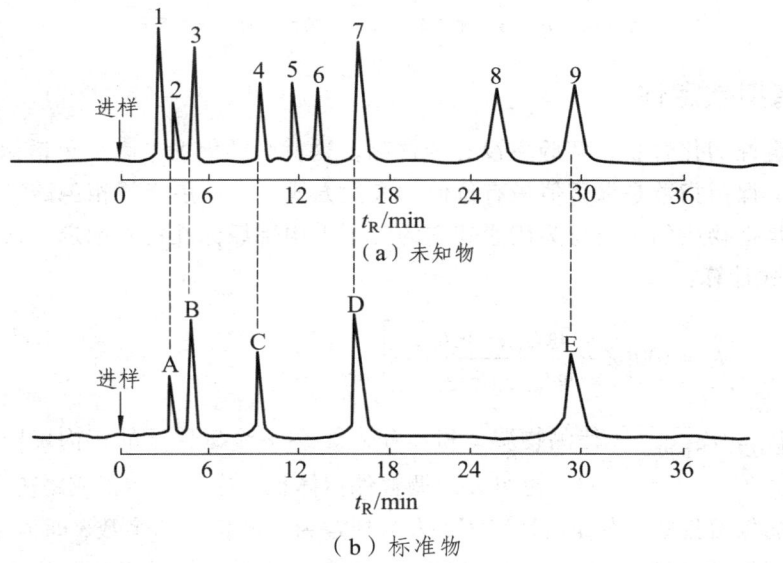

图 6-22　利用已知标准物质直接对照定性

标准物：A—甲醇；B—乙醇；C—正丙醇；D—正丁醇；E—正戊醇

2. 增加峰高法定性

如果样品复杂，峰间距离太近（即两组分保留值较接近），或操作条件不易控制，可以将某纯物质加入试样中（取部分试样），再注入色谱仪，若某色谱峰的峰高增加，则此峰可能为某纯物质。如峰不重合或峰中出现转折，则一般可以肯定试样中不含加入的物质。这一方法是确认复杂混合物中是否含有某一组分的好办法。

由图 6-23 可知，虽然加入仲丁醇标样后由于操作条件不完全一致，各组分的保留时间不完全相同，但仍可由加入仲丁醇标样后试样中色谱峰 B 的相对峰高明显增加，推断出丁醇异构体混合试样中色谱峰 B 代表的物质可能是仲丁醇。

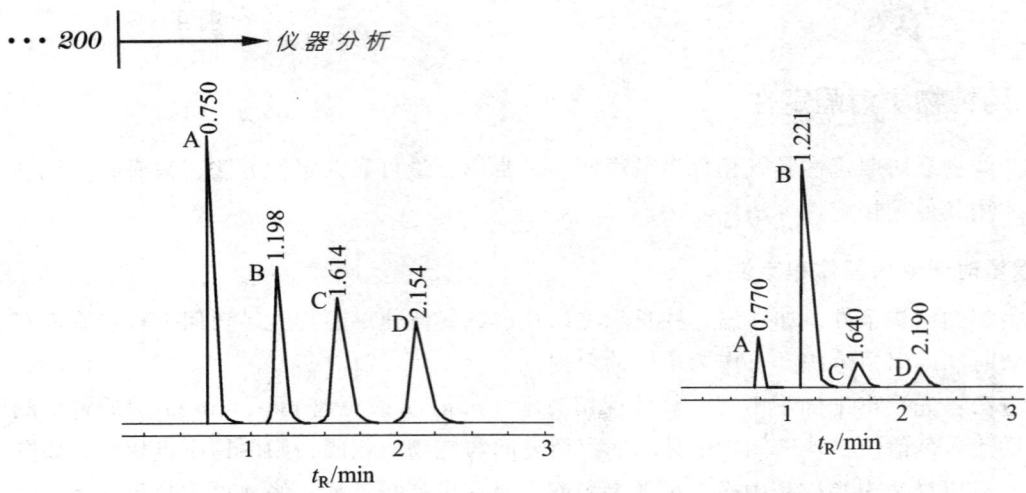

(a) 丁醇异构体混合试样　　　　　　(b) 混合试样中加入仲丁醇标样

图 6-23　增加峰高法定性

A—叔丁醇；B—仲丁醇；C—异丁醇；D—正丁醇

二、保留指数定性

有时需要定性的化合物，实验室没有纯样品，这就必须借助文献上色谱保留值——保留指数进行定性。保留指数是保留值最有价值的表达方式，广泛用于气相色谱定性分析。

保留指数是把物质的保留行为用紧邻它的两个正构烷烃标准物来标定。某物质 x 的保留指数 I_R 可用下式计算：

$$I_R = 100\left[Z + \frac{\lg t'_{R(x)} - \lg t'_{R(z)}}{\lg t'_{R(z+n)} - \lg t'_{R(z)}}\right]$$

式中　$t'_{R(x)}$，$t'_{R(z)}$，$t'_{R(z+n)}$——待测物质 x 和具有 z 及 $z+n$ 个碳原子的正构烷烃的调整保留时间（也可以用调整保留体积、净保留体积或距离 mm）。

正构烷烃的保留指数，在任何情况下，人为规定为 100 倍碳的个数，即为 $100z$，如戊烷、己烷、庚烷的保留值分别为 500、600、700。要测某一物质的保留指数，只要与相邻两正构烷烃混合在一起（或分别进行），在相同色谱条件下进行分析，测出保留值，按上式计算出保留指数 I，将 I 与文献值对照定性。I 值只与固定相及柱温有关。例如，60 ℃ 鲨鱼烷柱上苯保留指数的计算，如图 6-24 所示数据：

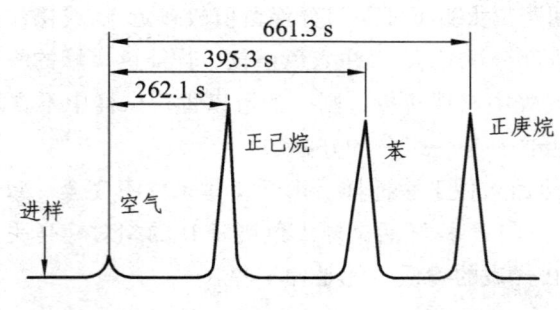

图 6-24　保留指数示意图

苯在正己烷和正庚烷之间流出，$z=6$，所以

$$I_{苯} = 100\left(6 + \frac{\lg 395.3 - \lg 262.1}{\lg 661.3 - \lg 262.1}\right) = 644.4 \approx 644$$

从文献中查得，60 ℃鲨鱼烷柱上 I 值 644 时为苯，再用纯苯对照实验确证是苯。

保留指数的有效数字为三位，测定准确度和重复性都很好，误差在 1% 以内，因此，只要固定液相同，就可利用文献保留指数定性。

三、与其他方法结合定性

气相色谱能有效地分离复杂混合物，但不能有效地对未知物定性。而有些分析仪器如质谱、红外等虽是鉴定未知结构的有效工具，但对复杂的混合物则无法分离、分析。把两者结合起来，实现联机，既能将复杂的混合物分离，又可同时鉴定结构，是目前仪器分析的一个发展方向，近年来发展较好。

任务四　气相色谱定量分析

子任务一　归一化法测定丁醇异构体含量

【任务目的】

（1）学会使用归一化法对样品进行定量测定；
（2）熟练使用 TCD 检测器。

【任务准备】

1. 仪　器

（1）气相色谱仪（配 TCD 检测器）；
（2）DNP 色谱柱。

2. 试　剂

异丁醇、仲丁醇、叔丁醇、正丁醇（均为 AR）。

【任务内容】

一、实验原理

邻苯二甲酸二壬酯是一种常用的具有中等极性的固定液，用它制备的 DNP 色谱柱对醇类有很好的选择性，特别是对四种丁醇异构体的分析，在一定的色谱操作条件下，四种丁醇异构体可完全分离，而且分析时间短，一般只需几分钟。

二、实验步骤

1. 配制混合物试样

用一干燥且洁净的小瓶(青霉素瓶)称取 0.5 g 正丁醇、0.6 g 仲丁醇、0.5 g 异丁醇、0.5 g 叔丁醇(称准至 0.001 g),混合均匀,备用。

2. 色谱仪的开机及参数设置

通入载气(H_2),检查气密性完好后,调节载气流量为 20~30 mL/min。打开色谱仪电源,设置实验条件如下:柱温 75 ℃,气化室温度 160 ℃,热导检测器温度 80 ℃,桥电流 150 mA,衰减比 1∶1。打开色谱工作站。

3. 混合试样的分析

待仪器电路和气路系统达到平衡,基线平直后,用 1 μL 清洗过的微量注射器吸取混合试样 0.6 μL 进样,分析测定,记录分析结果。

按上述方法再进样分析测定两次,记录分析结果。

4. 结束工作

实验完成后,清洗进样器,按正确的方法关机,并清理仪器台面,填写仪器使用记录。

5. 数据处理

(1)与纯样品峰对比,判定各个峰所代表的组分;

(2)记录色谱图上测量出的各组分的峰高、峰面积。

根据下式计算各组分的质量分数:

$$w_i = \frac{f_i' \cdot A_i}{\sum f_i' \cdot A_i}$$

已知相对校正因子 f_i':叔丁醇 0.98,仲丁醇 0.97,异丁醇 0.98,伯丁醇 1.00。

子任务二 内标法测定甲苯含量

【任务目的】

(1)学会用内标法对试样中待测组分进行定量;

(2)熟练使用 FID 检测器;

(3)学会测定峰高校正因子。

【任务准备】

1. 仪 器

(1)气相色谱仪(配 FID 检测器);

(2)DNP 色谱柱。

2. 试　剂

苯、甲苯（GC 级）、甲苯试样（CP 级或自制）。

【任务内容】

一、实验原理

DNP 柱（使用邻苯二甲酸二壬酯作为固定液）是中等极性的色谱柱，在一定的色谱操作条件下可对一些简单的苯系化合物进行完全分离，用内标法定量。

二、实验步骤

1. 配制标准溶液

取一个干燥洁净带胶塞的试剂瓶（青霉素瓶），称其质量（准确至 0.001 g，下同），用医用注射器吸取 1 mL 甲苯（GC 级），注入小瓶内，然后称量，计算出甲苯质量；再用另一支注射器取 0.2 mL 苯（GC 级），注入瓶内，再称量，求出瓶内苯的质量，摇匀，备用。

2. 配制甲苯试样溶液

另取一干燥洁净的试剂瓶，先称出瓶的质量，然后用注射器吸取 1 mL 甲苯试样，注入瓶中，称出（瓶 + 甲苯）的质量，再求出甲苯试样的质量。然后再用注射器吸取 0.1 mL GC 级的苯（内标物），称量后计算出加入苯的质量，摇匀。

3. 仪器开机

启动色谱仪，打开载气（N_2）钢瓶，调节流量为 20 ~ 30 mL/min，柱温设为 90 ~ 95 ℃，气化室温度 120 ℃；打开色谱工作站，设置各种参数。

4. FID 的点火

（1）打开空气钢瓶或空气压缩机的开关，调节流量为 500 ~ 600 mL/min，设置检测器温度 110 ℃；

（2）待检测器温度恒定至 110 ℃ 时，打开氢气钢瓶，将流量调至 80 mL/min 左右，点火（检验是否点燃，可将不锈钢扳手置于检测器上，看是否有雾气；或点火时看基线有无大的信号输出）；

（3）点燃后，将氢气流量降至 20 ~ 30 mL/min。

5. 标准溶液的分析

待基线稳定后，抽洗微量注射器，注入 0.2 ~ 0.4 μL 标准溶液，分析测定，色谱图走完后记录样品名对应的文件名，打印出色谱图及分析测定结果。重复操作 3 次。

6. 试样的分析

抽洗微量注射器，注入 0.2 ~ 0.4 μL 甲苯试样溶液，分析测定，色谱图走完后记录样品名对应的文件名，打印出色谱图及分析测定结果。重复操作 2 次。

7. 结束工作

（1）实验结束后，清洗进样器；

（2）关机：

① 先关闭氢气钢瓶总阀，回零后关减压阀，然后关闭 H_2 稳压阀；
② 关空气钢瓶（或空气压缩机开关）；
③ 关闭温度控制系统的加热开关；
④ 关色谱工作站；
⑤ 待温度降至室温时，关闭仪器总电源；
⑥ 关载气总阀及减压阀，关载气稳压阀。

（3）清理台面，填写仪器使用记录。

8. 数据处理

（1）记录实验操作条件；
（2）记录苯、甲苯的峰高 h_s、h_i；
（3）根据标准溶液分析测定所得到的数据，按下式计算出甲苯的峰高校正因子（以苯为标准物）：

$$f'_{甲苯(h)} = \frac{m_i \cdot h_s}{m_s \cdot h_i}$$

式中　m_s，m_i——内标物苯及样品溶液的质量；

　　　$f'_{甲苯(h)}$——以苯为标准物的甲苯的峰高相对质量校正因子。

（4）用内标法计算试样中甲苯的质量分数。

子任务三　外标法测定食品中山梨酸和苯甲酸含量

【任务目的】

（1）学会用外标法对试样中待测组分进行定量；
（2）进一步熟练使用 FID 检测器。

【任务准备】

1. 仪　器

气相色谱仪（配 FID 检测器）。

2. 试　剂

（1）乙醚（不含过氧化物）；
（2）石油醚：沸程 30 ~ 60 ℃；
（3）盐酸；
（4）无水硫酸钠；
（5）盐酸（1+1）：取 100 mL 浓盐酸，加水稀释至 200 mL；
（6）氯化钠酸性溶液（40 g/L）：在 40 g/L 氯化钠溶液中加少量盐酸（1+1）酸化；
（7）山梨酸、苯甲酸标准溶液：准确称取山梨酸、苯甲酸各 0.200 0 g，置于 100 mL 容量瓶中，用石油醚-乙醚（3＋1）混合溶剂溶解后稀释至刻度。此溶液每毫升含 2.0 mg 山梨酸或苯甲酸；

（8）山梨酸、苯甲酸标准使用液：吸取适量的山梨酸、苯甲酸标准溶液，以石油醚-乙醚（3＋1）混合溶剂稀释至每毫升含 50，100，150，200，250 mg 山梨酸或苯甲酸。

【任务内容】

一、实验原理

样品酸化后，用乙醚提取山梨酸、苯甲酸，用附氢火焰离子化检测器的气相色谱仪进行分析，与标准系列比较定量。

二、实验步骤

1. 样品提取

称取 2.50 g 事先混合均匀的样品，置于 25 mL 带塞量筒中，加 0.5 mL 盐酸（1＋1）酸化，用 15，10 mL 乙醚提取两次，每次振摇 1 min，将上层乙醚提取液吸入另一个 25 mL 带塞量筒中。合并乙醚提取液。用 3 mL 氯化钠酸性溶液（40 g/L）洗涤两次，静置 15 min，用滴管将乙醚层通过无水硫酸钠滤入 25 mL 容量瓶中。加乙醚至刻度，混匀。准确吸取 5 mL 乙醚提取液于 5 mL 带塞刻度试管中，置 40 ℃ 水浴上挥干，加入 2 mL 石油醚-乙醚（3＋1）混合溶剂溶解残渣，备用。

2. 色谱参考条件

（1）色谱柱：玻璃柱，内径 3 mm，长 2 m，内装涂以 5%（m/m）DEGS ＋ 1%（m/m）H_3PO_4 固定液的 60～80 目色谱担体 Chromosorb WAW。

（2）气流速度：载气为氮气，50 mL/min；氮气和空气、氢气流量之比按各仪器型号不同选择各自的最佳比例条件。

（3）温度：气化室 230 ℃；检测器 230 ℃；柱温 170 ℃。

3. 测　定

打开色谱工作站，待基线稳定后，进样 2 μL 标准系列中各浓度标准使用液于气相色谱仪中，可测得不同浓度山梨酸、苯甲酸的峰高。以浓度为横坐标、相应的峰高值为纵坐标，绘制标准曲线。同时进样 2 μL 样品溶液，测得峰高，从标准曲线中查出相应的含量。

4. 结束工作

（1）实验结束后，清洗进样器；

（2）关机

① 先关闭氢气钢瓶总阀，回零后关减压阀，然后关闭 H_2 稳压阀；

② 关空气钢瓶（或空气压缩机开关）；

③ 关闭温度控制系统的加热开关；

④ 关色谱工作站；

⑤ 待温度降至室温时，关闭仪器总电源；

⑥ 关载气总阀及减压阀，关载气稳压阀。
（3）清理台面，填写仪器使用记录。

5. 数据处理

用外标法分别计算山梨酸和苯甲酸的质量分数。

问题探究四

1. 什么情况下可以采用峰高归一化法？如何计算？
2. 归一化法对进样量的准确性有无严格要求？
3. 内标法定量有哪些优点？方法的关键是什么？
4. 外标法定量有哪些优点？方法的关键是什么？
5. 气相色谱法的定量依据是什么？定量方法有哪些？

知识链接四　气相色谱定量分析法

一、定量依据

定量分析的依据是检测器响应信号的大小，色谱图的峰面积 A 或峰高 h 与进入检测器的某组分的质量 m 呈正比：

$$m = fA \quad 或 \quad m = fh$$

式中　f——校正因子；
　　　A——峰面积；
　　　h——峰高。

要准确测定某组分的质量 m，必须准确测出峰面积或峰高，同时还要预先测出校正因子 f，即单位峰面积（或峰高）所代表的组分质量，然后选择合适的定量计算方法，求出其含量。

采用峰面积还是峰高定量，视峰形而定。测量峰高比测量峰面积要简便得多，但是峰高与操作条件（温度、载气流速）有关，其定量的线性范围较窄。因此采用峰高定量要求操作条件十分恒定，峰形窈窕对称，半峰宽不变。

目前色谱仪均配有色谱工作站，可自动对色谱峰进行积分处理，给出峰面积和峰高，参数更准确，用峰面积或峰高乘定量校正因子，即可得到待测组分的质量。

二、定量校正因子

（一）定量校正因子的意义

定量分析的依据是被测组分的量与响应信号成正比，即 $m_i = f_i A_i$。但是，同一种物质，由于其物理、化学性质的差别，在不同类型的检测器上有不同的响应值，即使在同一检测器上产生的响应信号大小也不相同。例如,含量均为 50% 的两个组分,所得到的两个色谱峰的峰面积并不相等;或者说两个峰面积相等的组分,其含量并不相等。为了使检测器产生的信号能真实反映物质的含量,就要对峰面积进行校正。在定量分析时引入校正因子(f_i),其物理意义是单位峰面积所代表的被测组分的量。色谱定量分析是基于被测组分的量与其峰面积呈正比关系。

1. 绝对校正因子(f_i)

绝对校正因子是指某组分 i 通过检测器的量与检测器对该组分的响应信号之比。

$$f_i = m_i/A_i \quad \text{或} \quad f_{i(h)} = m_i/h_i$$

式中 f_i——组分 i 的峰面积绝对校正因子;

$f_{i(h)}$——组分 i 的峰高绝对校正因子;

A_i, h_i——组分 i 的峰面积和峰高;

m_i——组分 i 通过检测器的量(g、mol 或质量分数、体积分数)。

测定方法:将已知量的被测标准物质注入色谱仪,即可获得一色谱峰,根据进样量和峰面积或峰高即可计算出绝对校正因子。取相同体积的样品注入色谱仪,根据测出的样品中组分的峰高,即可计算出组分的质量分数。目前广泛应用绝对校正因子法测气体试样。

2. 相对校正因子(f_i')

绝对校正因子是随操作条件而变化的,所以要求进样准确,这是比较困难的。对于被测组分一定的情况,校正因子的数值主要由仪器的灵敏度决定。相同量的同一物质在不同灵敏度的检测器上响应值不同,因此计算出来的校正因子也不同。同一个检测器,随着使用时间和操作条件改变,灵敏度也会改变。这些都使绝对校正因子在色谱定量分析中的使用有很大的局限性,因此进行面积校正时常采用相对值,人们提出了相对校正因子的概念,即某物质与标准物质的绝对校正因子之比。不同检测器所用的基准物质是不同的,热导池检测器常用的标准物质是苯,氢火焰离子化检测器常用的标准物质是正庚烷。通常人们将相对校正因子简称为校正因子。

相对校正因子是某组分 i 与标准物质 s 的绝对校正因子之比,用 f_i' 表示。

$$f_i' = \frac{f_i}{f_s} = \frac{\dfrac{m_i}{A_i}}{\dfrac{m_s}{A_s}} = \frac{A_s}{A_i} \cdot \frac{m_i}{m_s} \quad \text{或} \quad f_{i(h)}' = \frac{f_{i(h)}}{f_{s(h)}} = \frac{\dfrac{m_i}{h_i}}{\dfrac{m_s}{h_s}} = \frac{h_s}{h_i} \cdot \frac{m_i}{m_s}$$

式中 A_i, A_s——待测组分 i 和标准物质 s 的峰面积;

h_i, h_s——待测组分 i 和标准物质 s 的峰高;

m_i——待测组分 i 通过检测器的量;

m_s——标准物质 s 通过检测器的量。

当 m_i、m_s 用质量做单位时,所得的相对校正因子称为相对质量校正因子,用 f_m' 表示;当 m_i、m_s 用物质的量做单位时,所得的相对校正因子称为相对摩尔校正因子,用 f_M' 表示。

校正因子(f_i')只与被测物质、标准物质以及检测器的类型有关,而与操作条件等无关,因而是一个能通用的常数。在气相色谱中,常用化合物的相对校正因子可从文献上查到。相对校正因子 f'_i 有时换算为相对响应值 S'_i,相对响应值与校正因子互为倒数,即

$$S'_i = \frac{1}{f'_i}$$

(二)定量校正因子的测定

相对校正因子的测定,一般将准确称取的待测纯组分物质与标准的纯物质按一定比例混合,在实验条件下注入色谱柱,测定相应的峰面积,由定义式计算出相对校正因子。测定相对校正因子的色谱分析条件最好与待定量的样品条件相近。

例如,苯、甲苯、乙苯相对校正因子的测定:将一个洗净烘干带有橡皮塞的小瓶(如空青霉素瓶)放在分析天平上准确称量,然后加入苯称量,加入甲苯称量,再加入乙苯称量,则三者的质量为已知;混匀,取一定量注入色谱仪,获得三个色谱图,测量其峰面积或峰高,以苯为基准物,按定义式可计算出相对校正因子 f',如表 6-2 所示。

表 6-2 相对质量校正因子示例

组分	组分质量/g	峰面积/mm²				相对质量校正因子 f'_i
		1	2	3	平均	
苯(基准物)	2.220	442	440	438	440	1.00
甲苯	2.220	429	428	430	429	1.03
乙苯	2.221	419	422	420	420	1.05

相对校正因子是一个能在不同实验室通用的常数,其数值与检测器类型有关,而与操作条件无关。对氢火焰离子化检测器,与载气性质无关。对热导池检测器,用 H_2 或 He 做载气时,其校正因子可以通用,误差不超过 3%;当用 N_2 做载气时,相对校正因子差别很大,故不能通用。

进行准确的色谱定量分析时,色谱工作者喜欢自己测定定量校正因子,只有在要求不高或无纯物质进行测定时,才使用文献发表的校正因子数值。

三、定量方法

1. 归一化法

归一化法定量是气相色谱常用而准确的分析方法。但是此法要求所有组分都流出色谱柱,且产生色谱峰。假设样品有 4 个组分,且为同系物或同分异构体,其定量校正因子相同或相近,则各组分的质量分数可按下式计算:

$$m_i = \frac{A_i}{\sum_{i=1}^{n} A_i} \times 100\% \quad \text{或} \quad m'_i = \frac{h_i}{\sum_{i=1}^{n} h_i} \times 100\%$$

由于同一检测器对不同组分的响应值不同,即等量的两物质产生的峰高或峰面积不一定

相等，因此峰高或峰面积还要乘相对质量校正因子后，归一化计算，才能得到准确的结果，按下式计算

$$m_i = \frac{A_i f_i'}{\sum_{i=1}^{n} A_i f_i'} \times 100\% \quad \text{或} \quad m_i = \frac{h_i \cdot f_{i(h)}'}{\sum_{i=1}^{n} h_i \cdot f_{i(h)}'} \times 100\%$$

【例 6-1】 用热导池检测器分析乙醇、正庚烷、苯和乙酸乙酯的混合物，分析结果如表 6-3 所示。

表 6-3 测定乙醇、正庚烷、苯和乙酸乙酯混合物中各组分的含量

化合物	峰面积/cm²	相对质量校正因子 $f_{i/苯}'$
乙醇	5.0	1.22
正庚烷	9.0	1.12
苯	4.0	1.00
乙酸乙酯	7.0	0.99

计算混合样中乙醇、正庚烷、苯和乙酸乙酯的质量分数。

解：

$$w(乙醇)(\%) = \frac{5.0 \times 1.22}{5.0 \times 1.22 + 9.0 \times 1.12 + 4.0 \times 1.00 + 7.0 \times 0.99} \times 100\%$$

$$= \frac{5.0 \times 1.22}{27.11} \times 100\%$$

$$= 22\%$$

同理得

$$w(正庚烷)(\%) = \frac{9.0 \times 1.12}{27.11} \times 100\% = 37\%$$

$$w(苯)(\%) = \frac{4.0 \times 1.00}{27.11} \times 100\% = 15\%$$

$$w(乙酸乙酯)(\%) = \frac{7.0 \times 0.99}{27.11} \times 100\% = 25.6\%$$

归一化定量的优点是：① 不需要准确进样；② 仪器与操作条件稍有变动对结果影响较小；③ 计算方便，特别适用于工厂分析。

2. 内标法定量

这是一种常用且较准确的定量方法。当组分不能全部流出色谱柱，或检测器对样品中某些组分不产生信号，或只测定样品中某一组分时，采用内标法可获得准确结果。

内标法定量是将一定量的纯物质作为内标物，加入已准确称量的样品中去，根据被测组分的峰面积（或峰高）和内标物的峰面积（或峰高），计算出被测组分的含量。其计算公式如下：

$$m_i = \frac{m_s}{m_i} \cdot f_i' \cdot \frac{A_i}{A_s} \cdot 100\%$$

式中　f_i'——相对质量校正因子，由分析者自行测定。

内标物质需要满足以下条件：

（1）是混合物中不含有的组分；

（2）内标物的保留时间与待测组分相近，但能够完全分开；

（3）必须是纯物质，如果没有纯品也可用已知含量的物质，但内标物的质量要乘质量分数。

【例 6-2】　　测定二甲苯氧化母液中乙苯和二甲苯的含量，采用内标法，称取试样 1 500 mg，加入内标物壬烷 150 mg，混合均匀后进样，测得数据如表 6-4 所示。

表 6-4　内标法测定二甲苯氧化母液

组分	壬烷	乙苯	对二甲苯	间二甲苯	邻二甲苯
峰面积	98	70	95	120	80
校正因子	1.02	0.97	1.00	0.96	0.98

计算样品中乙苯、对二甲苯、间二甲苯、邻二甲苯的含量。

解：根据公式：

$$w_i(\%) = \frac{m_s}{m_i} \cdot f_i' \cdot \frac{A_i}{A_s} \cdot 100\%$$

计算，可得

$$f'_{乙苯} = \frac{0.9}{1.0}, \quad f'_{对二甲苯} = \frac{1.00}{1.02}$$

$$f'_{间二甲苯} = \frac{0.96}{1.20}, \quad f'_{邻二甲苯} = \frac{0.98}{1.02}$$

所以，

$$w(乙苯)(\%) = \frac{150}{1\,500} \times \frac{0.97}{1.02} \times \frac{70}{98} \times 100\% = 6.8\%$$

$$w(对二甲苯)(\%) = \frac{150}{1\,500} \times \frac{1.00}{1.02} \times \frac{95}{98} \times 100\% = 9.5\%$$

$$w(间二甲苯)(\%) = \frac{150}{1\,500} \times \frac{0.96}{1.02} \times \frac{120}{98} \times 100\% = 11.5\%$$

内标法进样量不需要严格控制，且准确度高；但每次都需要称量样品及内标物，不宜用于快速分析。

3. 外标法定量

外标法定量又称定量进样，此法简便快速，操作也很方便，只是需要准确的进样量，适用于工厂的控制分析。

在一定的操作条件下，用已知的纯样加稀释剂（液体用溶剂稀释，气体用载气或空气稀释）配成不同浓度的一系列标准样，分别定量进样后，测出峰高或峰面积。以浓度为横坐标、峰高或峰面积为纵坐标，绘制标准曲线（图6-25）。被测组分以同样条件测定，注入被测样与标样体积相同，可在曲线上查出其含量。

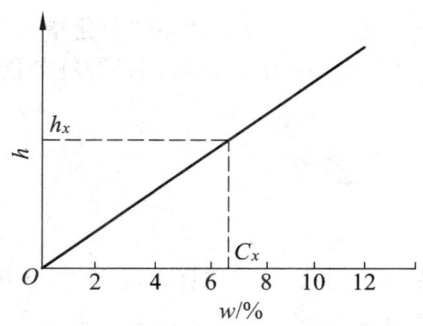

图6-25　工作曲线法定量

此法的主要优点是操作简单、计算方便，其结果准确性取决于操作条件是否稳定和进样量是否一致。

任务五　柱温和载气流速对醇类混合物分离效果的影响

【任务目的】

（1）掌握用微量注射器进样的基本操作；
（2）学会使用色谱数据处理机；
（3）学会正确选择载气流速和柱温等操作条件。

【任务准备】

1. 仪　器

（1）带热导检测器的气相色谱仪；
（2）色谱数据处理机；
（3）色谱柱 SE30（80~100目，ϕ4 mm×2 m）；
（4）1支 1 μL 微量注射器，1支 5 μL 微量注射器。

2. 试　剂

氢气；乙醇、丙醇、丁醇标样及未知混合样。

【任务内容】

一、实验原理

理论塔板数（N）或有效理论塔板数（$N_{有效}$）是衡量柱效的重要指标。从理论上讲，理论塔板数越多，柱效越高。但理论塔板数多到什么程度才能满足实际分离的要求呢？一般可用分离度来衡量，因为分离度是色谱柱总分离效能的量化指标。

分离度（R）主要是针对两个相邻色谱峰而言的，与柱效能（$N_{有效}$）和选择性因子（α）之间的关系可表示为

$$N_{有效} = 16R^2 \left(\frac{\alpha_{2,1}}{\alpha_{2,1}-1} \right)^2$$

由上式可以看出，分离度 R 是塔板数（N）、选择性因子（α）的函数。因此，可通过调整柱温、柱压和气液体积等因素来改变 N 或 α，从而达到改善分离度的目的。

二、实验步骤

1. 色谱仪的开机和调试

（1）打开载气，确保载气流经热导检测器，并调整流速为 40 mL/min；
（2）打开气化室、柱箱、检测器的控温装置，将温度分别调节为 150 ℃，100 ℃，120 ℃；
（3）打开桥流，调至 100 mA；
（4）打开色谱数据处理机，输入测量参数。

2. 标准和未知试样的分析测定

（1）仪器稳定后，分别注入 0.2 μL 乙醇、丙醇、丁醇标准样品，记录保留时间；
（2）注入空气样品 2 μL，记录空气的保留时间；
（3）注入 1 μL 未知样品，记录保留时间和半峰宽。
确定未知样品各个峰所代表的物质。

3. 不同柱温下测定未知样品

柱温分别设置为 90 ℃，110 ℃，120 ℃，130 ℃，流速依然为 40 mL/min，重复测定未知样品和空气的保留时间以及半峰宽。

4. 在不同流速下测定未知样品

流速调整为 10，20，60，80，100 mL/min，柱温恒定在 100 ℃，重复测量未知样品和空气的保留时间及半峰宽。

5. 结束工作

（1）实验结束后，关闭桥电流，关闭加热系统，关闭总电源，关闭色谱数据处理机；
（2）待柱温降至室温后关闭载气；
（3）清理仪器台面，填写仪器使用记录。

6. 数据处理

（1）在给定的柱温和流速下，分别用两种方式计算丙醇与乙醇、丙醇与丁醇的分离度；

（2）计算改变柱温后丙醇与乙醇、丙醇与丁醇的分离度；

（3）计算改变流速后丙醇与乙醇、丙醇与丁醇的分离度。

问题探究五

1. 色谱法对样品进行分离，其分离度是不是越高越好？为什么？
2. 影响分离度的因素有哪些？提高分离度的途径有哪些？
3. 在实验给定的条件下，如果使丙醇与相邻两峰的分离度 $R=1.5$，所需的柱长是多少（假设塔板高度 $H=10\ mm$）？

知识链接五 气相色谱法操作条件的选择

一、分离度

理论塔板数 N 或理论塔板高度 H 可用于衡量柱效率，N 越大或 H 越小，则柱效越高，因此 N 或 H 是评价柱效率的指标。但 N、H 只是根据单一组分的保留时间和峰宽计算出来的，以说明其柱效，但并不能说明相邻两组分已经分离开了，为了说明物质对的分离情况，可用分离度来量度。分离度 R 定义为两相邻组分保留时间之差与峰底宽度之和的一半的比值。分离度是柱的总分离效能指标。

$$R\frac{2(t_{R2}-t_{R1})}{(W_{b2}+W_{b1})}$$

R 值越大，两峰距离越远，峰宽越窄，分离效果越好。$R<0.8$，两组分不能完全分离；$R=1$ 时，两组分重叠约 2%；$R=1.5$ 时可达完全分离。通常可以降低柱温、增加柱长，使 t_R 值增大，从而使 R 提高；但降低柱温、增加柱长会使峰形扩展。为此，需要对操作条件进行最优化选择。

二、气相色谱操作条件的选择

面对一个分析试样，如何正确选择色谱分离条件，快速准确得出分析结果，需要理论预测和实验相结合。分离条件的选择要根据样品性质和分析要求而定，关键是选择一根最佳色谱柱进行分离，并对柱操作条件进行选择。

1. 载气的选择

气相色谱最常用的载气是氢气、氮气、氩气、氦气。选择何种气体作为载气，首先要考虑使用何种检测器。使用热导池检测器时，选用氢气或氦气作为载气，能提高灵敏度，氢载气还能延长热敏元件钨丝的寿命；使用氢焰检测器宜用氮气作为载气；电子捕获检测器常用氮气（纯度大于 99.99%）作为载气。

扩散系数 D_g 与载气性质有关，D_g 与载气的摩尔质量的平方根呈反比，所以选用摩尔质量大的载气（N_2、Ar）可以使 D_g 减小，提高柱效。因此使用低线速载气时，应选用摩尔质量大的 N_2，使用高线速时，宜选用摩尔质量小的 H_2 或 He。

2. 载气流速的选择

载气流速对柱效率和分析速度都会产生影响，根据范氏方程，载气流速慢有利于传质，有利于组分的分离；载气流速快，有利于加快分析速度，减少分子扩散，使色谱峰变窄。在实际工作中，要根据具体情况选择最佳流速。

最佳载气流速一般通过实验来确定，其方法是：选择好色谱柱和柱温后，先确定一个最低载气流速，注入某被测组分纯物质，获得一色谱图，根据 t_R 和 $W_{1/2}$ 可计算塔板数 N，根据柱长 L 和 N 可计算塔板高度 H。改变载气流速（cm/s 或 mL/min），每次注入相同体积的被测组分纯物质，可获得多个色谱峰，从而计算出多个板高 H 值。以载气流速 u 为横坐标、板高 H 为纵坐标作图，可获得图 6-26 的曲线。

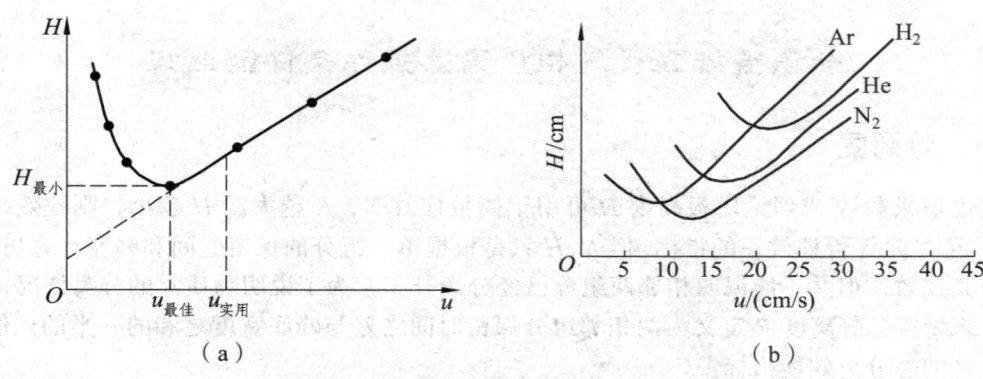

图 6-26　塔板高度与载气流速的关系

图 6-26（a）中曲线的最小 H 值所对应的载气流速 $u_{最佳}$，即为柱效率较高的最佳流速；但是使用最佳流速时需要较长的分析时间，在实际工作中，为了加快分析速度，往往采用比 $u_{最佳}$ 大的 $u_{实用}$。对于内径 3~4 mm 的填充柱而言，常用流速为 20~80 mL/min。图 6-26（b）是几种载气的流速与板高的关系图。

3. 柱长与柱内径的选择

柱子内径大小及长度均影响柱效率。填充柱内径过小易造成填充困难和柱压降增大，给操作带来麻烦，故一般选择内径为 3~4 mm。柱子长，柱效率高；但柱子太长，柱压降增大，保留时间增长，甚至出现扁平峰，又使柱效下降，故色谱填充柱常用 1~6 m。

4. 色谱柱温的选择

柱温是气相色谱重要的操作条件，柱温改变，柱效率、分离度 R、柱子的稳定性都会发生改变。

柱温低有利于分配，有利于组分的分离；但温度过低，被测组分可能在柱中冷凝，或者传质阻力增加，使色谱峰扩张，甚至拖尾。温度高有利于传质；但柱温高，分配系数变小，不利于分离。一般通过实验选择最佳柱温，使物质既完全分离，又不使峰形扩展、拖尾。柱温一般选各组分沸点的平均值或更低。对于宽沸程的多组分混合物，可使用程序升温法。

5. 气化室温度的选择

合适的气化室温度既能保证样品迅速完全气化，又不引起样品分解。一般气化室温度比柱温高 30～70 ℃ 或比样品组分中最高的沸点高 30～50 ℃。温度过低，气化速度慢，样品峰扩展，产生拖尾峰；温度高则产生前延峰，甚至样品分解。温度是否合适，可通过实验检查：如果温度过高，出峰数目变化，重复进样时很难重现；温度太低则峰形不规则，出现平头峰或宽峰；若温度合适，则峰形正常，峰数不变，并能多次重复。

6. 进样量与进样时间的选择

进样量与固定相总量及检测器灵敏度有关，对于内径 3～4 mm，长 2 m，固定液用量为 15%～20% 的色谱柱，液体进样量为 0.1～10 μL，气体样品 0.1～10 mL。通常用热导池检测器时液体进样量为 15 μL，氢焰检测器小于 1 μL。

进样量过大会导致：① 分离度变小；② 保留值变化，难于定性；③ 峰高、峰面积与进样量不呈线性关系，不能定量。最大允许进样量可以通过实验确定：多次进样，逐渐加大进样量，如果发现半峰宽变宽或保留值改变，这个量就是最大允许进样量。

进样时应当固定进针深度及位置，针头切勿碰到气化室内壁。进样速度应尽可能快，一般小于 0.1 s，从注射器接触气化室密封橡胶垫片算起，包括注射、拔针等动作都要快，而且平行测定时进样速度一致。此项操作技术必须十分重视，要反复练习达到熟练、准确的程度。

7. 程序升温

当样品中所含组分沸程较宽时，如用恒定的柱温，会出现两种情况：一种是当用较低柱温时，高沸点组分保留过久，不但峰形过宽，且分析时间很长；另一种是柱温较高时，低沸点组分流出过快而不能彼此分离。这种情况必须选择程序升温，程序升温既可分离低沸点组分，也改善了高沸点组分的峰形，如图 6-27 为宽沸程试样在恒定柱温及程序升温时的分离结果比较。图 6-27（a）为柱温 T_0 恒定于 45 ℃ 时的分离结果，此时只有 5 个组分流出色谱柱，但低沸点组分分离良好；图 6-27（b）为柱温 T_0 恒定于 120 ℃ 时的分离情况，因柱温升高，保留时间缩短，低沸点组分峰密集分离不好；图 6-27（c）为程序升温时的分离情况，从 30 ℃ 起始，升温速度为 5 ℃/min，低沸点及高沸点组分都能在各自适宜的温度下得到良好的分离。

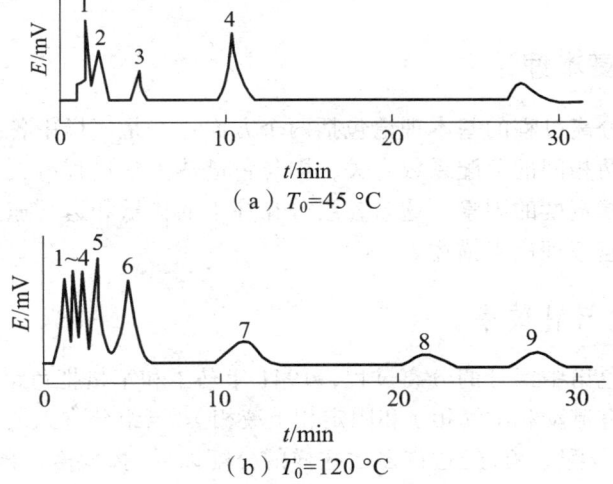

（a）T_0=45 ℃

（b）T_0=120 ℃

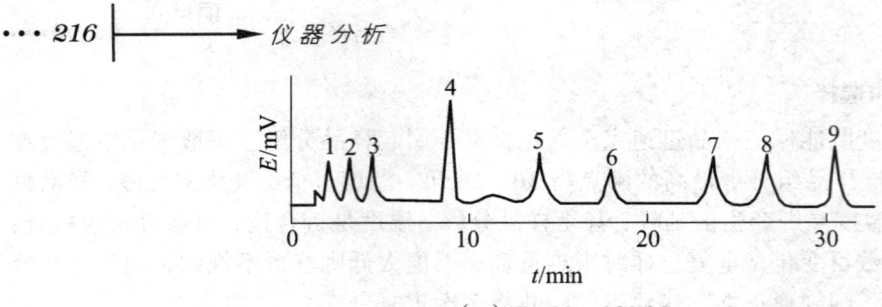

（c）$T_0=30 \sim 180\ ^\circ C$

图 6-27 宽沸程混合物恒温和程序升温色谱分离效果比较

1—丙烷；2—丁烷；3—戊烷；4—己烷；5—庚烷；6—辛烷

程序升温是指在一个分析周期里温度连续地随时间呈线性变化，即单位时间的温度上升速度恒定，如每分钟上升 4 ℃ 或每分钟上升 10 ℃ 等。程序升温的载气系统应是双柱双气路，否则基线会倾斜。常用的程序升温方式有线性程序（单阶线性升温）和非线性程序（多阶线性升温）两种，见图 6-28。

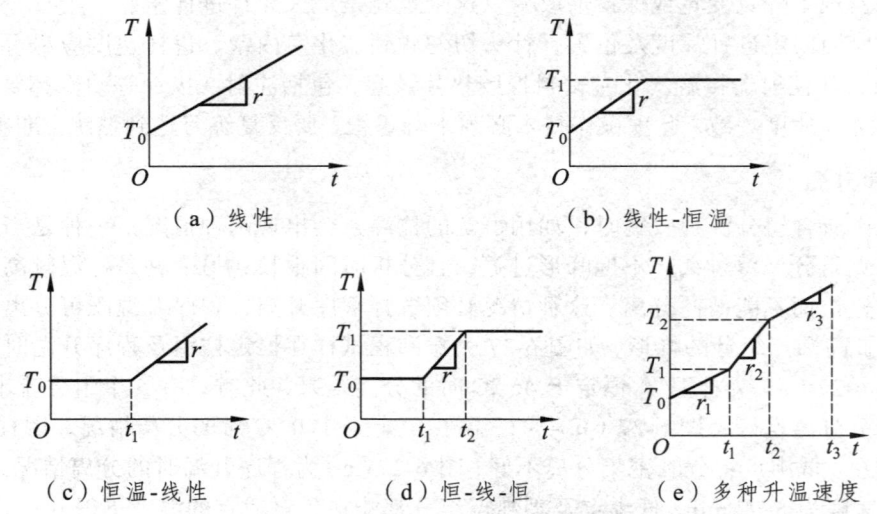

（a）线性　　（b）线性-恒温　　（c）恒温-线性　　（d）恒-线-恒　　（e）多种升温速度

图 6-28 程序升温方式

三、气相色谱基本理论

试样在色谱柱中分离过程的基本理论包括两个方面：一是试样中各组分在两相间的分配情况，这与各组分在两相间的分配系数有关，即与色谱热力学过程有关，可用塔板理论进行描述；二是影响色谱峰宽度的因素，这与各组分在柱中的扩散和运行速度有关，即与色谱动力学过程有关，可用速率理论来描述。

（一）塔板理论与柱效率

为了形象地描述色谱中组分的分离过程，1941 年马丁和辛格把色谱柱比作一个分馏塔，分馏塔的每块塔板都有流动相（气相）和固定相（液相）。当组分进入塔板时，在每块塔板的气-液两相间达成一次分配平衡，经过许多次这样的分配以后，挥发度不同的组分便彼此分离，挥发度大的组分先从塔顶（即柱后）逸出。每达成一次分配平衡所需的柱长称塔板高度，用 H 表示。分配平衡的次数称塔板数，或称理论塔板数，用 N 表示。理论塔板数越多，分配平衡的次数也越多。在一定长度的色谱柱中，塔板高度越小或理论塔板数越多，分离效果越好即柱效率越高。用塔板高度和理论塔板数来衡量柱效率的理论称塔板理论。

常用气相色谱填充柱的板高 H 为 1 mm 左右，所以 1 m 长的色谱柱约有 1000 理论塔板数。板高 H 与柱长 L 有如下关系：

$$H = \frac{L}{N}$$

理论塔板数 N 与色谱峰宽、保留时间有如下关系：

$$N = 5.54 \left(\frac{t_R}{w_{1/2}} \right)^2 \quad \text{或} \quad N = 16 \left(\frac{t_R}{w_b} \right)^2$$

从以上两式可以看出，保留时间越长，色谱峰越窄，塔板数 N 就越多，塔板高度 H 越小，则柱效率越高。但由于死时间 t_M 或死体积 V_M 的存在，往往尽管计算出来的 N 很大，H 很小，但色谱柱的实际分离能力并不好。因此理论塔板数 N、理论塔板高度 H 有时并不能反映色谱柱分离效果的好坏，需要用有效塔板高度 $H_{有效}$，有效塔板数 $N_{有效}$ 作为色谱柱的效能指标。

$$N_{有效} = 5.54 \left(\frac{t'_R}{w_{1/2}} \right)^2 \quad \text{或} \quad N_{有效} = 16 \left(\frac{t'_R}{w_b} \right)^2$$

$$H_{有效} = \frac{L}{N_{有效}}$$

【例 6-3】 根据图 6-29 所示色谱图计算有效塔板数。

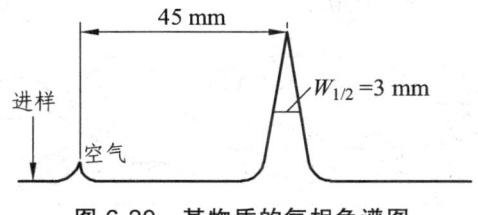

图 6-29　某物质的气相色谱图

解： $$N_{有效} = 5.54 \left(\frac{t'_R}{W_{1/2}} \right)^2 = 5.54 \times \left(\frac{45}{3} \right)^2 = 1\,246.5 \text{（块）}$$

（二）速率理论与影响柱效率的因素

塔板理论是半经验理论，它以分配平衡为依据，解释了流出曲线的形状、保留值，并能计算有效塔板数来评价柱效的高低。但是，塔板理论做了很多简化处理，例如，分配系数与浓度无关，纵向扩散可以忽略，把连续的色谱过程分割成许多小的平衡过程来处理，认为色谱过程仅是分配问题。因此塔板理论有很大的局限性，不能解释色谱峰的扩张，即不能解释影响塔板高度的因素。例如不能解释载气流速不同，所得塔板数也不同这一事实。

塔板理论的塔板数 N，是由保留值和峰宽这两个参数决定的，而保留值主要由固定液性质及柱温决定，即组分的保留值受热力学因素的影响和控制；而峰宽则主要受载气流速、传质、扩散等因素的影响和控制。1956年，范第姆特（van Deemter）等人在动力学基础上提出了速率理论，仍用塔板高度的概念，把色谱分配过程与分子扩散和在气-液两相中的传质过程联系起来，解释了影响板高 H 的各种因素和色谱峰扩张的原因。

速率理论认为使色谱峰扩张的原因是涡流扩散、分子扩散，气-液两相的传质阻力的影响，范第姆特等人由此导出相关方程，称范氏方程。范氏方程简化式：

$$H = A + B/u + Cu$$

式中　　A——涡流扩散项；

　　　　B/u——分子扩散项；

　　　　Cu——传质阻力项；

　　　　u——载气的平均线速度。

1. 影响塔板高度的因素

（1）涡流扩散项（A）

$$A = 2\lambda d_p$$

涡流扩散项也称多路效应项。它与填充物的平均颗粒直径 d_p 有关，也与填充不均匀因子 λ 有关，即填充越均匀、颗粒越小，则塔板高度越小，λ 值就小，A 值也小，柱效越高。

在气相色谱中，由于载气携带样品前进，碰到填充物颗粒时，不断改变流动方向，通过了各种不同长度的间隙，组分分子在气相中形成紊乱似涡流的流动。涡流扩散的方向垂直于载气流动方向，所以也称径向扩散或多路效应。填充物颗粒大小不一，且颗粒粗大，填充又不均匀，则会造成色谱峰扩张（图6-30）。

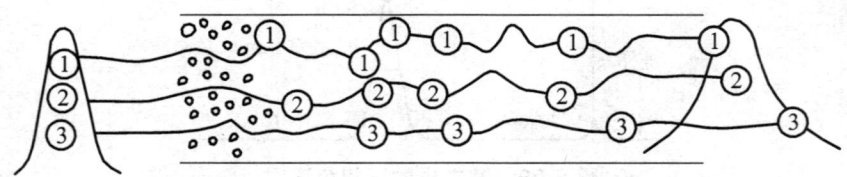

图 6-30　多路效应项示意图

图中①②③代表三个起点相同的同种组分分子，由于在柱中通过的路径长短不一，结果三个质点不同时流出色谱柱，造成色谱峰的扩张。

（2）分子扩散项（B/u）

分子扩散也称纵向扩散，这是由于载气携带样品进入色谱柱后，样品组分沿轴向扩散，从而造成色谱峰的进一步扩张。

分子扩散主要与组分在气相中的扩散系数 D_g 有关，随载气和组分的性质、温度、压力而变化，D_g 通常为 $0.01 \sim 1 \text{ cm}^2/\text{s}$。而组分在液相中的扩散系数 D_L 比 D_g 小 $10^4 \sim 10^5$ 倍，所以组分在液相中的扩散可以忽略不计。扩散系数 D_g 近似地与载气分子量的平方根成反比，所以使用分子量大的载气可以减小分子扩散。分子扩散与组分在气相中停留的时间成正比,滞留时间越长,分子扩散也越大,所以加快载气流速 u 可以减少由于分子扩散而产生的色谱峰扩张。

（3）传质阻力项（Cu）

$$Cu=(C_g + C_L)u$$

式中　C_g——气相传质阻力系数；
　　　C_L——液相传质阻力系数。

① 气相传质阻力系数（C_g）

气相传质阻力就是组分分子从气相到两相界面进行交换时的传质阻力,这个阻力会使柱子的横断面上的浓度分配不均匀。这个阻力越大,质量传递所需时间越长,浓度分配越不均匀,峰扩展就越严重。

气相传质阻力系数 C_g 与 d_p 成正比,故采用小颗粒的填充物可使 C_g 减小,有利于提高柱效。C_g 与 D_g 成反比,组分在气相中的扩散系数越大,气相传质阻力越小,故采用 D_g 较大的 H_2 或 He 做载气,可减小传质阻力,提高柱效。但载气线速增大,可使气相传质阻力增大,柱效降低。

② 液相传质阻力系数（C_L）

液相传质是指组分从气液界面到液相内部,并发生质量交换,达到分配平衡,然后又返回气-液界面的传质过程。在这个传质过程中,组分遇到的阻力称为液相传质阻力。传质过程是需要时间的,在流动状态下,因为气-液之间的平衡不能瞬时完成,传质速度受到一定限制。同时组分进入液相后又要从液相洗脱出来,也需要时间,与此同时,组分又随着载气不断向柱口方向运动,气、液两相中的组分距离越远,色谱峰扩展就越严重。载气流速越快越不利于传质,所以减小载气流速可以降低传质阻力,提高柱效。

液相传质阻力系数 C_L 与固定相液膜厚度 d_f 成正比,与组分在液相中的扩散系数 D_L 成反比。所以固定液薄有利于液相传质,不使色谱峰扩展。但固定液过薄会减少样品的容量,降低柱的寿命。组分在液相中的扩散系数 D_L 越大,越有利于传质。柱温对 D_L 影响较大,柱温升高,D_L 增大,即提高柱温有利于传质,减少峰形扩张；降低柱温,有利于分配,即有利于组分分离。所以要选择适宜的温度来满足具体样品的要求。

2. 改善柱效率的因素

（1）选择颗粒较小的均匀填料。
（2）在不使固定液黏度增加太多的前提下,应在最低柱温下操作。
（3）用最低实际浓度的固定液。
（4）用较大摩尔质量的载气。
（5）选择最佳载气流速。

扩展阅读

气相色谱专家系统

现代色谱仪的发展目标是智能色谱仪,它不仅是一种全盘自动化的色谱仪,而且还将具有色谱专家的部分智能。智能色谱的核心是色谱专家系统。气相色谱专家系统是一个具有大量色谱分析方法的专门知识和经验的计算机软件系统，它应用人工智能技术，根据色谱专家提供的专门知识、经验进行推理和判断，模拟色谱专家来解决那些需要色谱专家才能解决的气相色谱方法及建立复杂组分的定性和定量分析问题。

色谱专家系统的研制始于 20 世纪 80 年代中期，中国科学院大连化学物理研究所的 ESC （Expert System for Chromatography）有气相与液相两大部分，可以分别用于气相色谱和液相色谱，使用的是个人微型计算机。许多色谱数据站都有在线定性和定量功能，但其定性、定量软件只起自动化的作用，ESC 气相色谱专家系统力求的是智能化。ESC 气相色谱专家系统智能定性方法的核心是，只储存物质在一个柱温和固定液时的保留指数的文献值，在一定范围内，可利用储存的少数与柱温、固定液有关的参数，预测其他柱温及固定液时的计算值，将其用于定性。对于出现组分分离不完全的情况，ESC 专家系统应用曲线拟合法，先在计算机屏幕上显示色谱图，利用加减法更好地解决数值难以求准确的问题，然后用色谱峰分析软件分析色谱峰。

总之，色谱专家系统经过 10 多年的发展，已取得很大进展和一批可喜的成果，在生化、环保、石油化工等生产实践中显示出其价值。可以预测，今后新的针对某些特定领域的问题，新的专用性专家系统软件将不断推出，可解决更多的各种实际问题。

任务六 技能综合训练

【任务内容】

一、分析白酒中的主要成分

（一）实验原理

程序升温是气相色谱分析中一项常用而且十分重要的技术。对于每一个欲分析的组分来说，都对应着一个最佳的柱温，但是当分析样品比较复杂、沸程很宽的时候，若使用同一柱温进行分离，其分离效果很差，因为低沸点的组分由于柱温太高，很早流出色谱柱，色谱峰重叠在一起，不易分开；高沸点的组分则因为柱温太低，很晚流出色谱柱，甚至不流出色谱柱，其结果是各组分的色谱峰疏密不均，有时还出现"怪峰"，给分析工作带来困难。因此，对于宽沸程多组分的混合物样品，必须采用程序升温来代替等温操作。程序升温的方式可分为线性升温和非线性升温，根据分析任务的具体情况，可通过实验来选择适宜的升温方式，以期达到比较理想的分离效果。白酒主要成分的分析便是用程序升温来实现的。

（二）实验准备

1. 仪　器

（1）色谱仪（配 FID 检测器）；

（2）交联石英毛细管柱（冠醚 + FFAP，30 m×0.25 mm）；

（3）微量注射器（1 μL）。

2. 试　剂

（1）气体：氢气、压缩空气、氮气；

（2）标准样品：乙醛、甲醇、乙酸乙酯、正丙醇、仲丁醇、乙缩醛、异丁醇、正丁醇、丁酸乙酯、醋酸正丁酯（内标）、异戊醇、戊酸乙酯、乳酸乙酯、己酸乙酯（均为 GC 级）；

（3）样品：市售白酒一瓶。

（三）实验步骤

1. 标样和试样的配制

（1）标样（1%~2%）的配制：分别吸取乙醛、甲醇、乙酸乙酯、正丙醇、仲丁醇、乙缩醛、异丁醇、正丁醇、丁酸乙酯、异戊醇、戊酸乙酯、乳酸乙酯、己酸乙酯各 2.00 mL，用 60% 乙醇（无甲醇）定容至 100 mL；

（2）内标（2%）的配制：吸取醋酸正丁酯 2 mL，用上述乙醇定容至 100 mL；

（3）混合标样（带内标）的配制：分别吸取（1）中标样 0.80 mL 与（2）中内标样 0.40 mL，混合后用上述 60% 乙醇配成 25 mL 混合标样。

（4）白酒试样的配制：取白酒试样 10 mL，加入 2% 内标 0.40 mL，混合均匀。

2. 气相色谱仪的开机

（1）通载气（N_2），调节流速为 30 mL/min，调分流比为 1∶100；

（2）设置柱温升温程序：初始温度为 50 ℃，保持 6 min，然后以 4 ℃/min 的速率升至 220 ℃，恒温在 220 ℃；

（3）气化室温度为 250 ℃；

（4）打开色谱仪总电源和温度控制开关；

（5）通氢气和空气，流量分别为 50 mL/min 和 500 mL/min；

（6）点火，检查氢火焰是否点燃；

（7）打开色谱工作站，输入测量参数，走基线。

3. 标样的分析

待基线平直后，依次用微量注射器吸取乙醛、甲醇、乙酸乙酯、正丙醇、仲丁醇、乙缩醛、异丁醇、正丁醇、丁酸乙酯、异戊醇、戊酸乙酯、乳酸乙酯、己酸乙酯标样溶液 0.2 μL，进样分析，记录样品名对应的文件名，打印出色谱图和分析结果。

4. 白酒试样的分析

（1）用微量注射器吸取混合标样 0.2 μL，进样分析，记录样品名对应的文件名，打印出色谱图和分析结果；重复 2 次。

（2）用微量注射器吸取白酒试样 0.2 μL，进样分析，记录样品名对应的文件名，打印出色谱图和分析结果；重复 2 次。

5. 结束工作

（1）实验完成以后，先关闭氢气，再关闭空气，然后关闭温度控制开关；待温度降至室温后关闭气相色谱仪总电源开关；最后关闭载气。

（2）清理实验台面，填写仪器使用记录。

（四）数据处理

（1）定性：测定酒样中各组分的保留时间，将酒样中各组分的保留值与标样的保留值进行比较定性。

（2）求相对校正因子。

（3）计算酒样中各物质的质量分数。

二、食品中有机磷农药残留量的测定

（一）实验原理

食品中残留的有机磷农药经有机溶剂提取并净化、浓缩后，注入气相色谱仪，气化后在载气携带下于色谱柱中分离，由火焰光度检测器检测。当含有机磷的试样在检测器中的富氢焰上燃烧时，以 HPO 碎片的形式放射出波长为 526 nm 的特性光，这种光经检测器的单色器（滤光片）将非特征光谱滤除后，由光电倍增管接收，产生电信号而被检出。试样的峰面积或峰高与标准品的峰面积或峰高进行比较定量。

（二）实验准备

1. 仪 器

（1）气相色谱仪：附火焰光度检测器（FPD）；

（2）电动振荡器；

（3）组织捣碎机；

（4）旋转蒸发仪。

2. 试 剂

（1）二氯甲烷；

（2）丙酮；

（3）无水硫酸钠：在 700 ℃ 灼烧 4 h 后备用；

（4）中性氧化铝：在 550 ℃ 灼烧 4 h；

（5）硫酸钠溶液；

（6）有机磷农药标准储备液：分别准确称取有机磷农药标准品敌敌畏、乐果、马拉硫磷、对硫磷、甲拌磷、稻瘟净、倍硫磷、杀螟硫磷及虫螨磷各 10.0 mg，用苯（或三氯甲烷）溶解并稀释至 100 mL，放在冰箱中保存；

（7）有机磷农药标准使用液：临用时用二氯甲烷将（6）中的储备液稀释为使用液，使其浓度为敌敌畏、乐果、马拉硫磷、对硫磷、甲拌磷每毫升各含 1.0 μg，稻瘟净、倍硫磷、杀螟硫磷及虫螨磷每毫升各含 2.0 μg。

（三）实验步骤

1. 样品处理

（1）蔬菜：取适量蔬菜擦净，去掉不可食部分后称取蔬菜试样，将蔬菜切碎混匀。称取 10.0 g 混匀的试样，置于 250 mL 具塞锥形瓶中，加 30~100 g 无水硫酸钠脱水，剧烈振摇后如有固体硫酸钠存在，说明所加无水硫酸钠已够。加 0.2~0.8 g 活性炭脱色。加 70 mL 二氯甲烷，在振荡器上振摇 0.5 h，经滤纸过滤。量取 35 mL 滤液，在通风柜中于室温下自然挥发至近干。用二氯甲烷少量多次研洗残渣，移入 10 mL 具塞刻度试管中，并定容至 2 mL，备用。

（2）谷物：将样品磨粉（稻谷先脱壳），过 20 目筛，混匀。称取 10 g 置于具塞锥形瓶中，加入 0.5 g 中性氧化铝（小麦、玉米再加 0.2 g 活性炭）及 20 mL 二氯甲烷，振摇 0.5 h，过滤，滤液直接进样。若农药残留低，则加 30 mL 二氯甲烷，振摇过滤，量取 15 mL 滤液浓缩，并定容至 2 mL，进样。

（3）植物油：称取 5.0 g 混匀的试样，用 50 mL 丙酮分次溶解并洗入分液漏斗中，摇匀后，加 10 mL 水，轻轻旋转振摇 1 min，静置 1 h 以上，弃去下面析出的油层，上层溶液自分液漏斗上口倾入另一分液漏斗中（小心操作，尽量不使剩余的油滴倒入）（如乳化严重，分层不清，则放入 50 mL 离心管中，于 2 500 r/min 转速下离心 0.5 h，用滴管吸出上层清液）。加 30 mL 二氯甲烷，100 mL 50 g/L 硫酸钠溶液，振摇 1 min。静置分层后，将二氯甲烷提取液移至蒸发皿中；丙酮水溶液再用 10 mL 二氯甲烷提取一次，分层后，合并至蒸发皿中。自然挥发后，如无水，可用少量二氯甲烷多次研洗蒸发皿中残液，移入具塞量筒中，并定容至 5 mL。加 2 g 无水硫酸钠，振摇脱水，再加 1 g 中性氧化铝、0.2 g 活性炭（毛油可加 0.5 g），振荡脱油和脱色，过滤，滤液直接进样。如自然挥发后还有少量水，则需反复抽提后再如上操作。

2. 色谱条件

（1）色谱柱：玻璃柱，内径 3 mm，长 1.5~2.0 m。

① 分离测定敌敌畏、乐果、马拉硫磷和对硫磷的色谱柱：

内装涂以 2.5% SE-30 和 3% QF-1 混合固定液的 60~80 目 Chromosorb W AW DMCS；

内装涂以 1.5% OV-17 和 2% QF-1 混合固定液的 60~80 目 Chromosorb W AW DMCS；

内装涂以 2% OV-101 和 2% QF-1 混合固定液的 60~80 目 Chromosorb W AW DMCS。

② 分离测定甲拌磷、稻瘟净、倍硫磷、杀螟硫磷及虫螨磷的色谱柱：

内装涂以 3% PEGA 和 5% QF-1 混合固定液的 60~80 目 Chromosorb W AW DMCS；

内装涂以 2% NPGA 和 3% QF-1 混合固定液的 60~80 目 Chromosorb W AW DMCS。

（2）气流速度：载气为氮气，80 mL/min；空气 50 mL/min；氢气 180 mL/min（氮气、空气和氢气流量之比按各仪器型号不同选择各自的最佳比例条件）。

（3）温度：进样口 220 °C，检测器 240 °C，柱温 180 °C，但测定敌敌畏为 130 °C。

3. 测定

（1）打开色谱工作站，待基线稳定后，将有机磷农药标准使用液 2~5 μL 分别注入气相色谱仪中，记录样品名对应的文件名，打印色谱图和分析结果，分别绘制有机磷农药质量-

峰高标准曲线。

(2) 同时取试样溶液 2～5 μL 注入气相色谱仪中,记录样品名对应的文件名,打印色谱图和分析结果,从标准曲线图中查出相应的含量。

4. 结束工作

(1) 实验完成以后,先关闭氢气,再关闭空气,然后关闭温度控制开关;待温度降至室温后关闭气相色谱仪总电源开关;最后关闭载气。

(2) 清理实验台面,填写仪器使用记录。

(四) 数据处理

按下式计算:

$$X = \frac{A}{m \times 1000}$$

式中 X——试样中有机磷农药的含量,mg/kg;

A——进样体积中有机磷农药的质量,由标准曲线查得,ng;

m——与进样体积(μL)相当的试样质量,g。

计算结果保留两位有效数字。

三、室内空气中 VOC 的测定

(一) 实验原理

选择合适的吸附剂(Tenax GC 或 Tenax TA),用吸附管采集一定体积的空气样品,空气流中的挥发性有机化合物保留在吸附管中。采样后,将吸附管加热,解吸挥发性有机化合物,待测样品随惰性载气进入毛细管气相色谱仪。用保留时间定性,峰高或峰面积定量。

(二) 实验准备

1. 仪器

(1) 吸附管:外径 6.3 mm、内径 5 mm、长 90 mm 或 180 mm,是内壁抛光的不锈钢管,吸附管的采样入口一端有标记。吸附管可以装填一种或多种吸附剂,应使吸附层处于解吸仪的加热区。根据吸附剂的密度,吸附管中可装填 200～1 000 mg 吸附剂,管的两端用不锈钢网或玻璃纤维毛堵住。如果在一支吸附管中使用多种吸附剂,应按吸附能力增加的顺序排列,并用玻璃纤维毛隔开,吸附能力最弱的装填在吸附管的采样入口端。

(2) 注射器:可精确读出 0.1 μL 的 10 μL 液体注射器;可精确读出 0.1 μL 的 10 μL 气体注射器;可精确读出 0.01 mL 的 1 mL 气体注射器。

(3) 采样泵:恒流空气个体采样泵,流量范围 0.02～0.5 L/min,流量稳定。使用时用皂膜流量计校准采样系统在采样前和采样后的流量,流量误差应小于 5%。

(4) 配备氢火焰离子化检测器的气相色谱仪、质谱检测器或其他合适的检测器,非极性(极性指数小于 10)石英毛细管色谱柱。

(5) 热解吸仪:能对吸附管进行二次热解吸,并将解吸气用惰性气体载入气相色谱仪。

解吸温度、时间和载气流速是可调的。冷阱可将解吸样品进行浓缩。

（6）液体外标法制备标准系列的注射装置：常规气相色谱进样口可以在线使用，也可以独立装配，保留进样口载气连线，进样口下端可与吸附管相连。

2. 试剂

（1）VOCs（Volatile Organic Compounds，挥发性有机物）：为了校正浓度，需用 VOCs 作为基准试剂，配成所需浓度的标准溶液或标准气体，然后采用液体外标法或气体外标法将其定量注入吸附管。

（2）稀释溶剂：液体外标法所用的稀释溶剂为色谱纯，在色谱流出曲线中应与待测化合物分离。

（3）吸附剂：使用的吸附剂粒径为 0.18～0.25 mm（60～80 目），吸附剂在装管前都应在其最高使用温度下，用惰性气流加热活化处理过夜。为了防止二次污染，吸附剂应在清洁空气中冷却至室温、储存和装管。解吸温度应低于活化温度。由制造商装好的吸附管使用前也需活化处理。

（4）纯氮：99.999%。

（三）实验步骤

1. 采样和样品保存

将吸附管与采样泵用塑料或硅橡胶管连接。个体采样时，采样管垂直安装在呼吸带；固定位置采样时，选择合适的采样位置。打开采样泵，调节流量，以保证在适当的时间内获得所需的采样体积（1～10 L）。如果总样品量超过 1 mg，采样体积应相应减少。记录采样开始和结束的时间、采样流量、温度和大气压力。

采样后将管取下，密封管的两端或将其放入可密封的金属或玻璃管中。样品可保存 5 d。

2. 样品的解吸和浓缩

将吸附管安装在热解吸仪上，加热，使有机蒸气从吸附剂上解吸下来，并被载气流带入冷阱，进行预浓缩，载气流的方向与采样时的方向相反。然后再以低流速快速解吸，经传输线进入毛细管气相色谱仪。传输线的温度应足够高，以防止待测成分凝结。解吸条件如下：

解吸温度	250～325 ℃；
解吸时间	5～15 min；
解吸气流量	30～50 mL/min；
冷阱的制冷温度	+20～-180 ℃；
冷阱的加热温度	250～350 ℃；
冷阱的吸附剂	如果使用，一般与吸附管相同，40～100 mg；
载气	氮气或高纯氮气；
分流比	样品管和二级冷阱之间以及二级冷阱和分析柱之间的分流比应根据空气中有机物的浓度选择。

3. 色谱分析条件

可选择膜厚度为 1～5 μm 的 50 m×0.22 mm 石英柱，固定相可以用二甲基硅氧烷或 7%

的氰基丙烷、7%的苯基、86%的甲基硅氧烷。柱操作条件为程序升温，初始温度50 ℃，保持10 min，以5 ℃/min的速率升温至250 ℃。

4. 标准曲线的绘制

（1）气体外标法：用泵准确抽取100 μg/L的标准气体100 mL、200 mL、400 mL、1 L、2 L、4 L、10 L，通过吸附管，制备标准系列。

（2）液体外标法：利用仪器和设备的进样装置取1~5 μL含液体组分100 μg/mL和10 μg/mL的标准溶液，注入吸附管，同时用100 mL/min的惰性气体通过吸附管，5 min后取下吸附管，密封，制备标准系列。

（3）用热解吸气相色谱法分析吸附管标准系列，以扣除空白后峰面积的对数为纵坐标、待测物质量的对数为横坐标，绘制标准曲线。

5. 样品分析

每支样品吸附管按绘制标准曲线的操作步骤（即相同的解吸、浓缩条件及色谱分析条件）进行分析，用保留时间定性，峰面积定量。

（四）数据处理

（1）将采样体积换算成标准状况下的采样体积。

（2）$T(VOC)$的计算

应对保留时间在正己烷和正十六烷之间的所有化合物进行分析；计算$T(VOC)$，包括色谱图中从正己烷到正十六烷之间的所有化合物；根据单一的校正曲线，对尽可能多的VOCs定量，至少应对10个最高峰进行定量，最后与$T(VOC)$一起列出这些化合物的名称和浓度；计算已鉴定和定量的挥发性有机化合物的浓度S_{id}；用甲苯的响应系数计算未鉴定的挥发性有机化合物的浓度S_{un}；S_{id}与S_{un}之和为VOC的浓度或$T(VOC)$的值。

（3）气体样品中待测组分的浓度按下式计算：

$$c = \frac{F-B}{V_0} \times 1000$$

式中　　c——空气样品中待测组分的浓度，μg/m³；

F——样品管中组分的质量，μg；

B——空白管中组分的质量，μg；

V_0——标准状况下的采样体积，L。

思考与练习

一、填空题

1. 在气-固色谱柱内，各组分的分离是基于组分在吸附剂上的_____、_____能力不同；而在气-液色谱中，分离是基于各组分在固定液中_____、_____能力不同。

2. 色谱柱是气相色谱的核心部分，色谱柱分为_____型和_____型两类，通常根据色谱柱内充填的固体物质的不同,可把气相色谱法分为_____和_____两种。

3. 色谱柱的分离效能,主要由_____决定。

4. 色谱分析选择固定液时根据"相似性原则",若被分离的组分为非极性物质,则应选用_____固定液;对能形成氢键的物质,一般选择_____固定液。

5. 色谱分析中,组分流出色谱柱的先后顺序,一般符合_____,即_____先流出,_____后流出。

6. 色谱分析从进样开始至每个组分流出曲线达最大值时所需时间称为_____,其可以作为气相色谱_____分析的依据。

7. 一个组分的色谱峰,其_____可用于定性分析,_____可用于定量分析。峰宽可用于衡量_____,色谱峰形越窄,说明柱效率_____。

8. 无论采用峰高还是峰面积进行定量,其物质浓度和相应峰高或峰面积之间必须呈____关系,符合数学式_____,这是色谱定量分析的重要依据。

9. 色谱定量分析中的定量校正因子可分为_____和_____。

10. 色谱检测器的作用是把被色谱柱分离的_____根据其_____或_____特性,转变成____,经放大后由_____记录成色谱图。

11. 在色谱分析中常用的检测器有_____、_____、_____、_____等。

12. 热导池检测器是由_____、_____、_____三部分组成的。热导池之所以能作为检测器,是由于_____。

13. 热导池检测器在进样量等条件不变的前提下,某组分的峰面积随载气流速的增大而_____,而氢焰检测器则随载气流速的增大而_____。

14. 氢火焰离子化检测器是一种_____的检测器,适用于_____分析,其主要部件是_____。

15. 分离度表示两个相邻色谱峰的_____,以两个组分_____之差与其_____之比表示。

二、判断题

1. 色谱分析是把保留时间作为气相色谱定性分析的依据。( )

2. 在气-固色谱中,如被分离的组分沸点、极性相近,但分子直径不同,可选用活性炭作为吸附剂。( )

3. 色谱柱的分离效能主要是由柱中填充的固定相所决定的。( )

4. 提高柱温能提高柱子的选择性,但会延长分析时间,降低柱效率。( )

5. 试样待测组分在色谱柱中能否得到良好的分离效果,主要取决于载气流速、柱温、桥电流等各项操作条件。( )

6. 色谱操作中,在能使最难分离的物质对能很好分离的前提下,应尽可能采用较低的柱温。( )

7. 测量半水煤气中 CO、CO_2、N_2 和 CH_4 含量,可以用氢火焰离子化检测器。( )

8. 气相色谱分析中,混合物能否完全分离取决于色谱柱,分离后的组分能否准确检测出来取决于检测器。( )

9. 气相色谱分析中,灵敏度和敏感度的区别在于:灵敏度是整机的指标,敏感度是检测器的指标。( )

10. 样品中有 4 个组分,用气相色谱法测定,有一组分在色谱中未能检出,可采用归一化法测定这个组分。   (   )

三、选择题

1. 气相色谱作为分析方法的最大特点是(   )。
   A. 进行定性分析　　　　B. 进行定量分析
   C. 分离混合物　　　　　D. 分离混合物并同时进行分析

2. 气相色谱法分为两类,它们是(   )。
   A. 气-固色谱　　B. 气-液色谱　　C. 气相色谱　　D. 高效液相色谱

3. 通常把色谱柱内不移动的、起分离作用的固体物质叫(   )。
   A. 担体　　　　B. 载体　　　　C. 固定相　　　　D. 固定液

4. 在气-固色谱分析中使用的活性炭、硅胶、活性氧化铝等都属于(   )。
   A. 载体　　　　B. 固定液　　　C. 固体固定相　　　D. 担体

5. 在气-固色谱中,样品中各组分的分离是基于(   )。
   A. 组分的性质不同　　　　　　B. 组分溶解度的不同
   C. 组分在吸附剂上的吸附能力不同　　D. 组分在吸附剂上的脱附能力不同

6. 在气相色谱中,直接表征组分在固定相中停留时间长短的参数是(   )。
   A. 保留时间　　B. 调整保留时间　　C. 死时间　　D. 相对保留值

7. 在气相色谱分析中,定性的参数是(   )。
   A. 保留值　　　B. 峰高　　　C. 峰面积　　　D. 半峰宽

8. 气相色谱中与含量成正比的是(   )。
   A. 保留体积　　B. 保留时间　　C. 相对保留值　　D. 峰面积

9. 气-液色谱中选择固定液的原则是(   )。
   A. 相似相溶　　B. 极性相同　　C. 官能团相同　　D. 分子量相近

10. 在气-液色谱中,色谱柱使用的上限温度取决于(   )。
    A. 试样中沸点最高组分的沸点　　　B. 试样中沸点最低组分的沸点
    C. 试样中各组分沸点的平均值　　　D. 固定液的最高使用温度

11. 在气-液色谱中,色谱柱使用的下限温度(   )。
    A. 应该不低于试样中沸点最高组分的沸点
    B. 应该不低于试样中沸点最低组分的沸点
    C. 应该等于试样中各组分沸点的平均值或高于平均沸点 10 ℃
    D. 不应该超过固定液的熔点

12. 在气-液色谱柱内,被测物质中各组分的分离是基于(   )。
    A. 各组分在吸附剂上吸附性能的差异
    B. 各组分在固定相和流动相间的分配性能的差异
    C. 各组分在固定相中浓度的差异
    D. 各组分在吸附剂上脱附能力的差异

13. 对一台日常使用的气相色谱仪,在实际操作中为提高热导池检测器的灵敏度,主要采取的措施是(   )。
    A. 改变热导池的热丝电阻　　　　B. 改变载气的类型

C. 改变桥路电流　　　　　　　　D. 改变热导池的结构
14. 用色谱法进行定量时，要求混合物中每一个组分都需出峰的方法是（　　）。
   A. 外标法　　　B. 内标法　　　C. 归一化法　　　D. 叠加法
15. 气-液色谱中，氢火焰离子化检测器优于热导检测器的原因是（　　）。
   A. 装置简单　　　　　　　　　B. 更灵敏
   C. 可检出更多的有机化合物　　　D. 用较短的柱就能完成同样的分离

四、问答题

1. 色谱法有哪些类型？
2. 气相色谱法的特点是什么？
3. 气相色谱仪由哪几个系统组成？各系统的作用是什么？
4. 简述常用气相色谱检测器的工作原理。
5. 气-固色谱固定相主要包括哪些物质？
6. 对固定液的要求是什么？固定液选择的基本原则是什么？固定液选择的方法有哪些？
7. 常用的担体有哪些？担体有时为什么要进行处理？
8. 试述气相色谱分离原理。
9. 塔板理论和速率理论有何区别，有何联系？
10. 范氏方程对色谱分析工作有何指导意义？
11. 气相色谱定性的依据是什么？主要方法有哪些？
12. 气相色谱定量的依据是什么？峰面积为什么要用校正因子进行校正？
13. 气相色谱分析中常用定量方法有哪些？各自优缺点如何？

五、计算题

1. 某样品用气相色谱分析，测得从进样到出色谱峰顶的时间为 70 s 和 90 s，空气峰顶出现的时间为 4 s，求调整保留时间和相对保留值。

2. 分析试样中某组分，得到一正态色谱图，测得峰底宽度 W_b=40 mm，保留距离 t_R=390 mm，计算此色谱柱的理论塔板数 N；如果柱长 1 m，则塔板高度 H 是多少？

3. 测得某组分在 1 m 色谱柱上，调整保留时间 t'_R =1.94 min，峰底宽 W_b=9.7 s，计算 $N_{有效}$ 及 $H_{有效}$。

4. 按图 6-31 所示数据，计算苯和环己烷的分离度。

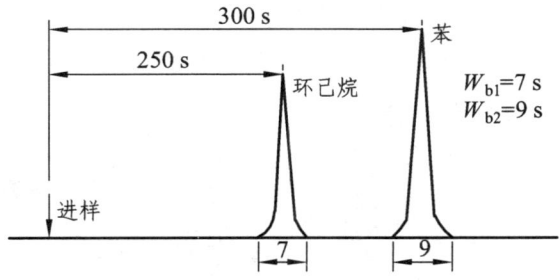

图 6-31　分离度 R 的计算

5. 测得石油裂解气的色谱图（前面 4 个组分为经过衰减 1/4 而得到的），经测定各组分

的 f 值和各组分峰面积如表 6-5 所示。

表 6-5 石油裂解气的分析数据

出峰次序	空气	甲烷	二氧化碳	乙烯	乙烷	丙烯	丙烷
峰面积	34	214	4.5	278	77	250	47.3
校正因子 f	0.84	0.74	1.00	1.00	1.05	1.28	1.36

用归一化法定量，求各组分的含量。

6. 测乙醇中微量水分，采用内标法。准确称取试样 1 500 mg，然后准确加入一定体积的纯甲醇（150 mg），摇匀后，取 5 μL 进样，在一定色谱条件下测得水及甲醇的色谱峰面积为 $A_{水}$ =80 mm², $A_{甲醇}$ =98 mm²，实验测得 $f'_{水/甲醇}$ =0.87，计算试样中水的含量。

项目七　高效液相色谱法

📖 学习目标

【技能目标】
- 能对高效液相色谱仪进行操作；
- 能对样品的检测条件进行优化；
- 会对仪器所用溶剂进行过滤和脱气；
- 能对仪器进行日常维护保养，学会排除简单的故障。

【知识目标】
- 掌握高效液相色谱的主要类型及其分离原理；
- 掌握高效液相色谱分析仪的基本构造和工作流程；
- 掌握常用高效液相色谱仪的使用及日常维护知识。

高效液相色谱法（High Performance Liquid Chromatography，HPLC）是20世纪60年代末期，在经典液相色谱法和气相色谱法的基础上发展起来的新型分离分析方法。由于它与经典液相色谱相比具有高压、高速、高效、高分离度的特点，因此，又被称为高压液相色谱（High Pressure Liquid Chromatography）、高速液相色谱（High Speed Liquid Chromatography）或高分离度液相色谱（High Resolution Liquid Chromatography）。

气相色谱法（GC）虽具有快速、分离效率高、用样量少等优点，但它要求样品能够气化，因此常受到样品的挥发性限制，可以直接用气相色谱法分析的化合物仅占所有化合物的20%。与GC相比，HPLC的应用范围不受样品挥发度和热稳定性的限制，适合于分析沸点较高、不易挥发、受热易分解、分子量较大和不同极性的有机或无机化合物、生物活性物质、合成和天然高分子化合物。

HPLC与GC不同的另一特点是流动相除起运载被分离样品的作用外，还具有选择性分离的作用。因此，通过改变流动相的组成，可以调节和改善样品中各组分的分离度。

高效液相色谱法具有如下特点：

（1）适用范围广。高效液相色谱适用于分析沸点高、分子量较大，受热易分解的不稳定有机化合物、生物活性物质以及多种天然产物。这些化合物约占全部有机化合物的80%。

（2）柱效高。由于新型高效微粒固定相填料的使用，它的柱效可达30 000块/m理论塔板数，远远大于气相色谱填充柱2 000块/m理论塔板数的柱效。

（3）柱压高。高效液相色谱柱的阻力较大，一般色谱柱进口压力为15~30 MPa。

（4）分析速度快。相对经典液相色谱，其分析时间大大缩短。由于使用了高压输液泵，流动相流速大大加快，可达 1~10 mL/min，完成一个样品分析仅需几分钟至几十分钟。例如，对氨基酸进行分离，用经典液相色谱，柱长约 170 cm，柱径 0.9 cm，流动相速度为 0.5 mL/min，需用 20 多小时才能分离出 20 种氨基酸；而用高效液相色谱法，在 1 h 之内即可完成。又如，用 25 cm×0.46 cm 的 Lichrosorb-ODS（5 μm）的柱，采用梯度洗脱，可在不到 0.5 h 内分离出尿中 104 个组分。

（5）灵敏度高。如在高效液相色谱中广泛使用的紫外吸收检测器，其最小检测量可达 10^{-9} g，荧光检测器的灵敏度可达 10^{-11} g。

任务一　熟悉高效液相色谱仪的基本操作

【任务目的】

（1）掌握高效液相色谱仪的主要构成部分及作用。
（2）学习高效液相色谱仪的基本操作。

【任务准备】

1. 仪　器

（1）WUFENG LC-P100 高效液相色谱仪；
（2）LC-100 紫外检测器；
（3）LC-100 色谱工作站；
（4）LC-CO100 柱恒温箱。

2. 试　剂

（1）甲醇；苯系物（各取苯、甲苯、二甲苯 100 μL，定容至 10 mL）。
（2）色谱条件：检测波长 254 nm；流动相：甲醇-水（90∶10）；流速 1 mL/min。

【任务内容】

一、高效液相色谱仪基本操作

以伍丰高效液相色谱仪为例。

1. 泵操作

（1）参数的设置：插上电源线，打开电源开关（不要启动 LC-WS100 工作站），按 设定 键，依次设定流量值、压力上下限。
（2）泵的启动：在液晶屏显示泵准备就绪的状态下，按 启动/停止 键，即能使泵运行，输出流动相，绿色指示灯亮，表示高压泵压力已稳定，可以进行样品分析了。

2. 柱温箱操作

如需控制柱温，按以下操作。

仪器在按下电源开关接通电源后，LED 数码管即显示当前的实测温度值。按 设定 键进入参数设定模式，逐次按 ∧ 或 ∨ 键设置温度，设定好后按 启动/停止 键即确认设定参数，仪器返回工作状态模式。继续按 启动/停止 键，仪器开始加热，再次按下 启动/停止 键即停止加热。

3. 紫外检测器操作

仪器在按下电源开关接通电源并燃亮氘灯后进入自检程序及进行波长校正，自检结束后进入工作状态模式。

按 设置 键进入参数设定模式，再按 设置 键逐行下移，选定"波长设置"，按 ∧ 或 ∨ 键改变波长值，按 确认 键返回工作状态模式。

4. 色谱工作站操作

（1）数据采集

打开色谱工作站计算机电源，双击桌面快捷方式"伍丰色谱数据工作站"，出现色谱工作站"实时采样"画面。依次进行数据采集参数设置，如可从"采样控制"页选择保存路径、采样结束时间、峰宽、斜率、泵流量和检测波长等，当从六通阀进样器进样后，色谱工作站即启动数据采集，可从"数据采集"页观察记录的色谱图。

（2）泵流量、泵压控制操作

① 等度淋洗：在"泵控制"页面的"流量"对话框中输入流量参数，按 设置 按钮确认；在"泵控制"页面的"泵压设置"对话框中输入压力参数，按 设置 按钮确认。用鼠标点击 泵启动 按钮，高压泵自动按设定的流量工作。

② 梯度淋洗：以双泵头为例，在"时间"栏中设置达到目标流量的时间，"流量"栏中设置总流量，A、B 泵栏中输入占总流量的百分比值。按"加入"将设置值加入列表中。也可以用鼠标选中列表中某条记录进行"删除"或"修改"。用鼠标点击 泵启动 按钮，高压泵自动按设定的流量在设定的时间段内工作。

（3）紫外检测器设置

鼠标单击 开/关氘灯 按钮，使氘灯处于关闭状态，在"波长设置"对话框中，输入 180~680 nm 内的一个数值，设置紫外检测器的波长，输入完成后按 设置 按钮即确认设定参数。

5. 样品分析

设定色谱条件，进样 20 μL，将进样器旋转至"INJET"状态，进行数据采集。分离结束后，保存文件，确认各组分，记录谱图参数。用归一化法计算苯系物混合液中各组分的含量。

6. 结束工作

（1）分析工作结束后，按要求清洗泵和检测器，关闭高压泵、紫外检测器。

（2）按使用登记要求逐项进行检查并登记。

问题探究一

1. 高效液相色谱仪的主要部件有哪些?
2. 如何操作高效液相色谱仪?
3. 试比较高效液相色谱仪与气相色谱仪的异同。

知识链接一 高效液相色谱仪的基本结构

高效液相色谱仪因型号不同,仪器的性能和结构复杂程度各有不同,但从仪器主要的组成部分来看有其共同之处。其基本构造由高压输液系统、进样系统、分离系统、检测系统和数据处理系统五大部分组成,如图 7-1 所示。

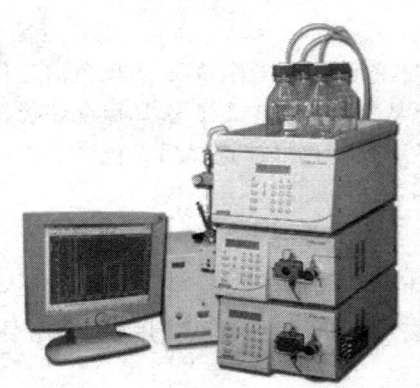
（a）高效液相色谱仪实物图

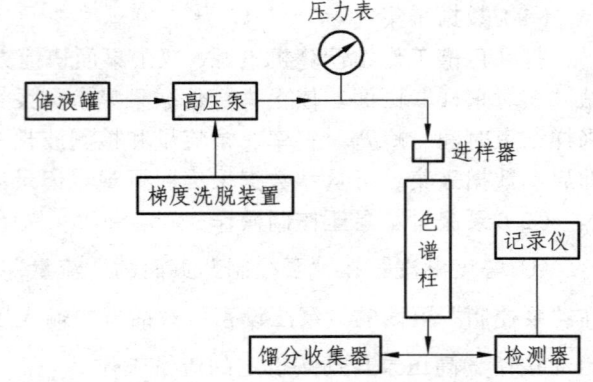
（b）高效液相色谱仪组成示意图

图 7-1 高效液相色谱仪

一、输液系统

输液系统主要包括储液器及脱气装置、高压输液泵、溶剂混合及梯度控制装置。

1. 储液器

储液器用于存储足够数量、符合 HPLC 要求的洗脱液（流动相）,一般备有 2~4 个,至少 1 个（单元泵,仅做等强度洗脱）。大多由化学稳定性好的玻璃或聚四氟乙烯等材料制成,每个体积均为 500~1 000 mL。洗脱液放入储液器前应经过 0.45 μm 或 0.5 μm 或 0.2 μm 微孔膜过滤。滤膜材料一般有两种：① 硝酸纤维素类,适合过滤纯水或不含有机溶剂的缓冲液及加酸水溶液；② 聚四氟乙烯或其他含氟高聚物或尼龙膜,用于过滤纯有机溶剂或含有机溶剂的洗脱液,用少量甲醇湿润后,也可用于过滤水溶液。置于储液器中的吸液导管要装过滤器,一般由不锈钢烧结材料制成,表面微孔直径为 10 μm 左右。该过滤器用久后表面会吸附少量沉积物,并易产生小气泡进入导管和泵内,引起泵压不稳定,此时应将过滤头拔下,分别用 6 mol/L 盐酸、纯水、乙醇于超声波中振荡,清洗干净。

2. 高压输液泵

输液泵是高效液相色谱仪的关键部件之一，如图 7-2 所示。它的作用是向系统提供准确、精密的流动相。对泵的性能要求是：① 流量稳定，输出的洗脱液基本无脉动，流量精度一般为 RSD 小于 0.3%。② 流量在较宽范围内连续可调，分析型一般为 0.01 ~ 10 mL/min，制备型流量可达每分数百毫升甚至上千毫升。③ 耐受压力较高，密封性能好。由于 HPLC 柱填料粒径很细（一般为 3 μm 和 5 μm）且填充紧密，泵输出的流动相液体具有一定压力才能通过色谱柱。一般泵和系统最大耐压可达 30 ~ 60 MPa。④ 泵腔及其流路体积较小，有利于流动相更换和梯度洗脱的准确执行。⑤ 耐腐蚀性好。流动相常具有一定的酸碱性或盐浓度，有一定的腐蚀性，故泵和流路的材料一般为 ANSl316 级的不锈钢或 PEEK 塑料。使用上述腐蚀性流动相后，应立即用水清洗泵及流路。近年来许多品牌的柱塞泵配有在线自动活塞冲洗装置，目的是防止盐析引起腐蚀和密封圈磨损漏液。

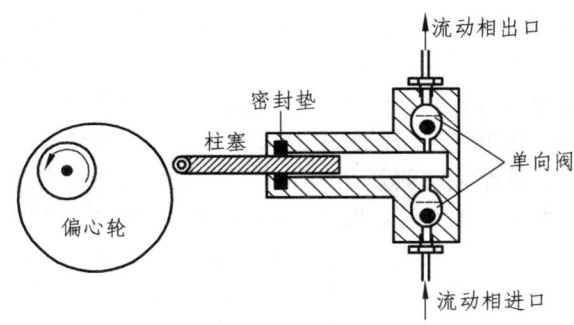

图 7-2　高压输液泵结构

往复式柱塞泵是目前 HPLC 采用最多的一种高压输液泵。它是由电机带动凸轮（或偏心轮）转动，驱动柱塞在液缸内做往复运动，从而定期地将储存在液缸里的液体以高压排出。液缸容积恒定，故柱塞往复一次排出的洗脱液的量恒定，因而称为恒流泵。输出流量的调节是通过改变柱塞的冲程或者通过改变电机的转速而改变柱塞往复运动的频率来实现的。这种泵调速方便，液缸容积较小，通常只有几微升到几百微升，清洗和更换溶剂方便。其缺点是在吸入冲程时泵没有输出，故输出洗脱液的压力和流量随柱塞的往复运动而产生周期性脉动。因此，目前通常采用双头泵和加脉动阻尼器的方法减少或消除其脉动。双头泵是指用两个往复式柱塞泵并联或串联成一台泵使用。其具体结构图和工作原理请参见 HPLC 生产厂商的产品介绍资料或仪器说明书。

3. 过滤器

由于液相色谱柱、进样器等都很精密，微小的机械杂质将导致这些部件的损害，使其不能正常工作，同时机械杂质在柱头的积累还影响柱子的使用，因此一般在高压输液泵的进口和它的出口与进样阀之间设置过滤器。常见的有溶剂过滤器和管道过滤器，结构如图 7-3 所示。

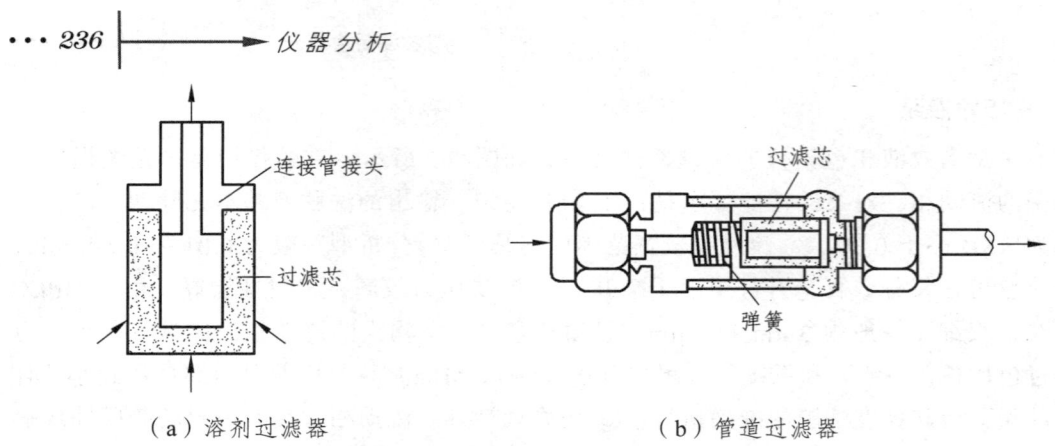

(a) 溶剂过滤器　　　　　　　　　(b) 管道过滤器

图 7-3　过滤器的结构

4. 洗脱装置

在整个分离过程中,流动相的组成不变,此装置主要用于控制分离过程中流动相的组分,一般采用等度洗脱和梯度洗脱两种方式。等度洗脱方式柱效率相对较低,分析时间较长,适用于被分析样品组分较少、性质差别不大的样品中各组分的分离和检测。

对于被分析样品中组分数目较多、性质差别较大的复杂混合物,所选择的溶剂强度对于一些组分不是很强就是很弱,其结果是弱保留组分很快流出,色谱峰尖而且重叠在一起;强保留组分流出慢,峰宽且矮平,甚至无法测量。为了使复杂混合物中的各组分均得到满意的分离,必须采用梯度洗脱技术,如图 7-4 所示。图 7-5 是用不同洗脱方式分离样品的色谱图。梯度洗脱是指在一个分析周期中,程序控制流动相的组成(如溶剂的极性、离子的强度、pH 等)改变,使每个组分都在适宜的条件下获得分离的洗脱方式。梯度洗脱在液相色谱中所起的作用相当于气相色谱中的程序升温。采用梯度洗脱技术能缩短总分析时间,提高分离度,改善峰形。此外,由于它使峰变锐,使微量组分容易检出,因而提高了检测灵敏度。但梯度洗脱常常会引起基线飘移,且重现性较差。梯度洗脱程序一般是以等强度洗脱的结果为基础,通过实验加以修正再确定。梯度洗脱主要有低压梯度洗脱和高压梯度洗脱两种,可根据分离目的进行选择。

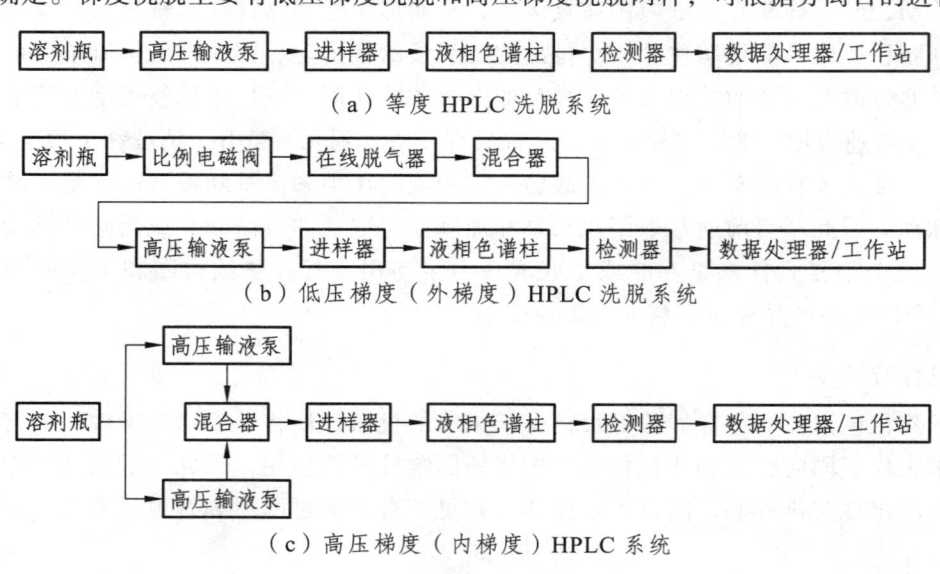

图 7-4　梯度洗脱技术

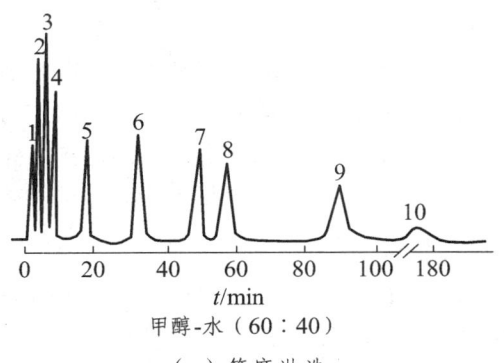
（a）等度淋洗

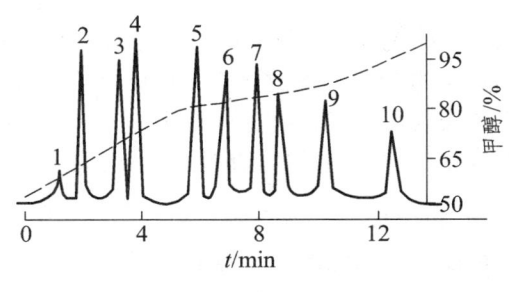
（b）梯度淋洗

图 7-5　多组分混合物等度和梯度洗脱谱图

C_{18} 硅柱：5 μm，150 mm×5 mm；UV-254 峰序：1—苯甲酸；2—苯胺；3—硝基苯；4—苯；5—二苯酮；6—萘；7—联苯；8—菲；9—醌；10—蒽

二、进样系统

进样系统是将待分析样品引入色谱柱的装置。常用的进样器主要有注射进样器、六通阀进样器和自动进样器等。进样方式有隔膜注射进样、阀进样和自动进样器进样等多种，后两种进样方式因耐高压，重复性好，操作方便，故为绝大多数仪器所采用。在阀进样器中，目前几乎所有厂商均采用六通阀进样器（参见项目五气相色谱仪相关内容）。

自动进样器实际上是由工作站或其本身带有的微处理机来控制一个六通阀的采样（通过阀针）、进样和清洗等工作。操作者只需把装好样品的小瓶按一定次序放入样品盘中，设定好程序即可准确地取样和进样。该法可节省人力，提高工作效率，尤其适合同样色谱条件下分析大量同类样品。

三、分离系统

分离系统是 HPLC 最重要的部分，由色谱柱与流动相组成。色谱柱是 HPLC 实现高效快速分离的核心，由壳体、填料构成。

1. 填　料

填料又称固定相，是色谱柱的主体。从物理结构上讲，目前使用的是 20 世纪 70 年代初发展起来的全多孔微粒固定相（粒径 3～5 μm）。从化学结构上讲，固定相可分为无机基质和有机基质两大类型。前者主要有硅胶、氧化铝、键合型硅胶等；后者主要有各种改性或未改性高聚物树脂及各种多糖型凝胶等。键合型硅胶是利用硅胶表面的羟基与带有活性基团的有机化合物通过化学反应制得。根据有机分子的结构，与硅羟基可以有 4 种键合形式，即 Si—N、Si—O—C、Si—C、Si—O—Si—C，最后一种键合形式合成简便，稳定性最好，因而是目前占绝对优势的化学键合固定相。依据键合到硅胶表面的官能团不同，化学键合相主要有正相、反相和离子交换三种类型。正相键合相是指键合的有机分子中含有极性基团，最常见的有醚基（—ROR′）、氰基（—CN）、氨基（—NH$_2$）和二醇基（—CHOH—CH$_2$OH）。反相固定相键合的有机分子是烷基（—R）或苯基，烷基 R 的链长可以是 C_2、C_4、C_6、C_8、

C_{16}、C_{18}、C_{22}、C_{30} 等。随着 R 碳链的增长，固定相的极性逐渐降低，疏水性逐渐增强。其中最常用的是 C_{18}，即十八烷基键合硅胶，又称 ODS。反相固定相的应用最广，约占整个键合固定相的 75%。在键合相的有机分子中含有磺酸基（—SO_3H）或羧酸（—COOH）的为阳离子交换固定相；含有季铵盐（—R_4N）或胺基（—NR_2）的为阴离子交换固定相。硅胶基质的化学键合相是目前应用最广的固定相，约占整个 HPLC 所用固定相的 3/4。

2. 色谱柱

色谱柱外形如图 7-6 所示。色谱柱由柱管、压帽、卡套（密封环）、筛板（滤片）、接头、螺丝等组成。按规格可分为分析型柱与制备型柱两类。分析柱型又分为常量柱：内径 2～4.6 mm，柱长 10～25 cm；半微量柱：内径 1～1.5 mm，柱长 10～20 cm；毛细管柱：内径 0.5～1 mm，柱长 30～75 cm。制备型柱：内径 20～40 mm，柱长 10～30 cm。柱形多为直形，柱内装有固定相（填料）。装柱需要一些特殊的设备，且技术性很强，故常由厂家装好，供客户选用。在中低压条件下分离蛋白质、多糖等生物大分子时也可以用塑料或玻璃柱，该类非金属柱适合在较宽的 pH 范围的水溶液中使用，对卤化物，特别是酸性洗脱液有良好的抗蚀性。

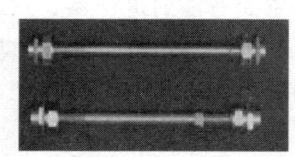

（a）高效液相色谱柱实物图

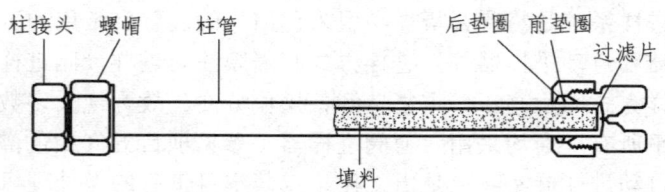

（b）高效液相色谱柱结构

图 7-6 高效液相色谱柱

3. 流动相

在液相色谱中，流动相又称洗脱液或冲洗剂。它的作用一是作为载液，输送样品前进，二是给样品提供一个分配相，进而调节选择性，以使混合物中各组分得到分离。

（1）HPLC 对流动相的基本要求

① 不与固定相发生化学反应，化学稳定性好，不溶解固定相，以免固定相损失，不改变固体吸附剂的吸附活性，不与吸附剂发生不可逆吸附。

② 对样品有适宜的溶解度，分配系数 K 在 2～5，K 值太小，不利于分离；K 值太大，可能使样品在流动相中沉淀。

③ 必须和检测器相适应。例如，用紫外检测器时，不能选用截止波长大于检测波长的溶剂。图 7-7 列出了一些重要溶剂的紫外辐射透过范围。图中不同长短的横线所对应的波长范围，表示该溶剂在此波长范围内有较大的吸收。若以低压汞灯为光源，乙酸乙酯、四氯化碳、芳烃和丙酮对 254 nm 的紫外辐射有较大吸收，不能用作流动相；对 280 nm 的紫外辐射，芳烃和丙酮不能用作流动相。又如，采用示差折光检测器时，要求与样品成分折射率有较大差别。

④ 黏度小，扩散系数小，以减少传质阻力，有利于改善分离效果。黏度增加，不仅柱效率降低，而且柱的渗透性也下降，分析时间增加。如常用甲醇做流动相，其黏度 η=0.60 mPa·s，而较少使用乙醇，因为乙醇的黏度 η=1.2 mPa·s。

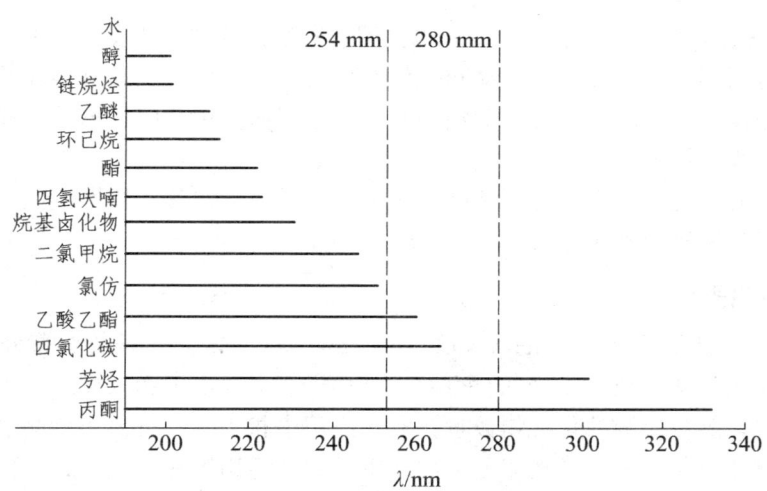

图 7-7　一些重要溶剂的紫外透过性

⑤ 低毒性,以保证实验的安全。

(2) 流动相的选择

① 溶剂的极性:正相色谱中,溶剂的极性越大,其洗脱能力越强;反相色谱中,溶剂的极性越大,其洗脱能力越弱。

② 流动相选择的原则:在正相色谱中,可先选用中等极性的溶剂作为流动相。如果组分的保留时间太短,说明溶剂的极性太大,可改用极性较弱的溶剂;如果组分的保留时间太长,可再选用极性在上述两种溶剂之间的溶剂。通过多次实验可选出最合适的流动相系统。常采用乙烷、庚烷、异辛烷、苯、二甲苯等有机溶剂作为流动相,往往还加入一定量的四氢呋喃等极性溶剂,即采用多元流动相的洗脱分离模式,最常用的是三元流动相。

在反相色谱中,流动相一般以极性最大的水为主体,然后按比例加入适量有机溶剂而成。常用洗脱剂包括水、乙腈、甲醇、四氢呋喃等。洗脱剂洗脱能力的强弱顺序:水(最弱)<甲醇<乙腈<乙醇<四氢呋喃<二氯甲烷(最强)。二氯甲烷不溶于水,常用来清洗被强保留样品污染的反相色谱柱。为得到低的柱压,首选乙腈,其次是甲醇,再次是四氢呋喃。

四、检测系统

检测器是测量色谱柱流出组分的浓度或量变化的装置。常用的检测器可分为总体性质检测器(或称通用型)和溶质性质检测器(或称选择型)两大类。总体性质检测器对流出物中溶质(样品部分)和流动相的某一物理性质(如折射率、电导率等)在量上的变化都有响应,如示差折光检测器、电导检测器、介电常数检测器等。该类检测器常采用差示测量法,即比较含有被测物质的流动相与不含被测物质的流动相的同一物理性质进行测量。由于测量的物理性质是一般物质都具有的,所以具有广泛的使用范围。但是流动相本身具有响应,因此易受温度变化、流量波动以及流动相组成等因素的影响,引起较大的基线噪声和漂移,灵敏度较低,不适用于痕量分析,且不能用于梯度洗脱。

溶质性质检测器仅对流动相中溶质(样品组分)的物理或化学性质(如紫外吸光度或鲁米诺化学发光强度等)响应灵敏,而对流动相本身没有响应或响应很小。该类型检测器有紫外-可见光检测器、荧光检测器、化学发光检测器、安培检测器、蒸发光散射检测器、质谱检测器等。这类检测器对外界环境的波动和操作条件的变化不敏感,具有很高的灵敏度,且可用于梯度洗脱操作,但只对某些特定的物质有响应,因而应用范围较窄。可通过柱前或柱后衍生化反应的方式,扩大其应用范围。

评价检测器的性能指标主要有灵敏度、检测限、噪声和漂移、线性范围。这些指标的定义、测量和气相色谱检测器相似。

1. 紫外-可见光检测器

紫外-可见光检测器(Ultraviolet-Visible Detector,UV-VIS),又简称为紫外检测器(UV),只能检测那些能吸收紫外或可见光的化合物,但由于含π键电子和未配对电子的许多化合物都具有紫外吸收,能被检测的化合物数量在实际应用中相当多,且该类检测器灵敏度较高,线性范围宽,对环境温度和洗脱液流速的波动不敏感,适用于梯度洗脱,所以这类检测器已成为HPLC中应用最广泛的一种检测器。图7-8是紫外检测器光路图。

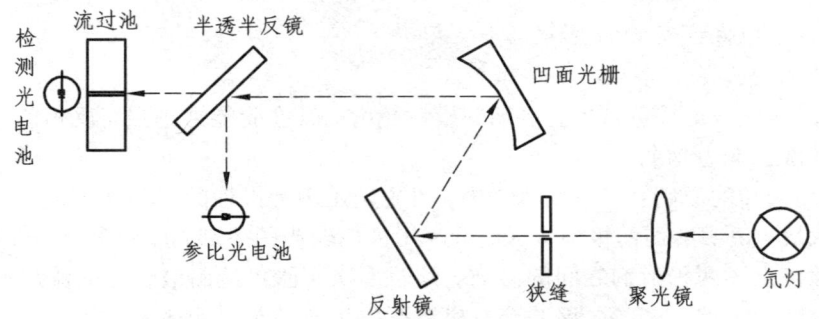

图 7-8 紫外检测器光路

2. 示差折光检测器

示差折光检测器(Differential Refraction Detector)也称折光指数检测器(Refractive Index Detector,RI),是一种通用型检测器,只要被测组分与洗脱液的折射率有差别就可使用,图7-9是反射式示差折光检测器示意图。食品分析中常遇到的糖类化合物没有紫外吸收,一般都用示差折光检测器。它的通用性比紫外-可见光检测器广,但灵敏度低(低两个数量级),价格较高。

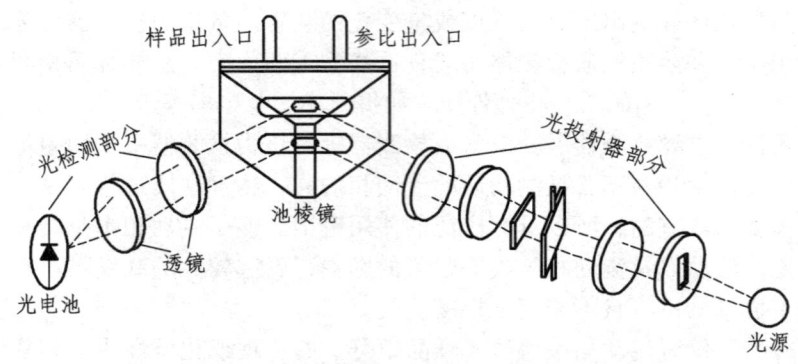

图 7-9 反射式示差折光检测器光路

3. 荧光检测器

图 7-10 为荧光检测器（Fluorescence Detector，FLD）示意图。其原理是，物质被紫外线照射后，二次辐射出较长的波长（荧光），通过检测荧光的强度可确定洗脱液中有荧光效应的样品组分的含量。

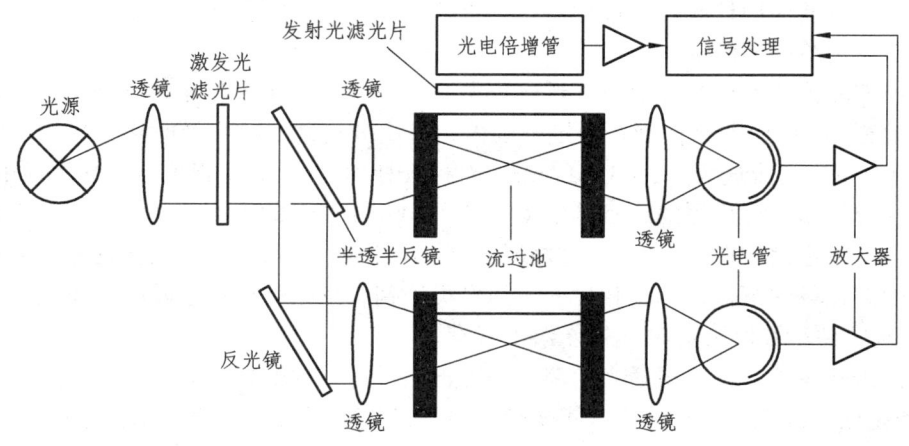

图 7-10 荧光检测器光路

荧光检测器的选择性很强，灵敏度高，一般比紫外检测器高出两个数量级以上，对强荧光物质大约是 1 ng/mL。典型的荧光物质有多核芳烃、甾族化合物、植物色素、维生素、生物碱、儿茶酚胺等。对许多不发荧光的物质，可以通过化学衍生法转变成发荧光的物质，然后进行检测。使用荧光检测器时，不能使用可熄灭、抑制或吸收荧光的溶剂作为流动相。

五、数据处理系统

HPLC 的数据处理系统主要有记录仪、色谱数据处理机和色谱工作站，其作用是记录和处理色谱分析的数据。目前使用比较广泛的是色谱数据处理机和色谱工作站。

技能拓展

高效液相色谱仪的维护与保养

1. 高效液相色谱仪的日常维护

高效液相色谱仪是一种很精密的分析仪器，为保证其性能，使用时要求：
（1）流动相必须用 0.45 μm 的滤膜过滤，用超声波清洗器脱气后才可使用；
（2）保持仪器各部件的清洁，不让水或腐蚀性溶剂滞留在泵或进样器中；
（3）进样前必须对样品进行必要的净化；
（4）色谱柱应在要求的 pH 范围和柱温范围内使用，应避免变化的高压冲击等。

2. 色谱柱的使用和维护

色谱柱与进样器及检测器的连接应选用内径较细（0.13 mm 左右）且尽量短的不锈钢管或 PEEK 管，接头连接时应讲究匹配吻合，尽量不产生死体积，以免产生区带扩张。

为维护好色谱柱，延长其寿命，在使用色谱柱的过程中应注意以下几点。

（1）尽可能在进样器和分析柱之间接一保护柱或在线过滤器。保护柱的作用主要是防止强保留杂质组分对分析柱的污染，其柱芯应及时更新。接在线过滤器的目的主要是拦截流动相和样品中可能存在的微量固体颗粒，过滤器中的筛板芯需经常取下，于 6 mol/L 盐酸中超声清洗。若没有装保护柱或在线过滤器，分析柱的柱头筛板常会被固体微粒阻塞污染，此时应及时取下，用酸超声清洗。

（2）仔细阅读色谱柱的说明书，严格按说明书中的要求使用和保养色谱柱。特别需要强调的是流动相的 pH 应严格控制在规定范围内，每次分析结束时应及时用适当的溶剂冲洗色谱柱至少 1 h 以上（流速为 0.5~1 mL/min，对标准柱而言）。对反相色谱柱常用纯甲醇冲洗，在用氨基柱分析糖后可用甲醇或乙腈浓度较低（20% 左右）的水溶液冲洗，然后再换成甲醇冲洗片刻。若将色谱柱取下，打算存放较长时间不用时，应选用合适的溶剂充入色谱柱内，放在适当的温度条件下保存。正相柱一般用烃类溶剂，反相柱可用甲醇，离子交换柱用水或甲醇-水，凝胶柱用 0.05% 叠氮化钠水溶液保存。

（3）色谱柱污染后，可用适当的溶剂冲洗再生。各种柱的处理方法如下：

① 硅胶柱可以使用适当体积的正庚烷（或正己烷）、氯仿、乙酸乙酯、丙酮、甲醇依次冲洗。经过净化的柱必须进行再活化，即按上述相反的溶剂顺序冲洗柱。柱再生过程所用的有机溶剂应注意脱水。

② 反相柱可用甲醇、氯仿、正庚烷（或正己烷）依次冲洗。必要时还可用 0.5 mol/L 磷酸和 0.1 mol/L EDTA 钠盐溶液冲洗，然后用水冲洗，以除去柱内金属离子和盐类。

③ 键合型离子交换柱可以用缓冲液、水、甲醇依次冲洗。

（4）污染严重的色谱柱在冲洗无效时，需将柱内填料取出进行处理或更换新填料，还可以用更换柱头填料的方法，即将柱头入口处填料污染的部分取出，重新补装和柱内原填料同类型的填料。

（5）在开泵输液、停流或升降流速时应逐渐改变流量，避免流速和压力变化太猛导致柱头凹陷。对于普通反相柱，一般不宜使用纯水冲洗，以防疏水塌陷。

扩展阅读

农药残留物的检验

农药一般可分为杀虫剂、杀螨剂、杀菌剂、除草剂、杀鼠剂及植物生长调节剂等，是当代农业生产中不可缺少的重要生产资料。近 10 年来，新型高效农药不断出现，我国使用的农药品种正在迅速地更新换代，农药的环境影响及残留农药的检测方法也随之发生了新的变化。例如，超高效磺酰脲类除草剂在每亩地里只需施洒 1~2 g，因此要求土中磺酰脲的最低检测限必须达到 pg 级。很多新型农药的水溶性较好，长期积累造成了意想不到的地下水污染，饮用水中低水平化学品对人体内分泌系统的可能影响已经引起了科学家的重视。欧共体制定了饮用水中农药残留标准［0.1 μg/L（单一农药），0.5 μg/L（农药总量，含代谢产物）］后，农药在水中的残留分析问题引起了各国环境分析化学工作者的极大兴趣。此外，一些除草剂在应用过程中可对下茬作物产生药害，造成减产，因此农田中的农药残留也引起了农业化学家的重视。由于目前低浓度（μg/L）、难挥发、热不稳定和强极性农药分析方法不是十分理想，因此发展高灵敏度的多残留可靠分析方法已成为环境分析化学工作者及农业化学工作者的重要战略目标。

高效液相色谱（HPLC）弥补了气相色谱（GC）的缺陷，可以直接测定那些难以用 GC 分析的农药。但是常规检测器如紫外（UV）及二极管阵列（DAD）检测器不可能对不同类型的农药有较相似的响应，复杂环境样品痕量分析时的化学干扰也常影响痕量测定时的定量精度，因而它们在多残留超痕量分析时有局限性。当 20 世纪 80 年代末大气压电离质谱（APIMS）成功地与 HPLC 联用后，专家们敏感地认识到 HPLC-APIMS 将成为农药分析的重要技术，并将推动痕量有机毒物的环境行为的研究。

任务二　维生素 E 胶丸中维生素 E 的 HPLC 定量测定

【任务目的】

（1）进一步熟悉高效液相色谱仪的使用方法；
（2）掌握 HPLC 定量分析的原理和方法。

【任务准备】

1. 仪器

高效液相色谱仪。

2. 试剂

（1）α-维生素 E 标准储备溶液：用无水乙醇配制浓度 1 000 mg/L 的 α-维生素 E 标准储备液。

（2）α-维生素 E 标准使用溶液：用无水乙醇将 α-维生素 E 标准储备溶液稀释 5 倍。

（3）α-维生素 E 标准系列溶液：分别移取一定体积的 α-维生素 E 标准储备溶液，以无水乙醇稀释，配制成 α-维生素 E 含量分别为 50，100，500 mg/L 的系列标准溶液。

（4）流动相：根据柱性能，用 95% 乙醇（或无水乙醇，均为 AR 级）与蒸馏水按合适的体积比配制。

（5）混合维生素 E：用 50 mL 洁净干燥的小烧杯准确称取混合维生素 E 100~150 mg，以无水乙醇溶解并定容至 25 mL 容量瓶中。使用时用无水乙醇稀释 5~10 倍。

【任务内容】

一、实验原理

本实验采用反相 HPLC。反相 HPLC 使用的是非极性或弱极性的固定相分离柱（如 ODS 柱），流动相使用的是极性比固定相强的溶剂（如甲醇、乙醇），依据样品中各组分在两相中分配系数的差异而实现分离。样品中极性强的组分在两相中被保留的时间相对较短。由于维生素

E 胶丸中可能存在 α, β, γ 和 δ 等异构体中的某几种，还可能含有生产过程中产生的副产物以及添加剂，这些物质不一定能全部同时被分离。根据各类物质的紫外吸收特性，选择合适的检测波长达到准确定量的目的。维生素 E 在 220 nm 附近和 292 nm 附近有两个最大吸收峰，而且 220 nm 的吸收比 292 nm 的吸收更强，但在 220 nm 附近很多溶剂和有机化合物都有吸收，对 α-维生素 E 的定量有干扰，因此，通常选择干扰小的 292 nm 作为检测波长。定量方法采用外标法。

二、实验步骤

1. 开机

依次打开仪器各单元的电源，开机，使仪器处于工作状态。

2. 设置色谱条件

C_{18} 色谱柱（4.6 mm×250 mm）；90% 乙醇水溶液做流动相；流速 0.8～1.2 mL/min；柱温 30 ℃；紫外检测波长 292 nm；进样量 20 μL。

3. 样品预处理

取 1 粒维生素 E 胶丸，用干净小刀割破胶丸，挤出中间的维生素 E 溶液，准确称量后用无水乙醇定容至 25 mL 容量瓶中。

4. 进样

待基线稳定后，进样维生素 E 胶丸样品溶液。待样品中所有色谱峰出完后，保存文件。然后进样 50 mg/L 的 α-维生素 E 标准溶液，按保留时间确认维生素 E 胶丸样品中 α-维生素 E 的峰位置。如果 α-维生素 E 与邻近峰分离不完全，应适当调整流动相浓度或流速，使 α-维生素 E 与其他峰完全分离。

在所选定的条件下依次进样 50，100，500 mg/L 的 α-维生素 E 标准溶液。

5. 定量分析

按工作站操作规程绘制工作曲线或计算校正因子，设置定量分析程序。

上述操作重复进样维生素 E 胶丸溶液 2 次，工作站会给出 α-维生素 E 的分析结果。如果两次定量结果相差较大（如 5% 以上），则再进样一次，取 3 次的算术平均值。

6. 数据处理

（1）分别根据 50，100，500 mg/L 的 α-维生素 E 标准溶液的峰面积和峰高绘制工作曲线，比较两条工作曲线的线性（用作图法或线性回归）。

（2）分别用峰面积和峰高工作曲线计算维生素 E 胶丸中 α-维生素 E 的含量。

（3）记录、处理分析结果（峰面积工作曲线法）。

问题探究二

1. 什么叫正相 HPLC 和反相 HPLC？
2. 液相色谱的流动相如何选择？检测前样品的前处理方法有哪些？如何选择？
3. HPLC 定量分析方法有哪几种？

知识链接二　高效液相色谱法的实验技术

一、高效液相色谱法的主要分离类型

流动相为液体的色谱法称为液相色谱法。液相色谱法分类方法很多，通常按分离机理将其分成液-固吸附色谱法、液-液分配色谱法、化学键合相色谱、离子交换色谱法和凝胶色谱法等。当然，有些液相色谱方法并不能简单地归于这几类，有的相同或部分重叠。但这些方法或是在应用对象上有独特之处，或是在分离过程上有所不同，通常被赋予比较固定的名称。

（一）液-固吸附色谱

1. 基本原理

液-固吸附色谱是以液体为流动相，固体吸附剂为固定相，利用吸附剂对不同组分的吸附能力不同来分离物质的。它是基于溶剂分子（S）和被测组分的溶质分子（X）对固定相的吸附表面有竞争作用。当只有纯溶剂流经色谱柱时，则色谱柱的吸附剂表面全被溶剂分子所吸附（$S_{固相}$）。当进样以后，样品就溶解在溶剂中，则在流动的液相中有被测组分的溶质分子（$X_{液相}$），需要从吸附剂表面取代一部分（n）被吸附的溶剂分子，使这一部分溶剂分子进入液相（$S_{液相}$），可用下式表示：

$$X_{液相} + nS_{固相} \rightleftharpoons X_{固相} + nS_{液相}$$

被测组分的溶质分子吸附能力的大小，取决于 X 在固相和液相中的浓度比值，即取决于吸附平衡常数（或称吸附系数，也称分配系数）K：

$$K = \frac{c(X_{固相})c(S_{液相})^n}{c(X_{液相})c(S_{固相})^n} \tag{7-1}$$

从式（7-1）可知，吸附系数 K 不仅取决于 $c(X_{固相})$ 与 $c(X_{液相})$ 的比值，还取决于溶剂分子 S 的吸附能力，如溶剂分子吸附力很强，则被吸附的溶质分子相应减少。K 值大，表示该溶质分子吸附力强，后流出色谱柱，后出峰。

2. 固定相

图 7-11 表明液-固色谱固定相的演变历史。液-固吸附色谱常用的吸附剂有硅胶、氧化铝、活性炭和聚合物小球。硅胶是应用最广泛的吸附剂。随着高效液相色谱法在药物、生化方面的应用日益广泛，有机聚合物小球的应用有明显上升趋势。

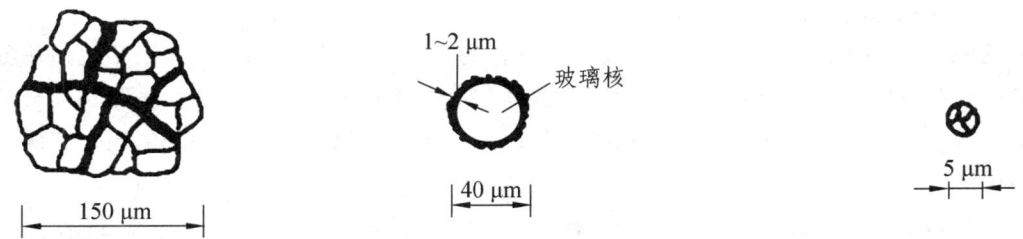

(a) 经典LC全孔无定型硅胶　(b) 薄壳型填料（20世纪60年代中后期）　(c) 全孔微粒硅胶（1972年以后）

图 7-11　液相色谱固定相的演变

硅胶色谱的保留行为与硅胶的表面特性直接相关。色谱用的硅胶通常是由硅酸钠与无机酸（如盐酸）反应制备的。聚合的结果形成了三维空间排列的 SiO_4 四面体，这种聚硅酸脱水时形成稳定的多孔固体，表面终端呈硅羟键（≡SiOH）或硅氧烷键（≡Si—O—Si≡）。在色谱分离中，硅羟基（或称表面硅羟基）起重要作用，而硅氧烷基影响甚微。

目前，全多孔型微粒硅胶固定相由于表面积大、柱效高而成为液-固吸附色谱中使用最广泛的固定相。

3. 流动相

当固定相选定以后，还要选用一种合适的流动相。根据流动相的性质以及溶剂分子与被测组分分子在吸附剂上的竞争力，一个被测组分的保留时间可能很长，也可能很短。对流动相的基本要求是：试样要能够溶于流动相中；流动相黏度较小；流动相不能影响试样的检测。例如，用紫外吸收检测器，流动相应不吸收紫外光，也不应与试样发生化学反应。常用于液-固色谱法的流动相有甲醇、乙醚、苯、乙腈、乙酸乙酯、吡啶等。

（二）液-液分配色谱

1. 基本原理

流动相和固定相都是液体。从理论上说，流动相与固定相之间应互不相溶，两者之间有一个明显的分界面。试样溶于流动相后，在色谱柱内经过分界面进入固定液（固定相）中，由于试样组分在固定相和流动相之间的相对溶解度存在差异，因而溶质在两相间进行分配。当达到平衡时，物质的分配服从于下式：

$$K = \frac{c_{固}}{c_{流}} \tag{7-2}$$

式中　K——分配系数；

　　$c_{固}$，$c_{流}$——溶质在固定相和流动相中的浓度。

K 值大的，保留时间长，后流出色谱柱。

2. 正相分配色谱和反相分配色谱

按照固定相与流动相的极性差别，可把液-液色谱法分为正相（NP）与反相（RP）色谱法两类。

（1）正相液-液色谱法

流动相极性小于固定相极性的液-液色谱法称为正相液-液色谱法，简称正相色谱法或正相洗脱、正相冲洗。在进行正相洗脱时，主要靠组分的极性差别产生的溶解度差别而分离。样品中极性小的组分先流出色谱柱，极性大的组分后出柱。这是因为极性小的组分在固定相中的溶解度小。

含水硅胶为固定相，以烷烃等为流动相，可作为原始正相液-液色谱法的代表。这种方法虽在 TLC 中还广泛应用，但因固定液易流失，在 HPLC 中已被正相键合相色谱法所替代。

（2）反相液-液色谱法

流动相极性大于固定相极性的液-液色谱法称为反相液-液色谱法，简称反相色谱法或反相洗脱（冲洗）。在进行反相洗脱时，样品中极性大的组分先流出色谱柱，极性小的组分后出柱，与正相洗脱正好相反，是其得名反相色谱法的又一原因。由于反相洗脱固定液更易流失，物理涂渍的液-液色谱固定相已失去应用价值，完全被化学键合相所取代。有关反相色谱法的讨论见键合相色谱法。

（三）键合相色谱

将固定液的官能团键合在载体的表面，而构成化学键合相。以化学键合相为固定相的色谱法称为化学键合相色谱法，简称键合相色谱法。键合相色谱法是应用最广的色谱法。根据键合固定相与流动相相对极性的强弱，可将键合相色谱法分为正相键合相色谱法和反相键合相色谱法。

1. 基本原理

（1）正相键合相色谱

一般认为正相色谱的分离机制属于分配色谱。组分的分配比 K 随其极性的增加而增大，但随流动相中极性调节剂的极性增大（或浓度增大）而降低。同时，极性键合相的极性越大，组分的保留值越大。

在正相色谱中，一般采用极性键合固定相，硅胶表面键合的是极性的有机基团，键合相的名称由键合上去的基团而定。最常用的有氰基（—C≡N）、氨基（—NH$_2$）、二醇基（—CHOH—CH$_2$OH）键合相。流动相一般用比键合相极性小的非极性或弱极性有机溶剂，如烃类溶剂，或其中加入一定量的极性溶剂（如氯仿、醇、乙腈等），以调节流动相的洗脱强度。该法主要用于分离异构体、极性不同的化合物，特别是不同类型的化合物。

（2）反相键合相色谱

目前，对于反相色谱的保留机制科学界还没有一致的看法，大致有两种观点：一种认为属于分配色谱，另一种认为属于吸附色谱。

分配色谱的作用机制是假设混合溶剂（水 + 有机溶剂）中极性弱的有机溶剂吸附于非极性烷基配合基表面，待分离组分分子在流动相与被非极性烷基配合基所吸附的液相中进行分配。吸附色谱的作用机制是把非极性的烷基键合相看作在硅胶表面覆盖了一层键合的十八烷基的"分子毛"，这种"分子毛"有强的疏水特性。当用水与有机溶剂所组成的极性溶剂为流动相来分离有机化合物时，一方面，非极性组分分子或组分分子的非极性部分，由于疏溶剂的作用，将会从水中被"挤"出来，与固定相上的疏水烷基之间产生缔合作用。另一方面，被分离物的极性部分受到极性流动相的作用，离开固定相，保留值减小，此即解缔过程。显然，这两种作用力之差决定了分子在色谱中的保留行为。

在反相色谱中，一般采用非极性键合固定相，如硅胶-$C_{18}H_{37}$（ODS 或 C_{18}）、硅胶-苯基等，用强极性的溶剂为流动相，如甲醇-水，乙腈-水，水和无机盐的缓冲液等。

2. 固定相

化学键合固定相一般都采用硅胶（薄壳型或全多孔微粒型）为基体。在键合反应之前，要对硅胶进行酸洗、中和、干燥活化等处理，然后再使硅胶表面的硅羟基与各种有机物或有机硅化合物起反应，制备化学键合固定相。键合相可分为4种键型：

（1）硅酸酯型（≡Si—O—C≡）键合相

将醇与硅胶表面的羟基进行酯化反应，在硅胶表面形成（≡Si—O—C≡）键合相：

$$\equiv Si-OH + HO-R \xrightarrow[3\sim 8\ h]{150\sim 250\ ℃} \equiv Si-OR + H_2O$$

反应生成单分子层键合相。

一般用极性小的溶剂洗脱，分离极性化合物。

（2）硅氮型（≡Si—N≡）键合相

如果用 $SOCl_2$ 将硅胶表面的羟基先进行氯化，再与各种有机胺反应，可以得到各种不同极性基团的键合相：

$$\equiv Si-OH + SOCl_2 \longrightarrow \equiv Si-Cl + SO_2 + HCl$$
$$\equiv Si-Cl + H_2N-R \longrightarrow \equiv Si-NHR + HCl$$

可用非极性或强极性的溶剂作为流动相。

（3）硅碳型（≡Si—C≡）键合相

将硅胶表面氯化后，使 Si—Cl 键转化为 Si—C 键，利用格氏反应引入烷基：

$$\equiv Si-OH + SOCl_2 \longrightarrow \equiv Si-Cl + SO_2 + HCl$$
$$\equiv Si-Cl + RXMg \longrightarrow \equiv Si-R + MgXCl$$

在这类固定相中，有机基团直接键合在硅胶表面上。这种键合有更好的稳定性，特别是对微碱性的流动相。

（4）硅氧烷型（≡Si—O—Si—C≡）键合相

用硅胶与有机氯硅烷或烷氧基硅烷反应制备。

$$\equiv Si-OH + X-\underset{R_2}{\overset{R_1}{Si}}-R \longrightarrow \equiv Si-O-\underset{R_2}{\overset{R_1}{Si}}-R + HX$$

这类键合相具有相当的耐热性和化学稳定性，是目前应用最为广泛的键合相。具有良好的热和化学稳定性，能在 pH=2~7.5 的介质中使用。

3. 键合相色谱的优点

（1）适用于分离几乎所有类型的化合物。一方面通过控制化学键合反应，可以把不同的有机基团键合到硅胶表面，从而大大提高了分离的选择性；另一方面可以通过改变流动相的组成和种类来有效地分离非极性、极性和离子型化合物。

（2）由于键合到载体上的基团不易被剪切而流失，这不仅解决了固定液流失所带来的困扰，还特别适合于梯度洗脱，为复杂体系的分离创造了条件。

（3）键合固定相对不太强的酸及各种极性的溶剂都有很好的化学稳定性和热稳定性。

（4）固定相柱效高，使用寿命长，分析重现性好。

(四)凝胶色谱

1. 基本原理

凝胶色谱又称凝胶柱色谱法、分子空间排阻色谱法。主要用于蛋白质和其他大分子的分离。凝胶是一种多孔性的高分子聚合体,表面布满孔隙,能被流动相浸润,吸附性很小。凝胶色谱法的分离机制与其他色谱不同,它不是根据固定相表面与试样分子的吸附作用或溶解作用进行分离的,而是根据分子的体积大小和形状不同而达到分离目的。

凝胶色谱的作用机理如图 7-12 所示。试样进入色谱柱后,随流动相在凝胶外部间隙及凝胶孔隙中流过,分子不能渗透到凝胶空隙中去,称为排阻。当混合物中分子大小不同的组分流过凝胶表面时,体积大于凝胶孔隙的分子,由于不能进入孔隙而被排阻,直接从表面流过,在色谱柱中移动速度较快,先流出色谱柱;小分子可以渗入大大小小的凝胶孔隙中而完全不受排阻,然后又从孔隙中出来随载液流动,在色谱柱中移动速度较慢,后流出色谱柱;中等体积的分子可以渗入较大的孔隙中,但受到较小孔隙的排阻,介于上述两种情况之间。所以,凝胶色谱法是一种按分子尺寸大小进行分离的色谱分析方法。

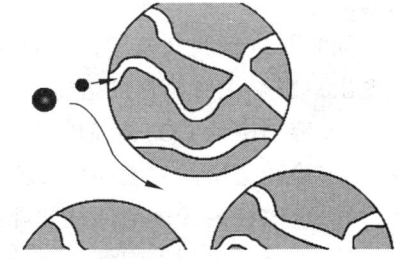

图 7-12 凝胶对不同分子的作用

凝胶色谱法的特点是各组分在色谱柱内停留的时间短,色谱峰的扩展比其他色谱分离方法小得多,因此,凝胶色谱的峰形一般较窄,有利于检测。凝胶色谱法适用于高聚物分子的分离。

2. 固定相及流动相的选择

凝胶色谱法的固定相按耐压程度不同分为软质凝胶、半硬质凝胶和硬质凝胶三种。

(1)软质凝胶:如葡萄糖凝胶、聚丙烯酰胺等。这种凝胶承受压力很小,渗透性低,流速小,宜采用水作为流动相。这种柱可容纳大量试样,但只能在常压下使用。

(2)半硬质凝胶:如聚苯乙烯、聚乙酸乙烯等。宜用有机溶剂作为流动相。特点是耐压较高,容量中等,具有压缩性,可紧密填充,柱效高。

(3)硬质凝胶:如多孔硅胶、多孔玻璃珠等。宜用水和有机溶剂作为流动相。硬质凝胶是无机胶,在溶剂中不变形,渗透性好,可耐高压,孔径尺寸固定,容易填充均匀,但不易装紧,柱效不高,可用于大分子量物质的测定。

二、高效液相色谱实验技术

(一)实验前准备工作

1. 流动相溶剂的处理

(1)水

将一般的蒸馏水加入少许高锰酸钾,在 pH 9~10 的条件下蒸馏,可用于常规洗脱。用于梯度洗脱的水,应进行二次蒸馏。

(2) 有机溶剂的提纯

通常用蒸馏法可除掉大部分有紫外吸收的杂质。将溶剂通过氧化铝或硅胶柱可除去极性化合物。氯仿中含有的少量甲醇,可先经水洗再经蒸馏提纯。试剂级的四氢呋喃由于含抗氧化剂丁基甲苯酚而强烈吸收紫外线,可经蒸馏除去难挥发的丁基甲苯酚。为了防止爆炸,蒸馏终止时,在蒸馏瓶中必须剩余一定量的液体。

(3) 溶剂的过滤和脱气

流动相溶剂在使用前必须先用 0.45 μm 孔径的滤膜过滤,以除去微小颗粒,防止色谱柱堵塞。

同时要进行脱气处理,因为溶解在溶剂中的气体会在管道、输液泵或检测池中以气泡形式逸出,影响正常操作的进行。

① 溶剂中的 CO_2 会使电导检测器的背景增大。
② 检测池中的气泡使信号不稳定,常出现系列假峰(特别是当柱子加温使用时)。
③ 色谱柱内的气泡使柱效降低。
④ 输液泵内的气泡使活塞动作不稳定,流量变动,严重时无法输液。

溶剂脱气的方法很多,常用的方法有:用惰性气体(如氦气)驱除溶剂中的气体;加热回流;真空脱气和超声波脱气,如图 7-13 所示。其中,以超声波脱气最为方便、安全、效果好,只需将溶剂瓶放入加有水的超声波发生器槽中,处理 10~15 min 即可。近年来许多商品仪器配置在线脱气机,其原理也是真空脱气。

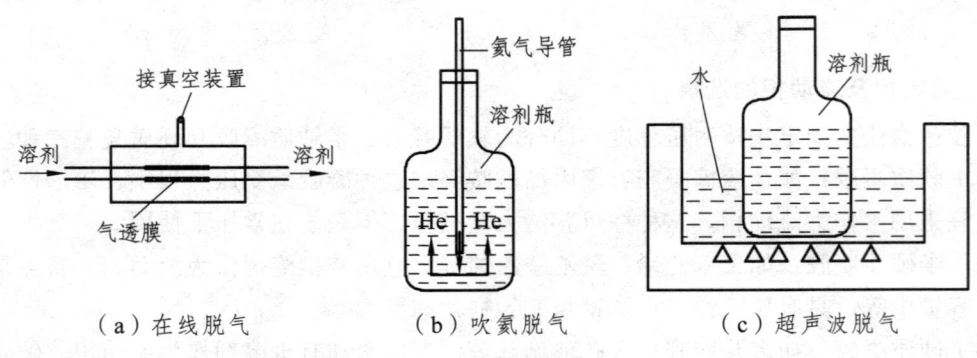

(a) 在线脱气　　　　(b) 吹氦脱气　　　　(c) 超声波脱气

图 7-13　溶剂脱气技术

2. 试样溶液的制备

配制分析试液的溶剂应当使用色谱分离的流动相或可与其混溶的溶剂,配制好的试液需经 0.45 μm 孔径的滤膜过滤,以除去固体微粒。

(二) 样品处理技术

在某些试样中,常含有大量的蛋白质、脂肪及糖类等物质。它们的存在将影响组分的分离测定;同时容易堵塞和污染色谱柱,使柱效降低,所以常需对试样进行预处理。样品的预处理方法很多,如溶剂萃取、吸附、超速离心及超过滤等。

(1) 溶剂萃取:溶剂萃取适用于待测组分为非极性物质。在试样中加入缓冲溶液调节 pH,

然后用乙醚或氯仿萃取待测组分。但如果待测组分和蛋白质结合，在大多数情况下，难以用萃取操作来进行分离。

（2）吸附：将吸附剂直接加到试样中，或将吸附剂填充于柱内进行吸附。亲水性物质用硅胶吸附，而疏水性物质可用聚苯乙烯-二乙烯基苯等树脂吸附。

（3）除蛋白质：向试样中加入三氯醋酸或丙酮、乙腈、甲醇，蛋白质被沉淀下来，然后经超速离心，吸取上层清液供分离测定用。

（4）超过滤：用孔径为 $10\times10^{-10} \sim 500\times10^{-10}$ m 的多孔膜过滤，可除去蛋白质等高分子物质。

扩展阅读

液相色谱法的发展史

现代色谱法从发明到现在已有近百年的历史。俄国植物学家 Tsvet 关于色谱分离方法的研究始于 1901 年，他在 1903 年华沙自然科学学会生物学会议上发表的题为《一种新型吸附现象及其在生化分析上的应用》的论文中提出了应用吸附原理分离植物色素的新方法，并首先认识到这种层析现象在分离分析方面有重大价值。3 年后，他将这种方法命名为色谱法。在 1907 年的德国生物学术会议上，Tsvet 第一次向人们公开展示了采用色谱法提纯的植物色素溶液以及色谱图。20 多年后，Kuhn 等成功地用色谱法从蛋黄中分离出了植物叶黄素，证实了色谱法可以用来进行制备分离；此后，色谱分离法被各国科学工作者注意和应用，并更广泛地用于各种天然有机化合物的分离与分析。

液相色谱的进一步发展有赖于瑞典科学家 Tiselius 以及 Claesson 的努力，他们创立了液相色谱的前沿分析与取代扩展技术。1941 年 Martin 等提出了著名的色谱塔板理论。

液相色谱是最先创立的色谱方法，但直到 20 世纪 60 年代，气相色谱的系统理论和实践经验在液相色谱中的应用，大大提高了液相色谱的分离能力。与此同时，高压输液泵的使用，加快了液相色谱的分析速度，机械式的色谱积分器的使用，使比较准确地测定色谱峰的面积成为可能，所有这些标志着高速、高压、高效的液相色谱法已蓬勃发展起来了。

在 20 世纪 70 年代，色谱仪器的性能不断得到改善，采用自动电导检测器分析痕量正负离子的新式离子交换色谱法等新型分离模式开始出现，使液相色谱无论是在技术上还是在仪器上都产生了一个新的飞跃。

20 世纪 80 年代，毛细管电泳技术在色谱中的运用，发展了细内径的高效制备色谱及径向制备色谱，解决了 DNA、蛋白质及多肽等一般色谱技术难以解决的分离、分析问题，使液相色谱得到了进一步的发展。

今天，色谱仪器、技术还在继续向前发展，新的色谱仪器与色谱方法不断出现，所有这些为色谱方法的应用开拓了更广、更新的领域。事实上，色谱方法已经成为化学家分析、分离复杂混合物不可缺少的工具。

任务三 技能综合训练

【任务内容】

一、食品中咖啡因含量的测定

（一）实验原理

咖啡因，又称1,3,7-三甲基黄嘌呤、咖啡碱、甲基可可碱，是一种黄嘌呤生物碱化合物，一种中枢神经兴奋剂，能够暂时驱走睡意并恢复精力。有咖啡因成分的咖啡、茶、软饮料及能量饮料十分畅销，但大剂量或长期使用会对人体造成损害，所以，咖啡因已被列入受国家管制的精神药品范围。

被检样品在碱性条件下，用氯仿定量提取，采用液相色谱反相柱ODS进行分离，以紫外检测器进行测定。

（二）实验准备

1. 仪 器

高效液相色谱仪：配紫外检测器。

2. 试 剂

（1）甲醇（液相色谱级）；

（2）氯仿；

（3）氯化钠；

（4）氢氧化钠；

（5）咖啡因（生物试剂）；

（6）乙腈。

（7）咖啡因标准溶液：准确称取咖啡因100 mg，加入10~20 mL甲醇或氯仿，待溶解后，移入100 mL容量瓶中，用相应的溶剂定容，摇匀。此溶液每毫升含有1 mg咖啡因。

（三）实验步骤

1. 样品处理

将可口可乐饮料200~400 mL倒入500 mL烧杯中，用玻璃棒不断搅拌，于超声波发生器中超声2 min，脱去二氧化碳气体。

吸取50 mL上述溶液，置于125 mL分液漏斗中，加入饱和盐水0.5~1.0 mL，摇匀，加入1 mol/L氢氧化钠溶液2 mL，然后用50 mL的氯仿分三次提取（分别为20 mL、20 mL和10 mL）；经过无水硫酸钠小漏斗脱水，将氯仿层过滤于50 mL的容量瓶中，再用少量氯仿多次洗涤无水硫酸钠漏斗，将洗液合并于容量瓶中，定容。

2. 高效液相色谱仪开机

依次打开高压输液泵、紫外检测器、色谱工作站。

3. 色谱条件

流动相：甲醇-水-乙腈（40∶50∶10）（V/V）；检测波长：270 nm；压力：17.5 MPa；ODS C_{18} 4.6 mm×250 mm；流速：0.7 mL/min。

4. 标准品的测定

准确移取每毫升含咖啡因 1 mg 的标准溶液 0，2，4，6，8，10 μL（相当于咖啡因 0，2，4，6，8，10 μg），在上述色谱条件下，分别注入色谱柱中，得到相应的色谱峰高或峰面积。

5. 试样的测定

取上述处理过的试样溶液 10 μL，注入色谱柱中，根据保留时间和峰高，从标准曲线中查出咖啡因含量 C。

6. 结束工作

关闭色谱工作站，关泵，清理台面。

（四）数据处理

1. 标准工作曲线的制作

以标准品浓度为横坐标、色谱峰的峰高或峰面积为纵坐标，绘制标准工作曲线。

2. 样品中咖啡因的含量计量

$$x（μg/g）=C/m$$

式中　C——由标准曲线查得的相当于标准咖啡因的含量，μg；
　　　m——色谱进样的质量，g。

二、食品（乳及乳制品）中三聚氰胺含量的测定

（一）实验原理

试样经溶解、超声提取、沉淀蛋白、过滤得到测试液，经高效液相色谱测定，根据保留时间和紫外吸收光谱定性，根据峰面积定量。

（二）实验准备

1. 仪　器

（1）高效液相色谱仪（附二极管阵列检测器或紫外检测器）；
（2）天平（感量 0.01 g）；分析天平（感量 0.000 1 g）；
（3）高速离心机（转速 74 000 r/min）；
（4）超声波清洗器；
（5）旋涡混匀器。

2. 试　剂

（1）磺基水杨酸；

（2）柠檬酸；

（3）辛烷磺酸钠：高效液相色谱离子对试剂；

（4）乙腈（色谱纯）；

（5）盐酸；

（6）60 g/L 磺基水杨酸：称取 60 g 磺基水杨酸，用水定容至 1 L；

（7）0.1 mol/L 盐酸：量取 8.3 mL 浓盐酸，用水稀释至 1 L；

（8）缓冲液：柠檬酸和辛烷磺酸钠浓度均为 10 mmol/L；

（9）三聚氰胺标准品：已知含量大于 99%。

（10）三聚氰胺标准储备液：称取三聚氰胺标准品 0.01 g（准确至 0.000 1 g），用甲醇配制成浓度为 1 mg/mL 的标准储备液。

（11）三聚氰胺系列标准溶液：将标准储备液用 0.1 mol/L 盐酸逐级稀释或 0.25，0.50，1.00，2.00，4.00，5.00，10.00 μg/mL 的系列标准溶液。

（三）实验步骤

1. 试样处理

（1）固态乳制品：称取 1.0 g 左右试样（准确至 0.000 1 g），加入 0.1 mol/L 盐酸约 15 mL，涡旋混匀，超声提取 30 min 后加入 60 g/L 磺基水杨酸 6~8 mL，用 0.1 mol/L 盐酸定容至 25 mL，混匀后离心，上清液经 0.45 μm 的微孔滤膜过滤后进样。

（2）液态乳制品（包含酸奶）：称取 15 g 左右试样（准确至 0.000 1 g），加 60 g/L 磺基水杨酸 3~4 mL，用 0.1 mol/L 盐酸定容至 25 mL，混匀后离心，上清液经 0.45 μm 的微孔滤膜过滤后进样。

2. 高效液相色谱仪开机

依次打开高压输液泵、紫外检测器、色谱工作站。

3. 色谱条件

色谱柱：ODS C_{18} 4.6 mm×250 mm，5 μm；流动相：缓冲液-乙腈（85∶15）；柱温：40 ℃；检测波长：240 nm；流速：1.0 mL/min。

4. 标准曲线的绘制

将三聚氰胺系列标准溶液，分别进样 20 μL，以峰面积对浓度作图，绘制标准曲线或计算回归方程。

5. 样品测定

取制备好的试样溶液 20 μL 进样，进行液相色谱分析。根据保留时间和吸收光谱定性，根据峰面积定量。

6. 结束工作

关闭色谱工作站，关泵，清理台面。

（四）数据处理

样品中三聚氰胺的含量（mg/kg）按下式计算：

$$x = \frac{c \times V}{m}$$

式中　x——样品中三聚氰胺的含量，mg/kg；
　　　c——从标准曲线上查出的含量，μg/mL；
　　　V——定容体积，mL；
　　　m——样品质量，g。

平行测定结果用算术平均值表示，保留三位有效数字。

三、食品中胆固醇含量的测定

（一）实验原理

样品经无水乙醇-氢氧化钾溶液皂化，石油醚和无水乙醚混合溶液提取，采用高效液相色谱仪测定，外标法定量。

（二）实验准备

1. 仪　器

（1）高效液相色谱仪（配紫外检测器或相当的检测器）；
（2）分析天平（感量 0.1 mg）。

2. 试　剂

除另有说明外，在分析中应使用分析纯试剂，水为 GB/T 6682 推荐使用的一级水。
（1）无水乙醇；
（2）石油醚：沸程 30～60 ℃；
（3）无水乙醚；
（4）无水硫酸钠；
（5）氢氧化钾溶液：60%；
（6）胆固醇（纯度 99%）；
（7）胆固醇标准储备液：称取胆固醇标准品 0.05 g（精确至 0.1 mg），用无水乙醇溶解，定容至 50 mL，溶液每毫升含 1 mg 胆固醇，4 ℃ 密封放置，可储藏半年。
（8）胆固醇标准工作溶液：分别吸取胆固醇标准储备液 1.0，2.0，3.0，5.0 mL，用无水乙醇定容至 10 mL，配制浓度分别为 0.1，0.2，0.3，0.5 mg/mL 的标准溶液。

（三）实验步骤

1. 试样处理

（1）皂化：称取粉碎均匀的样品 0.25～10 g（含有胆固醇 0.5～5 mg，精确至 0.1 mg），于 250 mL 平底烧瓶中，加入 30 mL 无水乙醇，10 mL 60% 氢氧化钾溶液，混匀。将试样在 100 °C 磁力搅拌加热套中皂化，回流 1 h，不时振荡防止试样粘附在瓶壁上。皂化结束，用 5 mL 无水乙醇自冷凝管顶端冲洗其内部，取下圆底烧瓶，冷却至室温。

（2）提取：定量转移全部皂化液于 250 mL 分液漏斗中，用 30 mL 水分 2~3 次冲洗圆底烧瓶，洗液并入分液漏斗，再用 40 mL 石油醚和乙醚混合液（1+1，体积比）分 2~3 次冲洗平底烧瓶，洗液并入分液漏斗，振摇 2 min，静置，分层。转移水相于第二个分液漏斗中，再用 30 mL 石油醚和乙醚混合液（1+1，体积比）重复提取 2 次。弃去水相，合并 3 次提取的有机相，用蒸馏水每次 100 mL 洗涤提取液至中性（初次水洗时轻轻旋摇，防止乳化），提取液通过约 10 g 无水硫酸钠脱水，转移到 150 mL 平底烧瓶中。

（3）浓缩：将上述平底烧瓶中的提取液在真空条件下蒸发至近干，用无水乙醇溶解，定容至 5 mL，溶液通过 0.45 μm 的微孔滤膜过滤，收集清液于进样瓶中，待测。

2. 高效液相色谱仪开机
按仪器说明书依次打开高压输液泵、紫外检测器、色谱工作站。

3. 色谱条件
色谱柱：C_{18} 反相色谱柱 4.6 mm×150 mm，5 μm；柱温：38 °C；检测波长：205 nm；流速：1 mL/min；进样量：10 μL。

4. 标准曲线的绘制
分别取 10 μL 各浓度胆固醇标准工作液，注入高效液相色谱仪，在上述色谱条件下测定标准溶液的响应值（峰面积），以浓度为横坐标、峰面积为纵坐标绘制标准曲线。

5. 样品测定
取 10 μL 试液，注入高效液相色谱仪，在上述色谱条件下测定试液的响应值（峰面积），由标准曲线查得试液中胆固醇的含量，或利用回归方程计算试液中胆固醇含量。

6. 结束工作
关闭色谱工作站，关泵，清理台面。

（四）数据处理

样品中胆固醇的含量（x）以毫克每百克（mg/100 g）表示，按下式计算：

$$x = \frac{c \times V}{m} \times 100$$

式中　x——样品中胆固醇的含量，mg/100 g；
　　　c——试液中胆固醇的含量，mg/mL；
　　　V——定容体积，mL；
　　　m——样品质量，g。

平行测定结果用算术平均值表示，保留三位有效数字。

思考与练习

一、填空题

1. 高效液相色谱分析是将流动相用高压泵输送，使压力高达_____MPa 以上，并采用新型的_____，是分离效率很高的液相色谱法。
2. 高效液相色谱法的特点是_____、_____、_____、_____。
3. 高效液相色谱法和气相色谱法的共同之处是_____、_____、_____。
4. 高效液相色谱分析根据分离机理不同可分为四种类型，即_____色谱、_____色谱、_____色谱、_____色谱。
5. 高效液相色谱中的液-液分配色谱采用的新型固定相叫_____，它是利用_____方法将固定液_____在载体表面上的。
6. 通常把固定相极性大于流动相极性的一类色谱称为_____色谱；反之称为_____色谱。
7. 高效液相色谱仪通常由_____、_____、_____、_____、_____、_____、_____七部分组成。
8. 高效液相色谱仪中使用最广泛的检测器为_____，另外还有_____检测器以及_____检测器等。
9. 高效液相色谱主要用于_____的、_____的、_____的以及具有生理活性物质的分析。

二、选择题

1. 在液相色谱法中，按分离原理分类，液-固色谱法属于（　　　）。
   A. 分配色谱法　　B. 排阻色谱法　　C. 离子交换色谱法　　D. 吸附色谱法
2. 在高效液相色谱流程中，试样混合物在（　　　）中被分离。
   A. 检测器　　B. 记录器　　C. 色谱柱　　D. 进样器
3. 液相色谱流动相过滤必须使用下列哪种粒径的过滤膜（　　　）。
   A. 0.5 μm　　B. 0.45 μm　　C. 0.6 μm　　D. 0.55 μm
4. 在液相色谱中，为了改变色谱柱的选择性，可以进行如下哪些操作（　　　）。
   A. 改变流动相的种类或柱子　　B. 改变固定相的种类或柱长
   C. 改变固定相和流动相的种类　　D. 改变填料的粒度和柱长
5. 下列用于高效液相色谱的检测器，（　　　）检测器不能使用梯度洗脱。
   A. 紫外检测器　　B. 荧光检测器
   C. 蒸发光散射检测器　　D. 示差折光检测器
6. 在高效液相色谱中，色谱柱的长度一般为（　　　）。
   A. 10～30 cm　　B. 20～50 m　　C. 1～2 m　　D. 2～5 m
7. 在液相色谱中，某组分的保留值大小实际反映了哪些部分的分子间作用力（　　　）。
   A. 组分与流动相　　B. 组分与固定相
   C. 组分与流动相、固定相　　D. 组分与组分
8. 液相色谱中通用型检测器是（　　　）。

A. 紫外吸收检测器 B. 示差折光检测器
C. 热导池检测器 D. 氢焰检测器

9. 在液相色谱法中，提高柱效最有效的途径是（　　）。
A. 提高柱温 B. 降低板高
C. 降低流动相流速 D. 减小填料粒度

10. 在液相色谱中，不会显著影响分离效果的是（　　）。
A. 改变固定相种类 B. 改变流动相流速
C. 改变流动相配比 D. 改变流动相种类

11. 高效液相色谱仪与气相色谱仪相比增加了（　　）。
A. 恒温箱 B. 进样装置
C. 程序升温 D. 梯度淋洗装置

12. 在高效液相色谱仪中保证流动相以稳定的速度流过色谱柱的部件是（　　）。
A. 贮液器 B. 输液泵
C. 检测器 D. 温控装置

13. 高效液相色谱分析用标准溶液的配制一般使用（　　）。
A. 国标规定的一级、二级去离子水 B. 国标规定的三级水
C. 不含有机物的蒸馏水 D. 无铅（无重金属）水

14. 高效液相色谱仪与普通紫外-可见分光光度计完全不同的部件是（　　）。
A. 流通池 B. 光源 C. 分光系统 D. 检测系统

15. 高效液相色谱仪中高压输液系统不包括（　　）。
A. 贮液器 B. 高压输液泵 C. 过滤器 D. 梯度洗脱装置 E. 进样器

16. 在液相色谱中，为了获得较高的柱效能，常用的色谱柱是（　　）。
A. 毛细管柱 B. 直形柱 C. U形柱 D. 螺旋形柱

17. 在色谱法中，任何组分的分配系数都比1小的是（　　）。
A. 离子交换色谱 B. 气-固色谱 C. 气-液色谱 D. 空间排阻色谱

18. 反相液-液色谱适用于分离（　　）。
A. 低沸点液体 B. 高分子化合物 C. 极性化合物 D. 非极性化合物

三、判断题

1. 液-液色谱流动相与被分离物质相互作用，流动相极性的微小变化都会使组分的保留值出现较大的改变。（　）
2. 利用离子交换剂作为固定相的色谱法称为离子交换色谱法。（　）
3. 紫外吸收检测器是离子交换色谱法通用型检测器。（　）
4. 检测器性能好坏对组分分离有直接影响。（　）
5. 高效液相色谱适用于大分子、热不稳定物质及生物试样的分析。（　）
6. 高效液相色谱中通常采用调节分离温度和流动相流速来改善分离效果。（　）
7. 键合固定相机械性能稳定，可使用小粒度固定相和高柱压来实现快速分离。（　）
8. 在液相色谱中，为避免固定相的流失，流动相与固定相的极性差别越大越好。（　）
9. 正相分配色谱的流动相极性大于固定相。（　）
10. 反相分配色谱适用于非极性化合物的分离。（　）

11. 高效液相色谱法采用梯度洗脱，是为了改变被测组分的保留值，提高分离度。( )
12. 液相色谱柱一般采用不锈钢柱、玻璃填充柱。 ( )
13. 液相色谱固定相粒度通常为 5~10 μm。 ( )
14. 示差折光检测器属于通用型检测器，适于梯度淋洗色谱。 ( )
15. 离子交换色谱主要选用有机物作为流动相。 ( )
16. 体积排阻色谱所用的溶剂应与凝胶相似，主要是防止溶剂吸附。 ( )
17. 在液-液色谱中，为改善分离效果，可采用梯度洗脱。 ( )
18. 化学键合固定相具有良好的热稳定性，不易吸水，不易流失，可用梯度洗脱。( )
19. 液相色谱的流动相又称为淋洗液，改变淋洗液的组成、极性，可显著改变组分分离效果。 ( )
20. 液相色谱指的是流动相是液体，固定相也是液体的色谱。 ( )
21. 高效液相色谱柱的柱效高，能用液相色谱分析的样品不用气相色谱分析。 ( )
22. 在液相色谱中，流动相的流速变化对柱效影响不大。 ( )
23. 正相键合色谱的固定相为非（弱）极性固定相，反相色谱的固定相为极性固定相。
( )
24. 某人用凝胶色谱分离高聚物样品，分离情况很差，他改变流动相的组成后，分离情况大为改进。 ( )
25. 在离子交换色谱中使用的固定相也属于一种键合固定相。 ( )

项目八　其他仪器分析方法

📖 学习目标

【技能目标】

- 能对仪器分析的样品进行正确的预处理操作；
- 能正确操作原子发射光谱仪，选择合适的摄谱技术；
- 能正确操作原子荧光光谱仪，并对样品进行准确分析；
- 能正确操作毛细管电泳仪、气质联用仪等分析仪器。

【知识目标】

- 熟悉原子发射光谱仪及原子荧光光谱仪的工作原理及工作流程；
- 熟悉原子发射光谱仪及原子荧光光谱仪对物质进行分析的方法及分析条件的选择；
- 熟悉质谱仪、气质联用仪、液质联用仪的工作原理及工作流程；
- 熟悉质谱仪、气质联用仪、液质联用仪对物质进行定性、定量分析的方法及分析条件的选择；
- 熟悉毛细管电泳法的工作原理及工作流程；
- 熟悉毛细管电泳法对物质进行分析的方法及分析条件的选择。

任务一　ICP-AES 测定淀粉中铅、汞、镉、砷的含量

【任务目的】

（1）熟悉 ICP 光源，AES 工作原理；
（2）熟悉 ICP-AES 工作流程；
（3）掌握用 ICP-AES 对元素进行定量分析的方法。

【任务准备】

1. 仪　器

ICP-AES 光谱仪（其工作条件：功率 1.30 kW；等离子气流量 15.0 L/min；辅助气流量 1.2 L/min；雾化气流量 0.8 L/min； 蠕动泵转速 20 r/min；重复测定次数 3；冲洗时间 30 s；分析谱线，Pb 220.353 nm，Hg 194.161 nm，Cd 214.439 nm，As 193.696 nm）。

2. 试　剂

（1）实验所用试剂均为优级纯，实验用水为二次蒸馏水。铅、汞、镉、砷标准储备液：

浓度均为 1.000 mg/mL，用标准物质配制；

（2）淀粉（市售）。

【任务内容】

一、实验原理

将淀粉试样用硝酸、高氯酸加热消解，加水煮沸，蒸发近干，再用硝酸溶解、定容。以硝酸为空白溶液，用 ICP-AES 光谱仪测定，利用仪器自动绘制标准曲线，并计算测定结果。

二、实验步骤

1. 试样溶液的制备

称取淀粉样品 1.500 0 g，置于 150 mL 烧杯中，加入硝酸、高氯酸各 5 mL，加热至微沸，溶液变为橙红色、有棕色烟雾冒出后，继续加热，有白色烟雾冒出，待白色烟雾冒尽，溶液变为淡黄色或无色，加入二次蒸馏水 25 mL，煮沸，将溶液蒸至近干，用 2% 硝酸溶液溶解，转移至 10 mL 容量瓶中，用 2% 硝酸溶液定容，摇匀。

2. 系列标准溶液的制备

（1）取铅、汞、镉、砷标准储备液各 5 mL，置于 100 mL 容量瓶中，以 2% 硝酸溶液定容，摇匀，作为混合标准溶液。

（2）分别取混合标准溶液 0.1，1.0，4.0，8.0，10 mL，置于 10 mL 容量瓶中，以 2% 硝酸溶液定容，摇匀，得铅、汞、镉、砷浓度均为 0.5，5.0，20，40，50 g/mL 的系列标准溶液。

（3）以 2% 硝酸溶液作为空白溶液。

3. 测定方法

将系列标准溶液和试样溶液及空白溶液分别吸入 ICP-AES 光谱仪，在仪器工作条件下进行测定。仪器软件自动绘制标准曲线，并计算分析结果。

问题探究一

1. 原子发射光谱法的基本原理是什么？
2. 原子发射光谱法的分析对象是哪些物质？如何利用其对物质进行定性与定量分析？

知识链接一　原子发射光谱法

原子发射光谱法（Atomic Emission Spectroscopy，AES）是试样中不同元素的原子或离子在光、热或电激发下，由基态跃迁到激发态，当从较高的激发态返回到较低激发态或基态时，产生发射光谱，依据特征谱线和谱线强度进行定性、半定量和定量分析的方法。根据这个基本原理进行物质分析的方法叫发射光谱分析，习惯上简称光谱分析。AES 具有灵敏、快速和选择性好等优点，应用广泛。

AES 的特点是一次摄谱即能显示样品中大多数金属原子。这种方法是测定食品灰分中多种金属元素的有效方法。例如，将茶叶用湿法消化，消化液点涂于平头电极，一次摄谱同时测出茶叶中钡、铬、铜、铁、锰、钼、镍、铅、锡几种元素的含量。但是由于影响发射光谱定量的因素很多，且难于控制，所以定量测定操作较复杂，测定结果的重现性较差，因此该法较适用于食品中多种金属元素的定性和半定量分析。这对于食品中多种金属元素分布的普查工作是很有效的手段。

等离子光源的发射光谱的出现，配合光谱直读装置和数据处理系统，在几分钟内可从处理好的样品中测出几十种元素的准确含量。这对测定食品中金属元素含量是一种理想的方法。

一、基本原理

1. 原子发射光谱的产生

原子的核外电子一般处在基态运动，当试样在外界能量（电、热、光）作用下转变为气态原子，气态原子的外层电子从基态跃迁到激发态，处于激发态时不稳定（寿命小于 10^{-8} s），迅速回到基态，与此同时会辐射出具有一定波长和频率的电磁波，而呈现线状发射光谱。当外层电子从激发态返回基态时，产生谱线的波长取决于两个能级之间的能量差：

$$\Delta E = E_2 - E_1 = h\nu = \frac{hc}{\lambda}$$

即 $\lambda = \frac{ch}{\Delta E}$

该式表明，每一条发射光谱的谱线的波长，和跃迁前后两个能级的能量之差成反比。由于原子核外电子能级很多，原子或离子被激发后，其电子就有不同的跃迁，结果产生了各种不同波长的辐射。因为组成物质的各种元素的原子结构不同，所产生的光谱也就不同，也就是说，每一种元素的原子都有自己的特征光谱线。光谱分析就是检测这些特征谱线是否出现，以鉴别某种元素是否存在，这是光谱定性分析的基本原理；由谱线的强度可以进行定量分析。

图 8-1 是钠原子最外层和次外层电子跃迁能级图。伴随跃迁过程辐射的线状光谱的波长见表 8-1。

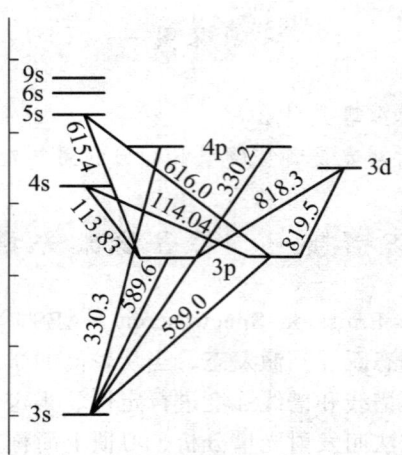

图 8-1 钠原子外层、次外层电子跃迁能级图

表 8-1　钠原子外层和次外层电子跃迁辐射的光波波长

跃迁类型	辐射波长/nm	跃迁类型	辐射波长/nm	跃迁类型	辐射波长/nm
3s ⇌ 3p	589.59，588.99	3p ⇌ 4s	113.82，114.04	3p ⇌ 3d	818.33，819.48
3s ⇌ 4p	330.23，330.29	3p ⇌ 5s	615.42，616.07	3p ⇌ 4d	568.22，568.27
3s ⇌ 6p	285.28，285.30	3p ⇌ 6s	514.91，515.36	3p ⇌ 5d	497.86，498.29

2. 谱线强度及其影响因素

在激发光源作用下，原子的外层电子在 i、j 两个能级之间跃迁，并发射特征谱线，其谱线强度 I_{ij} 可表示为

$$I_{ij}=N_i A_{ij} h \nu_{ij} \tag{8-1}$$

式中　N_i——较高激发态原子的密度，m^{-3}；

　　　A_{ij}——i、j 两能级间的跃迁概率；

　　　ν_{ij}——发射谱线的频率。

当体系在一定温度下达到平衡时，原子在不同状态的分布也达到平衡，分配在各激发态和基态的原子密度遵守玻尔兹曼（Boltzmann）分布规律。各个状态的原子数由温度 T 和激发能 E 决定。

$$N_i = N_0 \frac{g_i}{g_0} e^{-\frac{E_i}{kT}} \tag{8-2}$$

式中　N_i，N_0——处于 i 能态和基态的原子密度；

　　　g_i，g_0——i 能态和基态的统计权重，谱线强度与统计权重成正比；

　　　k——玻尔兹曼常数，$k=1.38\times10^{-23}$ J/K。

将式（8-2）代入（8-1）可得

$$I_{ij} = \frac{g_i}{g_0} A_{ij} h \nu_{ij} N_0 e^{-\frac{E_i}{kT}} \tag{8-3}$$

从式（8-3）可看出，谱线强度与激发能、温度、处于基态的粒子数、跃迁概率等有关。I_{ij} 正比于基态原子密度 N_0，也就是说 I_{ij} 正比于试样中分析物的浓度 c，这就是原子发射光谱定量分析的依据。式（8-3）对于原子线、离子线都适用。

3. 谱线的自吸和自蚀

试样在光源中蒸发、原子化、激发、解离后形成一个以气态形式存在的集合体，包含原子、离子、电子等粒子，并整体显电中性。

位于集合体中心的激发态原子发出的辐射被外围的边缘的同种基态原子吸收，导致谱线中心强度降低的现象，称为自吸。当元素浓度很低时，一般不出现自吸，元素浓度越大，自吸越严重，当达到一定程度时，谱线中心可被完全吸收，原来的一条谱线分裂成两条谱线，这个现象叫自蚀，如图 8-2 所示。基态

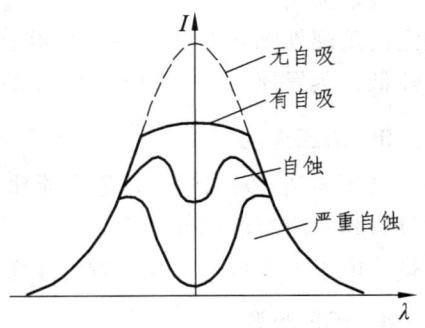

图 8-2　自吸和自蚀谱线轮廓图

原子对共振线自吸最为严重，在定量分析中必须注意自吸问题。

二、原子发射光谱仪

原子发射光谱仪主要由激发光源和光谱仪两部分组成。

（一）激发光源

光源的作用是提供能量，将被测元素从试样中蒸发出来，变成气态原子或离子，并进一步使原子或离子激发，产生特征谱线。光源直接影响测定的检出限、精密度和准确度。对激发光源的要求是灵敏度高，稳定性好，光谱背景小，结构简单，操作安全。原子发射光谱法过去一直采用火焰、电弧和电火花使试样原子化并激发，这些方法至今在分析金属元素中仍有重要的应用。然而，随着等离子体光源的问世，特别是电感耦合等离子体光源（ICP），现已成为应用广泛的重要激发光源。常见发射光谱分析使用的光源及其特征如表8-2所示。

表 8-2 发射光谱分析使用的光源及其特征

光源	蒸发温度	激发温度/K	应用范围
火焰	低	1000～2000	低激发能的元素，如 K、Na 等碱金属
直流	高	4000～7000	定性分析，矿物、纯物质、难挥发元素的定量分析
交流	低	4000～7000	试样中低含量组分的定量分析
火花	低	瞬间10000	金属与合金、难激发元素的定量分析
ICP	很高	6000～8000	溶液定量分析

1. 直流电弧

直流电弧发生器输出 150～380 V、5～30 A 的直流电，其设备简单，弧温 4 000～7 000 K，可使 70 种以上元素激发，产生的谱线主要是原子线。直流电弧放电时，电极温度高，有利于试样蒸发，分析的灵敏度很高，背景比较小，因此适用于定性分析和痕量杂质的测定。缺点是电弧不稳定，重现性差，易发生自吸，不适用于定量分析。

2. 低压交流电弧

通常采用 110～220 V 电压，电流密度比直流电弧大，激发能力强。由于电弧稳定性好，测定的重现性和精密度较好，适用于定量分析。缺点是放电具有脉冲性，电极头温度比直流电弧低，蒸发能力差，对于难激发的试样，灵敏度低。

3. 高压火花

电压高达 10～25 kV，激发能比电弧大得多，光源稳定性好，测定重现性好，适用于定量分析和难激发的试样分析，产生的谱线主要是离子线。缺点是灵敏度较差，不宜用于痕量分析。由于火花仅射击在电极上一个点，不适用于测定不均匀试样。

4. ICP 光源

等离子体是指由电子、离子、原子和分子组成，电离度大于 0.1% 的处于电离平衡状态下的电离气体。由等离子体形成的火炬称为等离子炬。ICP 是高频电能通过感应线圈耦合到等离子体而产生的类似火焰的高频放电激发光源（图 8-3）。它由高频发生器、感应线圈、等离子体炬管、供气系统和试样引入系统组成。在感应线圈里安装一个由三个同心石英管组成的炬管，接通高频电源后，线圈的轴线方向便产生一个强烈的磁场。内管通入氩气，携带试样进入等离子体炬，中间管也通入氩气作为辅助气，使与内管隔开，而外管氩气沿切线方向通入，形成涡流，把等离子体稳定在管口中央，同时又使管壁冷却，受到保护。高频火花发生器产生的火花使中间管的氩气部分电离，电离的电子和离子在高频磁场和电磁感应产生的高频电场的共同作用下作加速闭合环状运动，促使氩原子进一步电离，电子和离子的密度急剧增大，在管口形成等离子体。强大的感应电流产生高温，瞬间使氩气温度高达 10 000 K。

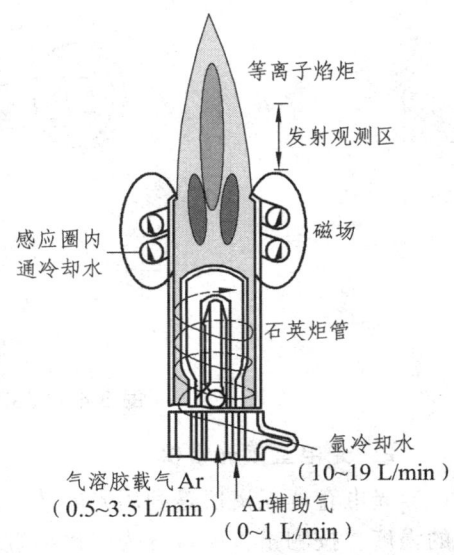

图 8-3　ICP 等离子体炬管

试样溶液被喷成雾状并随工作气体进入内管，穿过等离子体核心区，被解离为原子或离子并被激发，发射出特征谱线。

ICP 光源的优点：温度高，原子化条件好，有利于难熔物分解；检测限低，一般在 $10^{-5} \sim 10^{-1}$ μg/mL；稳定性好，RSD 可达 1%；自吸、基体效应小；定量线性范围宽，达 4~5 个数量级；多种元素同时测定或顺序测定；应用范围广，可测定 73 种元素。

（二）光谱仪

光谱仪的作用是把光源发射的不同波长的电磁辐射按波长顺序分解为单色光，并对不同波长的辐射进行检测和记录。光谱仪的种类很多，基本结构通常由照明系统、色散系统和记录系统三部分组成。按色散元件的不同分为棱镜光谱仪和光栅光谱仪；按光谱记录和测量方法不同，可分为照相式摄谱仪和光电直读光谱仪。目前常用的是光栅光谱仪和光电直读光谱仪。

1. 光栅光谱仪

如图 8-4 所示是国产 WSP-1 型平面光栅摄谱仪光路示意图。由光源 B 发出的光经三透镜 L 及狭缝 S 投射到反射镜 P 上，经反射后投射到凹面反射镜 M 下方的准光镜 O_1 上，变为平行光，再射至平面光栅 G 上。波长长的光，衍射角大，波长短的光，衍射角小，复合光经过光栅色散之后，便按波长顺序被分开。不同波长的光由凹面反射镜上方的物镜 O_2 聚焦于感光板 F 上，得到按波长顺序展开的光谱。转动光栅台 D，改变光栅角度，可以调节波长范围和改变光谱级次。

利用光栅摄谱仪进行定性分析十分方便，且该类仪器的价格较便宜，测试费用也较低，而且感光板所记录的光谱可长期保存，因此目前应用仍十分普遍。

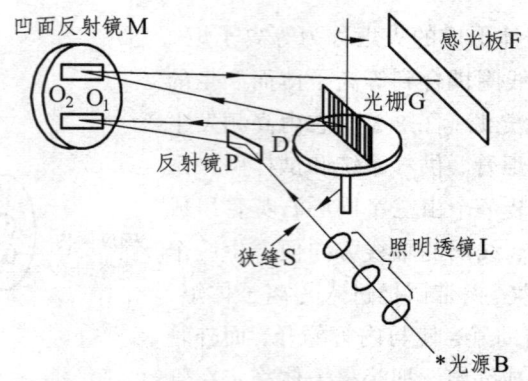

图 8-4　WSP-1 型平面光栅摄谱仪光路示意图

2. 光电直读光谱仪

光电直读光谱仪是利用光电转换元件，将谱线的光信号转换为电信号，直接测定出谱线的强度。按测量方式可分为多道型直读光谱仪、单道型扫描光谱仪和全谱直读光谱仪。前两种仪器采用光电倍增管作为检测器，后一种采用固体检测器。

（1）多道型直读光谱仪

如图 8-5 是多道型直读光谱仪光路示意图。

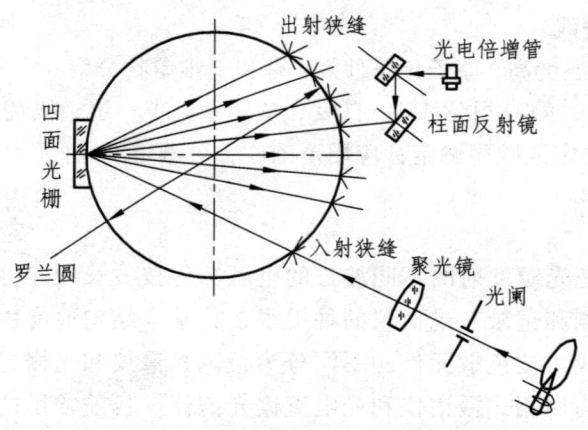

图 8-5　多道型直读光谱仪光路示意图

从光源发出的光经透镜聚焦后，在入射狭缝上成像并进入狭缝。进入狭缝的光投射到凹面光栅上，凹面光栅将光色散，聚焦在焦面上，焦面上安装有一组出射狭缝，每一狭缝允许一种特定波长的光通过，投射到狭缝后的光电倍增管上进行检测，最后经计算机进行数据处理。

多道型直读光谱仪的优点：分析速度快，一次分析几分钟即可测定十种甚至几十种元素；准确度较高，RSD 约为 1%；线性范围较宽，光电倍增管对信号放大能力强，可同时分析含量差别较大的不同元素；适用于较宽的波长范围。

多道型直读光谱仪适用于固定元素的快速定性、半定量和定量分析。

（2）单道型扫描光谱仪

如图 8-6 是典型的单道型扫描光谱仪的简化光路图。

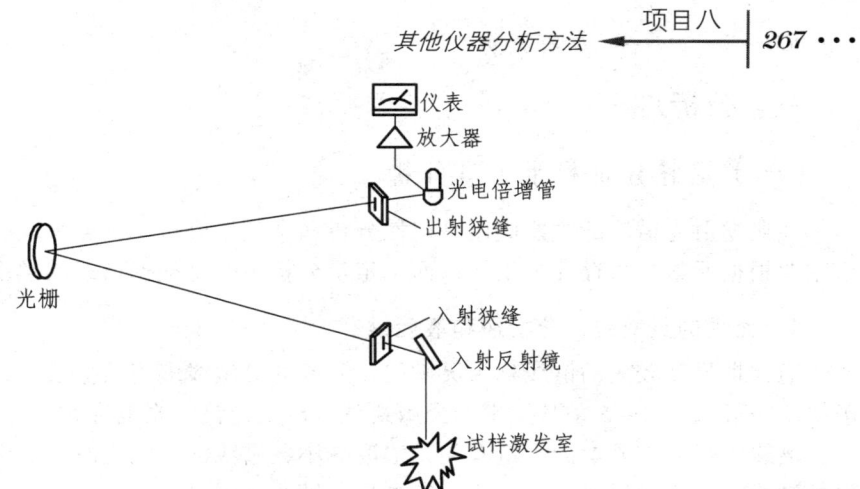

图 8-6　典型的单道型扫描光谱仪的简化光路示意图

从光源发出的光穿过入射狭缝后，反射到一个可以转动的光栅上，该光栅将光色散后，经反射使某一种特定波长的光通过出射狭缝投射到光电倍增管上进行检测。光栅转动至某一固定角度时只允许一种特定波长的光线通过该出射狭缝，随光栅角度的变化，谱线从该狭缝中依次通过并进入检测器检测，完成一次全谱扫描。和多道型光谱仪相比，单道型扫描光谱仪波长选择更为灵活方便，分析试样的范围更广，适用于较宽的波长范围。

（3）全谱直读光谱仪

如图 8-7 是全谱直读等离子体发射光谱仪。

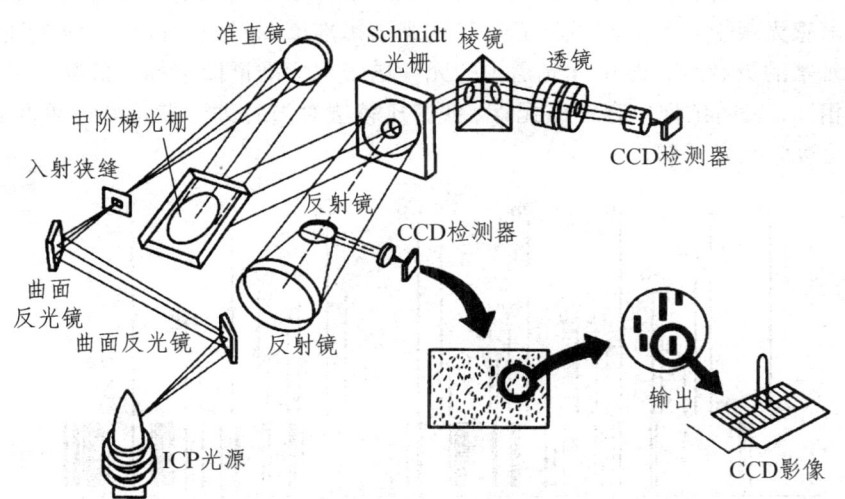

图 8-7　全谱直读等离子体发射（ICP）光谱仪

光源发出的光通过两个曲面反光镜聚焦于入射狭缝，入射光经抛物面准直镜反射成平行光，照射到中阶梯光栅上，使光在 X 方向上色散，再经另一个光栅（Schmidt 光栅）在 Y 方向上进行二次色散，使光谱分析线全部色散于一个平面上，并经反射镜反射进入面阵型电荷耦合器（CCD）检测器检测。由于该 CCD 是一个紫外型检测器，对可见区的光谱不敏感，因此，在 Schmidt 光栅的中央开一个孔洞，部分光线穿过孔洞后经棱镜进行 Y 方向二次色散，然后经反射镜反射进入另一个 CCD 检测器，对可见区的光谱（400～780 nm）进行检测。

三、分析方法

（一）定性分析和半定量分析

经典发射光谱法的主要应用是定性分析和半定量分析，一般采取摄谱法较方便。定性分析主要根据元素是否存在灵敏线，而半定量分析主要是根据谱线的黑度来粗略估计含量。

1. 元素的灵敏线、分析线和最后线

通常把强度较大的谱线称为灵敏线。元素的灵敏线多为共振线，第一共振线通常是最灵敏线。一般选择 3~5 条某元素的灵敏线就可以确定该元素的存在。

谱线的强度与元素的含量有关，浓度减小，谱线数目随之减少。由于浓度降低而最后消失的谱线，称为最后线。最后线一般是最灵敏线。

分析线通常是指鉴定元素时所用的最后线或特征谱线组。

应该指出的是，谱线强度与所用的光源、实验条件和仪器性能等多种因素有关，因而实际出现的灵敏线与理论上的灵敏线往往不一致。因此，型号不同的原子发射光谱仪有自身的标准图谱。

2. 定性分析方法

通常用光谱比较法，它可以分为标准试样比较法和铁光谱比较法。前者将欲检查元素的纯物质与试样并列摄谱于同一感光板上，在映谱仪上检查试样光谱与纯物质光谱，若试样光谱中出现与纯物质具有相同特征的谱线，表明试样中存在待测元素。后者将试样与铁并列摄谱于同一光谱感光板上，然后将试样光谱与铁光谱标准谱图对照，以铁谱线为波长标尺，逐一检查待测元素的灵敏线，若试样光谱中的元素谱线与标准谱图中标明的某一元素谱线出现的波长位置相同，表明试样中存在该元素。铁谱比较法对同时进行多元素定性鉴定十分方便。如图 8-8 是元素标准光谱图。

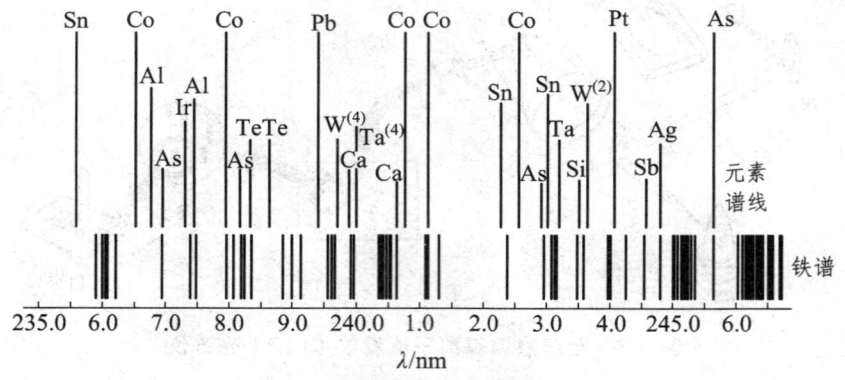

图 8-8　元素标准光谱图

3. 半定量分析方法

摄谱法是目前光谱半定量分析最重要的手段，它可以迅速地给出试样中待测元素的大致含量。常用的方法有谱线黑度比较法和谱线呈现法等。

谱线黑度比较法是将试样与已知不同含量的标准试样在一定条件下摄谱于同一光谱感光

板上，然后在映谱仪上用目视法直接比较被测试样与标准试样光谱中分析线的黑度，若黑度相等，则表明被测试样中待测元素的含量近似等于该标准试样中待测元素的含量。

当元素含量低时，仅出现少数灵敏线，随着元素含量增加，一些次灵敏线与较弱的谱线相继出现，于是可以编成一张谱线出现与含量的关系表，以后就根据某一谱线是否出现来估计试样中该元素的大致含量，这就是谱线呈现法。

（二）光谱定量分析

1. 光谱定量分析基本关系式

谱线强度 I 与待测元素的浓度 c 的关系式通常用沙伊贝（Scheibe）-洛马金（Lomakin）经验公式表示，即

$$I=ac^b \text{ 或 } \lg I=\lg a + b\lg c \tag{8-4}$$

式中　b——自吸系数，其值与谱线的自吸现象有关，随着待测元素的浓度 c 增加而减小。

c 越大，自吸越严重，$b<1$；当 c 很小，无自吸时，$b=1$。b 为常数，与元素性质、激发条件、蒸发条件、基体等因素有关。b 在实验中很难保持固定的常数，通常采用测定谱线的相对强度来进行定量分析，这样可消除实验条件对测定结果的影响，这就是"内标法"。此法是 1925 年革拉赫（W. Gerlach）首先提出的，对光谱定量分析的发展做出了重要贡献。

2. 内标法

内标法是利用分析线与比较线的强度比对和元素含量的关系来进行光谱定量分析的方法。所选用的比较线称为内标线，提供内标线的元素称为内标元素。内标元素可以是试样基体成分，也可以是外加元素。内标元素与被分析元素在化学性质、激发电压、波长和强度等方面必须十分相似。

设被测元素和内标元素含量分别为 c 和 c_0，分析线和内标线强度分别为 I 和 I_0，b 和 b_0 分别为分析线和内标线的自吸收系数。根据公式（8-4）可得

$$I = a_1 c^b, \quad I_0 = a_0 c_0^{b_0}$$

则其相对强度 R 为

$$R = \frac{I}{I_0} = \frac{a_1 c^b}{a_0 c_0^{b_0}} = ac^b \tag{8-5}$$

式中，$a = \dfrac{a_1}{a_0 c_0^{b_0}}$，在内标元素含量和实验条件一定时，$a$ 为定值，对式（8-5）取对数，得

$$\lg R = \lg \frac{I}{I_0} = \lg a + b\lg c \tag{8-6}$$

式（8-6）即为内标法光谱定量分析基本关系式。以 $\lg R$ 对 $\lg c$ 作图，绘制标准曲线，在相同条件下，测定试样中待测元素的 R，求出 $\lg R$，在标准曲线上即可求得未知试样的 $\lg c$。

3. 标准加入法

该方法可在无合适内标元素时用。取若干份试液，依次按比例加入不同量的待测物的标准溶液，稀释到体积相同，则浓度依次为

$$c_x,\ c_x + c_0,\ c_x + 2c_0,\ c_x + 3c_0,\ c_x + 4c_0,\ \cdots$$

在相同条件下测定相对强度 R_x，R_1，R_2，R_3，R_4，…。以 R 对加入的标准溶液的浓度 c 作图，如图 8-9 所示，c_x 点即为待测液浓度。

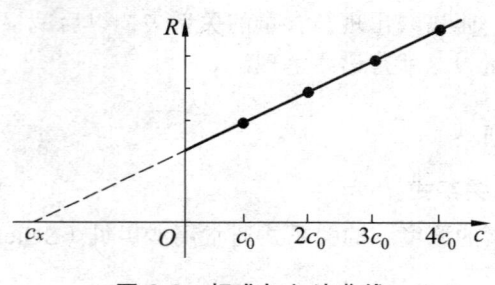

图 8-9 标准加入法曲线

任务二　原子荧光光谱法（AFS）测定化妆品中的砷含量

【任务目的】

（1）熟悉 AFS 工作原理；
（2）熟悉 AFS 工作流程；
（3）掌握用 AFS 对元素进行定量分析的方法。

【任务准备】

1. 仪　器

双道原子荧光光谱仪：

配自动进样器；砷编码空心阴极灯；可调电热板。光电倍增管负高压 270 V；原子化器高度 8 mm；灯电流 60 mA；载气流量 400 mL/min；屏蔽气流量 800 mL/min；读数时间 7 s；延迟时间 1.5 s；温度 20 ℃；测量方式：标准曲线法；积分方式：峰面积；其他按仪器默认值。

2. 试　剂

（1）5% 硫脲 + 5% 抗坏血酸混合液（100 g/L，现配）；
（2）KBH_4-NaOH 溶液（15 g/L）；
（3）砷标准储备液（1 000 μg/mL）。

【任务内容】

一、实验原理

砷是化妆品中最常见的有害元素之一，砷在人体内积蓄，可引起人体急性或慢性中毒。化妆品试样经消解后，加入硫脲使 As（Ⅴ）还原为 As（Ⅲ），再加入 KBH_4 使 As（Ⅲ）生成 AsH_3，由氩气载入石英原子化器中分解为原子态砷，在特制砷空心阴极灯的发射光激发下产生原子荧光。其荧光强度在一定条件下与被测液中砷的浓度成正比,与标准系列比较定量。

二、实验步骤

1. 样品处理

准确称取 1.00 g 化妆品试样于锥形烧瓶中,加入 15 mL 硝酸-高氯酸混合酸(4+1)、2.5 mL 硫酸及几粒玻璃珠,摇匀,放置过夜。次日于电热板低温处加热消解,若消解不完全可适当补加浓 HNO_3 10 mL,反复消解直至消解完全,冷却,加水 25 mL,再持续加热蒸发除酸。冷却后,加少量纯水多次洗涤,移入 50 mL 比色管,加入 100 g/L 硫脲-抗坏血酸混合溶液 10 mL、2.5 mL 盐酸,定容,摇匀,放置 30 min 后测定,同时做试剂空白试验。

2. 标准曲线制作

分别吸取 0.1 μg/mL 砷标准溶液 0.00、0.25、0.50、1.00、2.00、3.00、4.00、5.00、10.00 mL 于 50 mL 比色管中,加浓盐酸 2.5 mL,100 g/L 硫脲-抗坏血酸混合溶液 10 mL,纯水定容,即得 0.00、0.50、1.00、2.00、4.00、6.00、8.00、10.00、20.00 μg/L 砷系列标准溶液,摇匀,放置 30 min 后测定荧光强度。

3. 结果计算

$$X(\mathrm{As}) = \frac{(c_1 - c_0) \times V}{m \times 1000}$$

式中 $X(\mathrm{As})$——试样中砷的含量,mg/kg;

c_1——试样溶液中砷浓度,μg/L;

c_0——空白液中砷浓度,μg/L;

V——试样消化液总体积,mL;

m——试样质量,g。

问题探究二

1. 原子荧光光谱法的基本原理是什么?
2. 原子荧光光谱法的特点是什么?它与原子发射光谱法及原子吸收光谱法有何异同?
3. 如何利用原子荧光光谱法对物质进行定量分析?

知识链接二 原子荧光光谱法

原子荧光光谱法(Atomic Fluorescence Spectroscopy,AFS)是介于原子发射光谱(AES)和原子吸收光谱(AAS)之间的光谱分析技术,是 20 世纪 60 年代发展起来的一种新的痕量分析方法。它是通过测定待测元素的原子蒸气在辐射能激发下发射的荧光强度进行定量分析的发射光谱分析法。所用仪器与原子吸收光谱法相近。

荧光分析法最大的特点是灵敏度高、选择性强,在食品分析中已成为重要的方法之一。

其中氢化物-原子荧光分析法（HG-AFS）在砷、汞、锗、硒、锑、铅等元素分析中独具优势，且可以利用不同价态形成氢化物条件的不同进行元素的价态分析。

一、基本原理

1. 原子荧光光谱的产生及其类型

气态自由原子吸收特征辐射后跃迁到较高能级，然后又跃迁回到基态或较低能级，同时发射出与原激发辐射波长相同或不同的辐射，称为原子荧光。当仪器和工作条件一定，待测元素浓度很低时，荧光强度与浓度成正比，测定原子荧光强度即可求得试样中待测元素的含量。

原子荧光可分为共振荧光、非共振荧光与敏化荧光等三种类型。

（1）共振荧光。气态自由原子吸收共振线被激发后，再发射出与原激发辐射波长相同的辐射，即为共振荧光。

（2）非共振荧光。当荧光与激发光的波长不相同时，产生非共振荧光。非共振荧光又分为直跃线荧光、阶跃线荧光和反斯托克斯（anti-Stokes）荧光。

① 直跃线荧光。激发态原子跃迁至高于基态的亚稳态时所发射的荧光称为直跃线荧光。由于荧光能级间隔小于激发线的能级间隔，所以荧光的波长大于激发线的波长。如铅原子吸收 283.31 nm 的光，发射 405.78 nm 的荧光。直跃线荧光也称为斯托克斯（Stokes）荧光。

② 阶跃线荧光。激发态原子以非辐射形式（非辐射释放能量方式有碰撞、放热等）去活化，返回到较低能级的激发态，再以辐射形式去活化，返回基态而发射的荧光，称为阶跃线荧光。其荧光波长大于激发线波长。例如，钠原子吸收 330.30 nm 的光，发射 588.99 nm 的荧光，即属于这种情况。

③ 反斯托克斯荧光。反斯托克斯荧光是波长小于激发线波长的荧光，即先热激发再光激发（或反之），之后跃迁回基态，发射荧光。例如，铟原子先热激发，再吸收 451.13 nm 光，再发射 410.18 nm 的荧光。

（3）敏化荧光。受光激发的原子与另一种原子碰撞时，把激发能传递给另一个原子，使其激发，后者以辐射形式去活化而发射的荧光，称为敏化荧光。

2. 荧光强度与浓度的关系

当光源强度稳定、辐射光平行、自吸可忽略时，发射荧光强度（I_f）正比于基态原子对特定频率（ν_0）吸收光的吸收强度（I_a），即

$$I_f = \Phi \cdot I_a \tag{8-7}$$

在理想情况下

$$I_f = \Phi \cdot I_0 \cdot A \cdot K_0 \cdot l \cdot N = K \cdot c \tag{8-8}$$

式中　　Φ——荧光量子效率，表示发射荧光光量子数与吸收激发光量子数之比；

I_0——原子化火焰单位面积接收到的光源强度；

A——受光照射在检测器中观察到的有效面积；

K_0——峰值吸收系数；
l——吸收光程；
N——单位体积内待测元素的基态原子数；
c——试样中待测元素的浓度。

式（8-8）即为原子荧光定量的基础。

原子荧光定量分析主要采用标准曲线法，也可以采用标准加入法。

二、原子荧光光谱仪

原子荧光光谱仪包括激发光源、原子化器、单色仪、检测器及信号处理显示系统（图8-10）。与原子吸收光谱仪的组成相似。为了避免光源所发射的强辐射对弱原子荧光信号检测产生影响，单色仪和检测器的位置与激发光源位置一般呈90°，也可根据需要设定。

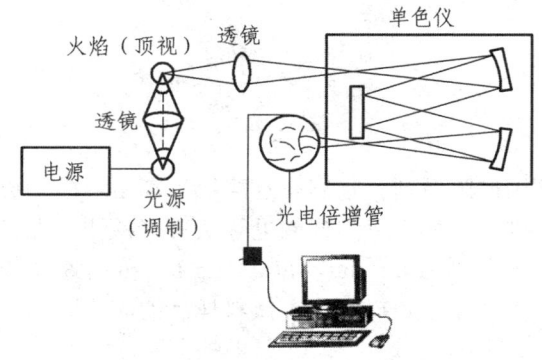

图 8-10　原子荧光光谱仪结构

原子荧光光谱仪都配置了氢化物（冷原子）发生器。氢化物发生法是依据8种元素As、Bi、Ge、Pb、Sb、Se、Sn和Te的氢化物在常温下为气态，利用某些能产生初生态还原剂（H·）或某些化学反应，与试样中的这些元素形成挥发性共价氢化物。氢化物发生器一般包括进样系统、混合反应器、气液分离器和载气系统。根据不同的蠕动泵进样法，可分为连续流动法、流动注射法、断续流动法和间歇泵进样法等。

原子荧光光谱仪结构简单且价格便宜。由于原子荧光是向空间各个方向发射的，比较容易设计多元素同时分析的多通道原子荧光光谱仪。

任务三　离子色谱法测定饮料中防腐剂的含量

【任务目的】

（1）了解离子交换剂及分离原理；
（2）熟悉离子色谱法的工作流程；
（3）掌握用离子色谱仪对样品进行定量分析的方法。

【任务准备】

1. 仪 器

（1）Dionex4000i 离子色谱仪（配电导检测器）；
（2）Dionex HPLC-AG 保护柱（两根）；
（3）Dionex AMMS 阴离子微膜抑制器。

2. 试 剂

（1）山梨酸（AR）；
（2）苯甲酸（AR）；
（3）二次去离子水（用于配制溶液）；
（4）0.025 mol/L H_2SO_4，0.015 mmol/L Na_2CO_3；
（5）市售饮料样品。

【任务内容】

一、实验原理

苯甲酸和山梨酸是常用的防腐剂，它们在水溶液中都是弱酸，可部分电离成阴离子，因此，可在阴离子交换柱上进行交换后，用抑制电导法进行检测。在设定的色谱条件下测定，苯甲酸和山梨酸的检测下限分别为 0.5 μg/L 和 0.8 μg/L，分析速度较快，且能与其他离子较好地分辨。本方法适合汽水、可乐和口服液等饮料样品的测定。

二、实验步骤

1. 标准溶液的配制

（1）山梨酸储备液和苯甲酸储备液：准确称取 0.125 0 g 山梨酸，用水溶解，转移到 25 mL 容量瓶中，并稀释到刻度。此溶液含山梨酸 5 mg/L。准确称取 0.125 0 g 苯甲酸，用水溶解，转移到 25 mL 容量瓶中，并稀释到刻度。此溶液含苯甲酸 5 mg/L。

（2）山梨酸、苯甲酸混合储备液：准确称取 0.125 0 g 山梨酸和 0.125 0 g 苯甲酸，用水溶解后，全部转移到 25 mL 容量瓶中，并稀释到刻度。此溶液含山梨酸、苯甲酸分别为 5 mg/L。

（3）混合系列标准溶液：准确吸取 0.05，0.10，0.20，0.30，0.40，0.50 mL 山梨酸、苯甲酸混合储备液，定容于 25 mL 容量瓶中，配成含山梨酸、苯甲酸分别为 10，20，40，60，80，100 μg/L 的混合标准溶液。

（4）单个标准溶液：在两个 25 mL 容量瓶中分别吸取 0.20 mL 山梨酸、苯甲酸储备液，定容，配成浓度分别为 40 μg/L 的山梨酸、苯甲酸单个标准溶液。

2. 标准溶液的测定

（1）打开计算机和离子色谱主机，启动工作站，按操作说明书设定好分析条件，色谱条件为：淋洗液 0.001 5 mol/L Na_2CO_3，流速 1.5 mL/min；再生液 0.025 mol/L H_2SO_4，流速 1.0 mL/min；电导检测器量程 60 μS/V；进样体积 50 mL。

（2）待基线稳定后，分别对山梨酸和苯甲酸的标准溶液进样。计算标准样品中山梨酸和苯甲酸的保留时间、峰高及峰面积。

（3）取山梨酸和苯甲酸的混合标样，按步骤（2）直接进样，从步骤（2）的山梨酸和苯甲酸的保留时间可确认混合标样中的峰所对应的防腐剂，及相应的峰面积和峰高。

3. 样品溶液的测定

饮料用超声波脱气 5 min，稀释 50 倍或 25 倍后，用 0.45 μm 的微孔滤膜过滤后进样测定。由色谱峰的保留时间定性，峰高和峰面积与标准样品对照定量。

4. 关　机

按开机的逆次序关机。

5. 数据处理

（1）根据山梨酸和苯甲酸标准系列溶液的色谱图，绘制山梨酸、苯甲酸的峰高（峰面积）与浓度的关系曲线。

（2）根据样品中山梨酸、苯甲酸的峰高（或峰面积），由工作曲线计算饮料中山梨酸、苯甲酸的含量（mg/L）。

问题探究三

1. 离子色谱法对物质进行分离的原理是什么？
2. 离子色谱法的特点是什么？它与高效液相色谱法有何关系？
3. 如何利用离子色谱仪对物质进行分离及定量分析？

知识链接三　离子色谱法

一、基本原理

离子色谱法（Ion Chromatography，IC）是以离子型物质为分析对象的液相色谱法。它与普通液相色谱法的不同之处是通常使用离子交换剂固定相和电导检测器。20 世纪 70 年代中期，在液相色谱高效化的带动下，Small 等发明了现代离子色谱（或称高效离子色谱），即采用低交换容量的离子交换柱，以强电解质作为流动相分离无机离子，然后用抑制柱将流动相中被测离子的反离子除去，使流动相背景电导降低，从而获得高的检测灵敏度，这就是双柱离子色谱法（或称抑制型离子色谱法）。1979 年，Gjerde 等用弱电解质作为流动相，因流动相自身的电导较低，不必用抑制柱，称为单柱离子色谱法（或称非抑制型离子色谱法）。

狭义的 IC 通常指以离子交换柱分离与电导检测相结合的离子交换色谱（IEC）和离子排斥色谱（ICE）。离子抑制色谱（ISC）和离子对色谱（IPC）采用的是通常的高效液相色谱（HPLC）体系，因其分析对象是离子，也放在离子色谱中讲述。IC 因灵敏度高、分析速度快，能实现多种离子同时分离，而且还能将一些非离子性物质转变成离子性物质后测定，所以在环境、食品、化工、电子、生物、医药、新材料等许多领域都得到了广泛的应用。可以用 IC 分析的物质除无机阴阳离子外，还有有机阴离子（有机酸、有机磺酸盐和有机磷酸盐）、有机阳离子（胺、吡啶等）和生物物质（糖、醇、酚、氨基酸和核酸等）。

1. 离子交换色谱法

离子交换色谱法使用的是低交换容量的离子交换剂，这种交换剂的表面有交换基团。带负电荷的交换基团（如磺酸基和羧酸基）可以用于阳离子的分离，带正电荷的交换基团（如季铵盐）可以用于阴离子的分离。由于静电相互作用，样品阴离子和淋洗剂阴离子（称淋洗离子）都与固定相中带正电荷的交换基团作用，样品离子不断地进入固定相，又不断地被淋洗离子交换而进入流动相，在两相中达到动态平衡。不同的样品，阴离子与交换基团的交换作用力大小不同，电荷密度大的离子与交换基团的作用力大，在树脂中的保留时间就长，于是不同的离子被相互分离。

图 8-11 为阴离子色谱柱中填充附聚型阴离子交换树脂，在流动相碳酸盐体系中发生离子交换的过程。由于离子和树脂的亲和力不同，在大量淋洗离子的作用下，发生反复解吸/吸附过程，从而产生分离。

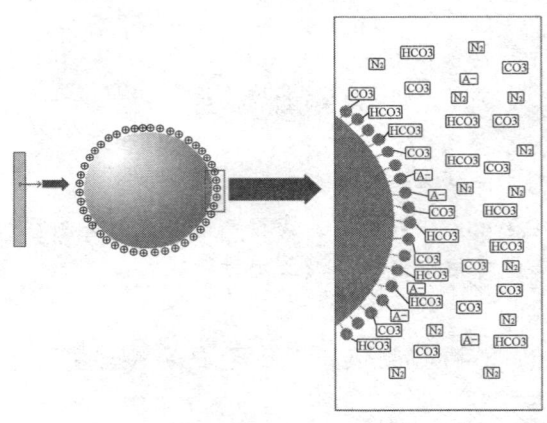

图 8-11 阴离子交换过程

2. 离子排斥色谱法

离子排斥色谱法主要用于无机弱酸和有机酸的分离，也可用于醇类、醛类、氨基酸和糖类的分析。离子排斥色谱主要的检测方式是电导，对短碳链有机酸的分析，电导与抑制器结合，在选择性和灵敏度等方面明显优于其他的检测方法，如紫外和折光指数等。典型的离子排斥色谱柱是全磺化高交换容量的 H^+ 型阳离子交换剂，其功能基为磺酸根阴离子，树脂表面的这一负电荷层对负离子具有排斥作用（Donnan 排斥）。离子排斥色谱法的分离机理是以树脂的 Donnan 排斥为基础的分配过程（图 8-12）。分离阴离子用强酸性高交换容量的阳离子交换树脂，分离阳离子用强碱性高交换容量的阴离子交换树脂。下面以阴离子分离为例说明离子排斥色谱的原

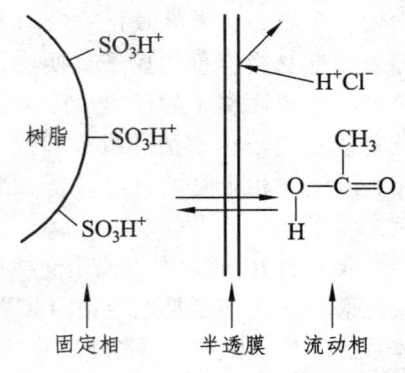

图 8-12 离子排斥色谱示意图

理。强电解质 HCl，因受排斥作用不能穿过半透膜进入树脂的微孔，迅速通过色谱柱而无保留；弱电解质 CH_3COOH 可以穿过半透膜进入树脂微孔。电解质的离解度越小，受排斥作用也越小，因而在树脂中的保留时间也就越长。

3. 离子抑制色谱法与离子对色谱法

无机离子以及离解很强的有机离子通常可以采用离子交换色谱法或离子排斥色谱法进行分离。有很多大分子或离解较弱的有机离子需要采用通常用于中性有机化合物分离的反相（或正相）色谱来进行分离分析。然而，直接采用正相或反相色谱又存在困难，因为大多数可离解的有机化合物在正相色谱法的硅胶固定相上吸附太强，被测物质保留值太大，出现拖尾峰，有时甚至不能被洗脱；而在反相色谱法的非极性（或弱极性）固定相中的保留又太小，致使分离度太差。在这种情况下，可以采用下列两种方法来解决这个问题。

第一种方法：由酸碱平衡理论可知，如果降低（或增加）流动相的 pH，可以使酸（或碱）性离子化合物尽量保持离子状态，然后可以利用离子色谱的一般体系来进行分析测定。这种方法便是离子抑制色谱法。

第二种方法：如果被分析的离子是较强的电解质，单靠改变流动相的酸碱性不能抑制离子性化合物的解离，这时可以在流动相中加入适当的具有与被测离子相反电荷的离子，即离子对试剂，使之与被测离子形成中性的离子对化合物，此离子对化合物在反相色谱柱上被保留，从而达到分离的目的。这种方法便是离子对色谱法。离子对色谱法中保留值的大小主要取决于离子对化合物的离解平衡常数和离子对试剂的浓度。离子对色谱法也可采用正相色谱的模式，即可以用硅胶柱，但不如反相色谱模式应用广泛，所以离子对色谱法常称为反相离子对色谱。

二、离子色谱仪

1. 基本构造

和一般的 HPLC 仪器一样，现在的离子色谱仪一般也是先做成一个个单元组件，然后根据分析需要将各个单元组件组合起来。最基本的组件是流动相容器、高压输液泵、进样器、色谱柱、检测器和数据处理系统。此外，也可根据需要配置流动相在线脱气装置、梯度洗脱装置、自动进样系统、流动相抑制系统、柱后反应系统和全自动控制系统等。图 8-13 是离子色谱仪最常见的两种配置的结构示意图。

图 8-13（a）带流动相抑制系统，是通常所说的抑制型离子色谱仪；图 8-13（b）没有流动相抑制系统，是通常所说的非抑制型离子色谱仪。

离子色谱仪的基本构造及工作原理与高效液相色谱仪基本相同，所不同的是离子色谱仪通常配备的检测器不是紫外检测器，而是电导检测器；通常所用的分离柱不是高效液相色谱所用的吸附型硅胶柱或分配型 ODS 柱，而是离子交换剂填充柱。另外，在离子色谱中，特别是在抑制型离子色谱中往往用强酸性或强碱性物质作为流动相。因此，仪器的流路系统耐酸、耐碱的要求更高一些。

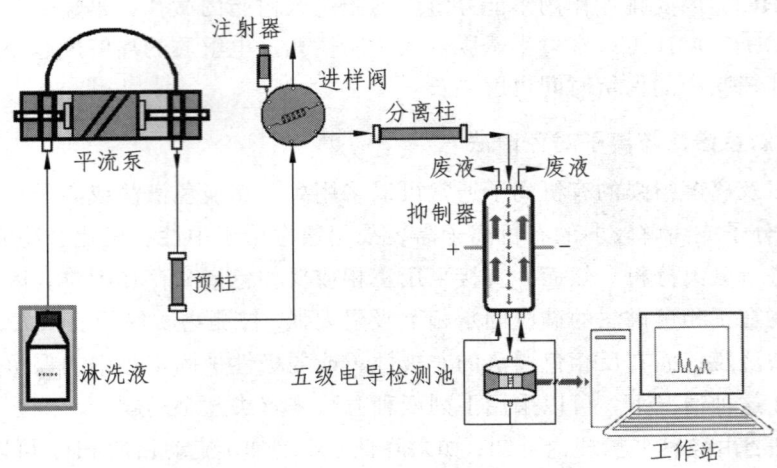

(a) 抑制型

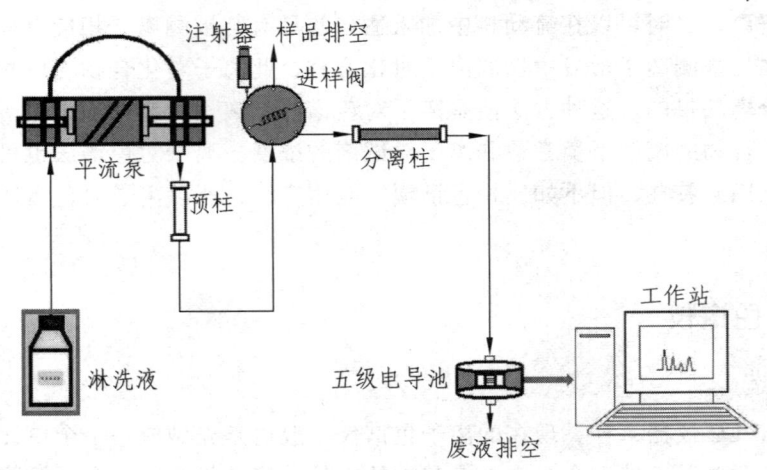

(b) 非抑制型

图 8-13 离子色谱仪

2. 工作流程

高压输液泵将流动相以稳定的流速（或压力）输送至分析体系，在色谱柱之前通过进样器将样品导入，流动相将样品带入色谱柱，在色谱柱中各组分被分离，并依次随流动相流至检测器。抑制型离子色谱则在电导检测器之前增加一个抑制系统，即用另一个高压输液泵将再生液输送到抑制器。在抑制器中，流动相背景电导被降低，然后将流出物导入电导池，检测到的信号送至数据处理系统记录、处理或保存。非抑制型离子色谱仪不用抑制器和输送再生液的高压泵，因此仪器结构相对比较简单，价格也相对比较便宜。

任务四 毛细管电泳法测定阿司匹林中水杨酸的含量

【任务目的】

（1）熟悉毛细管电泳法的基本原理、结构与使用方法；
（2）掌握紫外吸收光谱检测方法；
（3）学会用毛细管电泳法测定阿司匹林中的水杨酸。

【任务准备】

1. 仪 器

（1）毛细管电泳仪；
（2）石英毛细管柱（50 cm×50 μm）。

2. 试 剂

（1）水杨酸（SA）、十水合四硼酸钠、氢氧化钠、十二烷基硫酸钠（SDS）等（均为高纯试剂）；
（2）阿司匹林；
（3）缓冲液：配制含 2 mmol/L 十水合四硼酸钠和 4 mmol/L 十二烷基硫酸钠（SDS）的分离缓冲液，用 0.1 mol/L 的氢氧化钠调整其 pH 到 9.0。

【任务内容】

一、实验原理

阿司匹林（乙酰水杨酸）为一种常用解热镇痛药，自问世以来的近百年里，一直是世界上应用最广泛的药物之一，近年来，又被用于预防心血管疾病。游离水杨酸是阿司匹林在生产过程中由于乙酰化不完全而带入，或在储存期间阿司匹林水解产生的。水杨酸对人体有毒性，刺激肠胃道，产生恶心、呕吐等症状。利用毛细管电泳法可以对阿司匹林中的水杨酸进行定性与定量分析。

二、实验步骤

1. 样品处理

将 5 片阿司匹林药片研碎成粉末，准确称量其质量，倒入烧杯中，加二次蒸馏水 30 mL，搅拌后，在振荡器中振荡 10 min。然后放入离心机中，在 3 500 r/min 转速下离心分离 10 min，将上层清液转入 100 mL 容量瓶中，定容。

2. 标准品的配制

配制浓度分别为 0.05，0.01，0.8，1.2，1.6，2，5 mmol/L 的水杨酸标准溶液。

3. 电泳实验条件

毛细管柱在使用前分别用 0.1 mol/L 的 NaOH 溶液和二次蒸馏水及缓冲液冲洗 3 min 后，

在运行电压下平衡 10 min。以后每次进样前均用缓冲液冲柱,在运行电压下平衡 5 min。

本实验采用电迁移进样(10 kV、5 s)。高压端进样,低压端检测,工作电压为 20 kV。检测波长为 214 nm。

4. 水杨酸标准样品的测定

分别进样测定 0.05,0.01,0.8,1.2,1.6,2.0,5.0 mmol/L 的水杨酸标准溶液。每个浓度平行测 3 次。

5. 阿司匹林药片中水杨酸含量的测定

(1)取阿司匹林药品溶液,在上述电泳条件下对样品溶液进行测定。平行测 3 次。
(2)把一定浓度的水杨酸加入样品溶液中,进样测定。

6. 水杨酸定性分析

比较水杨酸标准品、阿司匹林样品以及加有水杨酸标准品的阿司匹林样品的谱图,确定阿司匹林中水杨酸的保留值。

7. 水杨酸的定量分析

以测定的水杨酸标准样品的浓度为横坐标、测定的峰面积为纵坐标,绘制标准曲线,根据标准曲线或回归方程,计算阿司匹林中水杨酸的含量。

问题探究四

1. 毛细管电泳法的工作原理是什么?
2. 毛细管电泳法的工作流程是什么?
3. 为什么毛细管电泳法对生物大分子有更高的分离效率?

知识链接四 毛细管电泳法

毛细管电泳(Capillary Electrophoresis,CE),又称为高效毛细管电泳(High Performance Capillary Electrophoresis,HPCE),是以毛细管为分离通道,以高压直流电场为驱动力,根据试样中各组分的淌度和(或)分配系数的不同而进行分离的新型液相微分离技术。毛细管电泳兴起于 20 世纪 80 年代,是电泳和现代色谱相结合的产物,是分离科学中继高效液相色谱(HPLC)后的又一个重大进展。HPCE 已成为一种重要的分离、分析方法,在生物、医药、化工、环保、食品等领域具有广阔的应用前景。HPCE 主要具有如下特点:

(1)分离效率高。柱效一般为每米几十万理论塔板数,高的可达每米几百万甚至几千万理论塔板数。

(2)快速。几十秒至十几分钟完成。

(3)微量。一般紫外检测器,最低检测限可达 10^{-6} mol/L,若采用电化学检测器,最低检测限可达 10^{-8} mol/L。试样用量少,仅为几纳升(10^{-9} L)。

(4)运行成本低。实验只需消耗几毫升至几十毫升缓冲溶液。毛细管柱价格低廉。

（5）洁净、环保。通常使用水溶液，对人体和环境无害，实属"绿色"分离技术。

（6）分析系统易微型化、自动化。毛细管柱内径为几十微米，分离通道可以较短，由于进样量、缓冲溶液量很少，样品池可以很小，整个分析系统可以集成在一片玻璃或聚合物胶片上，实现系统微型化。目前商品仪器的操作已可全部自动化，实现在线检测。

（7）分离模式多样化，应用范围广。在同一硬件条件下，可根据试样不同的理化特性，选择多种分离模式。从无机离子至单细胞、单分子，从小分子至大分子，都可进行分离、分析。

与HPLC相比，HPCE从分离效率、速度、试样用量、运行成本、抗污染能力和环保等方面更有优势。但HPCE由于采用在柱检测，光路太短，线性范围不如HPLC；电渗难控制，影响分离的重现性；缺乏高灵敏度的通用型检测器；微量制备能力较差等。因此，HPCE还存在较多问题，有待进一步解决，而HPLC更为成熟。

一、基本原理

（一）基本概念

1. 电泳和淌度

在电解质溶液中，带电粒子在电场作用下，以不同速度向其所带电荷相反方向迁移的现象称为电泳（Electrophoresis），单位电场强度下的电泳速度称为淌度（Mobility）。

对于球形离子，在一定缓冲溶液中，淌度μ_{ep}与离子半径r、电荷q及溶液黏度η有关。经推导可得

$$\mu_{ep} = \frac{q}{6\pi\eta r}$$

离子电泳速度v_{ep}等于淌度μ_{ep}和电场强度E的乘积，即

$$v_{ep} = \mu_{ep}E = \frac{q}{6\pi\eta r}E \quad (8-9)$$

式（8-9）表明，当电场强度一定时，不同离子所带电荷不同、离子半径不同，电泳速度就不同。大小相同的离子，所带电荷越多，电泳速度越快；相同电荷的离子，离子半径越小，电泳速度越快。这就是电泳分离不同离子的理论基础。

2. 电渗流

HPCE通常采用的是石英或玻璃毛细管。在多数水溶液中，毛细管表面硅醇基（——SiOH）会电离为硅氧基负离子（——SiO$^-$），使管壁表面带负电，为了保持电荷平衡，溶液中水合离子（一般为阳离子）被吸附到表面附近，形成双电层。这种液-固表面双电层存在一定电位差，即Zeta电势。Zeta电势受管壁材料及其表面特性和溶液性质的影响。

当在毛细管两端外加电场时，双电层中的阳离子向阴极移动，由于离子是溶剂化的，带动了毛细管中溶液整体向阴极移动，产生电渗流（Electroosmotic Flow，EOF）。电渗速度用v_{eo}表示。

电渗流的重要特点是具有平面流型，电渗的驱动力沿毛细管均匀分布，它使整个流体像一个塞子一样以均匀的速度向前运动。而在HPLC中，流体流型是抛物线型的层流，其中心处速度是平均速度的2倍。电渗流的平面流型和HPLC中高压泵驱动所产生的抛物线型层流的速度曲线不同，不会直接引起试样组分区带在柱内扩张，这是HPCE获得高效分离的重要

原因之一，如图 8-14 所示。

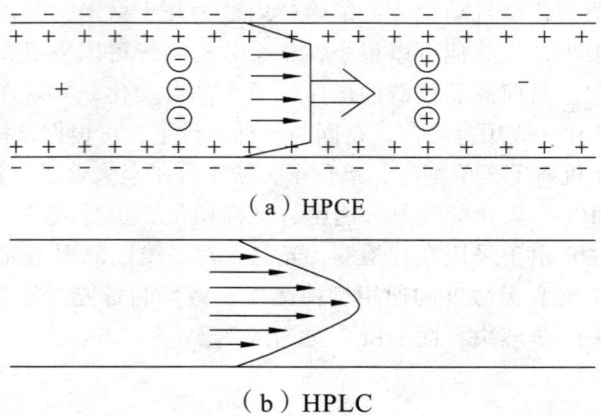

图 8-14　电渗流平面流型和 HPLC 抛物线型层流比较

单位电场强度下的电渗速度，称为电渗率或电渗淌度（μ_{eo}）。电渗淌度受电场强度 E、Zeta 电势 ζ_{eo}、溶液介电常数 ε 和溶液黏度 η 有关。经推导得

$$v_{eo} = \mu_{eo} E = \frac{\varepsilon \zeta_{eo}}{\eta} E \tag{8-10}$$

通常情况下，电渗速度是电泳速度的 5~7 倍。在毛细管电泳中，溶液同时存在电泳流和电渗流，在不考虑相互作用的前提下，粒子在毛细管内缓冲溶液中的运动速度（v）是电泳速度（v_{ep}）和电渗速度（v_{eo}）的矢量和，即

$$v = v_{ep} + v_{eo} = (\mu_{ep} + \mu_{eo})E \tag{8-11}$$

粒子在毛细管内缓冲溶液中的运动可分为三种情况，如图 8-15 所示。
（1）正离子的电泳方向和电渗流方向一致，在负极最先流出。
（2）中性粒子的电泳速度为"零"，其移动速度相当于电渗速度。
（3）负离子的电泳方向和电渗流方向相反，但因电渗速度一般都大于电泳速度，故它在负极最后流出。

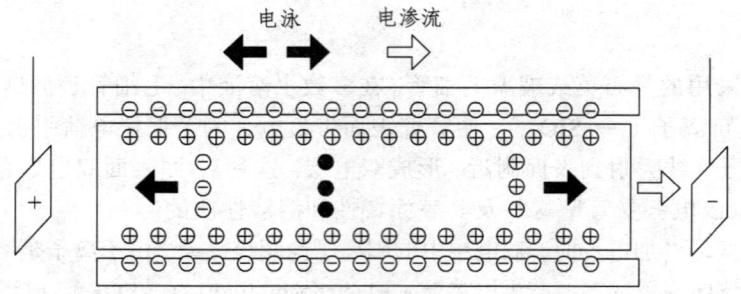

图 8-15　粒子在毛细管内缓冲溶液中的运动

3. 分离效率和分离度

HPCE 与色谱的分离过程均为差速迁移，在功能和结果上非常相似，色谱的保留值、塔

板理论和速率理论、分离度等均可应用于 HPCE。但由于 HPCE 与色谱的分离机理存在差异，在应用时要注意它们的差别。

HPCE 的分离效率一般也用理论塔板数 N 或塔板高度 H 来表示：

$$\left. \begin{array}{l} N = 5.54 \left(\dfrac{t_R}{W_{1/2}} \right)^2 \\ H = \dfrac{1}{n} \end{array} \right\} \quad (8\text{-}12)$$

毛细管电泳在柱上检测，与色谱柱后检测不同。l 是指从进样点到检测点的毛细管长度，称为毛细管有效长度，一般比毛细管总长度（L）短 5～10 cm。t_R 是组分从进样点迁移到检测点的时间，称为迁移时间。

毛细管的理论塔板数 N 还可以表示为

$$N = \dfrac{Ul}{2DL}(\mu_{ep} + \mu_{eo}) \quad (8\text{-}13)$$

式中　U——施加在毛细管两端的电压；
　　　D——组分的扩散系数。

式（8-13）表明，提高毛细管两端电压，增加毛细管有效长度，扩散系数小的大分子物质分离效率高。因此，毛细管电泳适合于蛋白质、DNA 等生物大分子的分离。

毛细管电泳的分离度是指将淌度相近的组分分开的能力，沿用色谱法分离度的计算公式：

$$R = \dfrac{2(t_{R2} - t_{R1})}{W_2 + W_1} \quad (8\text{-}14)$$

分离度与柱效的关系：

$$R = \dfrac{\Delta \mu_{ep}}{4\sqrt{2}} \sqrt{\dfrac{Ul}{DL(\bar{\mu}_{ep} + \mu_{eo})}} \quad (8\text{-}15)$$

式中　$\Delta \mu_{ep}$——相邻两组分的淌度差；
　　　$\bar{\mu}_{ep}$——相邻两组分的淌度平均值。

式（8-15）表明，影响分离度的主要因素有外加电压、毛细管有效长度和总长度之比、相邻两组分的淌度差等。

（二）主要分离模式

HPCE 根据毛细管内分离介质和分离机制不同，可分为毛细管区带电泳、胶束电动毛细管色谱、毛细管凝胶电泳、毛细管等电聚焦、毛细管等速电泳、非胶毛细管电泳、亲和毛细管电泳和毛细管电色谱等多种分离模式。

以下简单介绍几种主要分离模式。

1. 毛细管区带电泳（CZE）

CZE 又称自由溶液毛细管电泳，根据在电场作用下在仅填充缓冲溶液的毛细管中，具有不同质荷比的离子在自由溶液中的迁移速度或淌度不同而实现分离。它是毛细管电泳中最基本、应用最广泛的分离模式。CZE 的特点是操作简便快速，分离效率高，应用范围广，从理论上讲适用于分离所有具有不同淌度的粒子，分子量范围从十几的小分子到几十万的生物大分子。

2. 胶束电动毛细管色谱（MEKC）

MEKC 是在缓冲溶液中加入离子型表面活性剂并形成胶束，使电中性物质能根据其在胶束相和缓冲溶液相中的分配系数不同而进行分离。它是电泳技术和色谱技术巧妙结合的分离新技术，既能分离离子型物质，又可分离中性物质。

MEKC 的分离原理包括胶束增溶和电迁移两个过程。其分离介质包括两相，一相是带电的胶束（不固定于柱的准固定相），具有与周围缓冲溶液（流动相）不同的电泳速度，并且与被分离溶质相互作用（胶束增溶过程）；另一相是缓冲溶液相，在电场作用下，以电渗流的方式整体向阴极流动（电迁移过程）。

3. 毛细管凝胶电泳（CGE）

CGE 是在毛细管中装入凝胶作为支持物进行的电泳。凝胶具有多孔性的网络结构，对溶质具有分子筛的作用。当带电溶质在电场作用下通过凝胶的网络结构时，凝胶将会对不同大小的溶质分子产生不同的阻力，使溶质按分子大小逐一分离。

CGE 是 20 世纪 80 年代后期发展起来的毛细管电泳的主要分离模式之一，它将凝胶电泳对生物大分子的高效分离能力和毛细管电泳的快速、微量和定量分析相结合，成为当今分离度极高的一种电泳分离技术。

4. 毛细管等电聚焦（CIEF）

CIEF 根据蛋白质的等电点（pI）不同而进行分离。其原理是两性电介质在分离介质中的迁移造成 pH 梯度，由此可以使蛋白质根据等电点不同实现分离。

5. 毛细管等速电泳（CITP）

CITP 是一种"移动边界"电泳技术。它采用两种不同的缓冲系统，一种是前导电解质（LE），充满整个毛细管柱；另一种是终结电解质（TE），置于一端的电泳槽中。前者中的离子淌度高于任何试样组分，而后者中的离子淌度则小于任何试样组分，被分离的组分按其淌度不同夹于其中，以不同速度移动，实现分离。

6. 毛细管电色谱（CEC）

CEC 是将 HPLC 中的各种固定相微粒填入毛细管，以试样与固定相之间的相互作用为分离机制，以电渗流为流动相驱动力的色谱过程。5HPLC 相比，其柱效有所下降，但增加了选择性。

二、毛细管电泳仪

1. 毛细管电泳仪的基本结构

毛细管电泳仪结构，如图 8-16 所示，通常包括压力系统、电驱动系统、毛细管、检测器、数据记录系统和温控系统等。

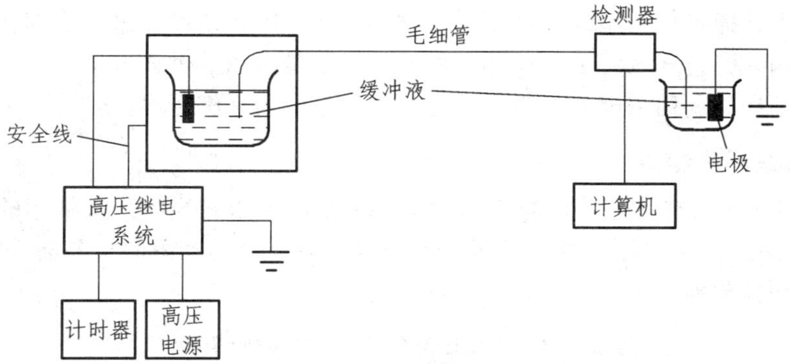

图 8-16 毛细管电泳仪结构

（1）压力系统。可实现毛细管清洗、电解质灌装、压力进样和加压电泳运行。目前商品仪器基本采取氮气加压，并可在 0~5 kPa 调节，控制清洗、灌装和压力进样量。

（2）电驱动系统。包括高压电源、铂电极、两个供毛细管两端插入且又可和电源相连的缓冲溶液贮槽。高压直流电源一般可输出 0~30 kV 电压和 0~300 μA 电流，具有恒压、恒流、恒功率输出。

（3）温控系统通常商品仪器可在 5~40 ℃ 进行温度控制，温控精度可达 ±0.1 ℃，主要采用风冷和液冷两种方式，液冷恒温效果更好。

（4）检测器。目前商品仪器标配均为紫外检测器，要求波长精度好，基线漂移小，信噪比高和线性范围宽等。

（5）数据记录系统。为商品化的软件系统，不但可以记录信号，还可对系统进行控制，实现自动化操作。

2. 毛细管柱

目前普遍采用外涂聚酰亚胺弹性涂层的熔融石英毛细管，长度小于 1 m，一般内径 25~100 μm，自由溶液电泳最常用 50 μm 和 75 μm 两种。若选用毛细管电色谱，内径可达 320 μm。标准毛细管外径 375 μm。在同样电压下，孔径越小，电流越小，焦耳热越小，散热效果越好，但清洗、进样和检测操作困难。消除管内壁对试样溶质的吸附和有效控制电渗是保证电泳分离效果的重要措施。用物理吸附和化学键合对管内壁涂渍处理，覆盖一层聚合物薄膜，能有效屏蔽硅羟基，减少吸附，改变电渗流。加改性剂到缓冲溶液中，采用极端 pH，采用高离子强度缓冲溶液等方法也能对管壁改性，抑制吸附，控制电渗流。

3. 进样方法

毛细管内径小，进样量极少，不能像色谱法采用注射器进样。目前常规进样方式有电动力学进样、流体力学进样和扩散进样等。

（1）电动力学进样。也称为电迁移进样，将毛细管进样端插入试样溶液中，并短时间内施加进样电压，使试样通过电迁移进入毛细管内。电动进样量可通过改变进样电压进行控制，对毛细管内填充介质没有限制，可完全实现自动化操作，是商品仪器必备的进样方式。但电动进样对离子组分存在偏差。

（2）流体力学进样。也称为压力进样，要求毛细管填充介质具有流动性，将毛细管进样端插入试剂瓶中,通过压力系统施加压力并维持一定时间,使试样进入毛细管内。流体力学进样没有组分偏差,进样量几乎与试样基质无关,是最常用的进样方法。

(3)扩散进样。利用浓度差扩散原理将试样分子引入毛细管内。

4. 检测方法和检测器

HPCE 中溶质区带体积超小的特性对检测器灵敏度要求相当高。最常用的检测器有紫外检测器,其他还有荧光检测器、电化学检测器以及各种激光为光源的检测器。表 8-3 是 HPCE 常用检测方法和检测器。

表 8-3 HPCE 常用检测方法和检测器

检测方法	质量检测限/g	优缺点	是否柱上检测
紫外	$10^{-13} \sim 10^{-16}$	适用于有紫外吸收的化合物	是
荧光	$10^{-15} \sim 10^{-17}$	灵敏度高,通常需衍生化	是
激光诱导荧光	$10^{-20} \sim 10^{-21}$	灵敏度非常高,通常需衍生化	是
质谱	$10^{-16} \sim 10^{-17}$	通用性好,能测定结构信息	否
安培	$10^{-19} \sim 10^{-21}$	灵敏度高,只适用于电活性物质	否
电导	$10^{-16} \sim 10^{-15}$	通用性好	否

5. 影响电渗流的因素

电渗是 HPCE 的基本现象之一,它可以控制组分的迁移速度和方向,进而影响 HPCE 的分离效率和重现性。影响电渗的因素很多,直接影响因素有分离电场强度、温度、pH、缓冲溶液溶剂、离子强度、添加剂、管壁涂层等。

(1)分离电场强度。增大分离电场强度可以提高电渗的速度,但不改变电渗率。分离电场强度主要根据分离效率和分离速度来选择。

(2)温度。温度升高,缓冲液黏度下降,毛细管壁硅羟基的解离度增加,电渗加速;反之亦然。但温度只能小范围影响电渗的大小,不改变电渗的方向。温度的设定主要取决于试样和分离效率,有些试样如糖类需要较高温度来电泳,而大多数生化试样则需要室温或更低温度来电泳。

(3)pH。电泳缓冲液的 pH 影响毛细管壁硅羟基的解离度,不同 pH 对应不同的 Zeta 电势 ζ。硅羟基在 pH<2.5 时,基本不电离,电渗接近零;当 pH>10 时,基本完全电离,电渗变化很小;在 pH=4~10 时,电离度随 pH 增大而增大,电渗迅速增大。pH 也会影响试样的解离能力。pH 通常只改变电渗大小。

(4)缓冲溶液溶剂。HPCE 一般使用水配制缓冲溶液,但可添加有机溶剂以改变电渗,其中醇类特别是甲醇等引起电渗大幅度减小。

(5)离子强度。缓冲溶液中的离子主要起导电作用并影响分离效率,是电泳条件选择的关键因素之一。离子主要通过影响双电层的厚度来影响电渗。离子强度增大,双电层厚度减小,电渗下降。离子还可以通过与毛细管壁作用以影响溶液的黏度、介电常数、离子活度等,从而影响电渗。一般过高或过低的离子强度,都对提高分离效率不利。

(6)添加剂。从狭义上来说,添加剂是指缓冲溶液中含量较低、具有某种特殊功能的有机分子。添加剂种类很多,性质各异,主要通过在管壁上的可逆和不可逆吸附来影响管壁上电荷的数量及其分布,从而影响电渗。

(7)管壁涂层。管壁涂层技术是目前控制电渗的主要方法。

任务五　气质联用仪测定白酒中塑化剂的含量

【任务目的】

（1）熟悉质谱法及气质联用法的基本原理；
（2）熟悉质谱仪及气质联用仪的结构及工作流程；
（3）学会用气质联用仪对样品分析条件进行选择及对图谱分析。

【任务准备】

1. 仪 器

气质联用仪（GCMS-QP2010SE，岛津公司）。

2. 试 剂

（1）正己烷（色谱纯）；
（2）12种邻苯二甲酸酯（基准物质）：邻苯二甲酸二甲酯（DMP）、邻苯二甲酸二乙酯（DEP）、邻苯二甲酸二丁酯（DBP）、邻苯二甲酸二异丁酯（DIBP）、邻苯二甲酸二辛酯（DNOP）、邻苯二甲酸二正戊酯（DPP）、邻苯二甲酸二（2-丁氧基）乙基酯（DBEP）、邻苯二甲酸二（2-甲氧基）乙基酯（DMEP）、邻苯二甲酸二正己酯（DHXP）、邻苯二甲酸二丁苄酯（BBP）、邻苯二甲酸二苯酯（DPHP）、邻苯二甲酸二环己酯（DCHP）。
（3）邻苯二甲酸酯标准储备液：分别准确称取 0.100 0 g 12 种邻苯二甲酸酯于 100 mL 容量瓶中，以正己烷（色谱纯）为溶剂稀释至刻度，配成浓度为 1 mg/mL 的邻苯二甲酸酯标准储备液。

【任务内容】

一、实验原理

塑化剂也叫增塑剂，是一种高分子材料助剂。塑化剂种类繁多，其中最常见的是邻苯二甲酸酯（Phthalate Esters，PAEs）。白酒中塑化剂的检测主要是对白酒中邻苯二甲酸酯类物质进行含量分析。

本法是利用气质联用仪中的气相色谱仪将白酒中不同的邻苯二甲酸酯在给定实验条件下进行分离，并利用质谱仪对分离出的邻苯二甲酸酯进行定性与定量分析。

二、实验步骤

1. 样品处理

取酒样 5 mL，置于 10 mL 具塞比色管中，在沸水浴中加热 10 min，除去乙醇。准确加入 2.0 mL 正己烷，旋涡振荡 1 min，静置充分分层后，取上层清液分析。

2. 标准工作液的配制

用正己烷做溶剂，稀释标准储备液至浓度分别为：0.2 μg/mL、0.4 μg/mL、0.6 μg/mL、

0.8 μg/mL、1.0 μg/mL、1.2 μg/mL、1.4 μg/mL、1.6 μg/mL、1.8 μg/mL、2.0 μg/mL 的标准工作液。

3. 实验条件

色谱柱：KB-5MS（30 m×0.25 mm×0.25 μm，Part No.）；载气：高纯度氦气（≥99.999%）；流速：1 mL/min；进样口温度：250 °C；进样方式：不分流进样（1 min）；柱温：程序升温，初始温度 120 °C，保持 1 min，以 15 °C/min 速度升至 210 °C，保持 2 min，以 5 °C/min 速度升至 240 °C，保持 5 min，以 5 °C/min 速度升至 250 °C，保持 5 min，以 25 °C/min 速度升至 300 °C，保持 4 min；EI 离子源温度：230 °C；接口温度：280 °C；溶剂延迟 3 min；质量采集方式：定性 scan，定量 sim。

4. 标准溶液的定性分析

用标准储备液（1 mg/mL）准确配制 10 mg/100 mL 溶液，在上述实验条件下，移取 0.2 μL 进样，用 scan 方式进行定性分析。

5. 标准曲线的测定

分别用不同浓度的标准工作液进行测定，进样量 1 μL，用 sim 扫描方式分析测定，以邻苯二甲酸酯浓度为横坐标、特征离子峰面积为纵坐标，绘制 12 种邻苯二甲酸酯的标准曲线并拟合出线性方程。

6. 酒样中塑化剂含量的测定

在同样条件下测定样品，根据谱图，并利用工作软件对酒中的各类邻苯二甲酸酯含量进行分析。

问题探究五

1. 质谱法的工作原理是什么？
2. 气质联用仪与质谱仪比较有何优点？

知识链接五　质谱法与仪器联用技术

一、质谱法

质谱法（Mass Spectrometry，MS）是通过不同的离子化方式，将试样（原子或分子）转化为运动的气态离子，利用电场或磁场将不同质荷比（m/z）的离子进行分离，记录其信息的分析方法。以离子的质荷比（m/z）为横坐标、离子的相对强度为纵坐标作图，得到质谱。通过试样的质谱和相关信息，可以进行有机物、无机物和生物大分子的定性、定量分析，测定物质的分子量、化学式、同位素丰度比，进行固体表面的结构和组成分析等。

1906 年，英国物理学家汤姆孙（J. J. Thomson）发明质谱。1919 年，英国化学家阿斯顿（F. W. Aston）发明了质谱仪，并利用质谱仪发现了 200 多种非放射性元素的同位素 200 多种。

1942年第一台商品质谱仪出现。从20世纪60年代开始，质谱法更加普遍地应用到有机化学和生物化学领域。化学家们认识到由于质谱法独特的电离过程及分离方式，从中获得的信息是具有化学本性，直接与其结构相关的，可以用它来阐明各种物质的分子结构。正是由于这些因素，质谱仪成为多数研究室及分析实验室的标准仪器之一。

质谱法的优点是取样量少，低至几微克甚至更少；灵敏度高，检测限可达 10^{-14} g；是唯一可以确定分子量和分子式的方法；分析速度快；不仅可以进行试样的整体分析，也可以做试样的逐层分析；对于气体、液体、固体试样均能测定。特别是它与色谱仪联用后，成为目前仪器分析中强有力的定性分析手段。

（一）基本原理

试样中原子或分子在离子源中发生电离，生成各种类型的带电粒子或离子，经加速电场的作用获得动能，形成离子束；进入质量分析器，利用带电粒子在电场或磁场中运动轨迹的差异，将不同质荷比（m/z）的离子按时间或位置的不同进行分离；再导入检测器将粒子流转变成电信号，其信号强度与离子数成正比，所记录的信号形成质谱图。根据质谱图峰的位置进行定性和结构分析，根据峰的强度进行定量分析。

（二）质谱仪

质谱仪由真空系统、进样系统、离子源、质量分析器、检测器、计算机控制与数据处理系统组成，如图8-17所示。

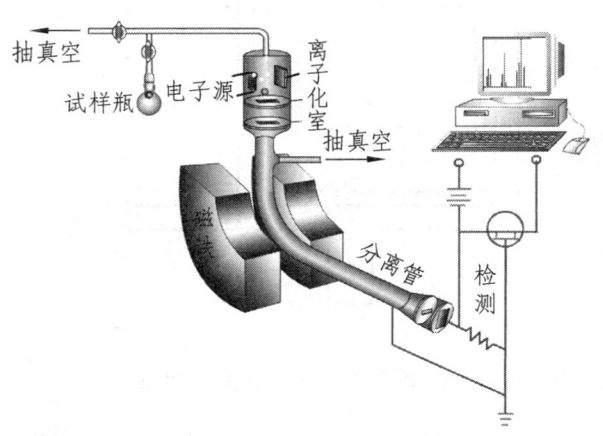

图 8-17　质谱仪结构

1. 高真空系统

在质谱分析中，为了降低背景以及减少离子间或离子与分子间的碰撞，进样系统、离子源、质量分析器及检测器必须处于高真空状态。其中离子源真空度达 1.3×10^{-4} ~ 1.3×10^{-5} Pa，质量分析器中达 1.3×10^{-6} Pa。一般质谱仪都采用机械泵预抽空后，再用高效率扩散泵连续地运行以保持真空。现代质谱仪采用分子泵可获得更高的真空度。

2. 进样系统

进样系统的作用是将待测物质送进离子源，目前进样方式有直接进样、间歇式进样、色谱进样（GC-MS、LC-MS）等。

（1）直接进样。高沸点的试液、固体试样可用探针或直接进样器送入离子源，调节温度使试样气化。直接进样是最常用的进样方法，所需试样量很少，一般只需几纳克。

（2）间歇式进样。适用于气体、沸点低（<500 ℃）且易挥发的液体、中等蒸气压固体。

（3）色谱进样。色谱-质谱联用仪中，经色谱分离的组分通过接口元件直接导入离子源。

3. 离子源

又称电离源，其功能是将进样系统引入的气态试样分子转化成离子，并把离子引出、聚焦和加速，其性能对质谱仪的灵敏度和分辨率有很大影响。使物质电离的方法和电离源很多，如电子轰击电离源（EI）、化学电离源（CI）、快原子轰击源（FAB）、基质辅助激光解吸电离源（MALDI）、电喷雾电离源（ESI）和大气压化学电离源（APCI）等。

（1）电子轰击电离源（EI）

用电加热锑或钨的灯丝到 2 000 ℃，产生高速电子束，其能量为 10~70 eV。当气态试样分子进入电离室时，高速电子与分子发生碰撞，导致试样分子电离，其工作原理如图 8-18 所示。

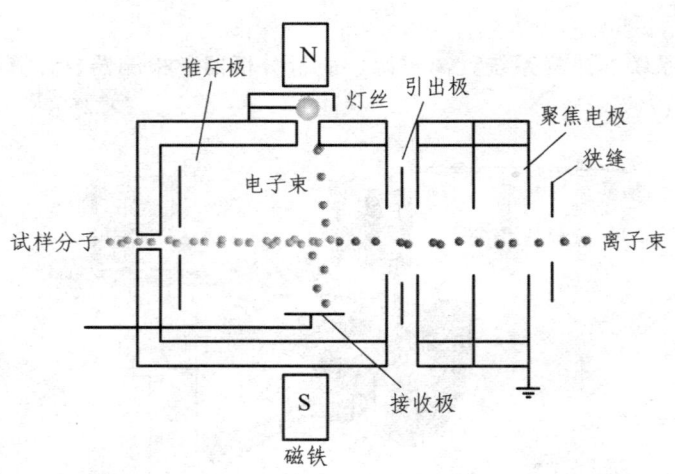

图 8-18　电子轰击电离源的工作原理

EI 的优点：非选择性电离，只要试样能气化就能离子化；提供结构信息丰富，谱图重复性好。缺点：试样必须气化，不适用于难挥发、热不稳定的试样；有些化合物在 EI 下分子离子不稳定，易碎裂，得不到分子量信息；图谱复杂，解析有一定困难；只检测正离子，不检测负离子。

（2）快原子轰击源（FAB）

这是一种利用高能中性原子束轰击试样，导致有机物分子"溅射"电离的软电离技术。其工作原理如图 8-19 所示。

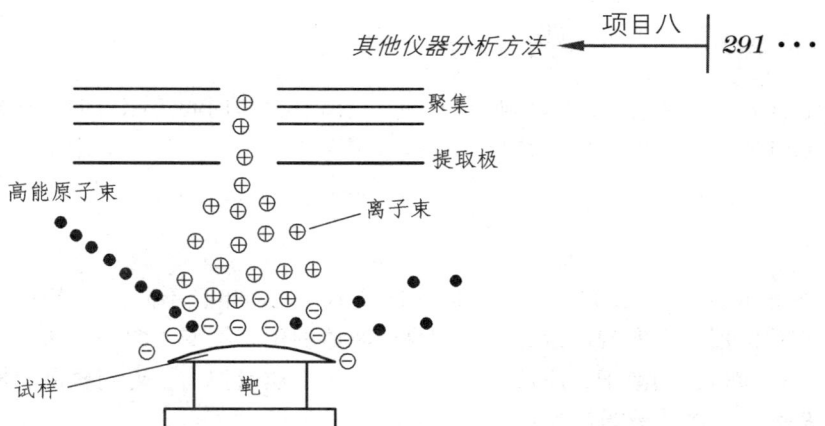

图 8-19　快原子轰击源工作原理

轰击试样的原子通常用氙，在电离室放电产生氙离子，经电场加速后，在原子枪内经电荷交换得到高能氙原子流，打在试样上产生试样离子，并在电场作用下进入分析器。

FAB 电离过程中试样不必加热气化，特别适用于强极性、热不稳定、难气化的生物大分子，如蛋白质、糖类、核酸和天然抗生素等的分析；其质谱不仅有较强的准分子离子峰，而且有较丰富的结构信息。主要用于磁式双聚焦质谱仪。

（3）化学电离源（CI）

利用反应气体的离子与试样分子发生离子-分子反应，使试样电离的"软电离"技术。CI 可在 $1.3×10^2 \sim 1.3×10^3$ Pa 或大气压下工作。与 EI 主要差别在于 CI 要引入一种反应气体，如甲烷、异丁烷等，反应气体先在高能电子束轰击下电离成各种反应气离子，再与试样分子反应，使试样分子电离。

CI 特点：分子离子峰强度高，就是不稳定的有机物也可测定，谱图简化，主要用于确定有机物的分子量。缺点：重现性差，得不到标准谱图。

（4）基质辅助激光解吸电离源（MALDI）

利用一定波长的脉冲式激光照射试样，使之电离的方法。试样置于涂有基质的试样靶上，用激光照射，基质分子吸收激光能量，与试样分子一起蒸发，使试样分子电离。MALDI 也属于软电离技术，主要用于分析生物大分子，如肽、蛋白质和核酸等。MALDI 适合与飞行时间质谱仪（TOF）组成 MALDI-TOF。

（5）电喷雾电离源（ESI）和大气压化学电离源（APCI）是 20 世纪 90 年代出现的新的电离方式，主要应用于 LC-MS。

4. 质量分析器

质量分析器是质谱仪的重要组成部分，它位于离子源和检测器之间，其作用是将试样离子按质荷比（m/z）分离，相当于光谱仪上的单色器。主要类型有单聚焦分析器、双聚焦分析器、四极杆分析器、离子阱分析器、飞行时间分析器和离子回旋共振分析器等。

（1）单聚焦分析器

最常用的分析器之一，又称为扇形磁分析器，如图 8-20 所示。离子进入分析器后，由于扇形磁场的作用，

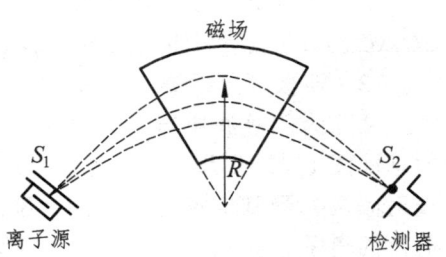

方向聚焦：相同质荷比，入射方向不同的离子会聚

图 8-20　单聚焦分析器工作原理

其运动轨道发生偏转,作圆周运动。当离心力和向心力相等时,其圆周半径 R 与磁场强度 B、加速电压 V、粒子的质荷比 m/z 有以下关系

$$R = \frac{1.44 \times 10^{-2}}{B} \times \sqrt{\frac{m}{z} \times V}$$

在一定的 B,V 条件下,不同质荷比的离子运动半径不同。由离子源产生的离子经分析器后,在检测器上可实现质量分离。如果检测器的位置不变(即固定 R),连续改变 B 或 V,可以使不同质荷比的离子有序地进入检测器,实现质量扫描,得到质谱。现代质谱仪一般是保持 V,R 不变,通过磁场扫描而获得质谱。

磁场还能使离开离子源时方向有一定发散的相同质荷比的离子重新会聚在检测器的狭缝处,这称为方向聚焦。

单聚焦分析器只能把质荷比相同而入射方向不同的离子聚焦,不能把质荷比相同而能量不同的离子聚焦,其分辨率低(小于 500),质量范围中等(分子量小于 20 000),不能满足有机物分析要求,只能用于同位素质谱仪和气体质谱仪。

(2)双聚焦分析器

双聚焦分析器同时具有方向聚焦和能量聚焦作用,其工作原理如图 8-21 所示,在扇形磁场前加一个扇形电场,扇形电场将不同能量的离子聚焦。

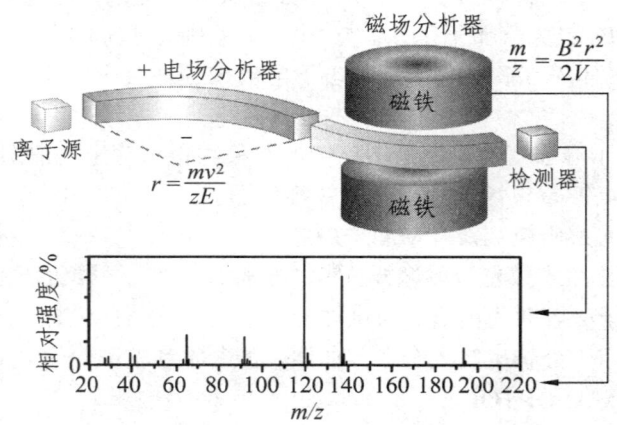

图 8-21 双聚焦分析器工作原理

双聚焦分析器分辨率可达几万,可以测定化合物的精确分子量和元素组成,广泛应用于 GC-MS。其缺点是扫描速率慢,操作、调节比较困难,仪器昂贵。

(3)四极杆分析器

又称为四极滤质器。它由四根棒状电极组成,电极材料为镀金陶瓷或钼合金,其工作原理如图 8-22 所示。在四极上加直流电压和射频电压,形成一个四极射频场。离子进入四极射频场,受到电场力的作用,围绕其传播中心轴振动。在一定条件下,只有一种特定质荷比的离子才会稳定振荡,进入检测器,产生质谱信号(这种离子称为共振离子),其他离子因振荡轨迹不稳定,撞击到电极被"过滤"掉,最后被真空泵抽走(这种离子称为非共振离子)。

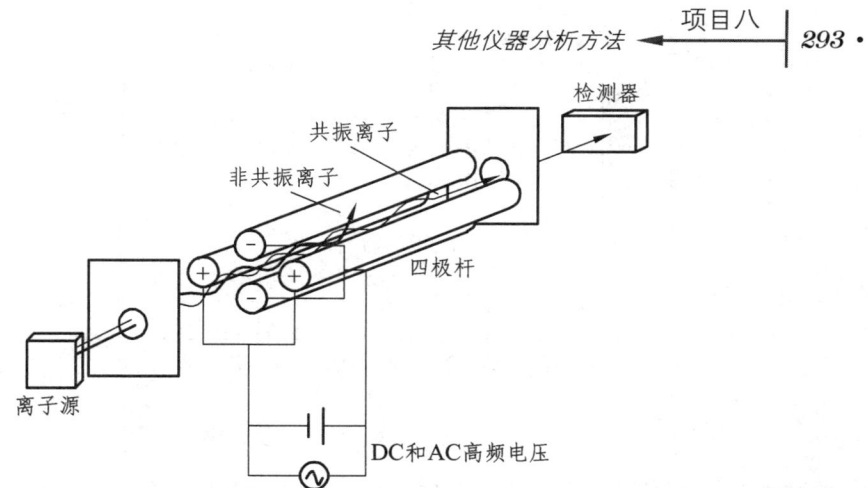

图 8-22　四极杆分析器的工作原理

只要改变直流电压和射频电压,并保证两电压比恒定,即可实现不同 m/z 的离子的检测。

四极杆分析器的优点:扫描速度快,结构简单,体积小,价格低,操作方便,是理想的检测器,非常适合与色谱仪联用。

(4) 飞行时间分析器 (TOF)

其主要部分是一个离子漂移管,工作原理为离子在一定加速电压作用下获得动能,进入长度为 L 的无场离子漂移管,离子在漂移管中的飞行时间与离子质量的平方根成正比。对于能量相同的离子,离子质量越大,到达检测器的时间越长;质量越小,所用时间越短,根据这一原理可把不同质量的离子分开。

TOF 的优点:质量分析范围宽,分辨率高,扫描速率快,无需电磁场,广泛用于色谱-质谱仪和基质辅助激光解吸飞行时间质谱仪 (MALDI-TOF) 中。

5. 检测器

检测器的作用是接受被分离的离子,放大和测量离子强度。质谱仪的检测主要使用电子倍增器,其原理类似于光电倍增管。现代质谱仪常采用隧道电子倍增器,体积较小,多个串联,可同时检测多个 m/z 不同的离子,从而大大提高检测效果。

6. 计算机控制与数据处理系统 (质谱工作站)

现代质谱仪配有完善的计算机控制与数据处理系统,不仅能准确地采集和处理数据,而且能设置仪器工作参数,监控仪器各部件工作状态,实现操作自动化,谱图检索,进行定性、定量分析,并打印检测报告等。

(三) 质谱图和主要离子类型

1. 质谱图和质谱表

质谱图以质荷比 (m/z) 为横坐标、相对强度 (%) 为纵坐标,最强的离子峰为基峰,其相对强度为 100%,其余离子峰则以基峰为标准的相对值。如图 8-23 为甲苯的质谱图。图中强度最大的峰 ($m/z=91$) 称为基峰,定为相对强度 100%,其他离子峰以基峰的相对值表示。如甲苯的分子峰 $m/z=92$,其强度为基峰的 68%。

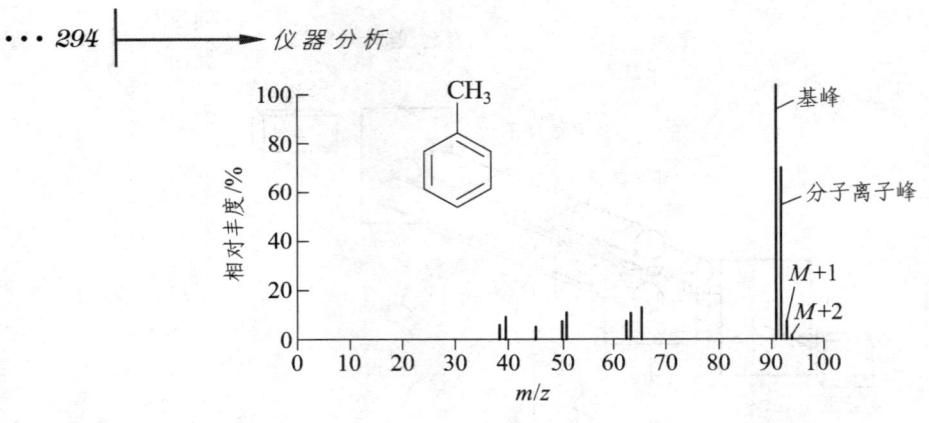

图 8-23 甲苯的质谱图

质谱表是用表格形式表示质谱数据,有质荷比和相对强度两项。表 8-4 为甲苯的质谱表。

表 8-4 甲苯的质谱表

m/z	相对强度/%	m/z	相对强度/%
38	4.4	63	8.6
39	16	65	11
45	3.9	91	100(基峰)
50	6.3	92	68(M)
51	9.1	93	5.3($M+1$)
62	4.1	94	0.21($M+2$)

2. 主要离子类型

质谱信息十分丰富,分子在离子源中可以产生各种电离和断裂,即同一分子可以形成各种各样的离子,其中比较重要的有分子离子、同位素离子、碎片离子、重排离子和亚稳态离子等。

（1）分子离子

试样分子失去 1 个电子而形成的带正电荷的离子称为分子离子或母离子,分子离子一定是奇数电子离子。分子离子对应的质谱峰称为分子离子峰或母峰。分子离子的质荷比 m/z 数值上就是化合物的相对分子质量,其相对丰度可判断化合物的类型,在质谱的解析中具有特殊的意义。一般降低 EI 电子流能量或采用 CI、FAB 等软电离技术,能增强分子离子峰的强度。

（2）同位素离子

大多数元素都是由一定自然丰度的同位素组成的,化合物的质谱中就会有不同同位素形成的离子峰。通常把由重同位素形成的离子峰称为同位素峰。例如,在天然氯中有两种同位素,^{35}Cl 和 ^{37}Cl,两者丰度比为 100∶32.5(近似 3∶1),如果化合物含有一个氯,^{35}Cl 和 ^{37}Cl 的分子离子的相对分子质量分别为 $M+1$ 和 $M+2$,离子强度之比近似为 3∶1。又如,在天然碳中有两种同位素,^{12}C 和 ^{13}C,两者丰度比为 100∶1.1,如果化合物含有一个碳,^{12}C 和 ^{13}C 的分子离子的相对分子质量分别为 M 和 $M+1$,$M+1$ 离子强度近似为 M 离子强度的 1.1%;如果含两个碳,则 $M+1$ 离子强度近似为 M 离子强度的 2.2%。根据 M 和 $M+1$ 的离子强度比,可估计碳原子数目。

（3）碎片离子

分子失去 1 个电子形成分子离子,如果分子离子具有过剩的能量,就会进一步断裂产生碎片离子。由于键断裂的位置不同,同一分子离子可产生不同质量的碎片离子,其相对丰度与键断裂的难易和化合物的结构密切相关。分子离子断裂如果能产生稳定的碎片离子,总是优先进行，观察到的稳定碎片离子丰度也高一些。

（4）亚稳离子

离子在离开电离源后，尚未进入检测器前，在中途任何地方发生破裂所产生的离子，在质谱图上的峰，称为亚稳离子峰。

（5）重排离子

分子离子在裂解的同时，也发生原子或原子团的重排，生成比较稳定的重排离子。最典型的就是麦氏（McLafferty）重排，其特征是同时有两个以上的键断裂并失去一个中性分子，生成的重排离子的质量数为偶数。在醛、酮、酸、酯、酰胺、羰基衍生物、烯、炔及烷基苯等有机物的质谱中有重排离子峰。

二、气质联用仪

把两种或两种以上的分析仪器联合起来使用，称为多机联用技术。目前常用的联用技术是将分离能力最强的色谱与光谱检测技术相结合，主要包括以下几类：① 色谱仪与质谱仪联用，如气质联用仪（GC-MS）、液质联用仪（LC-MS）等；② 色谱仪与光谱仪联用，如气红联用仪、液红联用仪；③ 光谱仪与质谱仪联用，如等离子体发射光谱仪与质谱仪联用（ICP-MS）等。联用分析技术可以充分发挥各种方法自身的优点，相互取长补短。本部分主要介绍气质联用技术。

质谱仪有很强的定性能力，但其用以检测的样品必须是纯物质。色谱法对有机化合物是一种有效的分离、分析方法，特别适用于有机化合物的定量分析，但定性分析则比较困难。将两种仪器结合，可以对样品进行有效的定性与定量分析。

（一）气质联用仪的结构

气质联用仪由三部分组成，即色谱仪部分、接口部分和质谱仪部分，如图 8-24 所示。色谱部分与一般气相色谱仪基本相同，包括柱箱、气化室和载气系统、程序升温系统、压力和流量自动控制系统，只是检测器是质谱仪。质谱与一般质谱仪基本相同，包括真空系统、进样器、离子源、分析器、检测器以及数据处理系统。接口起着气相色谱和质谱之间适配器的作用。

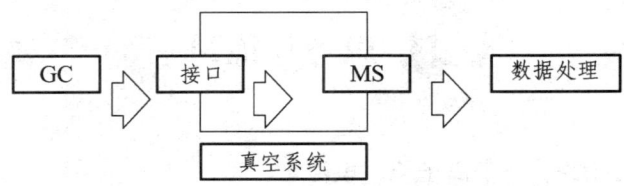

图 8-24 气质联用仪的结构

（二）气质联用仪的工作原理

气相色谱仪分离出样品中的各组分，通过接口（又称分子分离器）除去载气分子，并把色谱仪流出的各组分送入质谱仪的离子源中电离为离子；样品离子被离子源的加速电压加速，进入质谱仪的质量分析器中，后者对每一组分的各种离子分离、排序后，再依次由检测器检出，其信息由计算机处理后得到各组分的质谱图，用以对组分进行定性和结构分析。同时计算机算出每组分各离子的全部质谱丰度的总和,也可得到整个混合物样品的色谱图,称为总离子流色谱图(TIC),可用以对各组分进行定量分析。计算机系统交互式地控制气相色谱、接口和质谱仪,进行数据采集和处理,是 GC-MS 的中央控制单元。

(三)接 口

由 GC 出来的样品通过接口进入质谱仪,它是气质联用系统的关键。

1. 接口的作用

接口的作用包括以下两个方面:

(1)压力匹配——质谱离子源的真空度在 10^{-3} Pa,而 GC 色谱柱接口的作用就是要使两者压力匹配。

(2)组分浓缩——从 GC 色谱柱流出的气体中有大量载气,接口的作用是排除载气,使被测物浓缩后进入离子源。

2. 接口技术

目前常用的接口技术主要有三种:

(1)分子分离器连接(主要用于填充柱)

扩散型——扩散速率与物质分子量的平方成反比,与其分压成正比。当色谱流出物经过分离器时,小分子的载气易从微孔中扩散出去,被真空泵抽除;而被测物分子量大,不易扩散,则得到浓缩。

(2)直接连接法(主要用于毛细管柱)

在色谱柱和离子源之间用长约 50 cm、内径 0.5 mm 的不锈钢毛细管连接,色谱柱流出物经过毛细管全部进入离子源。这种接口技术样品利用率高。

(3)开口分流连接

该接口是放空一部分色谱流出物,让另一部分进入质谱仪,通过不断流入清洗氦气,将多余流出物带走。此法样品利用率低。

GC-MS 联用的应用十分广泛,从环境污染分析、食品香料分析鉴定到医疗检验分析、药物代谢研究等。而且 GC-MS 联用是国际奥委会进行兴奋剂药检的有力工具之一。

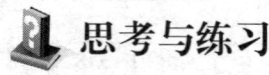
思考与练习

一、名词解释

光谱项、共振线、ICP、分子离子峰、电渗

二、简答题

1. 原子发射光谱的定性、定量依据是什么?
2. 分析线、灵敏线表示什么意义?
3. 离子源主要有几种?各有什么优点?
4. 质量分析器有什么作用?主要有哪几种?
5. 按经典电泳理论,在电场中阳离子和阴离子分别向阴极和阳极迁移,而在 HPCE 中,为什么所有离子都向阴极移动,并且能在阴极检测到?
6. 色谱-质谱联用装置中,为什么要有接口装置?

参考文献

[1] 邹良明. 食品仪器分析[M]. 北京：科学出版社，2012.
[2] 陈立春. 仪器分析[M]. 北京：中国轻工业出版社，2002.
[3] 汪正范. 色谱定性与定量[M]. 北京：化学工业出版社，2000.
[4] 黄一石. 仪器分析技术[M]. 北京：化学工业出版社，2000.
[5] 陈集，朱鹏飞. 仪器分析教程[M]. 北京：化学工业出版社，2010.
[6] 高向阳. 新编仪器分析[M]. 北京：科学出版社，2004.
[7] 杨万龙，李文友. 仪器分析实验[M]. 北京：科学出版社，2008.
[8] 曹国庆，钟彤. 仪器分析技术[M]. 北京：化学工业出版社，2009.
[9] 林新花. 仪器分析[M]. 广州：华南理工大学出版社，2002.
[10] 陈义. 毛细管电泳技术及应用[M]. 北京：化学工业出版社，2006.
[11] 王守箐. ICP-AES法测定淀粉中的铅、汞、镉、砷[J]. 化学分析计量，2005，14（4）：43-44.

附 录

附录 A 标准电极电势

(298.16 K)

1. 在酸性溶液中

电极反应	$E^{\ominus}/V$	电极反应	$E^{\ominus}/V$
$Ag^+ + e^- \rightleftharpoons Ag$	0.799 6	$BiCl_4^- + 3e^- \rightleftharpoons Bi + 4Cl^-$	0.16
$Ag^{2+} + e^- \rightleftharpoons Ag^+$	1.980	$Bi_2O_4 + 4H^+ + 2e^- \rightleftharpoons 2BiO^+ + 2H_2O$	1.593
$AgAc + e^- \rightleftharpoons Ag + Ac^-$	0.643	$BiO^+ + 2H^+ + 3e^- \rightleftharpoons Bi + H_2O$	0.320
$AgBr + e^- \rightleftharpoons Ag + Br^-$	0.071 33	$BiOCl + 2H^+ + 3e^- \rightleftharpoons Bi + Cl^- + H_2O$	0.158 3
$Ag_2BrO_3 + e^- \rightleftharpoons 2Ag + BrO_3^-$	0.546	$Br_2(aq) + 2e^- \rightleftharpoons 2Br^-$	1.087 3
$Ag_2C_2O_4 + 2e^- \rightleftharpoons 2Ag + C_2O_4^{2-}$	0.464 7	$Br_2(l) + 2e^- \rightleftharpoons 2Br^-$	1.066
$AgCl + e^- \rightleftharpoons Ag + Cl^-$	0.222 33	$HBrO + H^+ + 2e^- \rightleftharpoons Br^- + H_2O$	1.331
$Ag_2CO_3 + 2e^- \rightleftharpoons 2Ag + CO_3^{2-}$	0.47	$HBrO + H^+ + e^- \rightleftharpoons 1/2Br_2(aq) + H_2O$	1.574
$Ag_2CrO_4 + 2e^- \rightleftharpoons 2Ag + CrO_4^{2-}$	0.447 0	$HBrO + H^+ + e^- \rightleftharpoons 1/2Br_2(l) + H_2O$	1.596
$AgF + e^- \rightleftharpoons Ag + F^-$	0.779	$BrO_3^- + 6H^+ + 5e^- \rightleftharpoons 1/2Br_2 + 3H_2O$	1.482
$AgI + e^- \rightleftharpoons Ag + I^-$	-0.152 24	$BrO_3^- + 6H^+ + 6e^- \rightleftharpoons Br^- + 3H_2O$	1.423
$Ag_2S + 2H^+ + 2e^- \rightleftharpoons 2Ag + H_2S$	-0.036 6	$Ca^{2+} + 2e^- \rightleftharpoons Ca$	-2.868
$AgSCN + e^- \rightleftharpoons Ag + SCN^-$	0.089 51	$Cd^{2+} + 2e^- \rightleftharpoons Cd$	-0.403 0
$Ag_2SO_4 + 2e^- \rightleftharpoons 2Ag + SO_4^{2-}$	0.654	$CdSO_4 + 2e^- \rightleftharpoons Cd + SO_4^{2-}$	-0.246
$Al^{3+} + 3e^- \rightleftharpoons Al$	-1.662	$Cd^{2+} + 2e^- + Hg \rightleftharpoons Cd(Hg)$	-0.352 1
$AlF_6^{3-} + 3e^- \rightleftharpoons Al + 6F^-$	-2.069	$Ce^{3+} + 3e^- \rightleftharpoons Ce$	-2.483
$As_2O_3 + 6H^+ + 6e^- \rightleftharpoons 2As + 3H_2O$	0.234	$Cl_2(g) + 2e^- \rightleftharpoons 2Cl^-$	1.358 27
$HAsO_2 + 3H^+ + 3e^- \rightleftharpoons As + 2H_2O$	0.248	$HClO + H^+ + e^- \rightleftharpoons 1/2Cl_2 + H_2O$	1.611
$H_3AsO_4 + 2H^+ + 2e^- \rightleftharpoons HAsO_2 + 2H_2O$	0.560	$HClO + H^+ + 2e^- \rightleftharpoons Cl^- + H_2O$	1.482
$Au^+ + e^- \rightleftharpoons Au$	1.692	$ClO_2 + H^+ + e^- \rightleftharpoons HClO_2$	1.277
$Au^{3+} + 3e^- \rightleftharpoons Au$	1.498	$HClO_2 + 2H^+ + 2e^- \rightleftharpoons HClO + H_2O$	1.645
$AuCl_4^- + 3e^- \rightleftharpoons Au + 4Cl^-$	1.002	$HClO_2 + 3H^+ + 3e^- \rightleftharpoons 1/2Cl_2 + 2H_2O$	1.628
$Au^{3+} + 2e^- \rightleftharpoons Au^+$	1.401	$HClO_2 + 3H^+ + 4e^- \rightleftharpoons Cl^- + 2H_2O$	1.570
$H_3BO_3 + 3H^+ + 3e^- \rightleftharpoons B + 3H_2O$	-0.869 8	$ClO_3^- + 2H^+ + e^- \rightleftharpoons ClO_2 + H_2O$	1.152
$Ba^{2+} + 2e^- \rightleftharpoons Ba$	-2.912	$ClO_3^- + 3H^+ + 2e^- \rightleftharpoons HClO_2 + H_2O$	1.214
$Ba^{2+} + 2e^- + Hg \rightleftharpoons Ba(Hg)$	-1.570	$ClO_3^- + 6H^+ + 5e^- \rightleftharpoons 1/2Cl_2 + 3H_2O$	1.47
$Be^{2+} + 2e^- \rightleftharpoons Be$	-1.847	$ClO_3^- + 6H^+ + 6e^- \rightleftharpoons Cl^- + 3H_2O$	1.451

续表

电极反应	$E^{\ominus}/V$	电极反应	$E^{\ominus}/V$
$ClO_4^- + 2H^+ + 2e^- \rightleftharpoons ClO_3^- + H_2O$	1.189	$2HIO + 2H^+ + 2e^- \rightleftharpoons I_2 + 2H_2O$	1.439
$ClO_4^- + 8H^+ + 7e^- \rightleftharpoons 1/2Cl_2 + 4H_2O$	1.39	$HIO + H^+ + 2e^- \rightleftharpoons I^- + H_2O$	0.987
$ClO_4^- + 8H^+ + 8e^- \rightleftharpoons Cl^- + 4H_2O$	1.389	$2IO_3^- + 12H^+ + 10e^- \rightleftharpoons I_2 + 6H_2O$	1.195
$Co^{2+} + 2e^- \rightleftharpoons Co$	−0.28	$IO_3^- + 6H^+ + 6e^- \rightleftharpoons I^- + 3H_2O$	1.085
$Co^{3+} + e^- \rightleftharpoons Co^{2+}$ (2 mol/L H_2SO_4)	1.83	$In^{3+} + 2e^- \rightleftharpoons In^+$	−0.443
$CO_2 + 2H^+ + 2e^- \rightleftharpoons HCOOH$	−0.199	$In^{3+} + 3e^- \rightleftharpoons In$	−0.3382
$Cr^{2+} + 2e^- \rightleftharpoons Cr$	−0.913	$Ir^{3+} + 3e^- \rightleftharpoons Ir$	1.159
$Cr^{3+} + e^- \rightleftharpoons Cr^{2+}$	−0.407	$K^+ + e^- \rightleftharpoons K$	−2.931
$Cr^{3+} + 3e^- \rightleftharpoons Cr$	−0.744	$La^{3+} + 3e^- \rightleftharpoons La$	−2.522
$Cr_2O_7^{2-} + 14H^+ + 6e^- \rightleftharpoons 2Cr^{3+} + 7H_2O$	1.232	$Li^+ + e^- \rightleftharpoons Li$	−3.0401
$HCrO_4^- + 7H^+ + 3e^- \rightleftharpoons Cr^{3+} + 4H_2O$	1.350	$Mg^{2+} + 2e^- \rightleftharpoons Mg$	−2.372
$Cu^+ + e^- \rightleftharpoons Cu$	0.521	$Mn^{2+} + 2e^- \rightleftharpoons Mn$	−1.185
$Cu^{2+} + e^- \rightleftharpoons Cu^+$	0.153	$Mn^{3+} + e^- \rightleftharpoons Mn^{2+}$	1.5415
$Cu^{2+} + 2e^- \rightleftharpoons Cu$	0.3419	$MnO_2 + 4H^+ + 2e^- \rightleftharpoons Mn^{2+} + 2H_2O$	1.224
$CuCl + e^- \rightleftharpoons Cu + Cl^-$	0.124	$MnO_4^- + e^- \rightleftharpoons MnO_4^{2-}$	0.558
$F_2 + 2H^+ + 2e^- \rightleftharpoons 2HF$	3.053	$MnO_4^- + 4H^+ + 3e^- \rightleftharpoons MnO_2 + 2H_2O$	1.679
$F_2 + 2e^- \rightleftharpoons 2F^-$	2.866	$MnO_4^- + 8H^+ + 5e^- \rightleftharpoons Mn^{2+} + 4H_2O$	1.507
$Fe^{2+} + 2e^- \rightleftharpoons Fe$	−0.447	$MO^{3+} + 3e^- \rightleftharpoons MO$	−0.200
$Fe^{3+} + 3e^- \rightleftharpoons Fe$	−0.037	$N_2 + 2H_2O + 6H^+ + 6e^- \rightleftharpoons 2NH_4OH$	0.092
$Fe^{3+} + e^- \rightleftharpoons Fe^{2+}$	0.771	$3N_2 + 2H^+ + 2e^- \rightleftharpoons 2NH_3$ (aq)	−3.09
$[Fe(CN)_6]^{3-} + e^- \rightleftharpoons [Fe(CN)_6]^{4-}$	0.358	$N_2O + 2H^+ + 2e^- \rightleftharpoons N_2 + H_2O$	1.766
$FeO_4^{2-} + 8H^+ + 3e^- \rightleftharpoons Fe^{3+} + 4H_2O$	2.20	$N_2O_4 + 2e^- \rightleftharpoons 2NO_2^-$	0.867
$Ga^{3+} + 3e^- \rightleftharpoons Ga$	−0.560	$N_2O_4 + 2H^+ + 2e^- \rightleftharpoons 2HNO_2$	1.065
$2H^+ + 2e^- \rightleftharpoons H_2$	0.00000	$N_2O_4 + 4H^+ + 4e^- \rightleftharpoons 2NO + 2H_2O$	1.035
$H_2(g) + 2e^- \rightleftharpoons 2H^-$	−2.23	$2NO + 2H^+ + 2e^- \rightleftharpoons N_2O + H_2O$	1.591
$HO_2 + H^+ + e^- \rightleftharpoons H_2O_2$	1.495	$HNO_2 + H^+ + e^- \rightleftharpoons NO + H_2O$	0.983
$H_2O_2 + 2H^+ + 2e^- \rightleftharpoons 2H_2O$	1.776	$2HNO_2 + 4H^+ + 4e^- \rightleftharpoons N_2O + 3H_2O$	1.297
$Hg^{2+} + 2e^- \rightleftharpoons Hg$	0.851	$NO_3^- + 3H^+ + 2e^- \rightleftharpoons HNO_2 + H_2O$	0.934
$2Hg^{2+} + 2e^- \rightleftharpoons Hg_2^{2+}$	0.920	$NO_3^- + 4H^+ + 3e^- \rightleftharpoons NO + 2H_2O$	0.957
$Hg_2^{2+} + 2e^- \rightleftharpoons 2Hg$	0.7973	$2NO_3^- + 4H^+ + 2e^- \rightleftharpoons N_2O_4 + 2H_2O$	0.803
$Hg_2Br_2 + 2e^- \rightleftharpoons 2Hg + 2Br^-$	0.13923	$Na^+ + e^- \rightleftharpoons Na$	−2.71
$Hg_2Cl_2 + 2e^- \rightleftharpoons 2Hg + 2Cl^-$	0.26808	$Nb^{3+} + 3e^- \rightleftharpoons Nb$	−1.1
$Hg_2I_2 + 2e^- \rightleftharpoons 2Hg + 2I^-$	−0.0405	$Ni^{2+} + 2e^- \rightleftharpoons Ni$	−0.257
$Hg_2SO_4 + 2e^- \rightleftharpoons 2Hg + SO_4^{2-}$	0.6125	$NiO_2 + 4H^+ + 2e^- \rightleftharpoons Ni^{2+} + 2H_2O$	1.678
$I_2 + 2e^- \rightleftharpoons 2I^-$	0.5355	$O_2 + 2H^+ + 2e^- \rightleftharpoons H_2O_2$	0.695
$I_3^- + 2e^- \rightleftharpoons 3I^-$	0.536	$O_2 + 4H^+ + 4e^- \rightleftharpoons 2H_2O$	1.229
$H_5IO_6 + H^+ + 2e^- \rightleftharpoons IO_3^- + 3H_2O$	1.601	$O(g) + 2H^+ + 2e^- \rightleftharpoons H_2O$	2.421

续表

电极反应	$E^{\ominus}/V$	电极反应	$E^{\ominus}/V$
$O_3+2H^++2e^- \rightleftharpoons O_2+H_2O$	2.076	$Se+2H^++2e^- \rightleftharpoons H_2Se(aq)$	-0.399
$P(red)+3H^++3e^- \rightleftharpoons PH_3(g)$	-0.111	$H_2SeO_3+4H^++4e^- \rightleftharpoons Se+3H_2O$	0.74
$P(white)+3H^++3e^- \rightleftharpoons PH_3(g)$	-0.063	$SeO_4^{2-}+4H^++2e^- \rightleftharpoons H_2SeO_3+H_2O$	1.151
$H_3PO_2+H^++e^- \rightleftharpoons P+2H_2O$	-0.508	$SiF_6^{2-}+4e^- \rightleftharpoons Si+6F^-$	-1.24
$H_3PO_3+2H^++2e^- \rightleftharpoons H_3PO_2+H_2O$	-0.499	$SiO_2(quartz)+4H^++4e^- \rightleftharpoons Si+2H_2O$	0.857
$H_3PO_3+3H^++3e^- \rightleftharpoons P+3H_2O$	-0.454	$Sn^{2+}+2e^- \rightleftharpoons Sn$	-0.1375
$H_3PO_4+2H^++2e^- \rightleftharpoons H_3PO_3+H_2O$	-0.276	$Sn^{4+}+2e^- \rightleftharpoons Sn^{2+}$	0.151
$Pb^{2+}+2e^- \rightleftharpoons Pb$	-0.1262	$Sr^++e^- \rightleftharpoons Sr$	-4.10
$PbBr_2+2e^- \rightleftharpoons Pb+2Br^-$	-0.284	$Sr^{2+}+2e^- \rightleftharpoons Sr$	-2.89
$PbCl_2+2e^- \rightleftharpoons Pb+2Cl^-$	-0.2675	$Sr^{2+}+2e^-+Hg \rightleftharpoons Sr(Hg)$	-1.793
$PbF_2+2e^- \rightleftharpoons Pb+2F^-$	-0.3444	$Te+2H^++2e^- \rightleftharpoons H_2Te$	-0.793
$PbI_2+2e^- \rightleftharpoons Pb+2I^-$	-0.365	$Te^{4+}+4e^- \rightleftharpoons Te$	0.568
$PbO_2+4H^++2e^- \rightleftharpoons Pb^{2+}+2H_2O$	1.455	$TeO_2+4H^++4e^- \rightleftharpoons Te+2H_2O$	0.593
$PbO_2+SO_4^{2-}+4H^++2e^- \rightleftharpoons PbSO_4+2H_2O$	1.6913	$TeO_4^-+8H^++7e^- \rightleftharpoons Te+4H_2O$	0.472
$PbSO_4+2e^- \rightleftharpoons Pb+SO_4^{2-}$	-0.3588	$H_6TeO_6+2H^++2e^- \rightleftharpoons TeO_2+4H_2O$	1.02
$Pd^{2+}+2e^- \rightleftharpoons Pd$	0.951	$Th^{4+}+4e^- \rightleftharpoons Th$	-1.899
$PdCl_4^{2-}+2e^- \rightleftharpoons Pd+4Cl^-$	0.591	$Ti^{2+}+2e^- \rightleftharpoons Ti$	-1.630
$Pt^{2+}+2e^- \rightleftharpoons Pt$	1.118	$Ti^{3+}+e^- \rightleftharpoons Ti^{2+}$	-0.368
$Rb^++e^- \rightleftharpoons Rb$	-2.98	$TiO^{2+}+2H^++e^- \rightleftharpoons Ti^{3+}+H_2O$	0.099
$Re^{3+}+3e^- \rightleftharpoons Re$	0.300	$TiO_2+4H^++2e^- \rightleftharpoons Ti^{2+}+2H_2O$	-0.502
$S+2H^++2e^- \rightleftharpoons H_2S(aq)$	0.142	$Tl^++e^- \rightleftharpoons Tl$	-0.336
$S_2O_6^{2-}+4H^++2e^- \rightleftharpoons 2H_2SO_3$	0.564	$V^{2+}+2e^- \rightleftharpoons V$	-1.175
$S_2O_3^{2-}+2e^- \rightleftharpoons 2SO_4^{2-}$	2.010	$V^{3+}+e^- \rightleftharpoons V^{2+}$	-0.255
$S_2O_3^{2-}+2H^++2e^- \rightleftharpoons 2HSO_4^-$	2.123	$VO^{2+}+2H^++e^- \rightleftharpoons V^{3+}+H_2O$	0.337
$2H_2SO_3+H^++2e^- \rightleftharpoons H_2SO_4^-+2H_2O$	-0.056	$VO_2^++2H^++e^- \rightleftharpoons VO^{2+}+H_2O$	0.991
$H_2SO_3+4H^++4e^- \rightleftharpoons S+3H_2O$	0.449	$V(OH)_4^++2H^++e^- \rightleftharpoons VO^{2+}+3H_2O$	1.00
$SO_4^{2-}+4H^++2e^- \rightleftharpoons H_2SO_3+H_2O$	0.172	$V(OH)_4^++4H^++5e^- \rightleftharpoons V+4H_2O$	-0.254
$2SO_4^{2-}+4H^++2e^- \rightleftharpoons S_2O_6^{2-}+2H_2O$	-0.22	$W_2O_5+2H^++2e^- \rightleftharpoons 2WO_2+H_2O$	-0.031
$Sb+3H^++3e^- \rightleftharpoons 2SbH_3$	-0.510	$WO_2+4H^++4e^- \rightleftharpoons W+2H_2O$	-0.119
$Sb_2O_3+6H^++6e^- \rightleftharpoons 2Sb+3H_2O$	0.152	$WO_3+6H^++6e^- \rightleftharpoons W+3H_2O$	-0.090
$Sb_2O_5+6H^++4e^- \rightleftharpoons 2SbO^++3H_2O$	0.581	$2WO_3+2H^++2e^- \rightleftharpoons W_2O_5+H_2O$	-0.029
$SbO^++2H^++3e^- \rightleftharpoons Sb+H_2O$	0.212	$Y^{3+}+3e^- \rightleftharpoons Y$	-2.37
$Sc^{3+}+3e^- \rightleftharpoons Sc$	-2.077	$Zn^{2+}+2e^- \rightleftharpoons Zn$	-0.7618

2. 在碱性溶液中

电极反应	$E^{\ominus}/\text{V}$	电极反应	$E^{\ominus}/\text{V}$
$AgCN+e^- \rightleftharpoons Ag+CN^-$	-0.017	$Fe(OH)_3+e^- \rightleftharpoons Fe(OH)_2+OH^-$	-0.56
$[Ag(CN)_2]^-+e^- \rightleftharpoons Ag+2CN^-$	-0.31	$H_2GaO_3^-+H_2O+3e^- \rightleftharpoons Ga+4OH^-$	-1.219
$Ag_2O+H_2O+2e^- \rightleftharpoons 2Ag+2OH^-$	0.342	$2H_2O+2e^- \rightleftharpoons H_2+2OH^-$	-0.8277
$2AgO+H_2O+2e^- \rightleftharpoons Ag_2O+2OH^-$	0.607	$Hg_2O+H_2O+2e^- \rightleftharpoons 2Hg+2OH^-$	0.123
$Ag_2S+2e^- \rightleftharpoons 2Ag+S^{2-}$	-0.691	$HgO+H_2O+2e^- \rightleftharpoons Hg+2OH^-$	0.0977
$H_2AlO_3^-+H_2O+3e^- \rightleftharpoons Al+4OH^-$	-2.33	$H_3IO_3^{2-}+2e^- \rightleftharpoons IO_3^-+3OH^-$	0.7
$AsO_2^-+2H_2O+3e^- \rightleftharpoons As+4OH^-$	-0.68	$IO^-+H_2O+2e^- \rightleftharpoons I^-+2OH^-$	0.485
$AsO_4^{3-}+2H_2O+2e^- \rightleftharpoons AsO_2^-+4OH^-$	-0.71	$IO_3^-+2H_2O+4e^- \rightleftharpoons IO^-+4OH^-$	0.15
$H_2BO_3^-+5H_2O+8e^- \rightleftharpoons BH_4^-+8OH^-$	-1.24	$IO_3^-+3H_2O+6e^- \rightleftharpoons I^-+6OH^-$	0.26
$H_2BO_3^-+H_2O+3e^- \rightleftharpoons B+4OH^-$	-1.79	$Ir_2O_3+3H_2O+6e^- \rightleftharpoons 2Ir+6OH^-$	0.098
$Ba(OH)_2+2e^- \rightleftharpoons Ba+2OH^-$	-2.99	$La(OH)_3+3e^- \rightleftharpoons La+3OH^-$	-2.90
$Be_2O_3^{2-}+3H_2O+4e^- \rightleftharpoons 2Be+6OH^-$	-2.63	$Mg(OH)_2+2e^- \rightleftharpoons Mg+2OH^-$	-2.690
$Bi_2O_3+3H_2O+6e^- \rightleftharpoons 2Bi+6OH^-$	-0.46	$MnO_4^-+2H_2O+3e^- \rightleftharpoons MnO_2+4OH^-$	0.595
$BrO^-+H_2O+2e^- \rightleftharpoons Br^-+2OH^-$	0.761	$MnO_4^{2-}+2H_2O+2e^- \rightleftharpoons MnO_2+4OH^-$	0.60
$BrO_3^-+3H_2O+6e^- \rightleftharpoons Br^-+6OH^-$	0.61	$Mn(OH)_2+2e^- \rightleftharpoons Mn+2OH^-$	-1.56
$Ca(OH)_2+2e^- \rightleftharpoons Ca+2OH^-$	-3.02	$Mn(OH)_3+e^- \rightleftharpoons Mn(OH)_2+OH^-$	0.15
$Ca(OH)_2+2e^-+Hg \rightleftharpoons Ca(Hg)+2OH^-$	-0.809	$2NO+H_2O+2e^- \rightleftharpoons N_2O+2OH^-$	0.76
$ClO^-+H_2O+2e^- \rightleftharpoons Cl^-+2OH^-$	0.81	$NO+H_2O+e^- \rightleftharpoons NO+2OH^-$	-0.46
$ClO_2^-+H_2O+2e^- \rightleftharpoons ClO^-+2OH^-$	0.66	$2NO_2^-+2H_2O+4e^- \rightleftharpoons N_2^{2-}+4OH^-$	-0.18
$ClO_2^-+2H_2O+4e^- \rightleftharpoons Cl^-+4OH^-$	0.76	$2NO_2^-+3H_2O+4e^- \rightleftharpoons N_2O+6OH^-$	0.15
$ClO_3^-+H_2O+2e^- \rightleftharpoons ClO_2^-+2OH^-$	0.33	$NO_3^-+H_2O+2e^- \rightleftharpoons NO_2^-+2OH^-$	0.01
$ClO_3^-+3H_2O+6e^- \rightleftharpoons Cl^-+6OH^-$	0.62	$2NO_3^-+2H_2O+2e^- \rightleftharpoons N_2O_4+4OH^-$	-0.85
$ClO_4^-+H_2O+2e^- \rightleftharpoons ClO_3^-+2OH^-$	0.36	$Ni(OH)_2+2e^- \rightleftharpoons Ni+2OH^-$	-0.72
$[Co(NH_3)_6]^{3+}+e^- \rightleftharpoons [Co(NH_3)_6]^{2+}$	0.108	$NiO_2+2H_2O+2e^- \rightleftharpoons Ni(OH)_2+2OH^-$	-0.490
$Co(OH)_2+2e^- \rightleftharpoons Co+2OH^-$	-0.73	$O_2+H_2O+2e^- \rightleftharpoons HO_2^-+OH^-$	-0.076
$Co(OH)_3+e^- \rightleftharpoons Co(OH)_2+OH^-$	0.17	$O_2+2H_2O+2e^- \rightleftharpoons H_2O_2+2OH^-$	-0.146
$CrO_2^-+2H_2O+3e^- \rightleftharpoons Cr+4OH^-$	-1.2	$O_2+2H_2O+4e^- \rightleftharpoons 4OH^-$	0.401
$CrO_4^{2-}+4H_2O+3e^- \rightleftharpoons Cr(OH)_3+5OH^-$	-0.13	$O_3+H_2O+2e^- \rightleftharpoons O_2+2OH^-$	1.24
$Cr(OH)_3+3e^- \rightleftharpoons Cr+3OH^-$	-1.48	$HO_2^-+H_2O+2e^- \rightleftharpoons 3OH^-$	0.878
$Cu^2+2CN^-+e^- \rightleftharpoons [Cu(CN)_2]^-$	1.103	$P+3H_2O+3e^- \rightleftharpoons PH_3(g)+3OH^-$	-0.87
$[Cu(CN)_2]^-+e^- \rightleftharpoons Cu+2CN^-$	-0.429	$H_2PO_2^-+e^- \rightleftharpoons P+2OH^-$	-1.82
$Cu_2O+H_2O+2e^- \rightleftharpoons 2Cu+2OH^-$	-0.360	$HPO_3^{2-}+2H_2O+2e^- \rightleftharpoons H_2PO_2^-+3OH^-$	-1.65
$Cu(OH)_2+2e^- \rightleftharpoons Cu+2OH^-$	-0.222	$HPO_3^{2-}+2H_2O+3e^- \rightleftharpoons P+5OH^-$	-1.71
$2Cu(OH)_2+2e^- \rightleftharpoons Cu_2O+2OH^-+H_2O$	-0.080	$PO_4^{3-}+2H_2O+2e^- \rightleftharpoons HPO_3^{2-}+3OH^-$	-1.05
$[Fe(CN)_6]^{3-}+e^- \rightleftharpoons [Fe(CN)_6]^{4-}$	0.358	$PbO+H_2O+2e^- \rightleftharpoons Pb+2OH^-$	-0.580

续表

电极反应	$E^{\ominus}/V$	电极反应	$E^{\ominus}/V$
$HPbO_2^- + H_2O + 2e^- \rightleftharpoons Pb + 3OH^-$	-0.537	$SbO_3^- + H_2O + 2e^- \rightleftharpoons SbO_2^- + 2OH^-$	-0.59
$PbO_2 + H_2O + 2e^- \rightleftharpoons PbO + 2OH^-$	0.247	$SeO_3^{2-} + 3H_2O + 4e^- \rightleftharpoons Se + 6OH^-$	-0.366
$Pd(OH)_2 + 2e^- \rightleftharpoons Pd + 2OH^-$	0.07	$SeO_4^{2-} + H_2O + 2e^- \rightleftharpoons SeO_3^{2-} + 2OH^-$	0.05
$Pt(OH)_2 + 2e^- \rightleftharpoons Pt + 2OH^-$	0.14	$SiO_3^{2-} + 3H_2O + 4e^- \rightleftharpoons Si + 6OH^-$	-1.697
$ReO_4^- + 4H_2O + 7e^- \rightleftharpoons Re + 8OH^-$	-0.584	$HSnO_2^- + H_2O + 2e^- \rightleftharpoons Sn + 3OH^-$	-0.909
$S + 2e^- \rightleftharpoons S^{2-}$	$-0.476\ 27$	$Sn(OH)_3^{2-} + 2e^- \rightleftharpoons HSnO_2^- + 3OH^- + H_2O$	-0.93
$S + H_2O + 2e^- \rightleftharpoons HS^- + OH^-$	-0.478	$Sr(OH) + 2e^- \rightleftharpoons Sr + 2OH^-$	-2.88
$2S + 2e^- \rightleftharpoons S_2^{2-}$	$-0.428\ 36$	$Te + 2e^- \rightleftharpoons Te^{2-}$	-1.143
$S_4O_6^{2-} + 2e^- \rightleftharpoons 2S_2O_3^{2-}$	0.08	$TeO_3^{2-} + 3H_2O + 4e^- \rightleftharpoons Te + 6OH^-$	-0.57
$2SO_3^{2-} + 2H_2O + 2e^- \rightleftharpoons S_2O_4^{2-} + 4OH^-$	-1.12	$Th(OH)_4 + 4e^- \rightleftharpoons Th + 4OH^-$	-2.48
$2SO_3^{2-} + 3H_2O + 4e^- \rightleftharpoons S_2O_3^{2-} + 6OH^-$	-0.571	$Tl_2O_3 + 3H_2O + 3e^- \rightleftharpoons 2Tl^+ + 6OH^-$	0.02
$SO_4^{2-} + H_2O + 2e^- \rightleftharpoons SO_3^{2-} + 2OH^-$	-0.93	$ZnO_2^{2-} + 2H_2O + 2e^- \rightleftharpoons Zn + 4OH^-$	-1.215
$SbO_2^- + 2H_2O + 3e^- \rightleftharpoons Sb + 4OH^-$	-0.66		

摘自 R. C. Weast Handbook of Chemistry and Physics, 70th ed, D-151, 1989—1990。

附录 B 部分热导、氢焰相对质量校正因子（$f'_{i,苯}$）

物质名称	热导	氢焰	物质名称	热导	氢焰
一、正构烷			五、芳香烃		
甲烷	0.58	1.03	苯*	1.00*	0.89
乙烷	0.75	1.03	甲苯	1.02	0.94
丙烷	0.86	1.02	乙苯	1.05	0.97
丁烷	0.87	0.91	间二甲苯	1.04	0.96
戊烷	0.88	0.96	对二甲苯	1.04	1.00
己烷	0.89	0.97	邻二甲苯	1.08	0.93
庚烷*	0.89	1.00*	异丙苯	1.09	1.03
辛烷	0.92	1.03	正丙苯	1.05	0.99
壬烷	0.93	1.02	联苯	1.16	
二、异构烷			萘	1.19	
异丁烷	0.91		四氢萘	1.16	
异戊烷	0.91	0.95	六、醇		
2,2-二甲基丁烷	0.95	0.96	甲醇	0.75	4.35
2,3-二甲基丁烷	0.95	0.97	乙醇	0.82	2.18
2-甲基戊烷	0.92	0.95	正丙醇	0.92	1.67
3-甲基戊烷	0.93	0.96	异丙醇	0.91	1.89
2-甲基己烷	0.94	0.98	正丁醇	1.00	1.52
3-甲基己烷	0.96	0.98	异丁醇	0.98	1.47
三、环烷			仲丁醇	0.97	1.59
环戊烷	0.92	0.96	叔丁醇	0.98	1.35
甲基环戊烷	0.93	0.99	正戊醇		1.39
环己烷	0.94	0.99	戊醇-2	1.02	
甲基环己烷	1.05	0.99	正己醇	1.11	1.35
1,1-二甲基环己烷	1.02	0.99	正庚醇	1.16	
乙基环己烷	0.99	0.97	正辛醇		1.17
环庚烷		0.99	正癸醇		1.19
四、不饱和烃			环己醇	1.14	
乙烯	0.75	0.98	七、醛		
丙烯	0.83		乙醛	0.87	
异丁烯	0.88		丁醛		1.61
正丁烯-1	0.88		庚醛		1.30
戊烯-1	0.91		辛醛		1.28
己烯-1		1.01	癸醛		1.25
乙炔		0.94			

续表

物质名称	热导	氢焰	物质名称	热导	氢焰
八、酮			正丁腈	0.84	
丙酮	0.87	2.04	苯胺	1.05	1.03
甲乙酮	0.95	1.64	十三、卤素化合物		
二乙基酮	1.00		二氯甲烷	1.14	
3-己酮	1.04		氯仿	1.41	
2-己酮	0.98		四氯化碳	1.64	
甲基正戊酮	1.10		1,1-二氯乙烷	1.23	
环戊酮	1.01		1,2-二氯乙烷	1.30	
环己酮	1.01		三氯乙烯	1.45	
九、酸			1-氯丁烷	1.10	
乙酸		4.17	1-氯戊烷	1.10	
丙酸		2.50	1-氯己烷	1.14	
丁酸		2.09	氯苯	1.25	
己酸		1.58	邻氯甲苯	1.27	
庚酸		1.64	氯代环己烷	1.27	
辛酸		1.54	溴乙烷	1.43	
十、酯			1-溴丙烷	1.47	
乙酸甲酯		5.0	1-溴丁烷	1.47	
乙酸乙酯	1.01	2.64	2-溴戊烷	1.52	
乙酸异丙酯	1.08	2.04	碘甲烷	1.89	
乙酸正丁酯	1.10	1.81	碘乙烷	1.89	
乙酸异丁酯		1.85	十四、杂环化合物		
乙酸异戊酯	1.10	1.61	四氢呋喃	1.11	
乙酸正戊酯	1.14		吡咯	1.00	
乙酸正庚酯	1.19		吡啶	1.01	
十一、醚			四氢吡咯	1.00	
乙醚	0.86		喹啉	0.86	
异丙醚	1.01		哌啶	1.06	
正丙醚	1.00		十五、其他		
乙基正丁基醚	1.01		水	0.70	氢焰无信号
正丁醚	1.04		硫化氢	1.14	氢焰无信号
正戊醚	1.10		氨	0.54	氢焰无信号
十二、胺与腈			二氧化碳	1.18	氢焰无信号
正丁胺	0.82		一氧化碳	0.86	氢焰无信号
正戊胺	0.73		氩	0.22	氢焰无信号
正己胺	1.25		氮	0.86	氢焰无信号
二乙胺		1.64	氧	1.02	氢焰无信号
乙腈	0.68				

附录 C 原子量（相对原子质量）表（1995 年国际原子量）

元素	符号	原子量	元素	符号	原子量	元素	符号	原子量	元素	符号	原子量
锕	Ac	227.0	铒	Er	167.3	锰	Mn	54.94	钌	Ru	101.1
银	Ag	107.9	锿	Es	252.1	钼	Mo	95.94	硫	S	32.06
铝	Al	26.98	铕	Eu	152.0	氮	N	14.01	锑	Sb	121.8
镅	Am	243.1	氟	F	19.00	钠	Na	22.99	钪	Sc	44.96
氩	Ar	39.95	铁	Fe	55.85	铌	Nb	92.91	硒	Se	78.96
砷	As	74.92	镄	Fm	257.1	钕	Nd	144.2	硅	Si	28.09
砹	At	210.0	钫	Fr	223.0	氖	Ne	20.18	钐	Sm	150.4
金	Au	197.0	镓	Ga	69.72	镍	Ni	58.69	锡	Sn	118.7
硼	B	10.81	钆	Gd	157.2	锘	No	259.1	锶	Sr	87.62
钡	Ba	137.3	锗	Ge	72.59	镎	Np	237.1	钽	Ta	180.9
铍	Be	9.012	氢	H	1.008	氧	O	16.00	铽	Tb	158.9
铋	Bi	209.0	氦	He	4.003	锇	Os	190.2	锝	Tc	98.91
锫	Bk	247.1	铪	Hf	178.5	磷	P	30.97	碲	Te	127.6
溴	Br	79.90	汞	Hg	200.5	镤	Pa	231.0	钍	Th	232.0
碳	C	12.01	钬	Ho	164.9	铅	Pb	207.2	钛	Ti	47.88
钙	Ca	40.08	碘	I	126.9	钯	Pd	106.4	铊	Tl	204.4
镉	Cd	112.4	铟	In	114.8	钷	Pm	144.9	铥	Tm	168.9
铈	Ce	140.1	铱	Ir	192.2	钋	Po	210.0	铀	U	238.0
锎	Cf	252.1	钾	K	39.10	镨	Pr	140.9	钒	V	50.94
氯	Cl	35.45	氪	Kr	83.30	铂	Pt	195.1	钨	W	183.9
锔	Cm	247.1	镧	La	138.9	钚	Pu	239.1	氙	Xe	131.2
钴	Co	58.93	锂	Li	6.941	镭	Ra	226.0	钇	Y	88.91
铬	Cr	52.00	铹	Lr	260.1	铷	Rb	35.47	镱	Yb	173.0
铯	Cs	132.9	镥	Lu	175.0	铼	Re	186.2	锌	Zn	65.38
铜	Cu	63.55	钔	Md	256.1	铑	Rh	102.9	锆	Zr	91.22
镝	Dy	162.5	镁	Mg	24.31	氡	Rn	222.0			